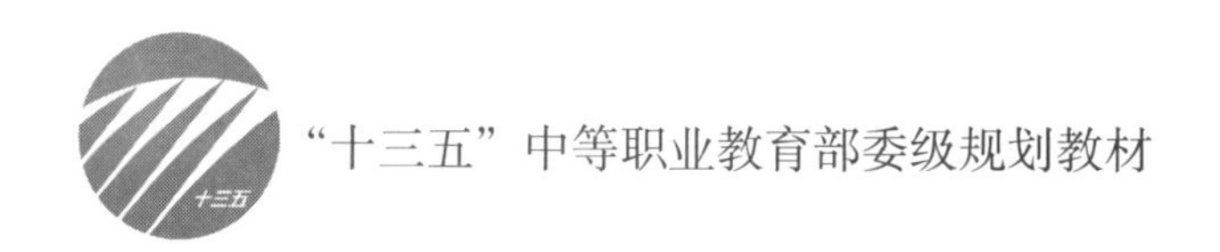

"十三五"中等职业教育部委级规划教材

服装制作工艺

俞岚　主编
袁方　时华　孙常胜　副主编

中国纺织出版社 | 国家一级出版社
全国百佳图书出版单位

内容提要

服装制作工艺是服装设计与制作专业的主要课程，也是一门实践性强的专业技能核心课程。本书根据岗位对接技能的要求设置单元项目，以通俗易懂的文字表述单元任务，内容涵盖服装制作基础工艺、裙装制作工艺、裤装制作工艺、衬衫制作工艺和上衣制作工艺。

全书图文并茂、循序渐进，工作任务均以来自企业的实际生产工艺单为例，体现教材的时代性和实操性，适合职业院校服装专业学生学习使用，也可供服装初级入门读者阅读参考。

图书在版编目（CIP）数据

服装制作工艺 / 俞岚主编. -- 北京 : 中国纺织出版社，2019.8（2025.4重印）
“十三五”中等职业教育部委级规划教材
ISBN 978-7-5180-5629-3

Ⅰ. ①服… Ⅱ. ①俞… Ⅲ. ①服装－生产工艺－中等专业学校－教材 Ⅳ. ① TS941.6

中国版本图书馆 CIP 数据核字（2018）第 261101 号

策划编辑：张晓芳　　责任编辑：苗　苗
特约编辑：王梦琳　　责任校对：楼旭红
责任印制：何　建

中国纺织出版社出版发行
地址：北京市朝阳区百子湾东里A407号楼　邮政编码：100124
销售电话：010—87155894　传真：010—87155801
http：//www.c-textilep.com
E-mail：faxing@c-textilep.com
中国纺织出版社天猫旗舰店
官方微博 http：//weibo.com/2119887771
三河市宏盛印务有限公司印刷　各地新华书店经销
2019年8月第1版　2025年4月第4次印刷
开本：787×1092　1/16　印张：19
字数：256千字　定价：58.00元

凡购本书，如有缺页、倒页、脱页，由本社图书营销中心调换

前言

服装制作工艺是服装设计与制作专业的主要课程，也是一门实践性强的专业技能核心课程。本教材根据岗位对接技能的要求设置单元项目，以通俗易懂的文字简述单元任务，设置常用基础裙子、裤子、衬衫、上衣等品种的服装缝制方法、步骤技巧，主要表现在以下三个方面：

1．在教材的表现形式上，所有模块里的工作任务均配相应操作技能的实际图片，以图代文，真实再现一个直观的认知环境。淡化理论知识，减少复杂的理论推导，突出职业教育特色。

2．在模块内容的选择上，从基础款到变化款，注重循序渐进，每个模块工作任务都进行知识拓展，关注服装行业新材料、新设备、新工艺的发展，体现教材的时代感。

3．所有模块的工作任务均以来自企业的生产工艺单为例进行剖析讲解，针对学生练习产品，提出了技术要求和质量要求；针对学生经常出现的错误进行特别提示；针对学生完成的产品，进行任务评价。在教材中各环节相关内容形式灵活，体现中职的认知规律，提高了教学效果。

本教材主编俞岚，副主编袁方、时华、孙常胜。具体编写分工如下：模块一、模块二由杭州市服装职业高级中学俞岚编写；模块三由杭州市服装职业高级中学袁方编写；模块四由安徽合肥服装学校时华、刘亚丽编写；模块五由杭州市服装职业高级中学孙常胜编写。

由于编者水平有限，书中难免有不足之处，恳请读者提出宝贵意见，以便修改。

编者

2019年2月

目录

模块一　服装制作基础工艺

技能目标：

（1）能进行各种基本手工工艺操作，会锁眼、钉扣等手工工艺。

（2）能进行各种基础缝制工艺操作，会制作袖套、十字裆短裤等简易的生活用品。

（3）学习熨烫的基本原理，会使用蒸汽熨斗进行各种熨烫。

（4）学习裁剪的工艺流程，会铺料、排料、裁剪等环节工艺操作。

知识目标：

（1）了解基础手工工艺的手法，熟悉基本针法的工艺要求，掌握并规范进行操作。

（2）了解缝纫机基本结构原理，重视缝纫机安全操作要求，熟悉基本的机缝工艺，掌握并规范进行操作。

（3）了解基本的熨烫设备，熟悉熨烫工艺要求和基本形式。

（4）熟悉裁剪工艺中各个工序的工作内容和工艺要求。

模块导读：

在服装生产过程中，基础工艺的熟练程度和技术质量将直接影响到生产效率和成品质量，只有注重基础工艺的训练，才能具备扎实的基本功。服装制作基础工艺包括：手缝工艺、机缝工艺、熨烫工艺、裁剪工艺。

手缝工艺是操作者通过针、线在裁片上进行缝纫制作后产生各种不同的线迹，达到不同服装制作需要的工艺。

机缝工艺是操作者用缝纫机器完成服装加工的过程。机缝工艺的特点是速度快、针脚整齐、美观。随着缝纫机械不断发展，现代服装生产中，机缝工艺已经成为整个服装生产的主要组成部分。

熨烫工艺是操作者采用熨烫专用设备将半成品或者成品的服装施加一定的温度、湿度、压力、时间等条件，使之变形或定型的一种工艺。

裁剪工艺是操作者把整匹服装面料按所要投产的服装样板切割成不同形状的裁片，以供下道工序缝制成衣。

本单元重点工艺是机缝工艺。

工作任务1.1　手缝工艺

技能目标	知识目标
1. 能认识手缝工具：手缝针；缝纫线；顶针；大、小剪刀等 2. 学会捏针穿线的常规动作，正确使用顶针，学会穿针、引线、打结等基本操作方法 3. 学会平缝针、回针、缲针、三角针等基本操作方法 4. 学会锁眼、钉扣等手缝工艺	1. 了解常用手缝工具的名称和其基本作用 2. 熟悉基本针法的工艺要求，掌握并进行规范操作

一、任务描述

将坯布裁成30cm×30cm正方形两块，在坯布裁片上进行平缝针、回针、缲针、三角针的手缝基本针法练习。在拼布中，学会并掌握基本手针的运用，提高手缝操作的熟练程度。

二、必备知识

1. 手缝工具的认识

（1）手缝针：手缝针有十多种号型。可根据面料结构的厚薄及所用缝纫线的粗细来选择针的种类，一般面料选择6号针，轻薄面料则用长9号针，缝针号型越小，针就越粗，尾孔也越大（图1–1）。

（2）缝纫线：线的种类很多，有棉线、丝线、涤纶线等。一般可选择与针号相匹配，与面料颜色、质地、性能及工艺需求相一致的线（图1–2）。

图1–1　手缝针

图1–2　缝纫线

（3）大、小剪刀：大剪刀用于面料裁剪，小剪刀用于修剪线头。剪刀的选用一定要刀刃锋利、刀头尖锐，因为钝的刀刃会损坏面料，影响裁剪质量和效率（图1–3）。

（4）顶针：又称针箍。顶针上的洞眼要深，否则缝制厚硬面料时会打滑。顶针起到保护手指在缝纫中免受刺伤的作用（图1–4）。

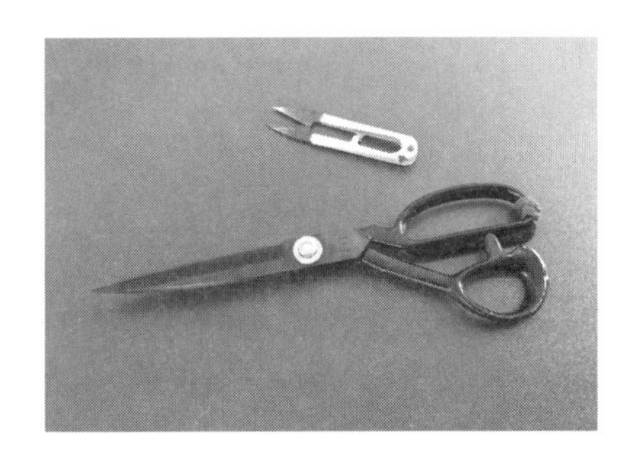

图1–3　大、小剪刀

图1–4　顶针

2. **捏针穿线基本方法**

（1）顶针用法：手缝时要戴顶针，顶针一般戴在右手中指的第一关节为宜，戴顶针能起到协助扎针、运针的作用，也能起到保护手指在缝纫中免受刺伤（图1–5）。

（2）捏针姿势：右手拇指与食指捏住针的尾端，小指挑起线，注意运针时针尖部位不宜露出过长，将顶针抵住针尾，用微力使手缝针顺利穿过面料，做到下针要准、拉线要快、到头要轻（图1–6）。

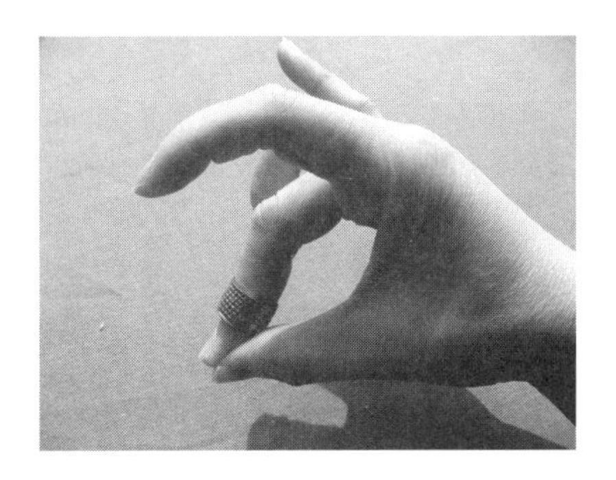

图1–5　顶针用法

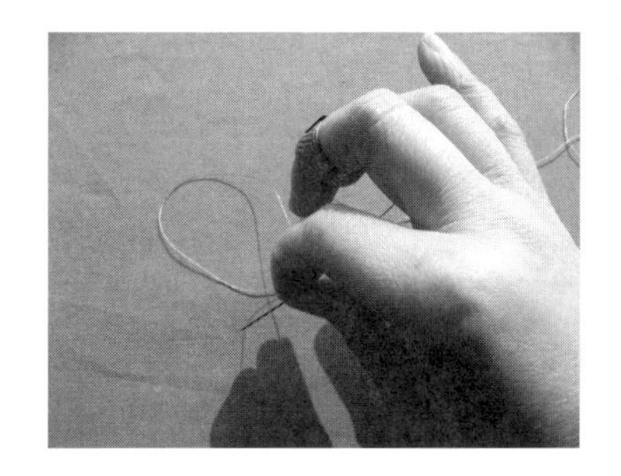

图1–6　捏针姿势

（3）穿线方法：左手的拇指和食指捏针，右手的拇指和食指捏线，线头伸出2～2.5cm。在穿线前，一定要将线头捻光、捻细、捻尖，便于顺利穿过针孔，线过针孔迅速拉出线头，然后趁势打结（图1–7）。

（4）打结：手缝前为了使缝线不从面料中拔出，在线的末端打一个起针结（图1–8）。

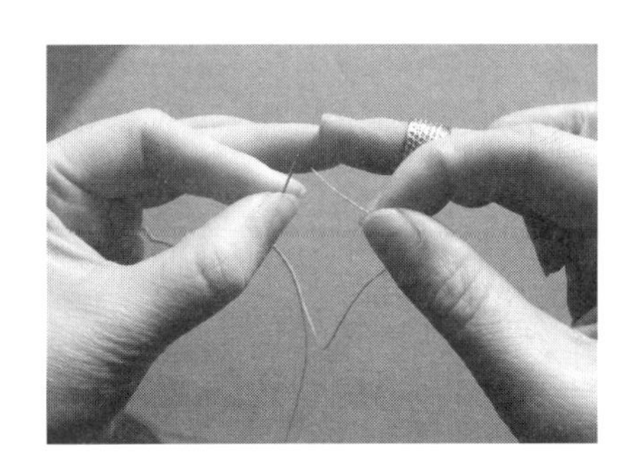

图1–7　穿线方法

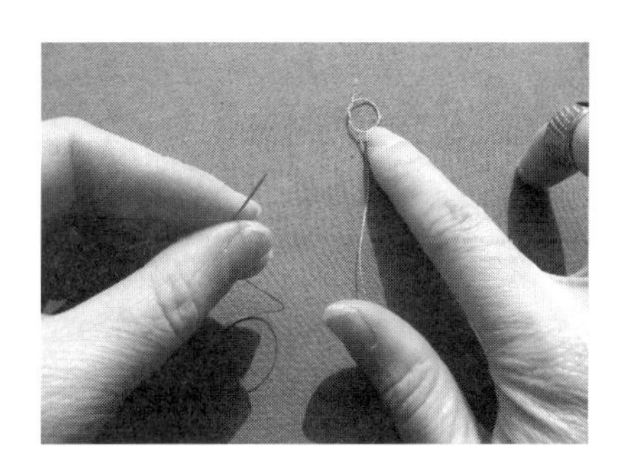

图1–8　起针结

缝纫完成后，线任意放置会散开，所以缝线后要打止针结（图1–9），防止缝线散开。

①起针结：线在食指上绕一圈，食指跟拇指相捻，使线端穿过线圈，将线头转入圈内，拉紧线圈即可。注意线结尽量少露线头，线结大小以不会从面料空隙中漏出为宜（图1–8）。

②止针结：左手拇指和食指在离开止针约3cm左右处，把线捏住，用右手将针套进缝线圈内抽出针，把线圈打到止针处，左手按住线圈，右手拉紧线圈，使结正好扣紧在面料上，以免缝线松动（图1–9）。

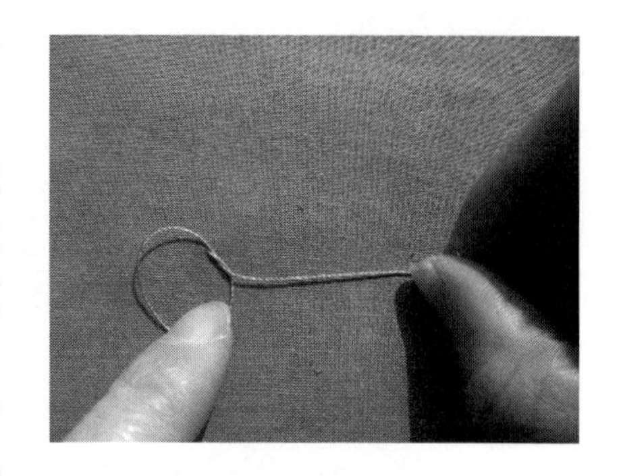

图1–9　止针结

3. **基本手缝针法**

（1）平针：最常用的手缝针法，也是其他各种手缝针法的基础。

左手拿布，右手拿针，一上一下由右向左刺入布约0.3～0.5cm，利用顶针帮助手缝针顺向、等距向前运针，反复缝刺3～4个回合后，将针拔出（图1–10）。

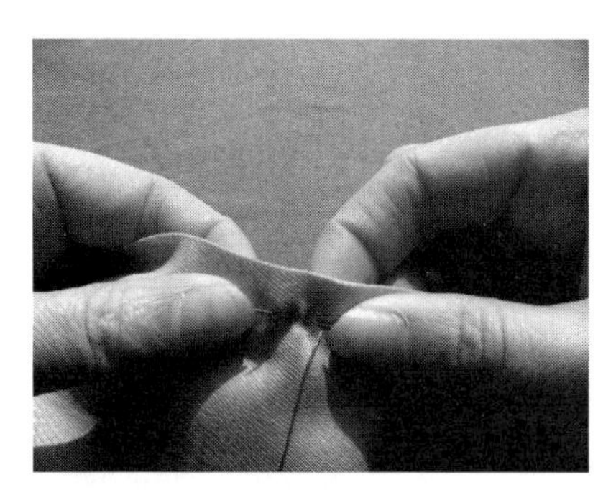

图1–10　平针

工艺要求：针距、行距一致，线迹均匀松紧适宜，达到平服美观的要求。

（2）回针：有顺回针和倒回针之分。

①顺回针：自右向左前进，起针向右后退0.5cm，再向左前进1cm（图1–11）。

工艺要求：掌握好入针与出针的位置，要保证针脚顺直，针距均匀。

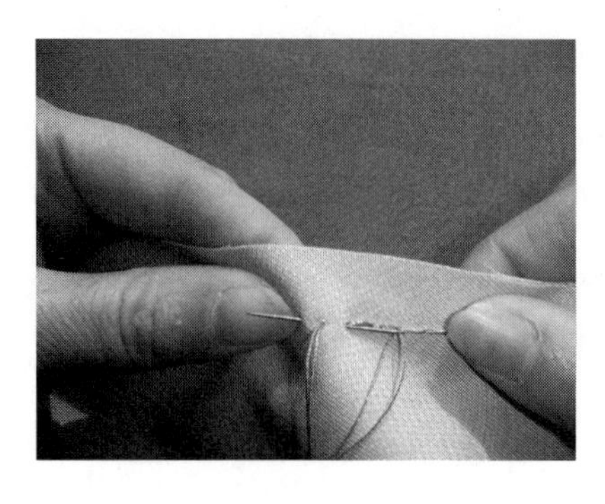

图1–11　顺回针

②倒回针：由左向右后退，手针向前缝0.5cm，再向后退缝1cm（图1–12）。

工艺要求：注意运针时适当拉紧缝线，厚料用双线，薄料用单线。这种针法主要用在斜丝的部位，防止衣片拉长，能起到归拢的作用。

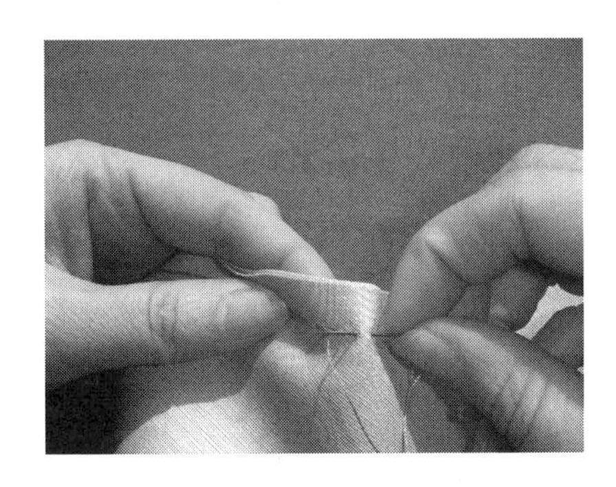
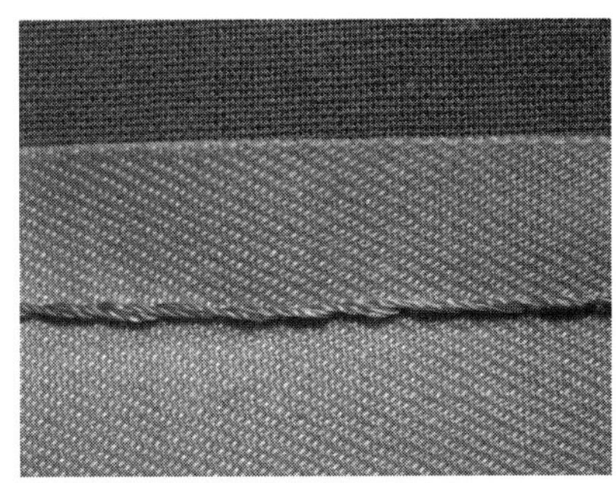

图1–12　倒回针

（3）缲针：服装上应用较广的一种针法，分明缲针和暗缲针两种。

①明缲针：由右向左，由里向外缲。起针时从上层出针，向前0.5cm的距离，挑起下层面料的一根布丝，针迹呈斜向（图1–13）。

工艺要求：缝线松紧适宜，产品的正面不露线迹，为使服装缲好后正面不易看清线迹，要注意缝纫线与面料的颜色相近似。

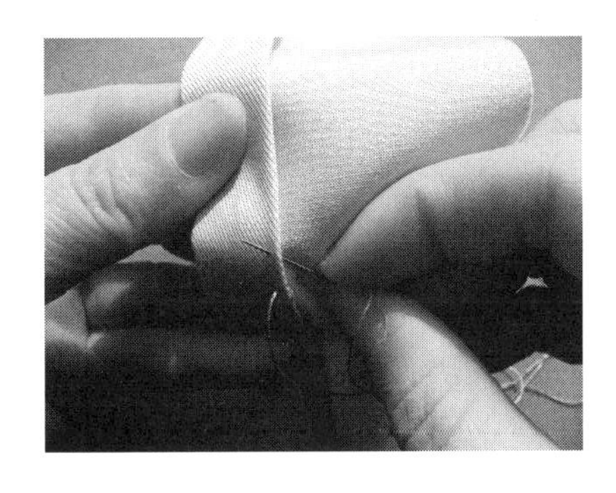

图1–13　明缲针

②暗缲针：自右向左方向，由内向外竖直缲，且缝线隐藏在贴边的夹层中间，每针间隔0.5cm（图1–14）。

工艺要求：松紧适宜，线距均匀，产品的正面不露线迹，要求大身面料与贴边平服、顺直。

（4）三角针：也称绷三角，是将衣片折边缝牢的一种常用的针法。

由左向右倒退运针，绷三角前把贴边和面料用长针绷牢。第一针起针，要把线结藏在折边里，再在上针缝住面料一根布丝，然后在下面折边缝一针，线与线的间距0.7cm，针脚呈斜状，即形成一个个三角状（图1–15）。

工艺要求：正面不露针迹，折边平服、顺直，缝线不能拉得太紧，以防起皱，三角呈“V”字形，大小相等达到坚固、美观的效果。

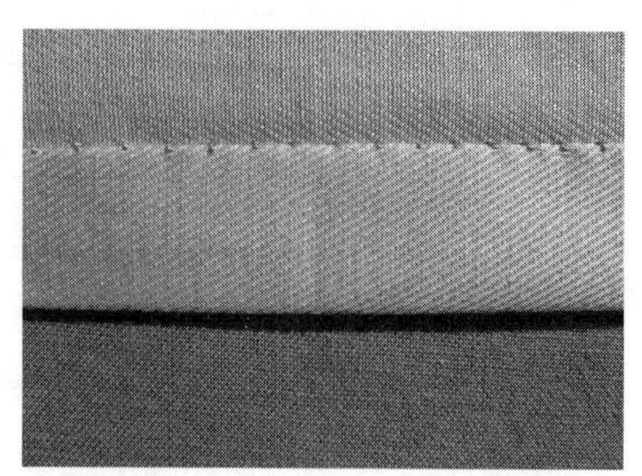

图1-14　暗缲针

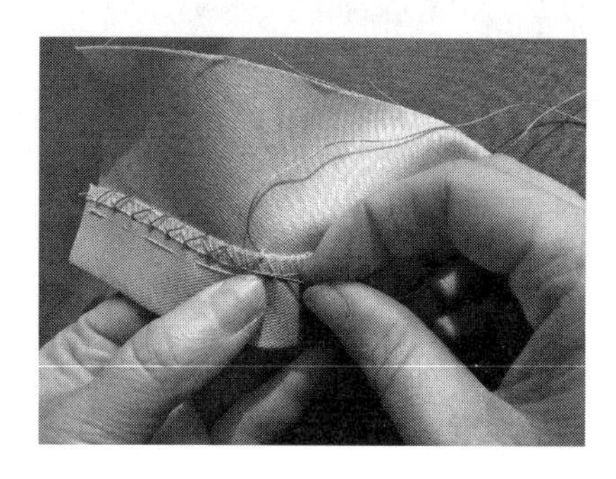
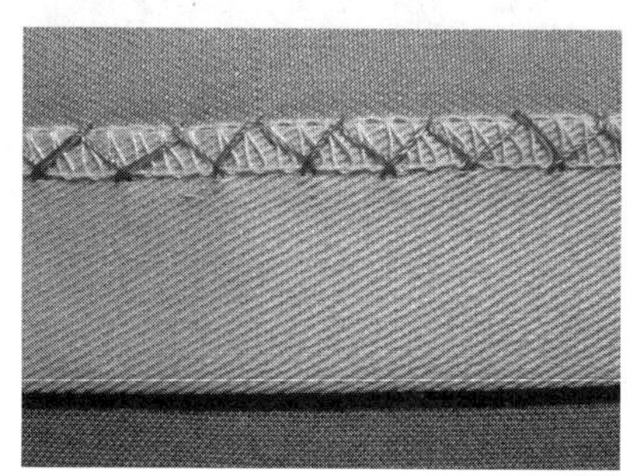

图1-15　三角针

【特别提示】

（1）手缝针特点：针号越小，针越粗；针号越大，针越细。一般选用的原则：料厚针粗、线粗针粗。

（2）穿好针的缝纫线不宜留得过长或过短，长了容易打结，短了中途接线影响美观，一般在50cm左右。

（3）坯布可按布丝修剪顺直。因为面料丝缕的正直、平服是做好练习产品的第一保障。

（4）经过手工缝合后的坯布有正、反面之分，进行操作练习时一定要考虑产品的正、反面相一致。

三、任务实施

1. 实践准备

（1）材料：30cm×30cm两块正方形坯布。

（2）工具：9号针、线、顶针、熨斗等。

（3）实物样品一块（图1-16）。

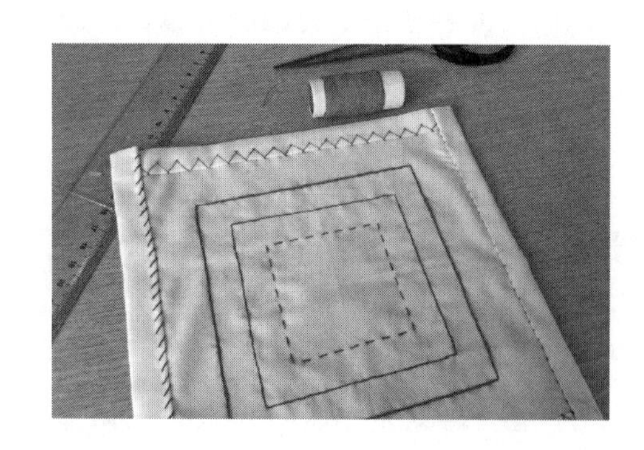

图1-16　手工实物样品

2. 操作实施

（1）将两块坯布用手缝基本针法缝合。完成平针、回针、缲针、三角针的手工练习针法。

（2）操作顺序：平针→回针（顺、倒）→缲针（明、暗）→三角针。

（3）操作要求：

①手工缝合时坯布做到上下层松紧一致，针线的走势方正。

②坯布四边的上层可以略小于下层，减轻厚度。

③在规定的课时内能规范进行各手工针法的操作。

四、学习拓展

锁眼与钉扣

1. 锁眼

锁眼是在剪开的扣眼边沿毛茬用手针一针一针地锁成套结线。具体步骤如下：

（1）将布对折剪口，扣眼大小＝纽扣直径＋纽扣厚度（图1–17）。

（2）从扣眼尾端起针，线在衣片中间带出，使线结藏在衣片中（图1–18）。

（3）针从扣眼的“尾”端起针，将针尾后的线绕过针的左下抽出针，朝右上方拉线，一般是45° 角，要拉紧、拉整齐（图1–19）。

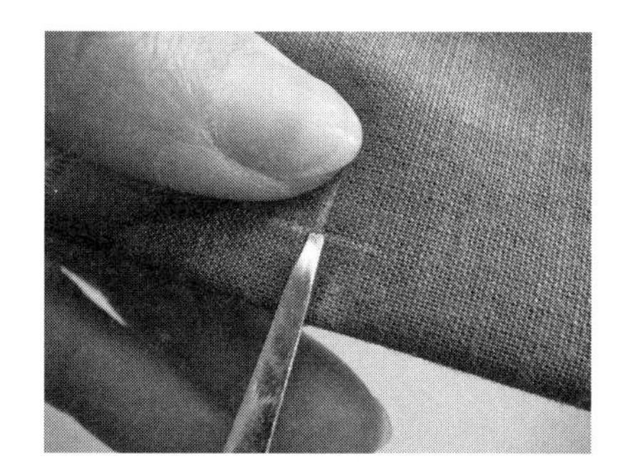
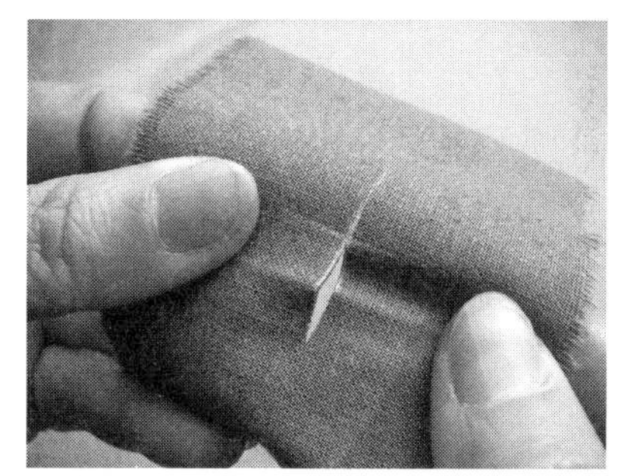

图1–17　锁眼①

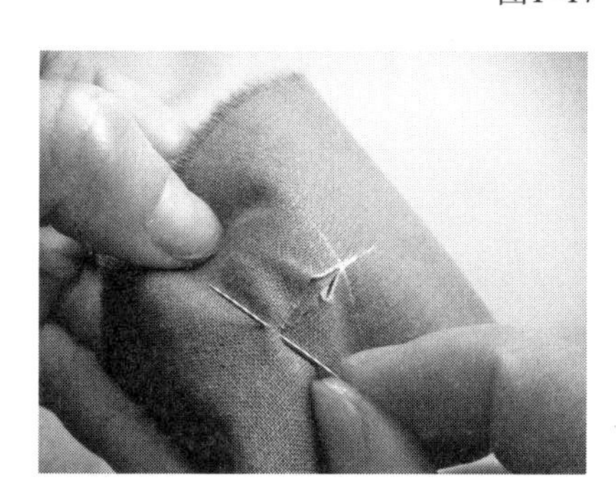
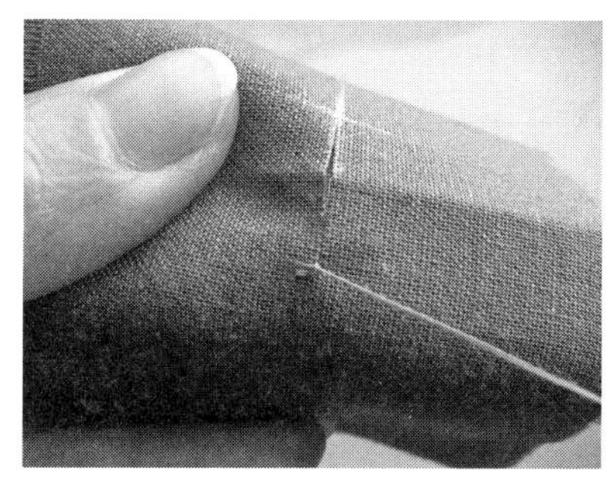

图1–18　锁眼②

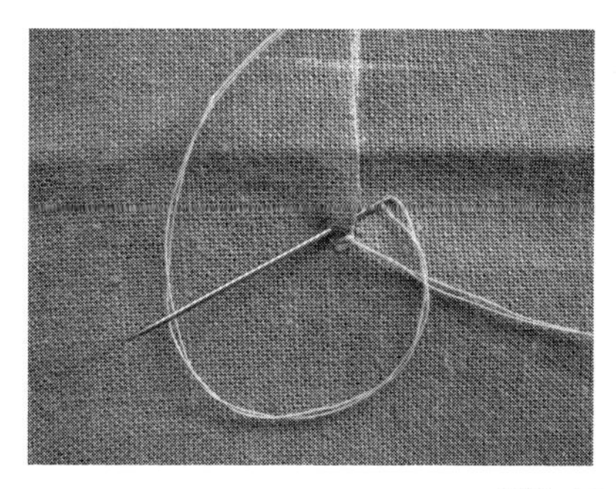
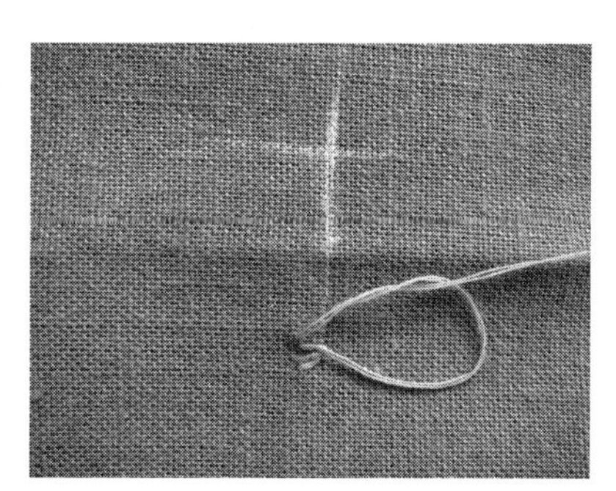

图1–19　锁眼③

（4）每针距离0.15cm，以此循环。锁缝时注意针距宽窄一致，倾斜度一致，以保证扣眼边缘锁缝的美观（图1–20）。

图1–20　锁眼④

（5）锁到扣眼的圆头时，针脚要随圆心的方向不断变化，呈放射状拉线要朝布面的右上方抽拉，拉力要均匀（图1–21）。

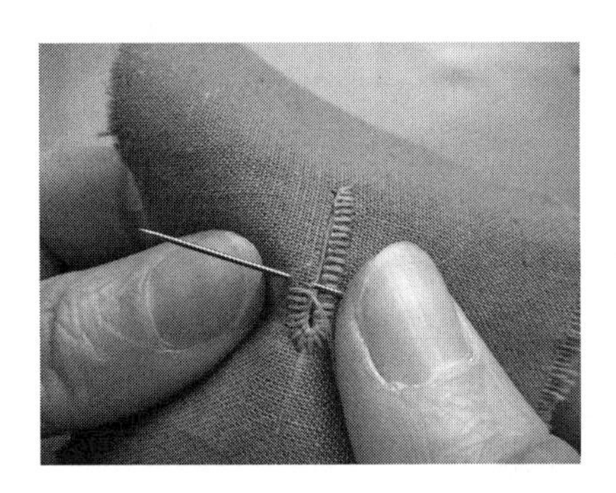

图1–21　锁眼⑤

（6）锁到扣眼尾端时，把针穿过左面第一针锁线圈内，使尾端锁线连接并在尾端缝两针平行针（图1–22）。

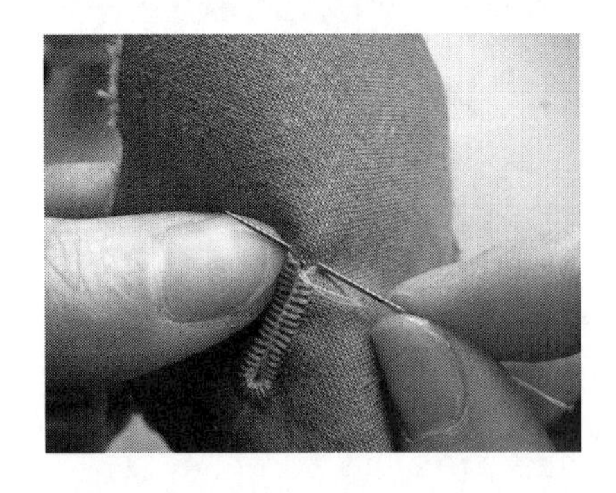
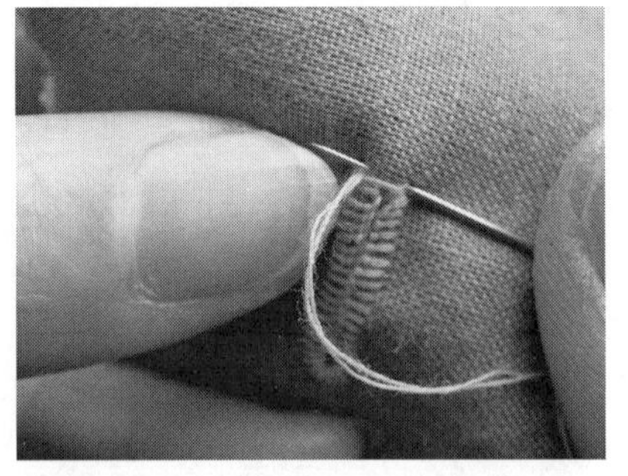

图1–22　锁眼⑥

（7）针线从扣眼中间空隙处穿出，在反面打结，并将线结留在衣片夹层内（图1–23）。

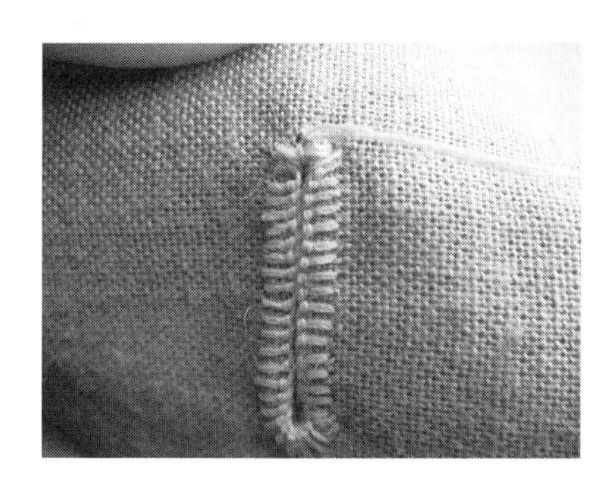
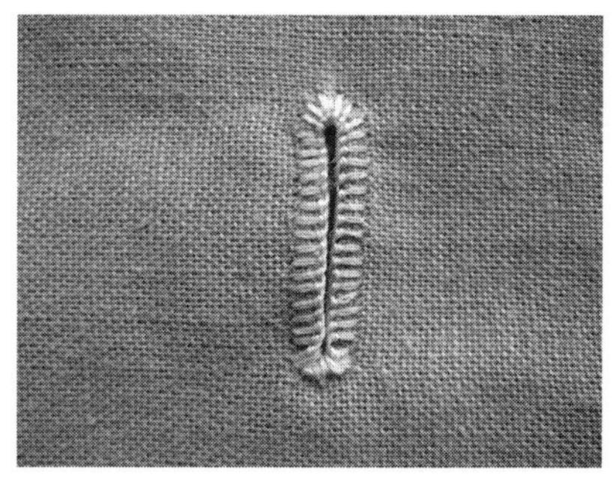

图1–23　锁眼⑦

2. **钉扣**

钉纽扣宜用双线或四股线。钉扣有实用性和装饰性两种。

（1）钉实用扣：面料有不同的厚度，为了使纽扣与衣服的面料之间留有一定间隙，服装上称绕扣脚，扣脚的长度由面料的厚薄决定。绕扣脚的方法是：将钉扣后的线留在纽扣与布料之间，然后用线绕缠扣脚，一般绕4～5圈，再将针缝向反面，打上线结，拉进衣料的夹层里，剪去多余的线（图1–24）。

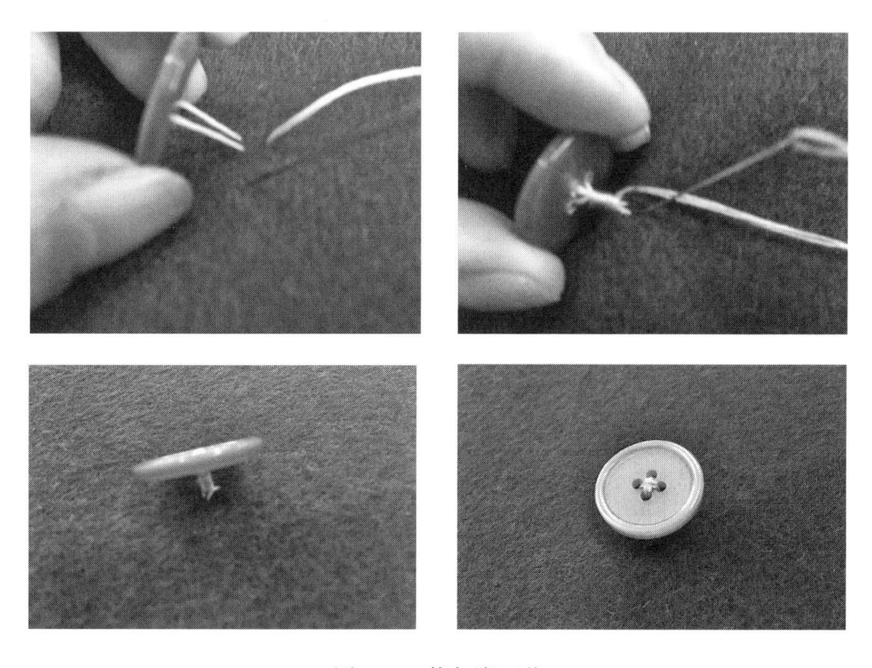

图1–24　绕扣脚工艺

（2）钉装饰扣：线尾打结后，从布的正面向下进针，使线结留在面料正面，用纽扣遮住，然后从布下面向上面进针并穿过一个扣眼，再从纽扣正面相邻或相对的扣眼向下进针，反复钉缝3～4次。钉扣形式可以为口字方形、平行二字形、交叉X形（图1–25）。

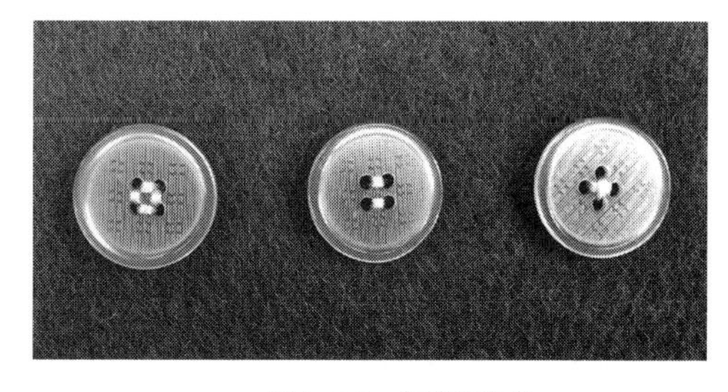

图1–25　钉扣形式

五、任务评价

1. 手缝基本针法评价表（表1–1）

表1–1　手缝基本针法评价表

序号	名称		质量要求	分值	自评	小组互评	教师评价
1	平针		针迹均匀整齐，针距不超±0.1cm	2			
2	回针	顺回针	针迹顺直，针距均匀不超±0.1cm	1.5			
		倒回针	适当拉紧缝线，针距均匀，不超±0.1cm	1.5			
3	缲针	明缲针	正面不露线迹，反面线迹要求大小不超±0.1cm	1.5			
		暗缲针	正面不露线迹，反面线迹要求大小不超±0.1cm	1.5			
4	三角针		正面不露线迹，反面线迹要求整齐，大小不超±0.1cm	2			
合计				10			

2. 锁眼、钉扣评价表（表1–2）

表1–2　锁眼、钉扣评价表

序号	名称	质量要求	分值	自评	小组互评	教师评价
1	锁眼	锁眼方法正确	4			
		针距宽窄一致，平服	2			
		针迹符合要求，大小不超±0.1cm，无明暗线头	2			
2	钉扣	缝线符合要求，走线一致，松紧一致	2			
合计			10			

工作任务1.2　机缝工艺

技能目标	知识目标
1. 掌握工业缝纫机的常规操作要领，并能用脚控制好缝制速度 2. 掌握平缝、来去缝、单包缝、双包缝、卷边缝等基本缝制工艺操作 3. 将基本缝制工艺运用到袖套、十字裆短裤等简易的日常用品中	1. 了解、认识常用工具的名称和其基本作用 2. 了解缝纫机基本结构原理，重视缝纫机安全操作要求 3. 熟悉机缝基本针法的工艺要求，掌握并进行规范操作

一、任务描述

将坯布裁成长30cm、宽6cm的长方形若干条，用平缝、来去缝、单包缝、双包缝、卷边等基本针法缝合。在拼布中，学会并掌握各种机缝基本针法，提高拼缝质量。

二、必备知识

1. 机缝工具的认识

（1）兄弟大地利DB2—B111缝纫机是目前较先进的单针自动切线工业平缝机，自动剪线装置系统能极大地提高工作效率（图1–26）。

（2）梭壳（图1–27）：工业缝纫机中不可缺少的机器零件。

图1–26　兄弟大地利缝纫机

图1–27　梭壳

（3）梭芯（图1–28）：与梭壳配套，装在针板下面的梭床内。车缝时，底线绕在梭芯上。

（4）机针（图1–29）：不同织物选择不同的缝针型号。14号工业机针是最常用的机针，机针号码越大，针身越粗。

图1–28　梭芯

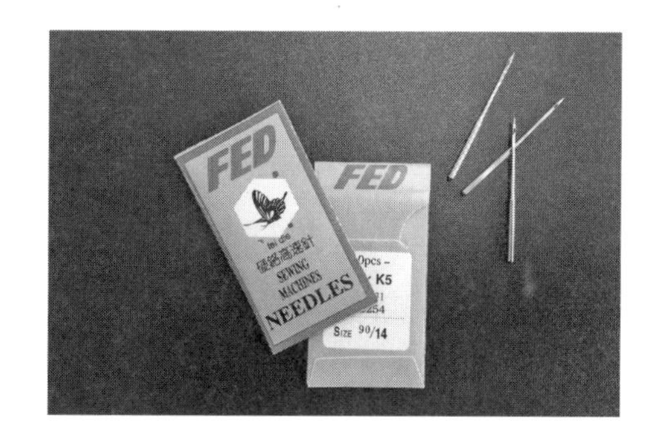

图1–29　机针

（5）镊子、锥子（图1–30）：产品制作的辅助工具，主要用于缝制过程中拆、挑、送布等工艺。也用来为服装裁片做标记。

（6）螺丝刀（图1–31）：用于缝纫机装针、调换压脚或者修理、调整机器的主要工具。

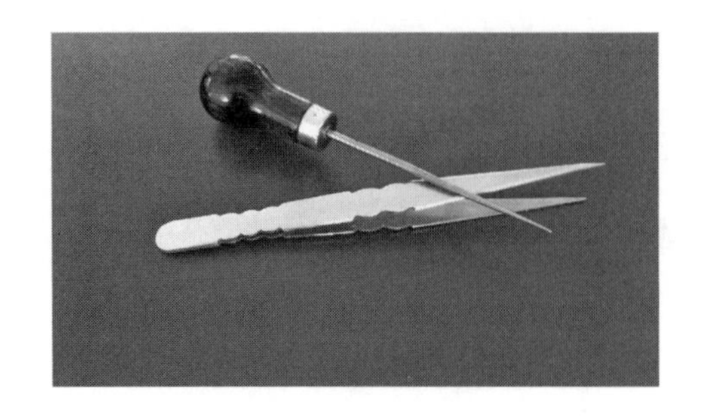

图1-30　镊子、锥子

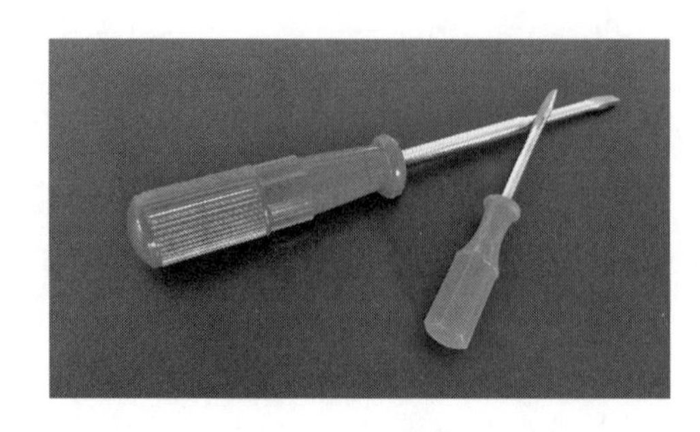

图1-31　螺丝刀

2. **缝纫前准备工作**

（1）梭芯绕线（图1-32）：将梭芯装入绕线器轴，将线顺时针方向在梭芯上绕几圈，开启电源，踩踏板转动机器绕线开始，满线后跳板会自动返回原位，绕线结束后，卸下梭芯。

图1-32　梭芯绕线

（2）装梭芯套：将梭芯装入梭壳内，线从梭壳调整簧片一端的线槽中引出，拉动缝线，确认梭芯是否逆时针转动（图1-33）。然后捏住梭壳小把手将梭芯套放在梭床中，听到"咔擦"声则安装完毕（图1-34）。

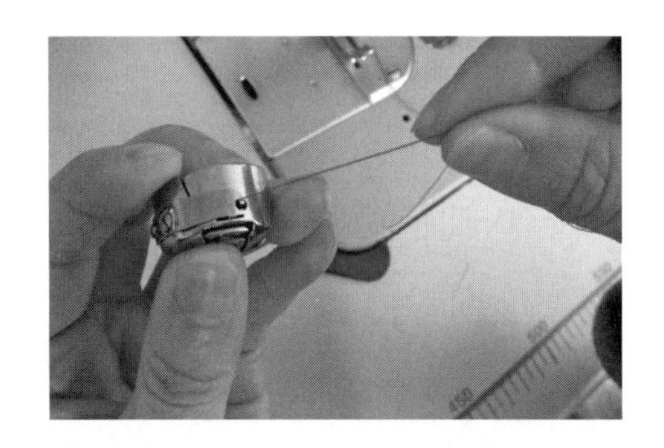

图1-33　装梭芯套①

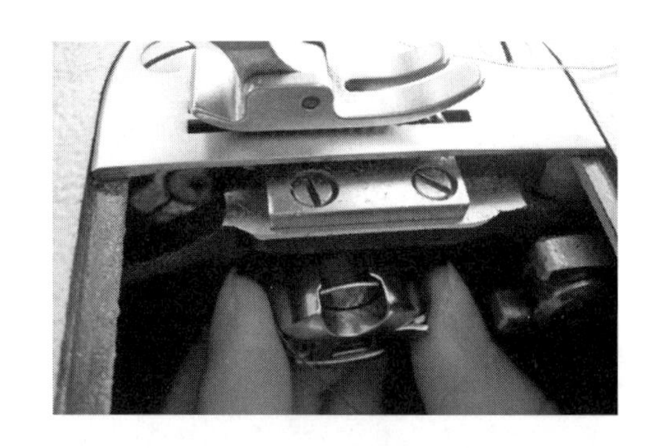

图1-34　装梭芯套②

（3）装机针（图1-35）：切断电源，转动缝纫机主动轮，使针杆停在最高位置。逆时针拧松固定螺丝，确认机针长槽面向左侧，将机针上端末插至最高点，然后顺时针旋紧固定螺丝。

（4）穿线方法：切断电源，转动缝纫机主动轮，使针杆停在最上位置，这样便于安全穿线。

穿面线步骤一般为：

①放线团→②线从后向前穿过线架→③过线杆→④夹线调节器→⑤向下绕过挑线簧和大线钩→⑥穿过挑线杆→⑦针杆线钩→⑧从左向右穿机针眼孔，并拉出10cm长的线头（图1-36）。

（5）针距的调节：针距标盘左右旋转，正上方与针距标盘数字对应，数字变大，针距变长（图1-37）。

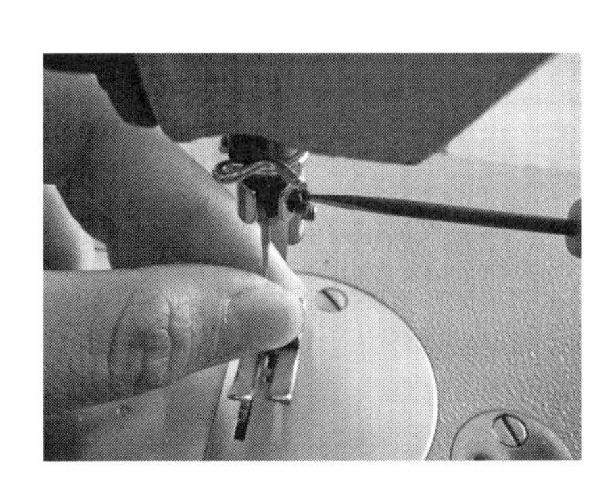

图1-35　装机针

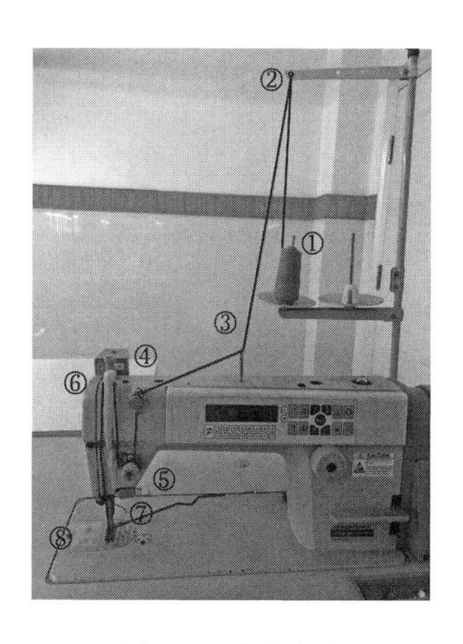

图1-36　穿线方法

（6）针迹的调节：分面线和底线针迹调节。面线调节是旋紧或旋松面板上夹线器的螺母（图1-38）。底线调节是用小号螺丝刀，微调梭壳的梭皮螺丝，使底线拉出时不松不紧（图1-39）。一般是面线根据底线进行调节，边试边查看底线和面线配合情况，使两者的张力平衡，使其交接点在缝料中间松紧适中。

（7）引底线：转动皮带轮一次，将底线钩出，同时将底线、面线放在压脚下方（图1-40）。

图1-37　针距的调节

图1-38　面线针迹调节

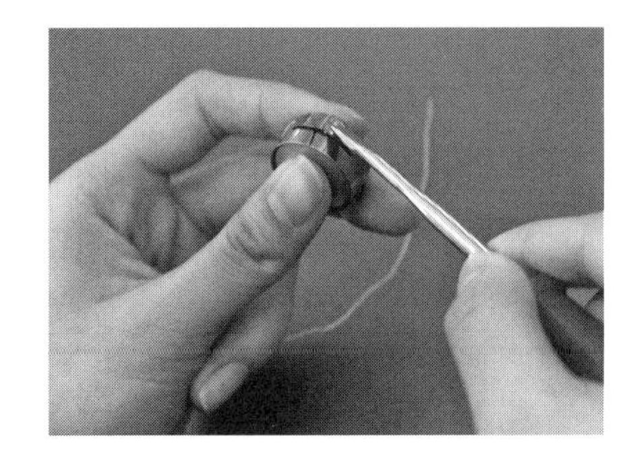

图1-39　底线针迹调节

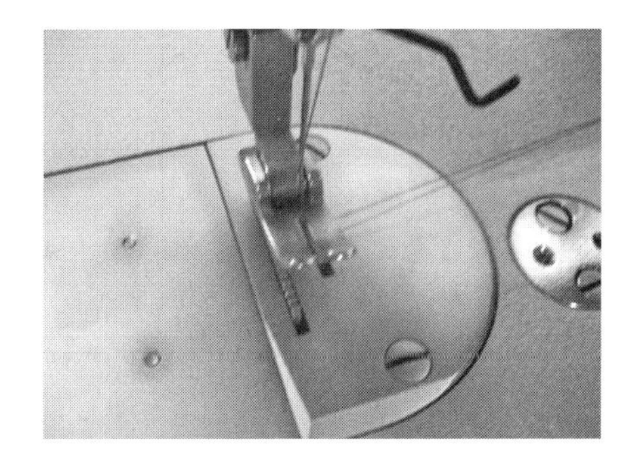

图1-40　引底线

（8）回针的方法：左手按住面料，右手按回针杆（图1-41）或回针装置（图1-42），

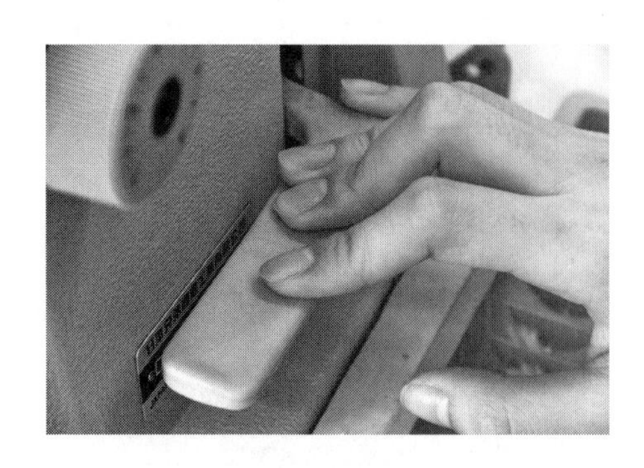

图1–41　回针杆

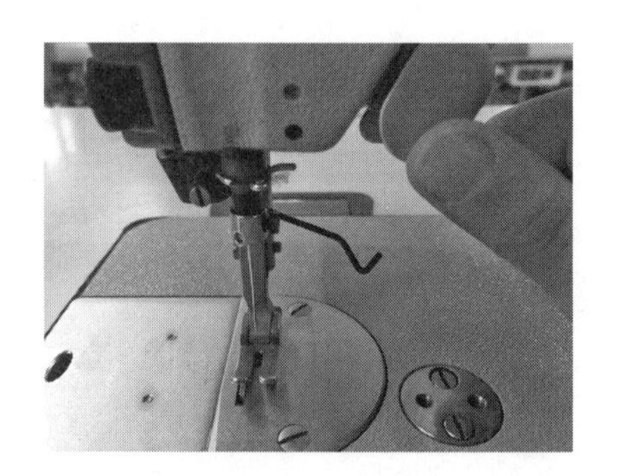

图1–42　回针装置

布料反送，松开回针杆或回针装置后布料正送。一般回针约3 ~ 4针，不易太长，要求回针处不能出现双线。

3. **机缝的手势**

机缝时上层裁片受到压脚的阻力，下层裁片受到送布牙的直接推送，往往容易产生上层长，下层短的皱缩现象。所以缝合上、下层时要注意手势，下层稍带，上层借助镊子或锥子向前推送裁片，这样才能使上下裁片保持松紧一致，不起涟形（图1–43）。

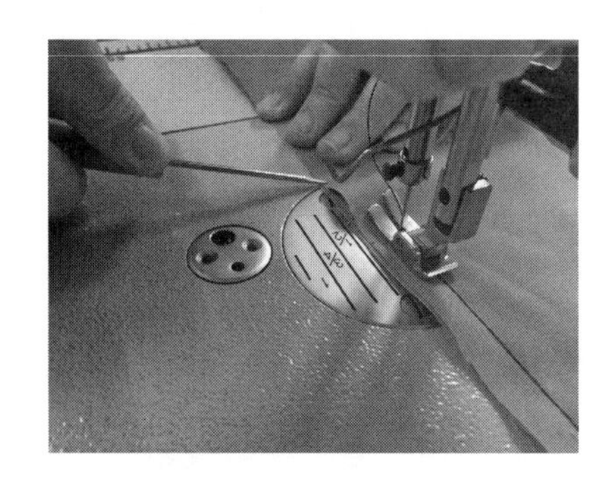

图1–43　机缝的手势

4. **机缝基本缝制方法**

（1）平缝：可以拼缝、接缝、合缝，是缝纫工艺中最基本的缝制方法。

操作方法：将两层缝料正面相对，在反面沿着预留缝份上下对齐进行缝合，一般缝份宽为0.8 ~ 1.0cm（图1–44）。

工艺要求：注意缝纫手势，上下层缝料要平服，缉线顺直，缝份宽窄一致。在缝制的开始和结束时都要求回针，以防止线头脱散。

（2）来去缝：是一种在缝料正面缝窄缝，修剪毛边后再次在反面缉一道线，正面不见

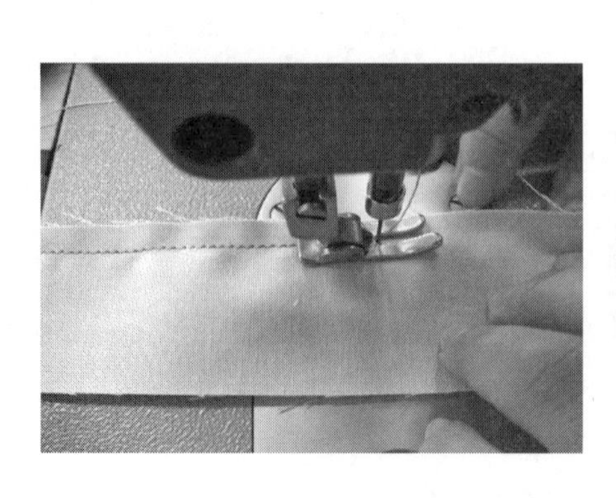

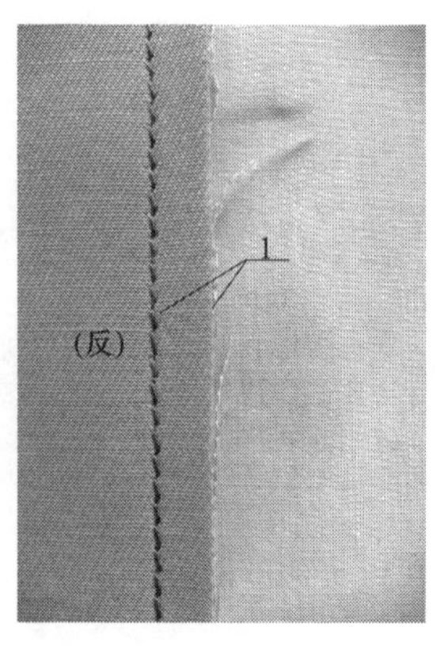

图1–44　平缝

线迹，无毛边的缝制方法。

①来缝：将两层缝料反面相对，上下层对齐，离毛边0.3cm缝缉第一道线（图1–45）。

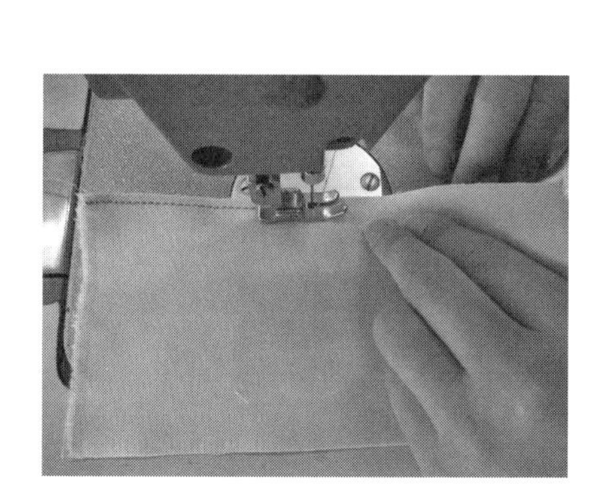

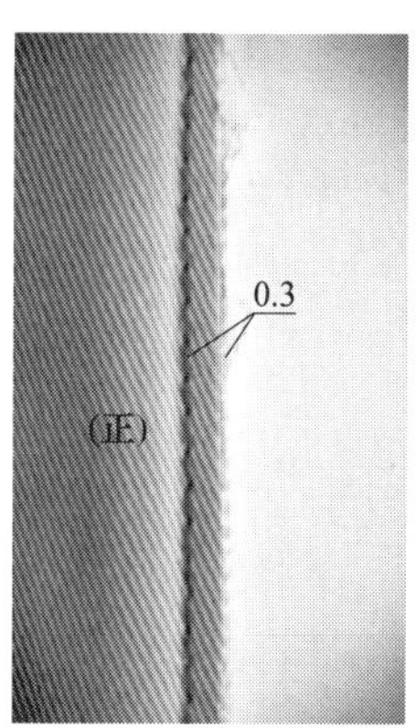

图1–45　来缝

②去缝：把毛边修光，将缝料翻转成正面相对，扣齐，无坐缝，离边缘0.6cm缉缝第二道线（图1–46）。

工艺要求：第一道来缝缝份不能太宽，如缝份或毛边较宽，可用剪刀将缝份修窄修整齐；第二道去缝不能压在布边上，无坐缝，无涟形，正反面都无毛边出现。

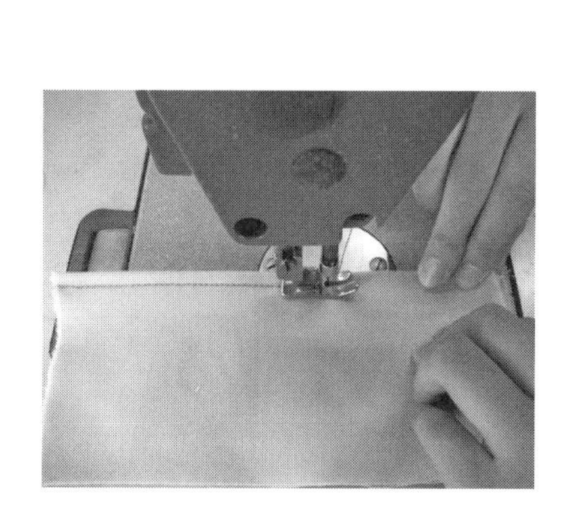

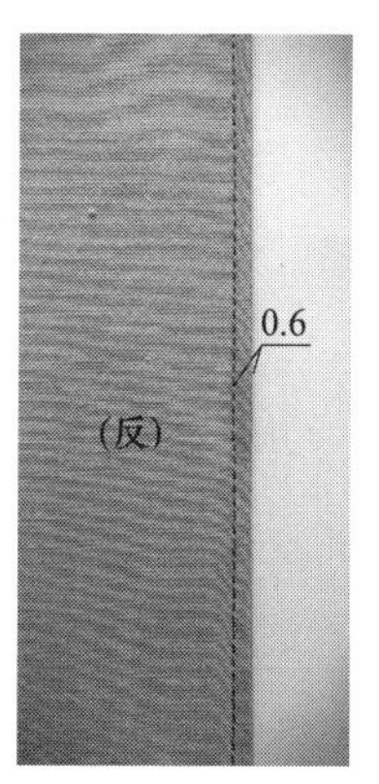

图1–46　去缝

（3）单包缝：是一种以一层缝料包住另一层缝料，正面露一条线迹，无毛边的缝制方法。

①两层缝料正面相对，上层缝料向左移动0.7cm。

②将下层缝料露出的缝份包转，距边缘0.6cm缝缉一道的压线。

③将上层缝料翻转，检查无虚缝后，正面压缉止口0.5cm（图1–47）。

工艺要求：在缝料的正面只能看到一道明线，在缝料的反面能看到两道缝线。缝份要折齐，明缉线顺直，正面无涟形，反面无下坑，反面两道线距离应相等。

（4）双包缝：是一种以一层缝料包住另一层缝料，正面露两条线迹，无毛边的缝制方法。

①两层缝料反面相对，上层缝料向左移进0.7cm。

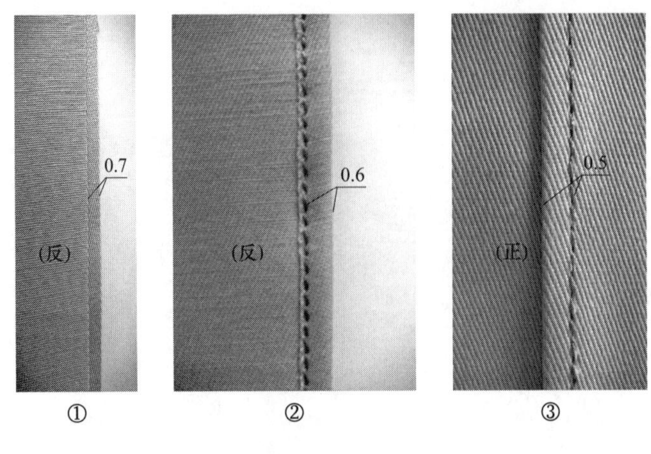

图1–47　单包缝

②将下层缝料露出的缝份包转，沿着毛边缝缉一道约0.6cm的压线。

③缝份向左方向折转扣齐，从缝料正面沿边缉缝一道0.1cm明线（图1–48）。

工艺要求：第一道包缝缉线是基础，缝合时要注意缉线的宽窄，还要注意把面线夹线器略调紧，因为此时的底线在缝料上当面线用；压第二道止口线时，夹线器恢复原样，下层略带紧，上层沿止口压缉0.1cm。缝好后缝料的正反面没有毛边，正面两道线间距相等。

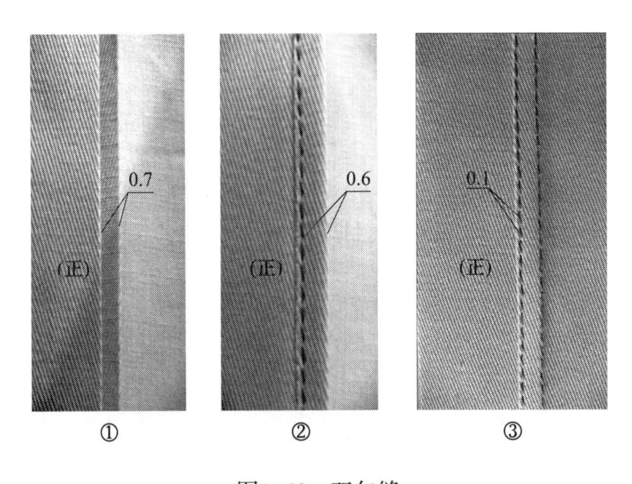

图1–48　双包缝

（5）卷边缝：是将缝料毛边作两次翻折卷光后，沿折边上口缝缉的缝制方法。

①缝料反面朝上，把毛边折转0.5cm左右。

②根据所需宽度再次折转，沿折光边缉0.1cm缉线（图1–49）。

工艺要求：缉明线时，还要注意把面线夹线器略调紧，因为底线在缝料上作面线用；缝合时必须一面推送上层缝料，一面稍拉紧下层缝料，做到无毛边露出，线迹与布边保持等距离，没有起涟现象。

【特别提示】

（1）每条缝份的开始和结束需打回针，回针不能出现双线。

（2）双包缝、卷边都存在着底线当面线的现象，所以在操作时要求把夹线器略调紧，

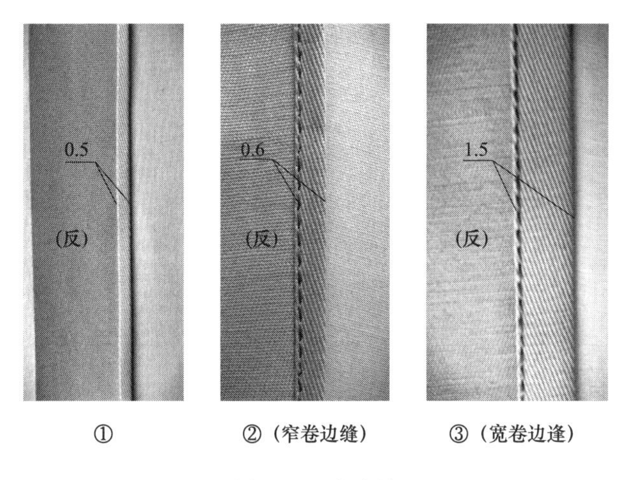

图1–49　卷边缝

这样有利于底线的美观。

（3）线迹要求：保持底线与面线松紧一致，不应该出现上线松、下线紧或下线松、上线紧的情况，保证服装产品的线迹整齐、牢固、美观。

（4）针距要求：3cm内14～17针。

（5）每条缝份拼合后要求缝料丝缕顺直，正、反面一致。

三、任务实施

1. 实践准备

（1）材料：长30cm、宽6cm的长方形坯布若干。

（2）工具：缝纫机、针、线、尺、剪刀、锥子等缝纫工具。

（3）实物样品一块（图1–50）。

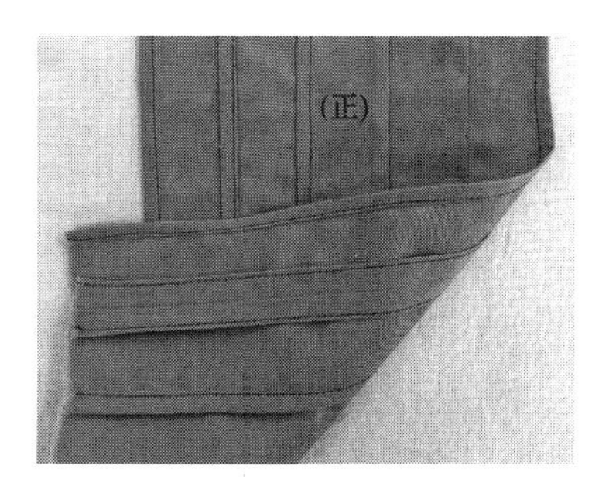

图1–50　实物样品

2. 操作实施

（1）将若干块长30cm、宽6cm的长方形坯布合成一块，使用平缝、来去缝、单包缝、双包缝等机缝针法将面料拼合，拼好后，用卷边缝把布边折光。

（2）操作步骤：平缝→来去缝→单包缝→双包缝→卷边缝。

（3）操作要求：机缝拼合后坯布形成30cm×15cm左右的长方形，做到长短、宽窄一致。

（4）在规定的课时内能规范进行各机缝针法的操作。

四、学习拓展

拓展一　缝制袖套

1. 袖套成品

袖套成品如图1–51所示。

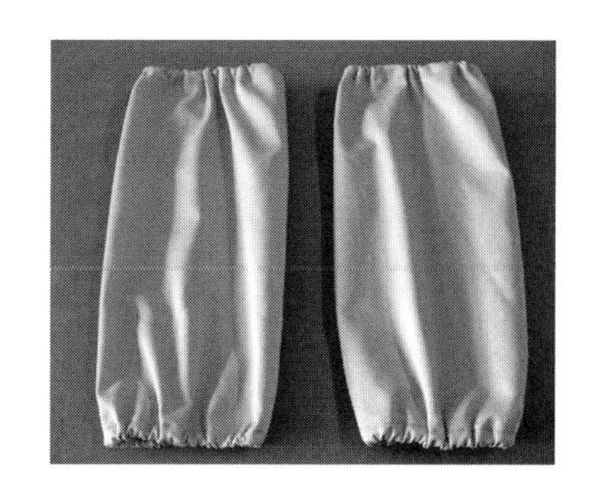

图1–51　袖套成品

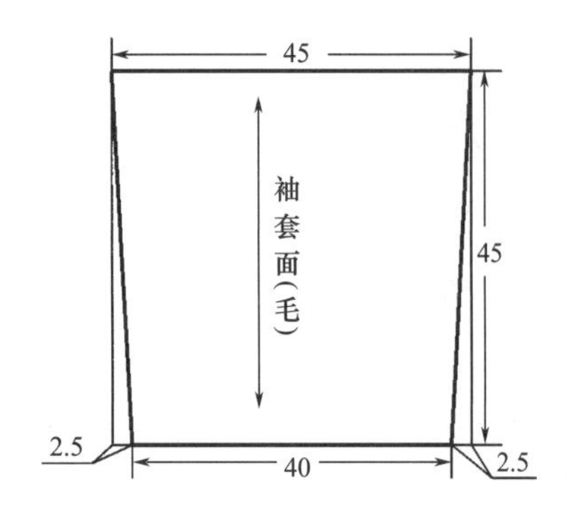

图1-52 袖套结构图

图1-53 袖套材料

2. **款式说明**

两侧卷边装松紧带，袖套工艺采用来去缝、卷边缝等最基本的缝制工艺，是初学者基本功练习较简单、实用的实习产品。

3. **结构图**（图1-52）

结构要求：

（1）形状：呈梯形状，上大下小。

（2）规格：长度45cm、下口40cm、上口45cm。

（3）取材选料：直丝缕，一般家用袖套都是就地取材，或用旧衣服改制，或用多余布料裁剪。布料大小可根据材料的大小来决定。

4. **材料准备**（图1-53）

（1）袖套面料2片；

（2）松紧带4根；

（3）对色线1轴。

5. **工艺流程**

缝合底缝→缝松紧带→卷边缝装松紧带

6. **制作步骤**

（1）缝合底缝：来缝缝份不能太宽，可用剪刀将缝份修剪至0.3cm；去缝0.6cm，不能缉在布边上，无坐缝，无涟形，正反都无毛边出现（图1-54）。

（2）缝松紧带：将松紧带先缝成一个个小圈，上袖口要大一点，具体大小可在自己身上试试，以自己合适的松紧度为宜（图1-55）。

（3）卷边缝、装松紧带：袖口卷边缝先折0.5cm、再折1.5cm两折折光，夹入松紧带圈缉缝0.1cm。卷边处自然抽褶进行整理，不起皱、不起涟（图1-56）。

7. **袖套的质量要求**

（1）符合成品规格要求。

（2）来去缝正面不露毛。

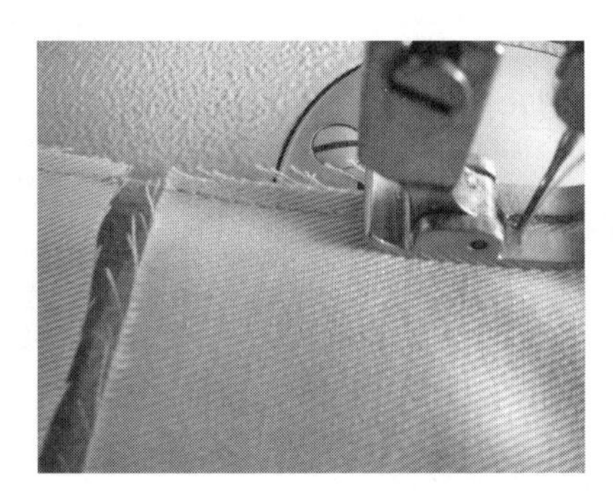

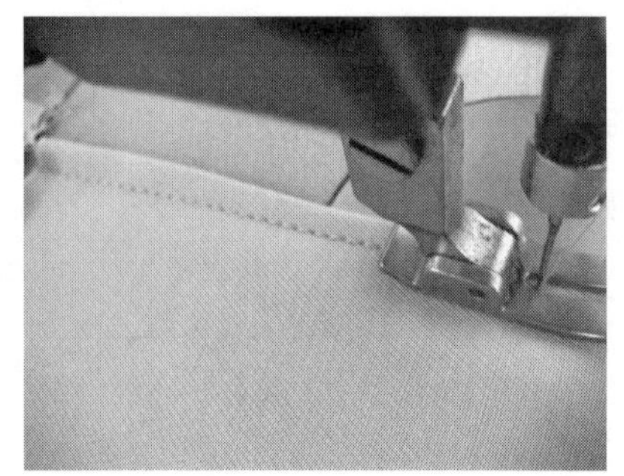

图1-54 缝合底缝

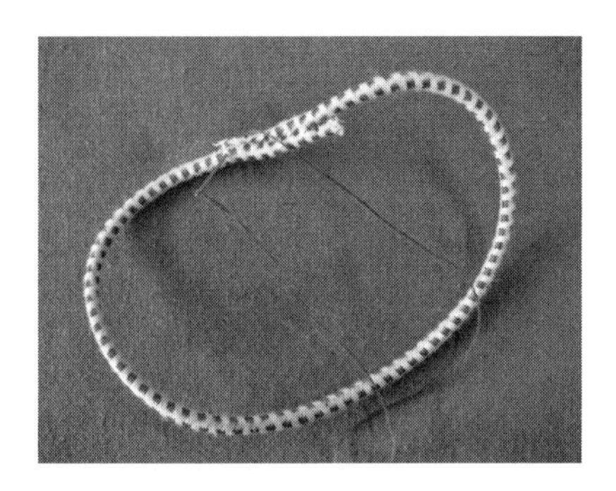
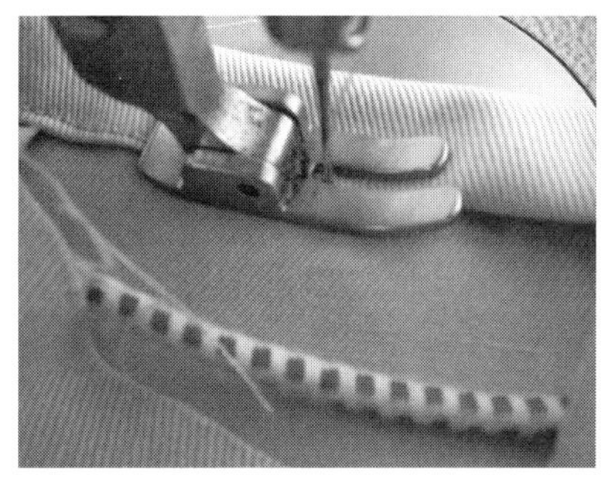

图1-55　缝松紧带

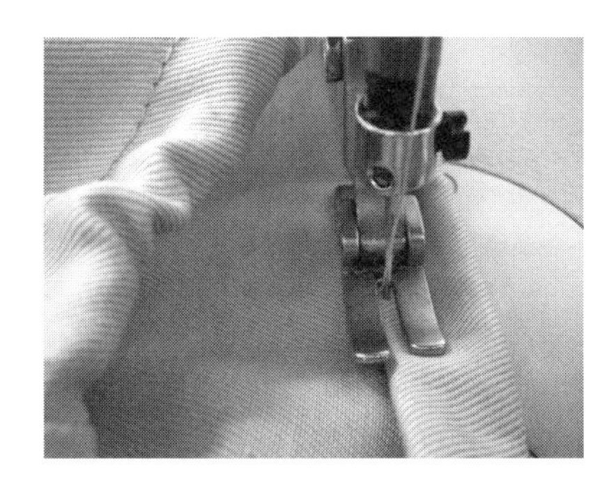
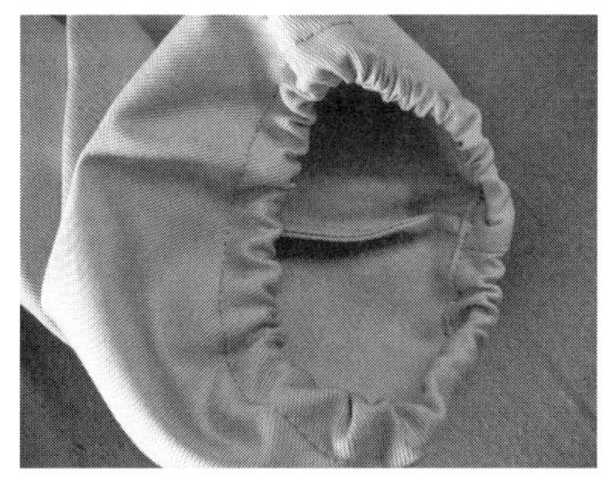

图1-56　卷边缝、装松紧带

（3）卷边缝宽窄一致，缉线不起涟、不断线、不漏针。

（4）松紧带松紧一致，使袖套有立体感。

（5）产品整洁，线头修理干净。

8. 袖套欣赏

采用拼接、蝴蝶结、花边等不同的工艺手段，做出丰富多彩的袖套（图1-57），同学们你们喜欢吗？大家一起快动手喽！

拼接

蝴蝶结装饰

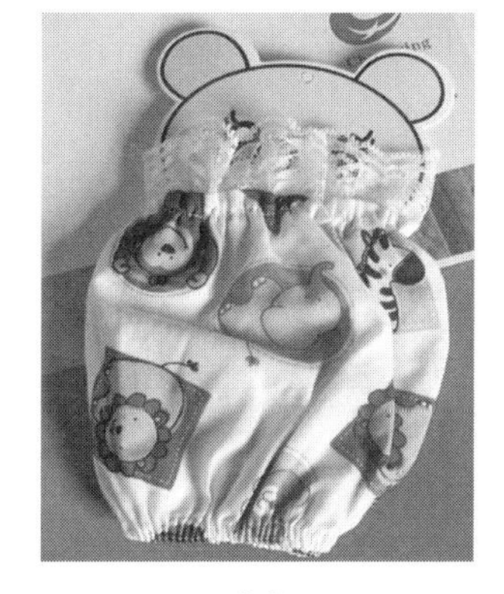

花边

图1-57　袖套欣赏

【特别提示】

（1）避免产品“一顺儿”的方法：一边从袖口到袖身，另一边从袖身到袖口，左右对称做，养成习惯。

（2）卷边缝时面线略调紧，0.1cm压线整齐，卷边缝宽窄一致，不扭不起涟。

（3）宽度卷边缝时，同时塞进松紧带，此工艺给学生带来一定难度，所以，要求学生卷边缝时一段一段放平，看准缝过去，下层略带紧。如果实在做不好，可以先卷边缝再穿松紧带，但此工艺需要预留出穿松紧带的洞，最后还要将其缝好。

拓展二　十字裆短裤工艺

1. 十字裆短裤成品

十字裆短裤成品如图1–58所示。

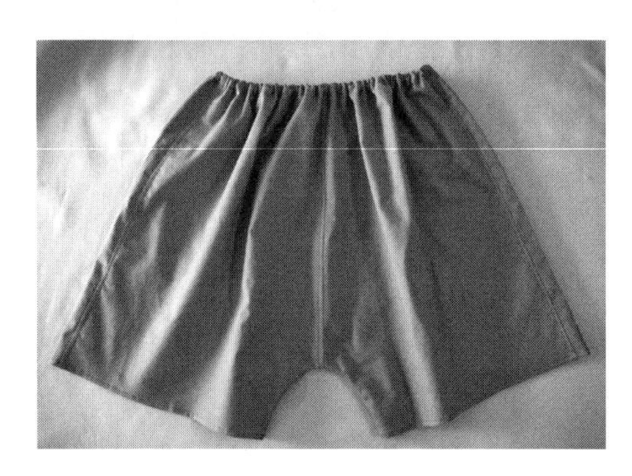

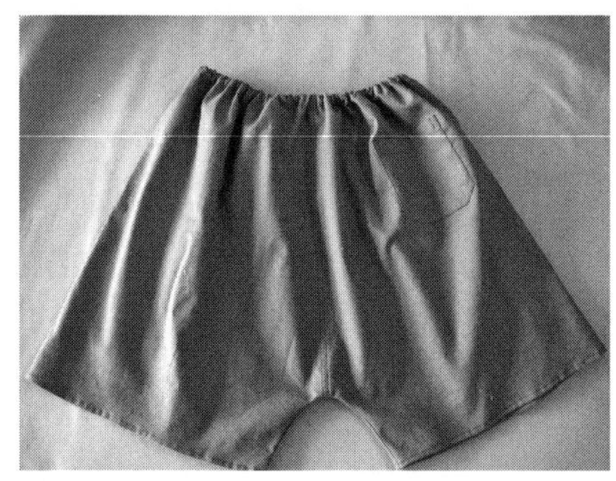

图1–58　十字裆短裤成品

2. 款式说明

右后裤片一侧有贴袋；单包缝明止口；脚口卷窄边；腰头卷宽边，中间留洞穿松紧带。通过单包缝和卷边缝两种基本缝制工艺，完成一条十字裆短裤的制作。

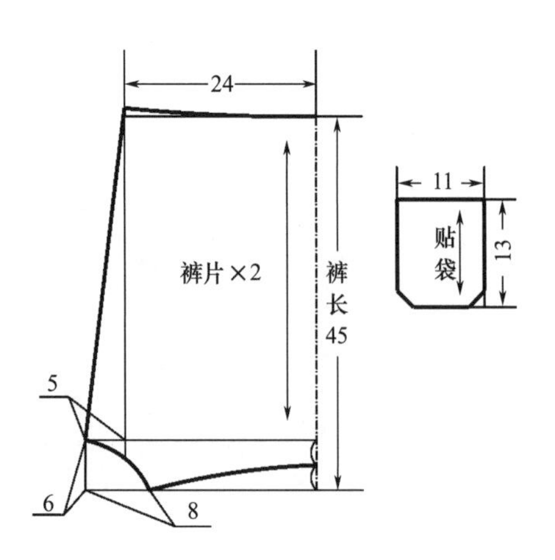

图1–59　十字裆短裤结构图

3. 结构图（图1–59）

结构要求：

（1）此结构制图为M号净样板，裁剪时需要放缝，缝份除腰口、袋口放2cm外其余都是1cm。

（2）为了节省面料，利用裆缝斜对斜排料，可以将整个裤片分成大、小裤片，运用单包缝将大、小裤片拼合。也可以将大、小裤片的直边取光边，直接用平缝完成。

4. 材料准备（图1–60）。

（1）大裤片2片；

（2）小裤片2片；

（3）贴袋1片；

（4）松紧带1根；

（5）对色线1轴。

5. **工艺流程**

做贴袋→缝合大、小裤片→缝合前、后裆缝→缝合下裆缝→卷裤脚边→卷腰口→穿松紧带→整烫。

6. **制作步骤**

（1）做贴袋。

①划出袋位：在右后裤片正面，距腰口10cm，距裆缝11cm处（图1–61）。

②烫袋口贴边：先折1.4cm，再折1.5cm，沿边缉0.1cm清止口（图1–62）。

③扣烫贴袋：按贴袋净样板三边扣光（图1–63）。

④装后贴袋：两端缉双止口线距贴边0.6cm回针加固，其余缉0.1cm清止口（图1–64）。

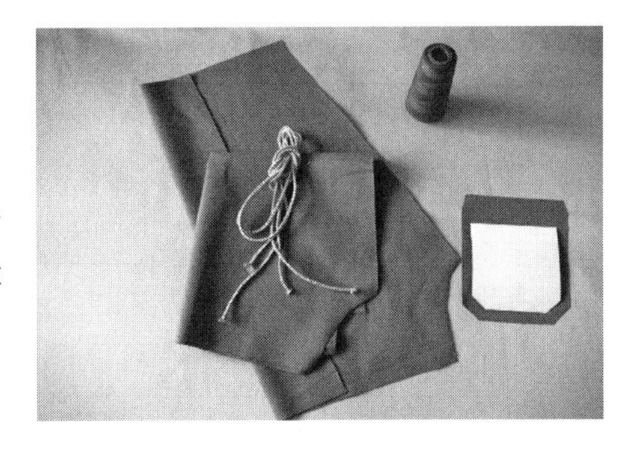

图1–60　十字裆短裤材料

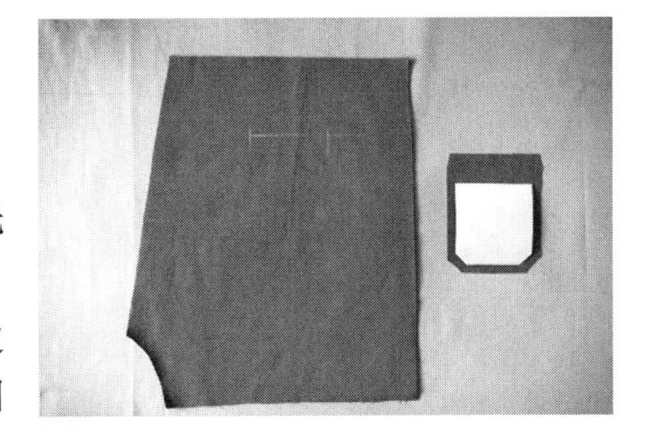

图1–61　划出袋位

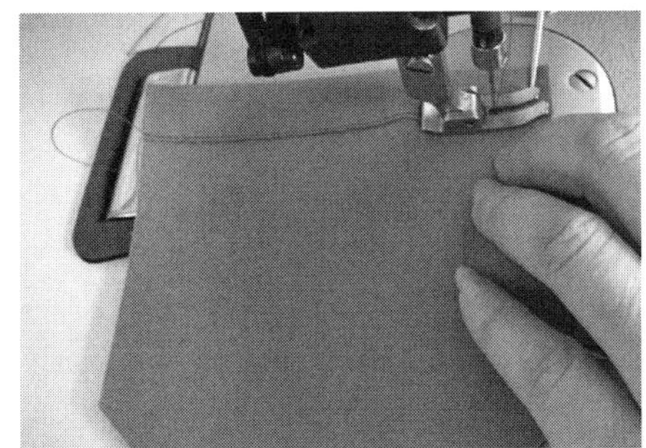

图1–62　烫袋口贴边

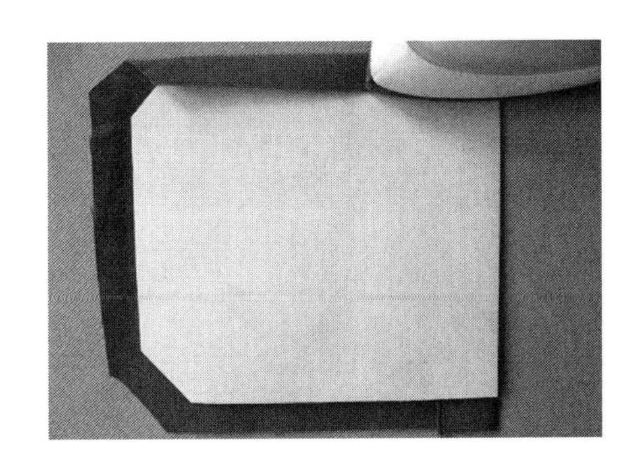

图1–63　扣烫贴袋

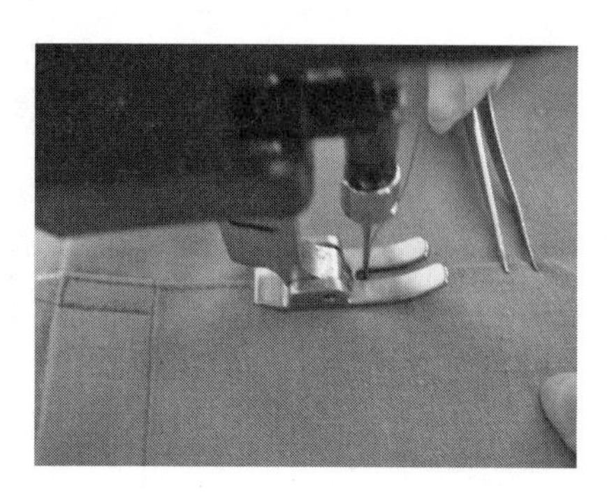
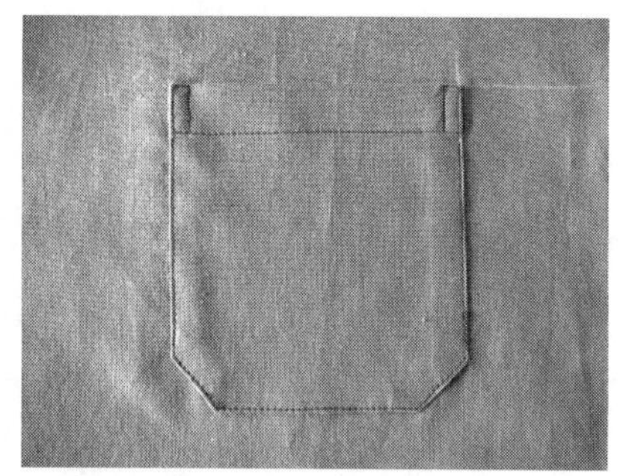

图1–64　装后贴袋

（2）缝合大、小裤片：采用单包缝，大裤片包小裤片，一片从腰口包到脚口，另一片从脚口包至腰口，要求对称做（图1–65）。

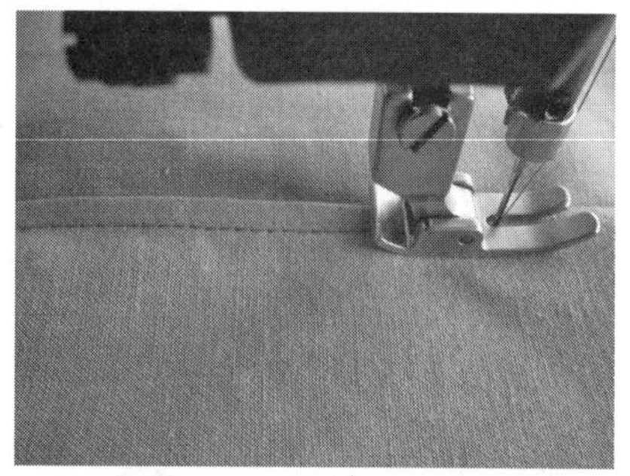

图1–65　缝合大、小裤片

（3）缝合前、后裆缝：采用单包缝，前、后裆缝为斜料，不要拉长，以免起涟（图1–66）。

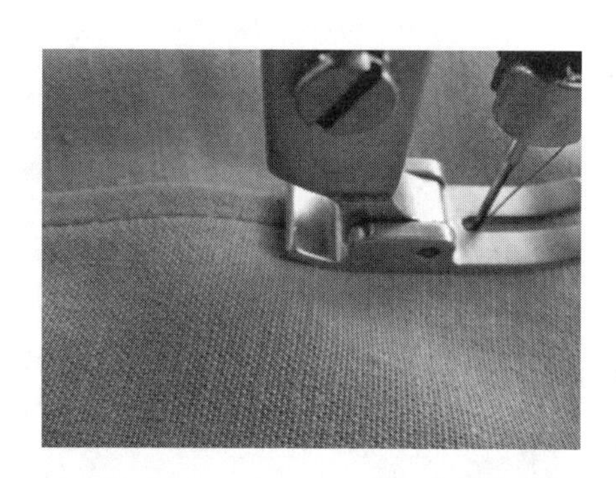
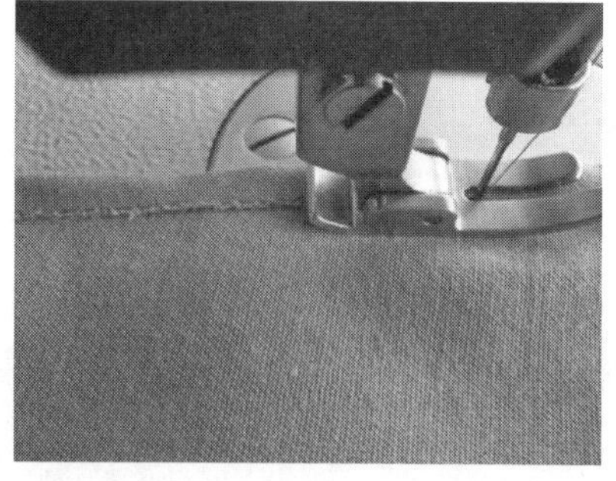

图1–66　缝合前、后裆缝

（4）缝合下裆缝：方法要求同上，强调缝对缝，线对线（图1–67）。

（5）卷裤脚边：卷窄边，先折0.4cm，再折0.5cm，沿折光边缉0.1cm，面线略调紧（图1–68）。

（6）卷腰口：卷宽边，先折0.5cm，再折1.5cm，沿折光边缉0.1cm，面线略调紧。起落针处回针，留1.2cm的洞以便穿松紧带（图1–69）。

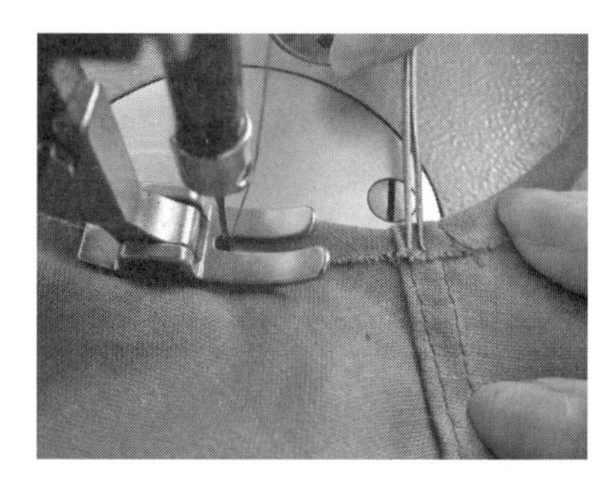
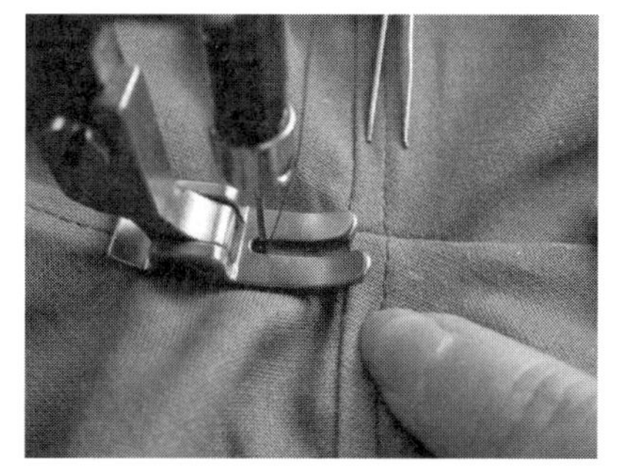

图1-67　缝合下裆缝

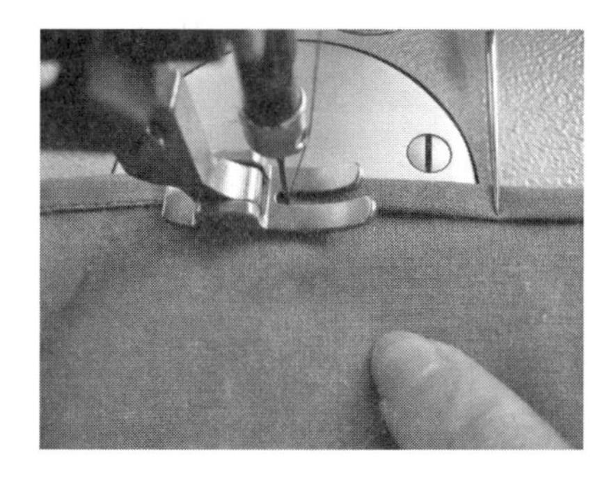
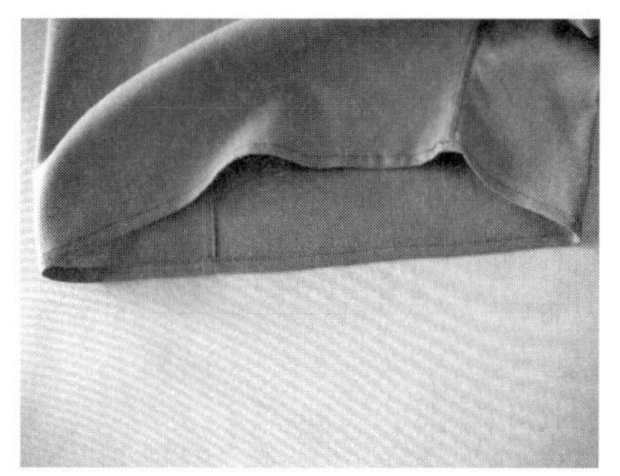

图1-68　卷裤脚边

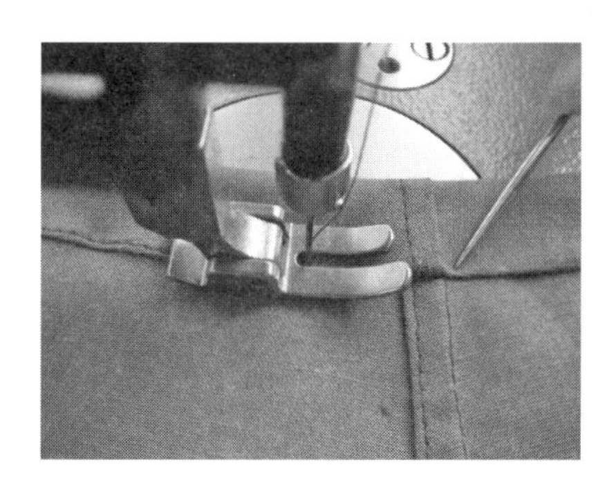
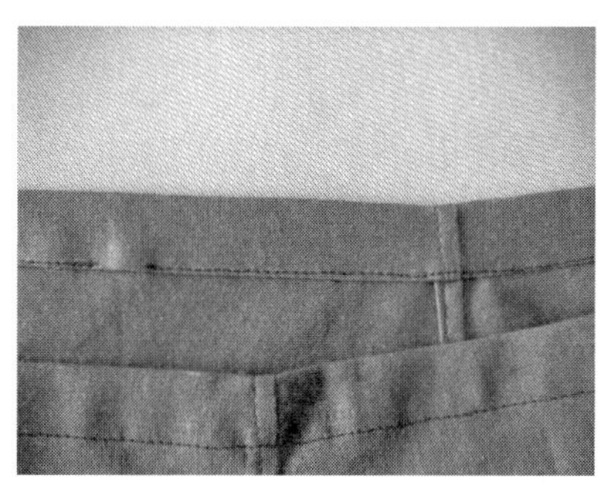

图1-69　卷腰口

（7）十字裆短裤（图1-70）。

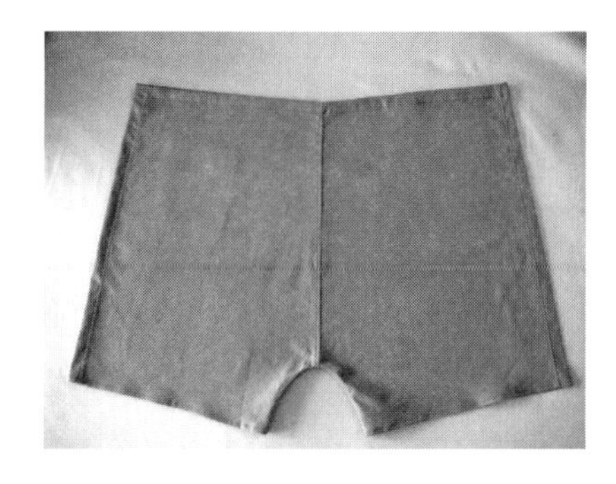
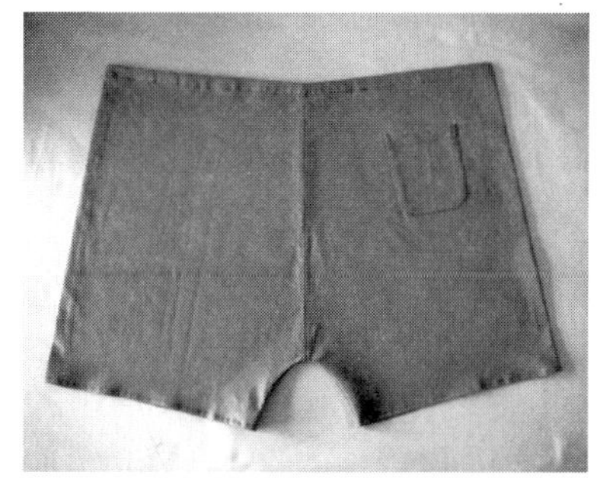

图1-70　十字裆短裤

（8）装松紧带：用穿紧器或夹子将松紧带穿进留洞口的夹层内，松紧带长短可视个人需要（图1–71）。

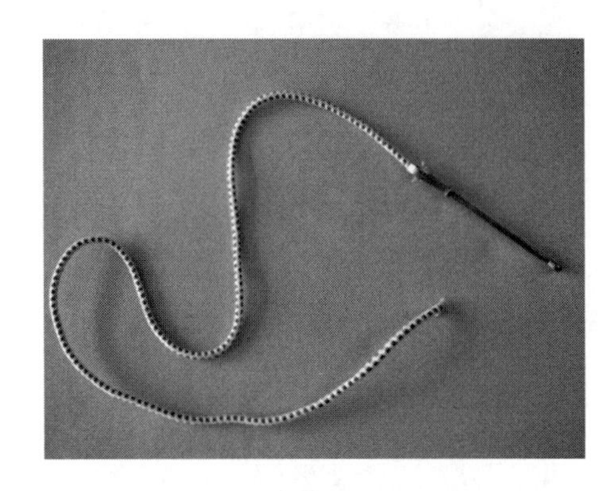

图1–71 装松紧带

（9）固定松紧带：松紧带穿出后，两头用手针固定（图1–72）。

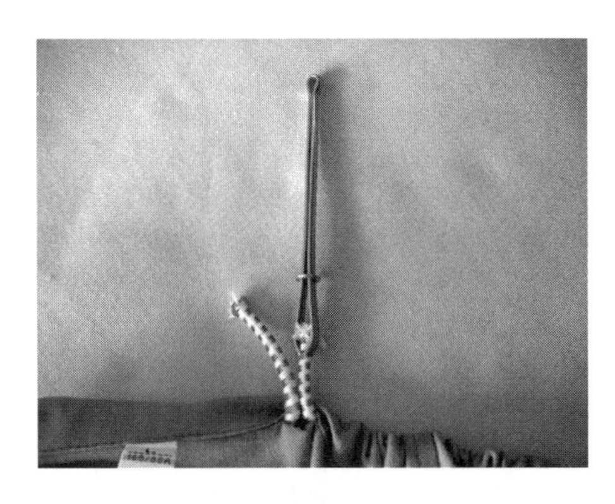
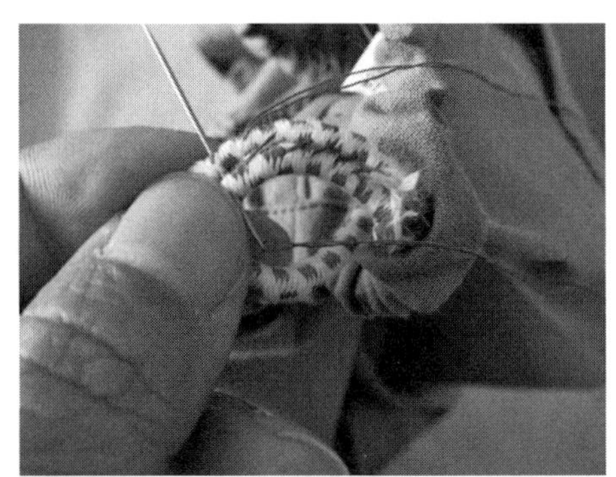

图1–72 固定松紧带

7. 十字裆短裤的质量要求

（1）符合成品规格要求。

（2）单包缝正面缉线顺直，宽窄一致，反面不能有漏落针。

（3）脚口、腰口卷边缝宽窄一致，缉线不起涟、不断线、不漏针。

（4）产品整洁，线头修理干净。

【特别提示】

（1）十字裆短裤单包缝工艺要求左右对称做，即一片从腰口包到脚口，另一片从脚口包至腰口，这样才能避免成品出现“一顺儿”现象，导致裁片无法拼合。

（2）十字裆短裤采用的单包缝有直丝缕、略斜丝、斜丝三种状态的单包缝，当裁片为斜丝包缝时很容易拉长、起涟，在操作时千万不能拉紧而是需要推送进去。

（3）贴袋工艺在袋口加固处有不同的缝制方法，如回针法、车缝三角法、打套结等（图1–73）。注意观察，你会有很多收获。

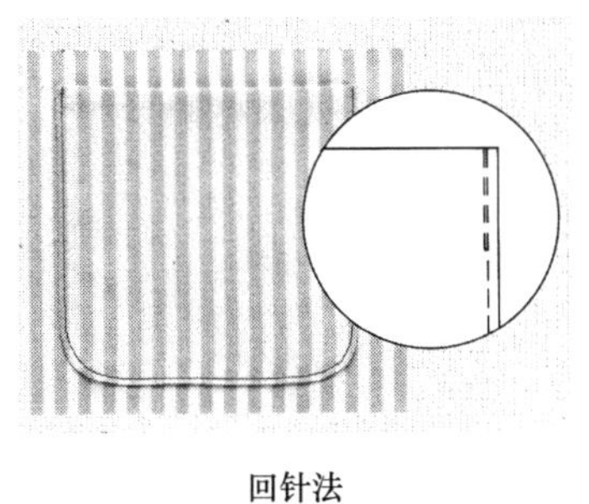

回针法

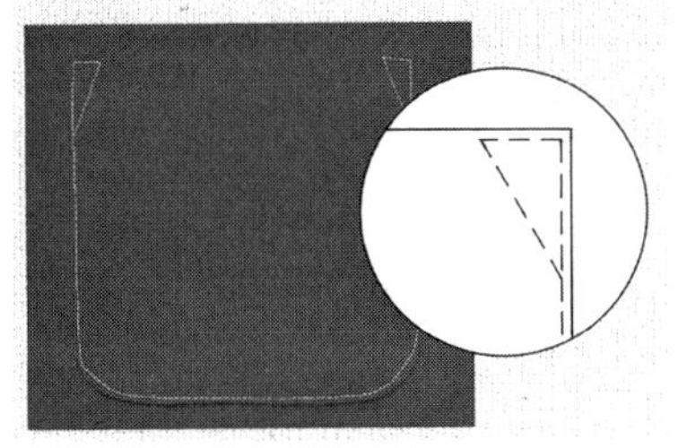

车缝三角法

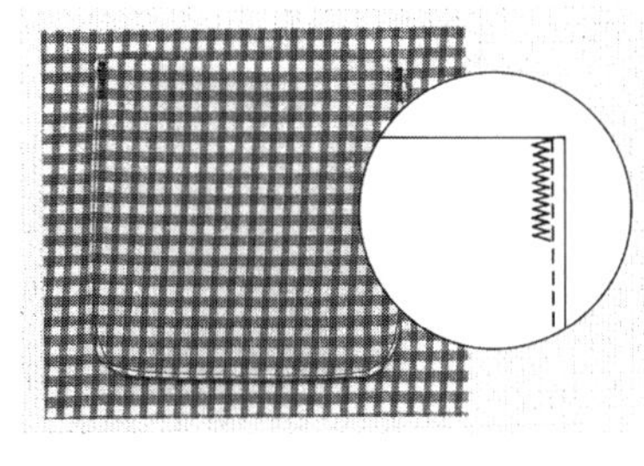

打套结

图1-73　袋口加固方法

五、任务评价

1．机缝基本针法评价表（表1-3）

表1-3　机缝基本针法评价表

序号	名称	质量要求	分值	自评	小组互评	教师评价
1	平缝	缝料平服，缉线顺直，缝份宽窄一致，回针牢固，无双线	2			
2	来去缝	缝份宽窄一致，无坐缝，无涟形，正反都无毛边	2			
3	单包缝	缝份要折齐，明压线顺直，正面无涟形，反面无下坑，反面线与线之间距离相等	2			
4	双包缝	正面线与线之间距离相等，底面线松紧一致，缝好后缝料的正反面没有毛边	2			
5	卷边缝	无毛边露出，线迹与布边保持等距离，没有起涟现象	2			
合计			10			

2．袖套工艺评价表（表1-4）

表1-4　袖套工艺评价表

序号	名称	质量要求	分值	自评	小组互评	教师评价
1	尺寸	符合成品规格	2			

续表

序号	名称	质量要求	分值	自评	小组互评	教师评价
2	来去缝	缉线顺直，缝份准确，来去缝份正面无毛边，无“一顺儿”	2			
3	缝松紧带	松紧带两端手针缝牢后，松紧适宜	2			
4	卷边缝	压线整齐，卷边缝宽窄一致，不扭不起涟	4			
合计			10			

3. **十字裆短裤工艺评价表（表1-5）**

表1-5　十字裆短裤工艺评价表

序号	名称	质量要求	分值	自评	小组互评	教师评价
1	尺寸	符合成品规格	2			
2	贴袋	四角方正，0.1cm缉线顺直，封口牢固	2			
3	单包缝	明压线顺直，正面无涟形，反面无下炕	4			
4	卷边缝	压线整齐，卷边缝宽窄一致，不扭不起涟	2			
合计			10			

工作任务1.3　熨烫工艺

技能目标	知识目标
1. 正确判断熨斗温度，正确使用蒸汽电熨斗 2. 掌握基本的熨烫操作方法 3. 能根据实际情况选用匹配的黏合衬熨烫 4. 运用到实际生活中，整烫简单的衣物	1. 了解、认识熨烫所需要的工具和其基本用途 2. 了解常规面料的熨烫温度、时间及熨烫方法 3. 掌握熨烫的基本要领和操作方法，并进行规范操作 4. 了解黏合衬的分类方法及基本性能，了解常用的黏合设备，掌握黏合衬选用的原则

一、任务描述

熨烫工艺贯穿于缝制整件产品的始终。黏合衬工艺又为熨烫工艺增添了新的内容，以黏合衬工艺为例，在熨烫过程中，学会基本的熨烫操作方法，并运用于实际产品中，提高熨烫操作的熟练程度。

二、必备知识

1. 熨烫工具的认识

（1）调温电熨斗（图1–74），家用熨烫的主要工具，有自动调温、控温和喷水雾等功能，使用极为方便。功率一般有300W、500W、700W三种。

（2）蒸汽吊瓶电熨斗（图1–75），工业用熨烫工具，利用吊挂水瓶，将水通入电热蒸汽熨斗内，加热汽化后喷出。蒸汽吊瓶电熨斗的功率一般不低于1000W，适用于成品整烫和呢料织物的归、拔工艺。

（3）烫台（图1–76），常用有抽气烫台和简易烫台。工业上用抽气烫台，可以把衣服中蒸汽抽掉，使熨烫后的部件或衣服快速定型、干燥。

（4）长烫凳、圆烫凳（图1–77），熨烫的辅助工具。上层板面铺少许棉花，中央稍厚，四周略薄，用棉布包紧。用于熨烫已缝制成圆筒的制品。

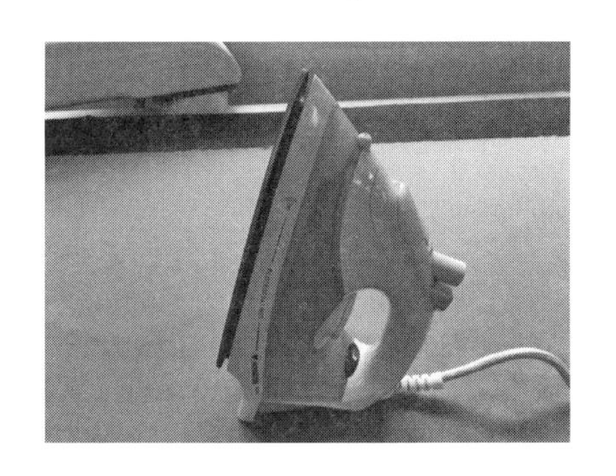

图1–74　调温电熨斗

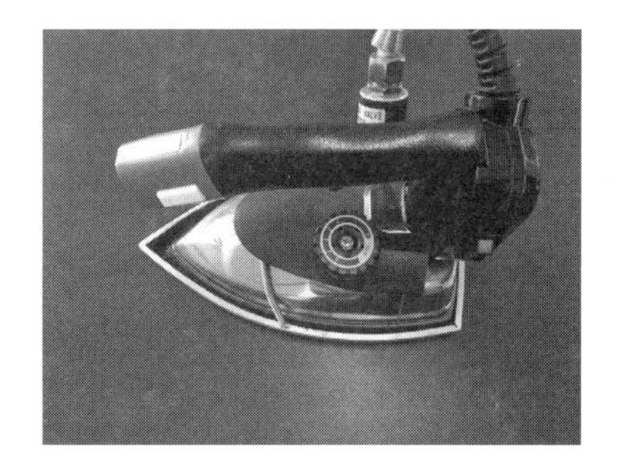

图1–75　蒸汽吊瓶电熨斗

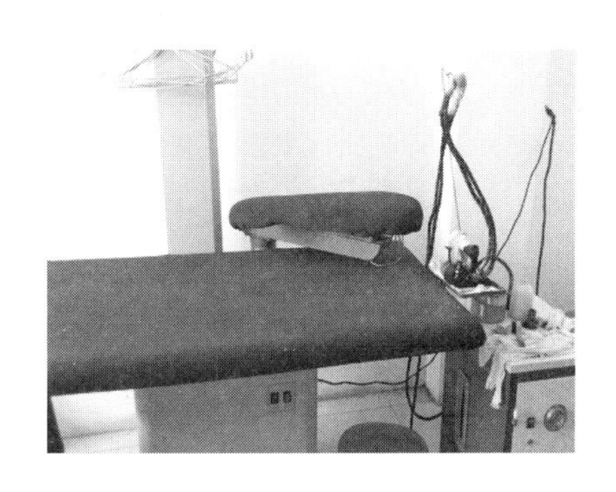

图1–76　烫台

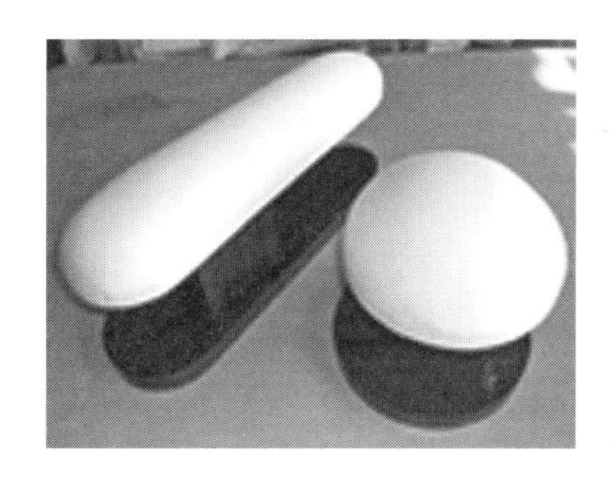

图1–77　长烫凳、圆烫凳

2. 蒸汽吊瓶电熨斗的使用方法

（1）把装满水的吊瓶挂在离工作台上方2m左右处，将水管两端分别连接在吊瓶水阀（图1–78）和电磁阀进水嘴（图1–79）接头上。

（2）确认使用电压是否符合要求，然后打开电源开关（图1–80）。调节熨斗温度控制旋钮至所需温度的档位（1～5档）（图1–81），通电2分钟左右，显示器闪烁3次，提示已调整到新的温度。

（3）待电源指示灯熄灭，按压手柄上的蒸汽开关，蒸汽喷出，开始正常熨烫，松开开

图1-78　吊瓶水阀

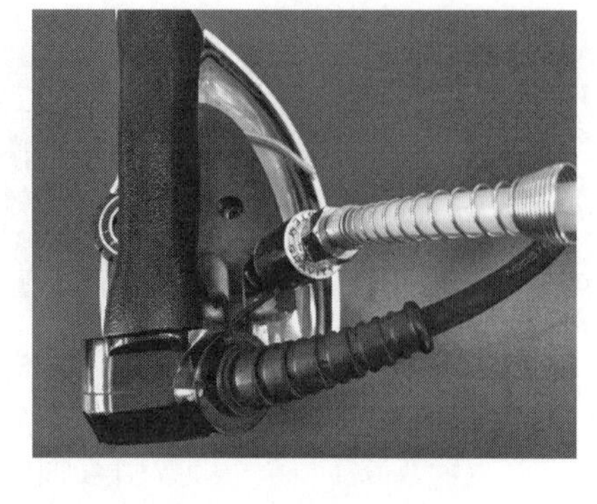

图1-79　电磁阀进水嘴

图1-80　电源开关

图1-81　熨斗温度控制旋钮

关，电磁阀关闭，待熨斗内残存的水汽化完，喷汽停止（图1-82）。

（4）熨烫完毕，将熨斗正放在垫板上，将温度旋钮旋到OFF处，关上电源开关，拔掉电源插座（图1-83）。

图1-82　蒸汽开关

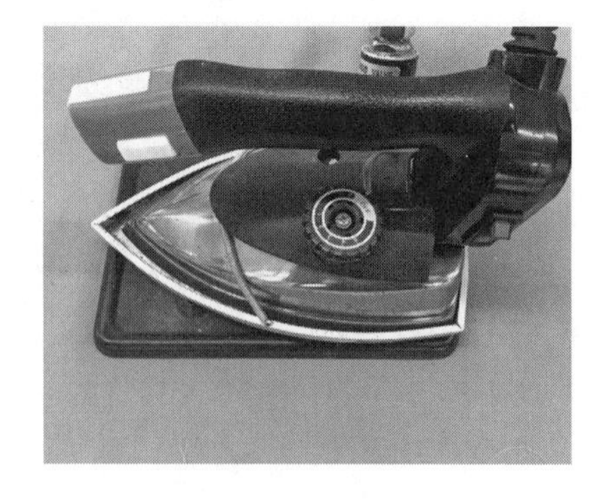

图1-83　关闭电源

3. 织物熨烫工艺参数

温度、湿度、压力和时间是决定熨烫效果的工艺条件。为了得到良好的熨烫效果，根据不同的面料，在调温熨斗中选择合适的档位，并注意工艺要点（表1-6）。

表1-6　织物熨烫工艺参数

档位	温度高低	温度	适合的织物	工艺要点
1档	预热	100℃		
2档	低温	100～120℃	尼龙织物	边角料试烫
3档	中温	120～150℃	丝绸、合成面料	反面熨烫
4档	高温	150～180℃	棉类、毛制品	边喷水，边熨烫
5档	高温以上	180℃以上	麻类、厚衣料	盖水布熨烫

4. **各种熨烫标志的识别**

熨烫标志实际上是服装及材料的说明书，由国家统一规定的图形表示熨烫标志的识别（表1-7）。

表1-7　熨烫标志的符号识别

图示			
说明	表示不能用熨斗熨烫	100～120℃低温熨烫	130～150℃中温熨烫
图示		低	高
说明	180～200℃ 较高温熨烫	垫湿布100～120℃ 低温熨烫	垫湿布200～250℃ 高温熨烫

5. **熨烫的操作形式**

（1）平烫分缝，左手把缝份分开，右手握熨斗缓慢向前推，主要用于上衣的背缝、摆缝、裤子的侧缝等，要求分缝不伸、不缩、平挺（图1-84）。

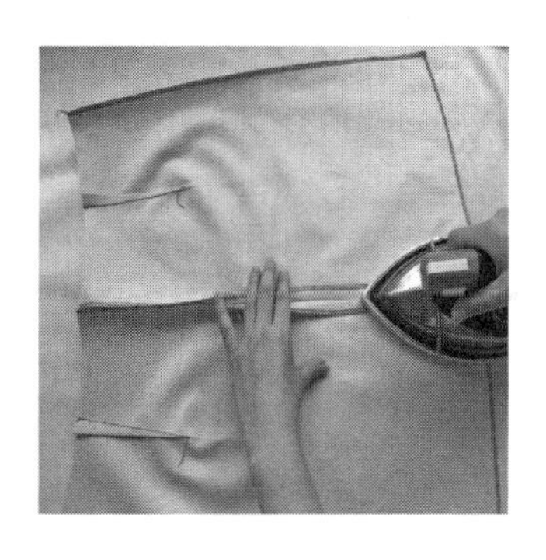
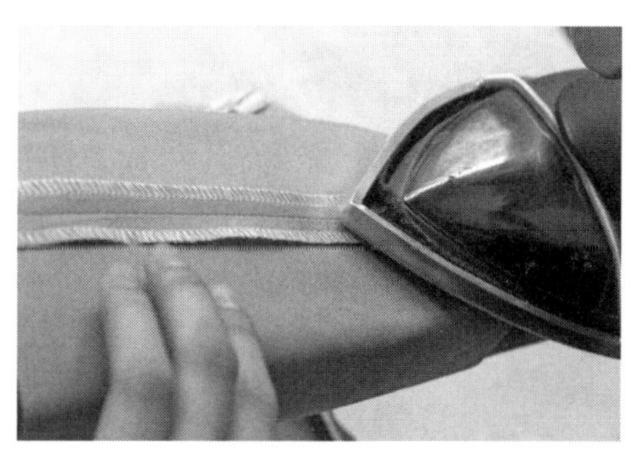

图1-84　平烫分缝

（2）扣缝熨烫，把衣片折边或翻边处按预定要求扣压烫实、定型的熨烫，按服装部位的不同，扣缝分为直扣缝，如直角贴袋（图1–85）；弧形扣缝，如圆角贴袋（图1–86）等。

图1–85　直扣缝

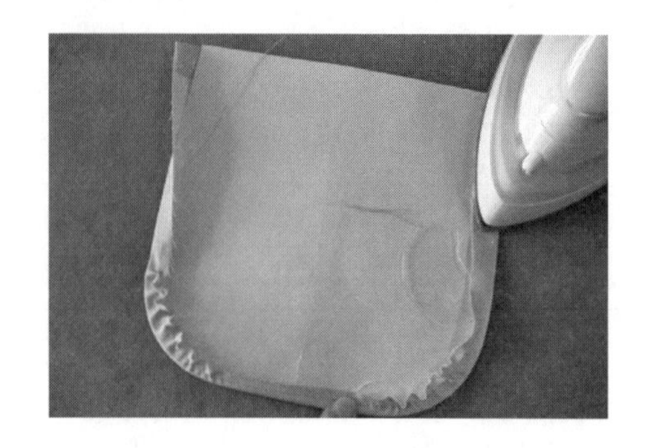

图1–86　弧形扣缝

（3）归烫，在衣料上喷上水花，左手把衣片需归拢的部位推进，先外后内，用力将熨斗向归拢的方向熨烫，用符号“ ”表示（图1–87）。

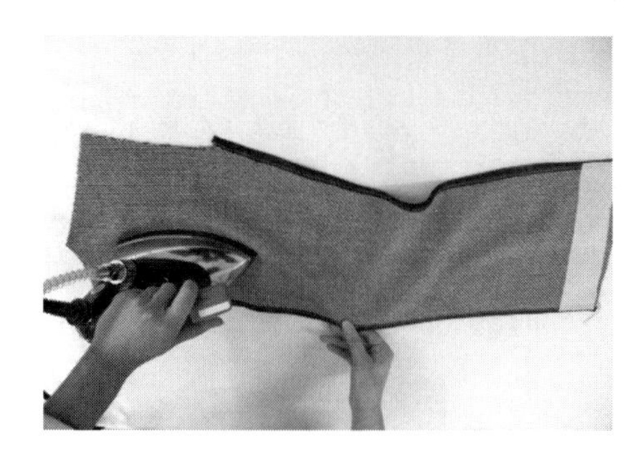

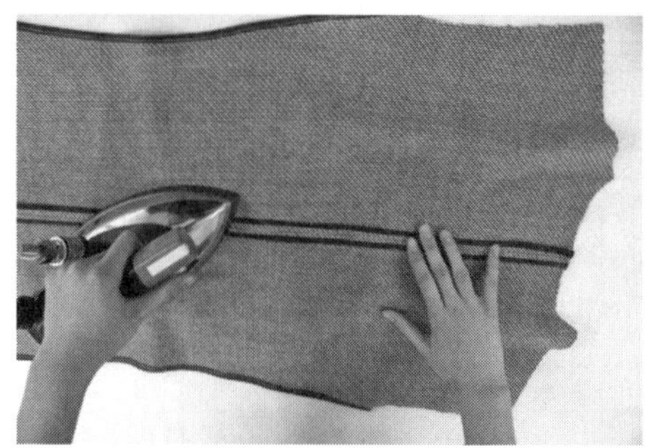

图1–87　归烫

（4）拔烫，在衣料上喷上水花，右手握熨斗，左手拉住衣片需拔开的部位，用力将熨斗向拔宽的方向熨烫，用符号“ ”表示（图1–88）。

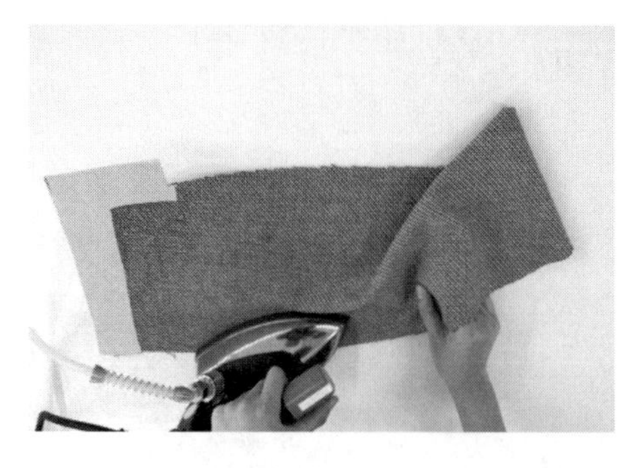

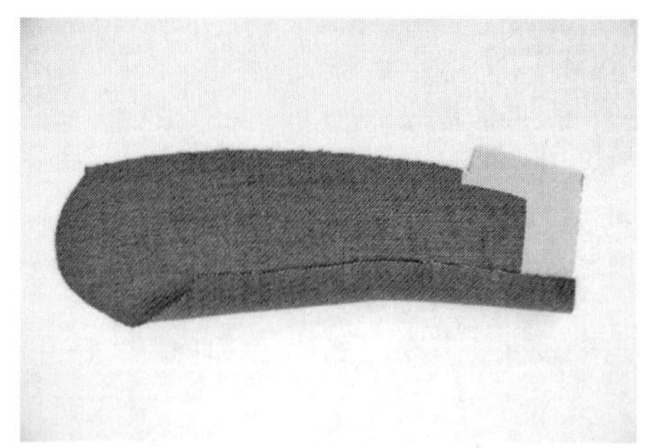

图1–88　拔烫

【特别提示】

（1）黏合衬的厚度、质地、颜色应与面料的厚薄、质地、颜色相符合。

（2）在裁剪黏合衬时，为避免黏合衬的胶黏到熨斗或黏合机上，裁好的黏合衬四周应比面料的四周小0.2～0.3cm。

（3）手工黏合宜选用蒸汽熨斗，操作时熨斗的温度最好控制在130～160℃之间，以免温度过高会引起黏合衬脱胶，衣片起泡；若温度过低，则黏不牢固。

（4）对于没有经过高温预缩的面料，其需进行黏合的部分，在裁剪时四周应留出余量以防止面料经过高温黏合时衣片尺寸缩小。

（5）黏合好的衣片一定要放平，待冷却之后，才能进行下一道工序，以防止衣片变形。

三、任务实施

1. 实践准备

（1）材料：部件面料若干，黏合衬若干。

（2）工具：熨斗等熨烫工具。

（3）实物样品一块。

2. 操作实施

黏合衬通过外界施加一定的温度和压力附到面料上，通过添加黏合衬，可以展现出服饰的挺括、塑型和增加面料厚度，黏上黏合衬还可以使一部分柔软光滑的面料方便加工。具体操作方法如下：

（1）面料反面朝上，黏合衬颗粒朝下，进行熨烫（图1–89）。

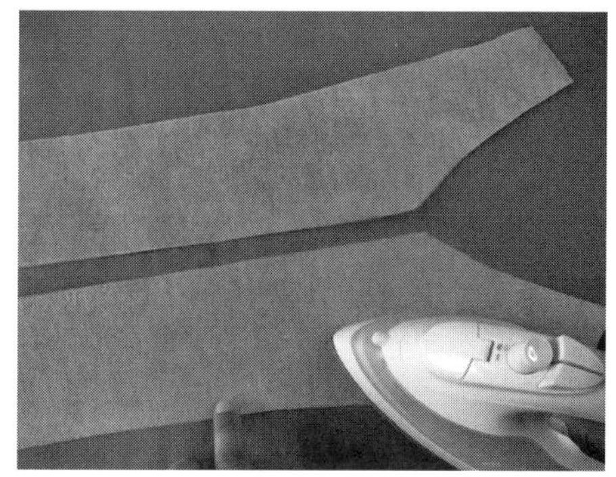

图1–89　烫黏合衬

（2）在正式黏烫之前，最好用面料和黏衬的碎料做试验，取得合适的温度、压力、时间后再进行正式黏烫。

（3）熨烫时，熨斗应从衣片中部开始向四周粗烫一遍，使面、衬初步贴合平服，然后自上而下一步一步地用力垂直向下压烫熨烫，每压烫一次在所接触部位停留时间控制在4～10秒，也可根据面料与黏合衬的情况而定。

（4）不可用熨斗来回磨烫，以免引起黏衬松紧不一致，产生面与衬四周固定，而中间大小不符的弊病。

（5）刚黏烫好的衣片应待其自然冷却后再移动。

3. 熨烫的质量要求

（1）“三好”：整烫温度掌握好、平挺质量好、外观折叠好。

（2）“七防”：防烫黄、防烫焦、防变色、防变硬、防水渍、防极光、防渗胶。

四、学习拓展

黏合衬

黏合衬是在布的一面涂上热熔胶的衬布。优质的黏合衬能使服装具有轻、薄、挺、易洗、造型性能好的优点，黏合衬的使用是服装制作的一大进步。

1. 黏合衬的种类

（1）有纺黏合衬，是用针织布或者机织布作为基布，在布面涂上热熔涂层。有纺黏合衬通常用在服饰的主要部位和一些重要部位，如衣领、前襟、大身等。有纺黏合衬分机织和针织两种（图1-90）。

机织

针织

图1-90　有纺黏合衬

（2）无纺黏合衬，是由无纺布为基布，在布面涂上或者撒上热熔胶粉制作而成（图1-91）。无纺黏合衬虽然质量不如有纺黏合衬好，但是价格比较低廉，仍然受到众多服装的青睐。

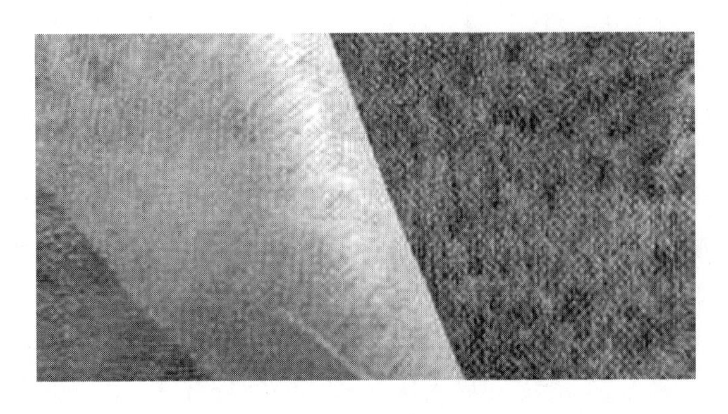

图1-91　无纺黏合衬

（3）双面黏合衬，是一种很薄的衬布，它的主要成分是黏胶，通常用来黏合固定两片面料，操作简单、方便（图1-92）。

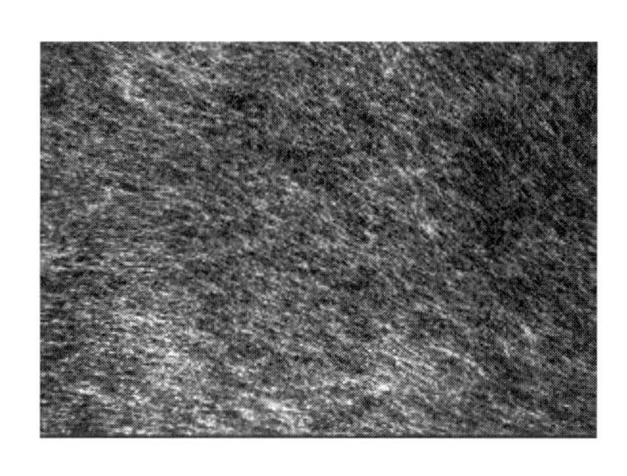
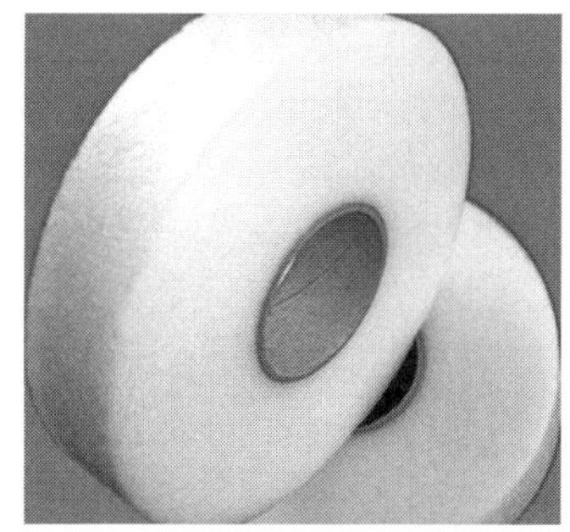

图1-92　双面黏合衬

2. **黏合机**

黏合机是成衣生产中用于压烫热熔黏合衬的专用设备。其特点是连续性工作，生产效率高（图1-93）。

图1-93　黏合机

工作任务1.4　裁剪工艺

技能目标	知识目标
1. 正确识别面料的正面、反面，面料的倒顺毛等特征 2. 能够检查面料的疵点和色差，进行排料划样、铺料、剪切等环节的工艺操作 3. 掌握复核裁片的质量和数量	1. 了解、认识常用裁剪工具 2. 了解裁剪工艺中各个工序的工作内容和工艺要求 3. 了解样板的组合和复合裁片的知识

一、任务描述

裁剪工艺一般要经过验布、排料划样、铺料、剪切、验片、打号、分包、捆扎等工艺过程。在裁剪过程中，学会产品的排料划样、铺料和剪切等操作方法，并运用于实际生产中，提高裁剪工艺的熟练程度。

二、必备知识

1. 裁剪工具的认识

（1）验布机（图1–94）：服装行业生产前对面料进行检测时必备的专用设备。操作人员靠目察发现面料疵点和色差，验布机可自动完成记长和卷装整理工作。

（2）电动裁剪刀（图1–95）：以电动机作为动力，通过传动机构驱动刀头进行剪切作业的手持式电动工具。

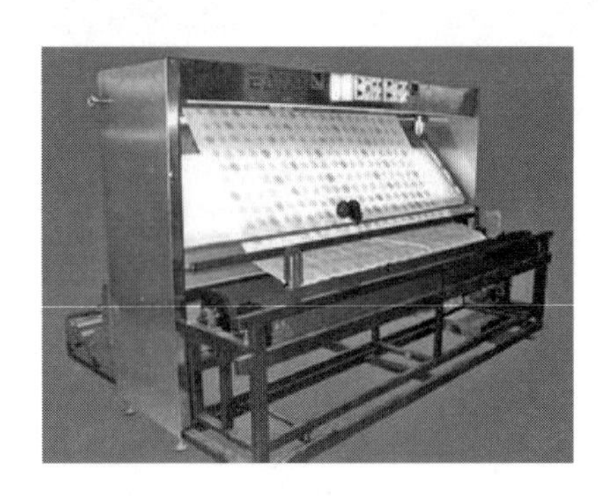

图1–94　验布机

图1–95　电动裁剪刀

（3）裁剪定位机（图1–96）：适用于面料钻印记孔的工作。钻印用的钢针有粗细两种规格，可以根据面料特点进行选择。

（4）夹布器（图1–97）：裁床裁布时固定面料用的布夹。

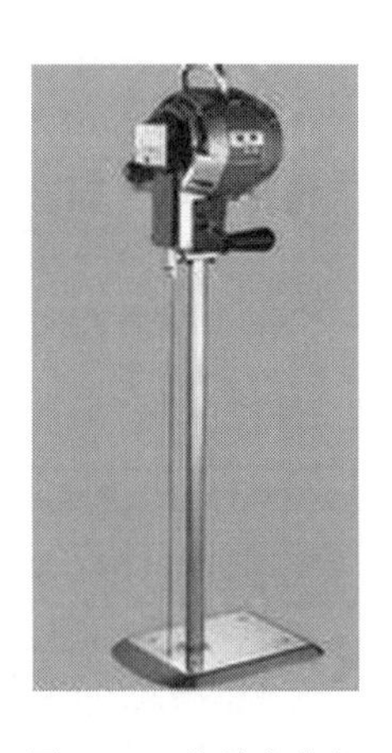

图1–96　裁剪定位机

图1–97　夹布器

2. 裁剪工艺流程

（1）验布，对不符合服装生产要求的疵点，做出标记，有效地防止有疵点的面料流入下道生产工序（图1–98）。

图1-98　验布

（2）排料划样，按照样板的丝缕要求及允许偏差程度在指定的面料幅宽内进行科学的排列，以最小面积或最短长度排出用料定额。科学地、合理地按衣片样板直接划在原料上或纸上，要求划准、划清晰作为裁剪的依据（图1-99）。

图1-99　排料划样

（3）铺料，俗称“拉布”。是根据裁剪方案所确认的排料长度和铺料层数，将面料一层一层的铺在裁床上（图1-100）。

图1-100　铺料

（4）剪切，按照排料图上的衣片轮廓用裁剪刀将铺放在裁床上的面料裁成衣片（图1-101）。

图1-101　剪切

（5）验片，对裁片的质量进行检验，目的是为了能及时发现裁片质量问题和面料表面的疵点，以便及时修正，避免有质量问题的衣片投入缝制工序（图1-102）。

（6）打号，为防止缝制时出现混号的现象，以及各匹面料之间或同匹面料之间色差对服装成品的影响，对衣片进行打号，以确保同层、同规格衣片的缝合（图1-103）。

图1-102　验片

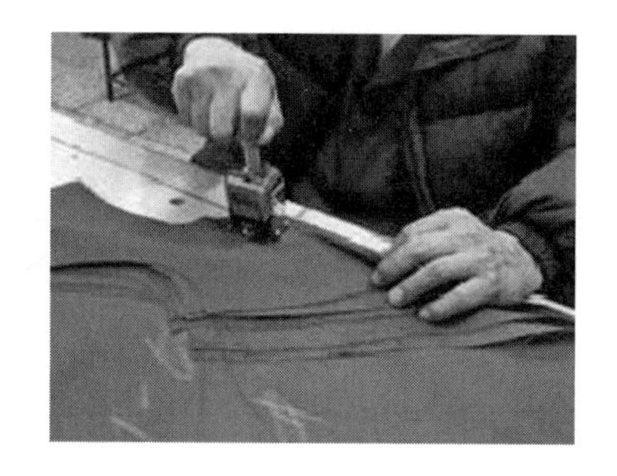

图1-103　打号

（7）分包，按裁剪生产工艺单规定的型号、色号、规格要求，将组成产品的全部大片部件和零部件分在一起，便于生产（图1-104）。

（8）捆扎，大片部件放在外面，零部件裹在里面，每包裁片扎好后，在包外吊上标签，注明包号（图1-105）。

图1-104　分包

图1-105　捆扎

3. **排料工艺要求**

（1）衣片的对称性，组成服装的衣片大多数是对称的，但衣片的样板只有一块，所以排料时需要正、反各排一次，令裁出的衣片为一左一右的对称裁片（图1-106）。

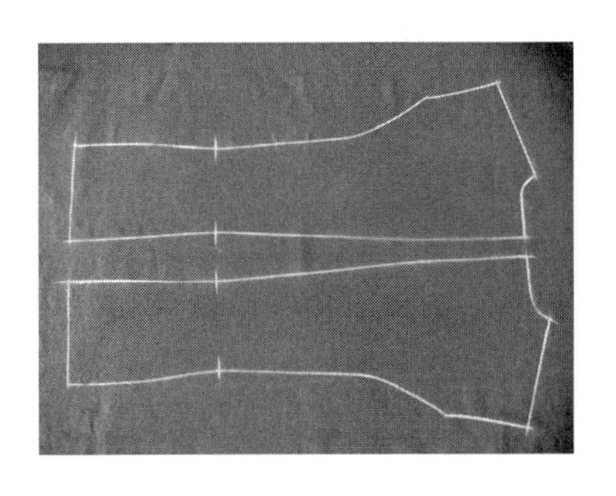
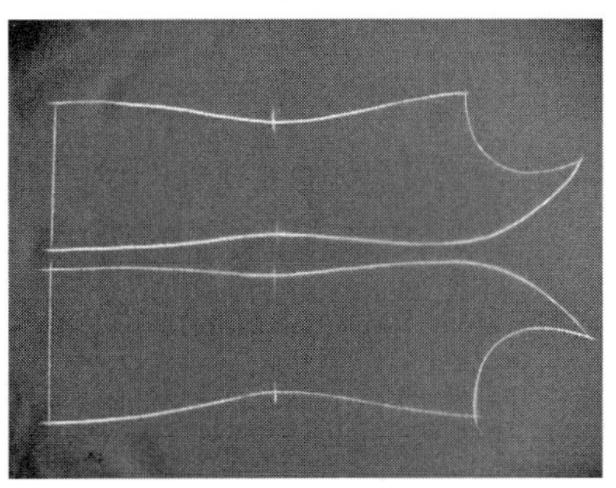

图1-106 衣片的对称性

（2）面料的方向性。

①样板的经向、纬向要与面料的经向、纬向保持一致（图1-107）。

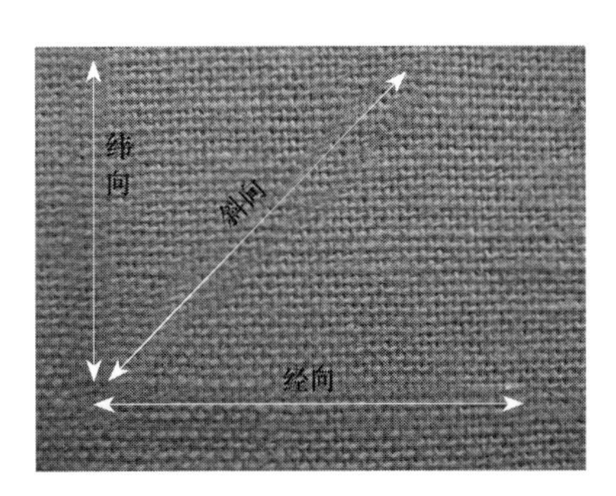

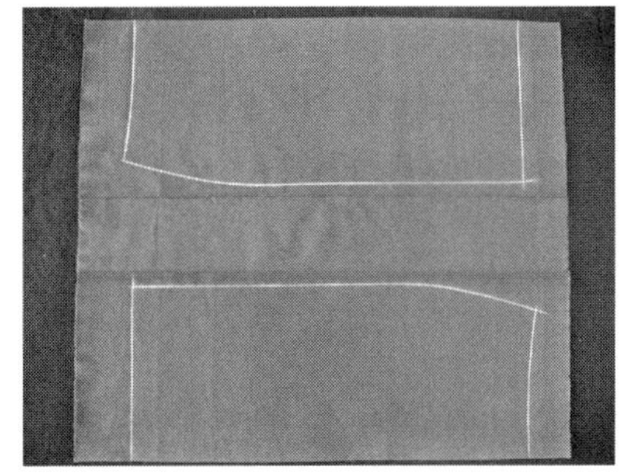

图1-107 经向一致

②有倒顺毛的面料，部位方向要保持一致（图1-108）。

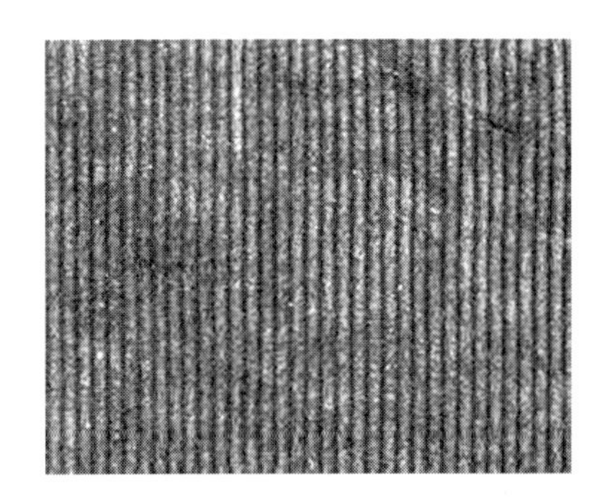
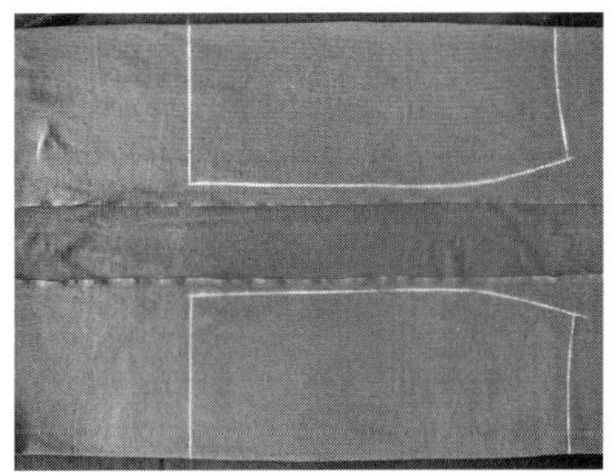

图1-108 倒顺毛一致

③方向性图案，以图案正立为顺向。有些面料上的图案有方向性，如花草、树木、动物、建筑物、文字等（图1-109）。

图1–109　方向性图案

④条格面料，根据国家质量检验标准，有明显条格，并且条的宽度在0.5cm以上，格的宽度在1cm以上，要条料对条，格料对格（图1–110）。

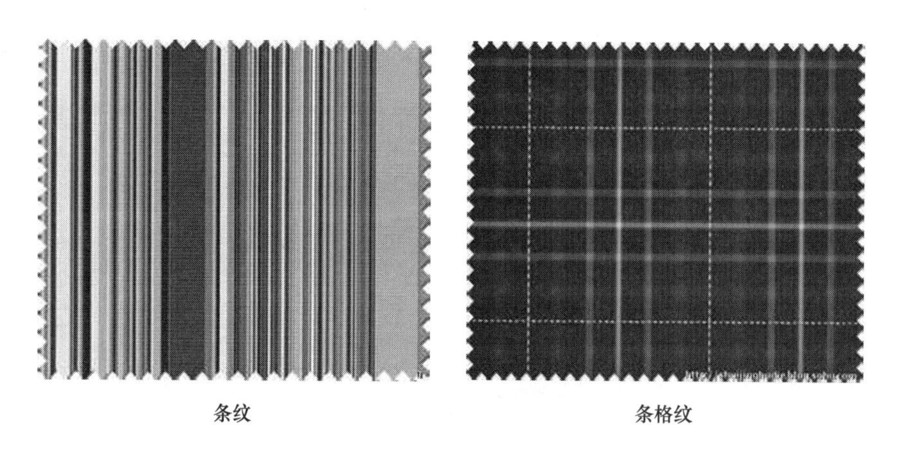

条纹　　　　条格纹

图1–110　条格面料

【特别提示】

（1）一般面料要全部抖开，放置24小时方可裁剪。这是因为面料在自动卷布机卷布时，布会带的很紧，使原来1m的面料变长，毛呢料或弹力面料的变形程度更加严重，如果打开布卷就裁，裁后放置一段时间后面料就会缩小。

（2）排料时注意面料的丝缕顺直以及衣片的丝缕方向是否符合工艺要求，对于起绒有倒顺毛的面料（如丝绒、天鹅绒、灯芯绒等）要求与样板方向一致，否则会产生服装颜色深浅不一的问题。

（3）对于条格纹的面料，拖料时要注意将各层中条格对准并定位，以保证服装上条格的连贯和对称。

（4）对位记号主要有刀眼和钻眼两种。按样板要求在衣片边缘打刀眼，大小为0.3cm左右，不能过大或过小（图1–111）；衣片内部的标记用钻眼，孔径0.2cm，钻眼位置要求偏进0.3cm，上下层垂直，进出一致，不能影响成衣的外观（图1–112）。

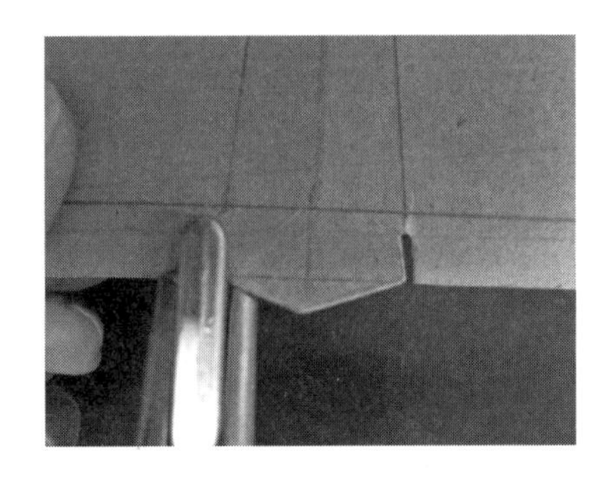

图1-111　刀眼

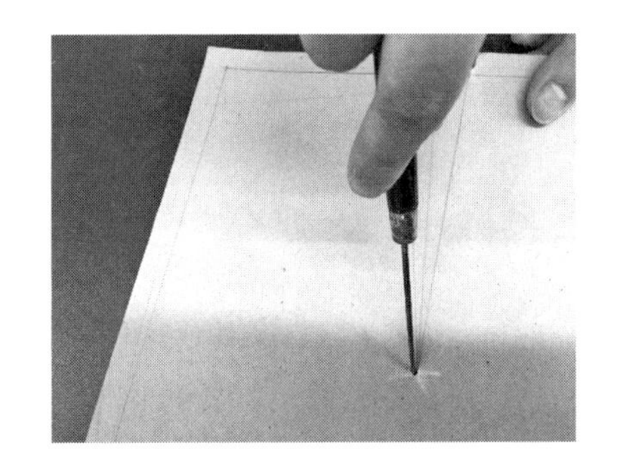

图1-112　钻眼

三、任务实施

1. 实践准备

（1）材料：面料一块，裁剪样板一副。

（2）工具：划粉、铅笔等。

（3）实物裁剪排料图一张。

2. 操作实施

（1）铺料前，弄清用料数量，注意避开布疵、断经、断纬、色差等部位。

（2）识别面料的正面、反面。铺料时，要求面料反面朝上，将布边对齐，铺平整，不得有折皱、歪曲不平现象。

（3）根据款式要求和制作工艺要求决定每块样板排列的位置。

（4）裁剪要求下刀准确，线条顺直流畅。铺料不易过厚，面料上、下层不偏刀。

（5）根据样板做刀眼或钻眼对位记号。

（6）裁剪后要进行裁片数量清点和验片工作，并根据服装规格分堆捆扎，附上标签注明款号、部位、规格等。

3. 裁片的质量要求

（1）裁剪要准确、清楚。裁片四周任何一条边都要裁得顺直、圆顺、光滑、方正，不能有偏斜缺口或锯齿。

（2）检查各部位裁片大小一致、左右和合、对称，同时裁片各部位组合准确，如领与领圈、门襟与里襟、袖子前后片袖缝、裤子前后片侧缝、前后裆缝等长短一致。

（3）裁片的对位刀眼、钻眼等定位标记要准确、清晰，不能打错或漏打。

四、学习拓展

面料正面、反面识别

排料前的第一个任务就是面料正面、反面的识别，几种常用识别面料正面、反面的方法：

（1）一般织物正面的花纹、色泽均比反面清晰美观（图1-113）。

（2）织物边缘上的字、字母为正的这面是织物正面（图1-114）。

（3）单面斜纹织物，斜纹清晰的为正面（图1-115）。

（4）起毛面料，单面起毛的面料，起毛绒的一面为正面（图1-116）。

图1-113　左正右反

图1-114　上反下正

图1-115　左正右反

图1-116　上反下正

模块小结

本模块学习了基本手工针法和基本机缝针法。通过基本工艺，手工学做了锁眼、钉扣，机缝学做了袖套、十字裆短裤等日常生活产品。在产品学做过程中，我们又接触了工业缝纫机的安全操作，蒸汽调温熨斗的使用，面料的铺料、排料、裁剪和面料正反面识别。通过四个工作任务的学习，基本完成服装制作基础工艺的学习。

思考与练习

（1）你学会了哪几种手缝针法？请利用这些针法设计并制作一件手缝作品。

（2）对于工业缝纫机，你能进行哪些方面的安全操作？

（3）通过机缝工艺的学习，你会缝制哪些简单的日常用品？

（4）你知道如何安全使用蒸汽调温电熨斗吗？

（5）你能根据实际情况选用匹配的黏合衬吗？用它有什么好处？

（6）你知道裁剪工艺包括哪些工序？有机会去某服装厂参观，体会一下裁剪工艺的整个过程，你会有很大的收获。

模块二 裙装制作工艺

技能目标：

（1）能按照A字裙款式图进行款式分析，会运用结构制图进行裁剪、工艺制作。

（2）能按照牛仔裙款式图进行款式分析，会运用结构制图进行裁剪、工艺制作。

（3）能按照拼接波浪裙款式图进行款式分析，会运用结构制图进行裁剪、工艺制作。

（4）分析同类裙型的工艺流程，编写工艺单和评价裙子品质的好坏，学会对整件裙装制作工艺的控制能力。

知识目标：

（1）了解裙子的外形特点，并能描述其款式特点。

（2）了解面料的幅宽，能根据裙子样板进行铺料、排料划样、裁剪。

（3）掌握裙子制作工艺。

（4）熟悉裙子工艺单的编写。

（5）了解锁眼、钉扣及后整理、包装操作的工艺要求。

（6）了解裙子成品测量方法和质量要求。

模块导读：

裙装是一种围于腰部以下的服装，属下装，无裆缝。裙子的基本结构是由两个长度：裙长、臀长，三个围度：腰围、臀围、摆围所构成。裙子的工艺变化主要表现在裙腰、裙身、裙摆三个方面。

裙装制作工艺包括：基本款式A字裙、牛仔裙的缝制工艺和质量标准；变化款拼接波浪裙的缝制工艺和质量标准。

A字裙主要采用后中装普通拉链、直筒腰工艺。用“A”字来注解一款裙装，剪裁的样式就像字母“A”字上窄下宽的半截裙。

牛仔裙主要采用前中门里襟装拉链，弧形腰工艺。以自然淳朴的石磨蓝水洗牛仔布。

拼接波浪裙作为款式变化的裙装，主要采用隐形拉链、无腰工艺。裙上半部合体，下半部呈波浪状展开，融入了现代社会的文雅秀丽。

本模块缝制的重点就是做腰、绱腰和装拉链。

工作任务2.1　A字裙制作工艺

技能目标	知识目标
1. 能按照A字裙款式图进行款式分析 2. 能根据面料特点、款式规格，运用结构制图进行裁剪、工艺制作 3. 能分析同类裙型的工艺流程，编写工艺单 4. 能根据质量要求评价裙子品质的好坏，树立服装品质概念	1. 了解A字裙的外形特点，并能描述其款式特点 2. 了解面料的幅宽，能根据A字裙样板进行放缝、排料划样、裁剪 3. 掌握A字裙制作工艺 4. 熟悉A字裙工艺单的编写 5. 了解锁眼、钉扣、后整理、包装操作的工艺要求 6. 了解A字裙质量要求

一、任务描述

根据A字裙样衣通知单，根据款式图明确的款式要求，按照M号规格尺寸进行结构制图（1：1），并在结构图基础上放缝、做样板，并选择合适的面料进行排料、裁剪、制作，完成一条A字裙。

A字裙服装样衣工艺通知单如表2-1所示。

二、必备知识

1. 款式描述

款式如图2-1所示。装直腰，后中装拉链，裙长至膝盖上，侧缝从腰口至下摆逐渐扩大，呈A字型，前、后腰口左右各收一个省。A字裙具有活泼、潇洒、充满青春活力的造型风格。

图2-1　款式图

表2-1　A字裙服装样衣工艺通知单

品牌：RHH	款号：DL1123	名称：A字裙
纸样编号：T1416	下单日期：	完成日期：

款式图：

系列规格表（5·4）　　单位：cm

部位 \ 规格		155/64A	160/66A	165/68A	档差	公差
		S	M	L		
1	裙长	48	50	52	2	±1
2	腰围	66	68	70	2	±1
3	臀围	88	92	96	4	±2
4	臀长	18	18	18	0	0
5	腰头宽	3	3	3	0	0

款式概述：

装直腰，后中装拉链，裙长至膝盖上，侧缝从腰口至下摆逐渐扩大，呈A字型，前、后腰口左右各收一个省

面料：纱卡
成分：100%棉
组织：斜纹
幅宽：144cm

辅料：黏合衬、普通拉链、纽扣、配色线、商标、洗水唛

工艺要求：

1. 省缝：位置正确，符合规格要求，倒向对称，省尖处平顺符合人体
2. 装拉链：后中缝顺直，绱好后拉链不外露、密合，无褶皱，门里襟长短一致
3. 拼侧缝：顺直，左右侧缝长短一致
4. 腰头：腰面、里衬松紧适宜，宽窄一致，缝线顺直
5. 下摆：底边折边宽窄一致，顺直
6. 缉线：顺直，无跳针、断线现象
7. 商标：位置端正，号型标志清晰，号型钉在商标下沿
8. 针迹：明线、暗线3cm不少于12针，手工三角针3cm不少于5针
9. 整烫：各部位熨烫到位，平服，无亮光、水花、污迹

工艺编制：　　　　工艺审核：　　　　审核日期：

2. 结构图

（1）规格尺寸，号型160/66A（M号）A字裙规格尺寸如表2-2所示。

表2-2　A字裙M号规格尺寸表　单位：cm

部位	裙长	腰围（W）	臀围（H）	臀长	腰头宽
规格	50	68	92	18	3

（2）结构图如图2-2所示。

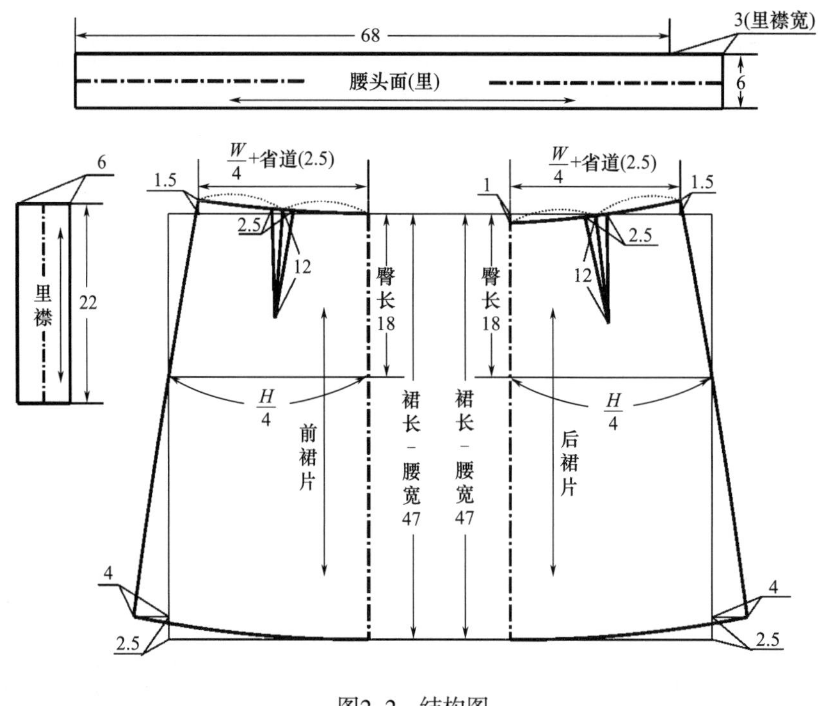

图2-2　结构图

注意：后裙片与前裙片结构制图的区别是后中心线低落1cm。

3. 裁剪

（1）净样板名称。

A字裙的主要裁片：前、后裙片，腰头面（里），里襟（图2-3）。

（2）裁片放缝（图2-4）。

①前、后裙片底摆贴边放缝3.5cm。后裙片中缝放缝1.5cm，其余放缝1cm。

②腰头面、里连口，里襟四周各放缝1cm。

（3）裁片做标记。

A字裙打刀眼、钻眼部位：

①裙贴边做折边宽度记号，后中放缝定位记号。

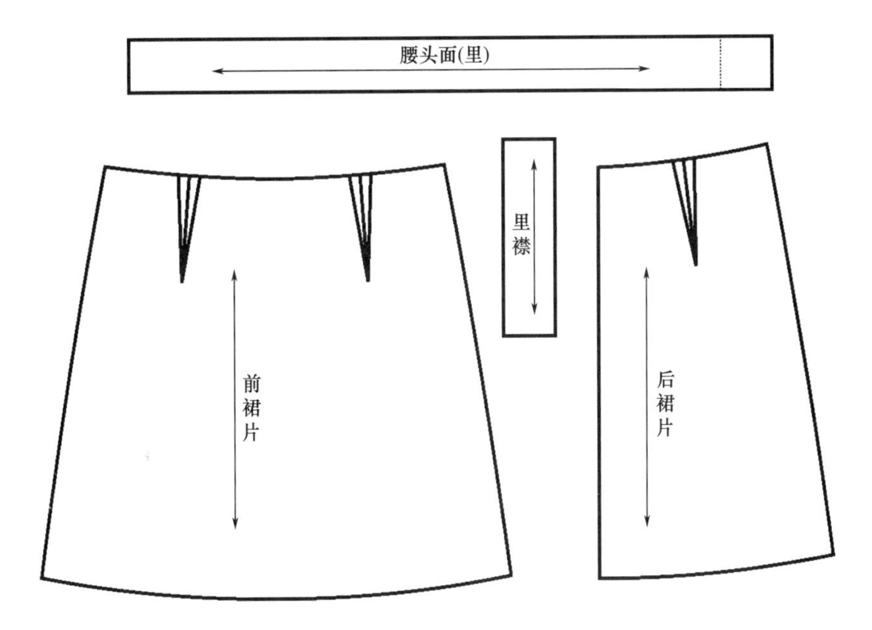

图2-3　A字裙的主要裁片

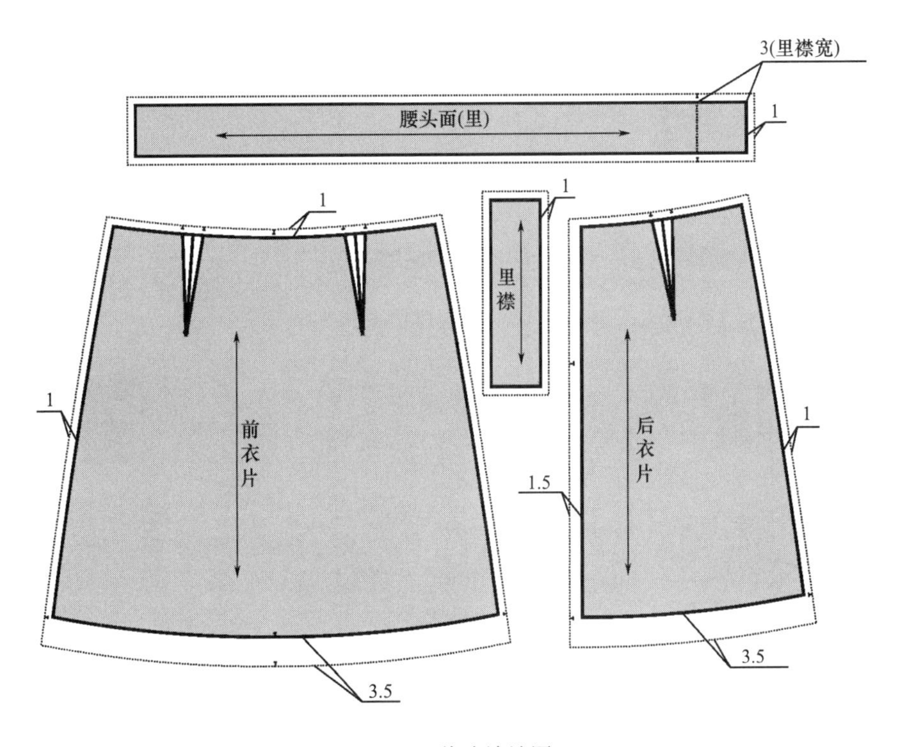

图2-4　裁片放缝图

②省根打刀眼，省尖做钻眼定位记号。

③后中线装拉链位置做缝止点记号。

④前、后腰中点，前、后裙片臀围线处做对位记号。

（4）两条A字裙排料图（图2-5）。

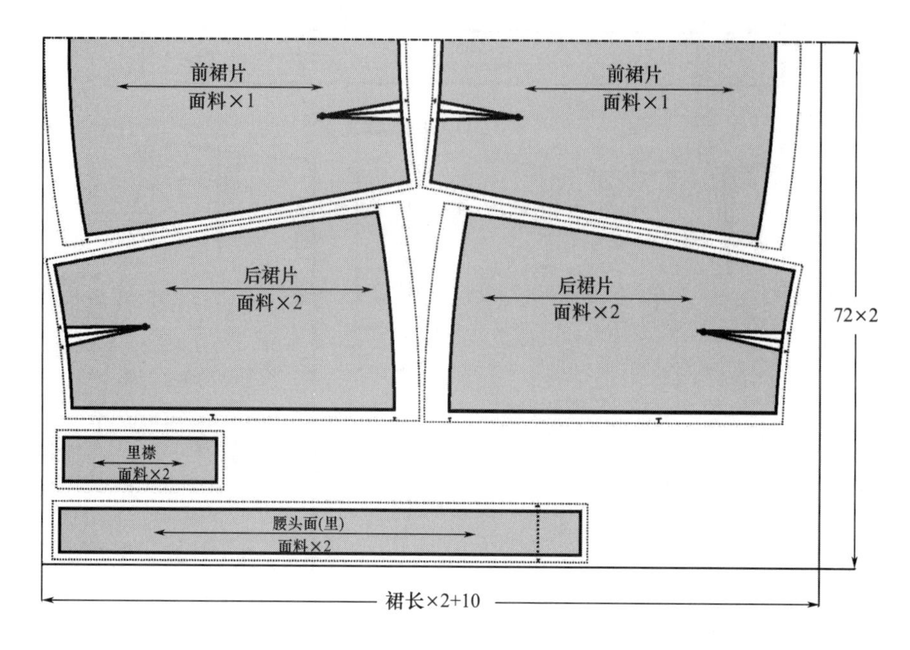

图2-5　两条A字裙排料图

注意：为了节省面料和腰头面、里不作拼接，所以采用两条裙子的排料图形式。

4. **缝制工艺**

（1）做标记：根据需要在省位处用剪刀眼、画粉线做好缝制标记（图2-6）。

图2-6　做标记

（2）锁边：裙片除腰口以外其余三边用锁边机锁边，里襟条对折锁边（图2-7）。

（3）收省。

①收省：将裙片正面相合，省位对准，由省根缉线至省尖。注意省根处打回针，省尖处不回针，留2cm线头打结（图2-8）。

②烫省：省道分别朝前、后中心线方向烫倒，省要求烫平、烫煞（图2-9）。

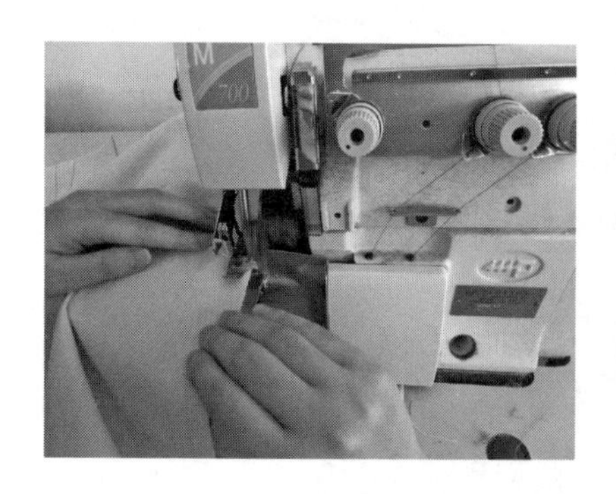

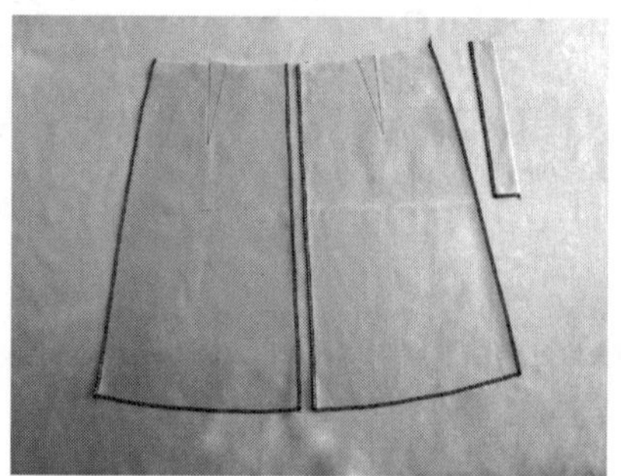

图2-7　锁边

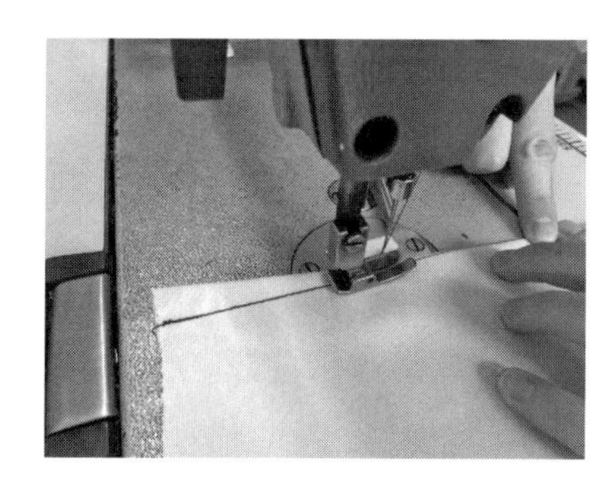
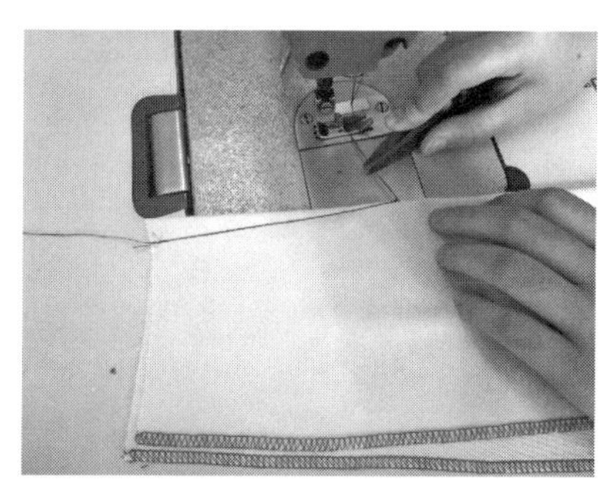

图2-8　收省

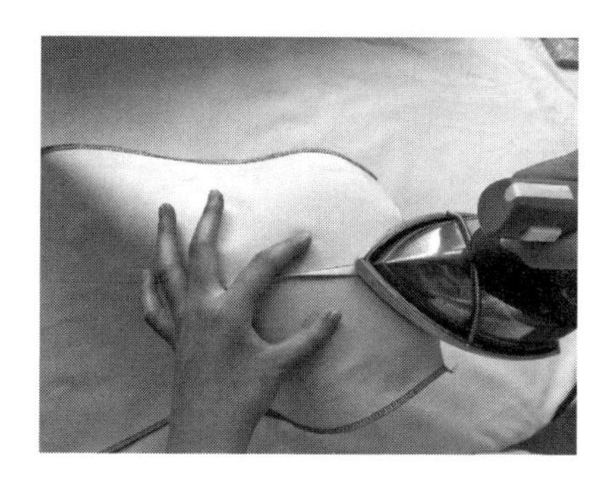
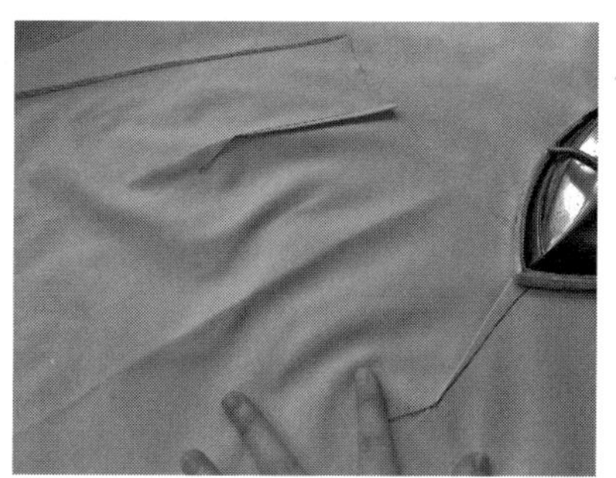

图2-9　烫省

（4）合后中缝。

①烫黏合条：在左、右后裙片装拉链部位，分别烫上黏合衬牵条，确定拉链的缝止点，一般在腰口线与后中缝的交点向下量20cm处（图2-10）。

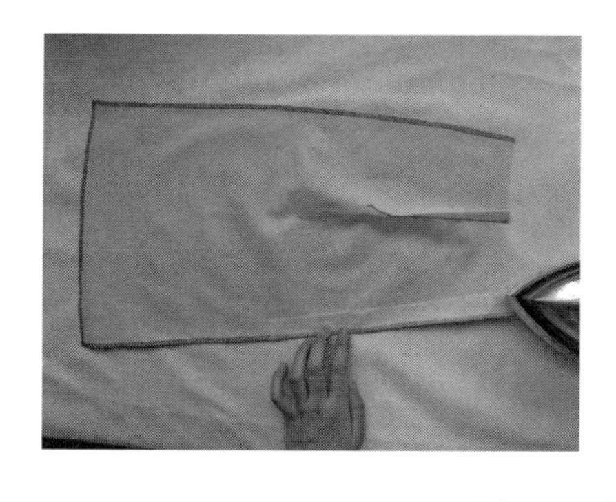
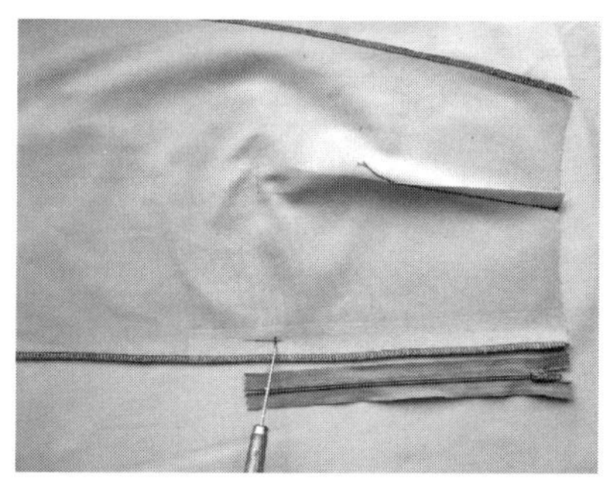

图2-10　烫黏合条

②合后中缝：从拉链的缝止点开始缉线至下摆处，缝份1.5cm，起落针时要求打回针（图2-11）。

③烫后中缝：将左、右裙片后中缝的缝份分开烫平（图2-12）。

（5）装拉链。

①里襟装拉链并缝于左裙片：先将拉链装在里襟上，再将里襟缝在左裙片上，沿拉链牙齿边缉0.1cm清止口（图2-13）。

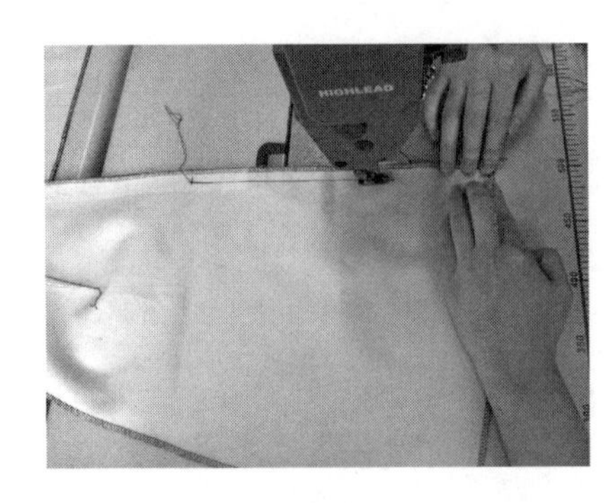

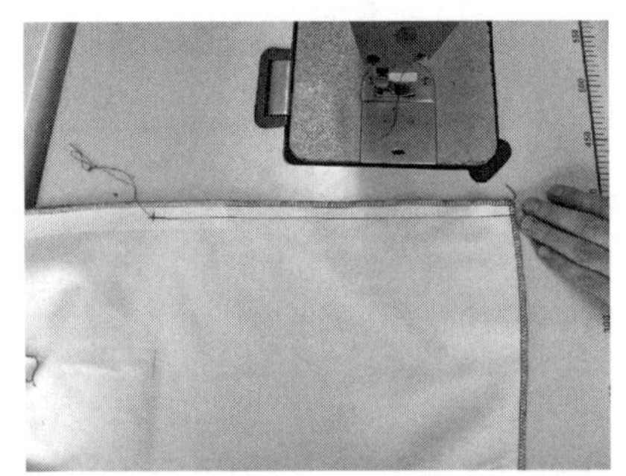

图2-11　合后中缝

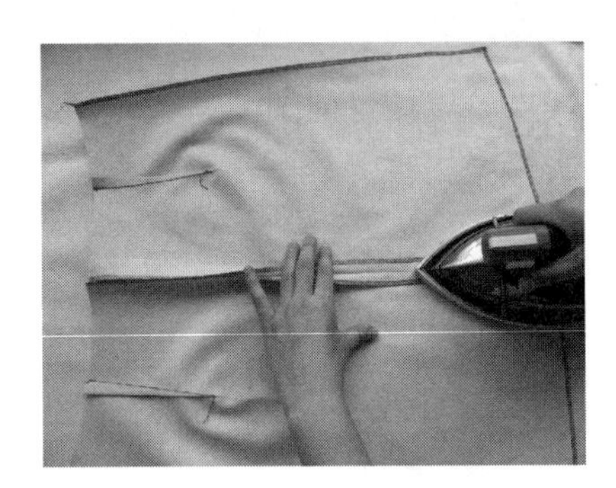

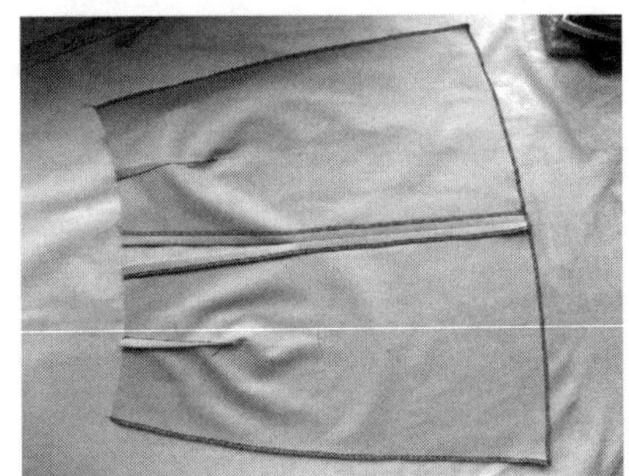

图2-12　烫后中缝

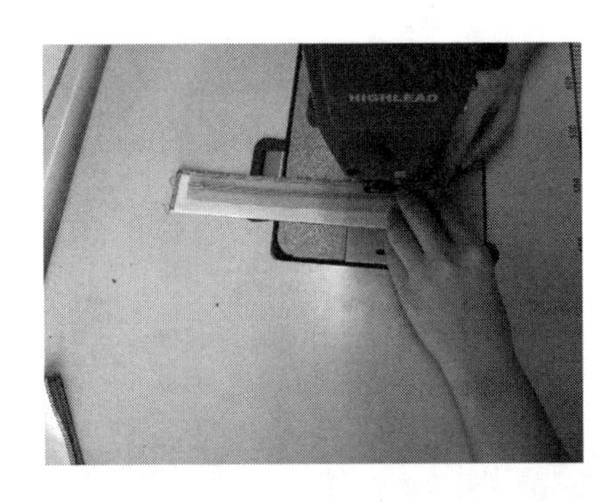

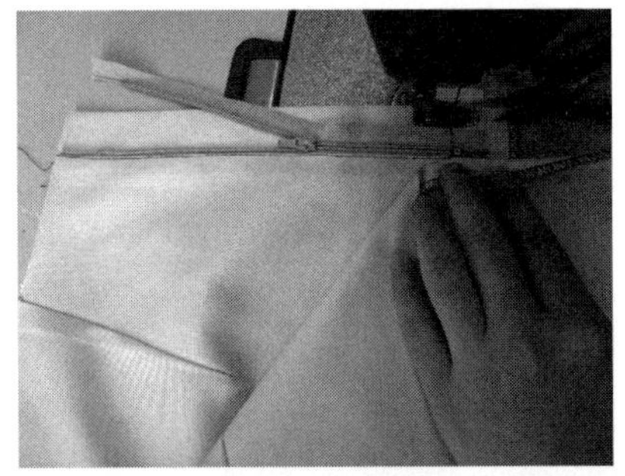

图2-13　里襟装拉链并缝于左裙片

②装右半边：盖过拉链牙齿，将里襟折转，从拉链的缝止点底端开始往上缉1cm（图2-14）。

③封口：拉链的缝止点来回缉3道封口，要求缉在同一缝线上（图2-15）。

（6）合侧缝。

①合侧缝：将裙前裙片、后裙片正面相合，腰口平齐，从腰口缉线至底边，起落针要求打回针，长短一致（图2-16）。

②烫侧缝：将裙前、后片两侧缝分开、烫平（图2-17）。

（7）做腰头。

①烫腰头衬：先在腰头面的反面黏一层无纺衬，在距离腰头上口反面折进1cm熨烫（图2-18）。

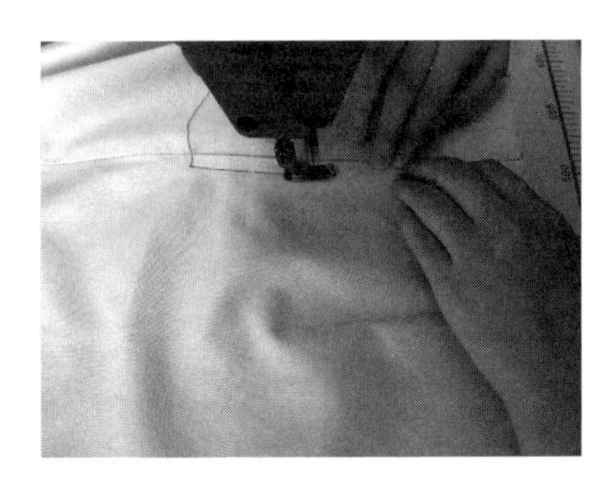

图2-14　装右半边

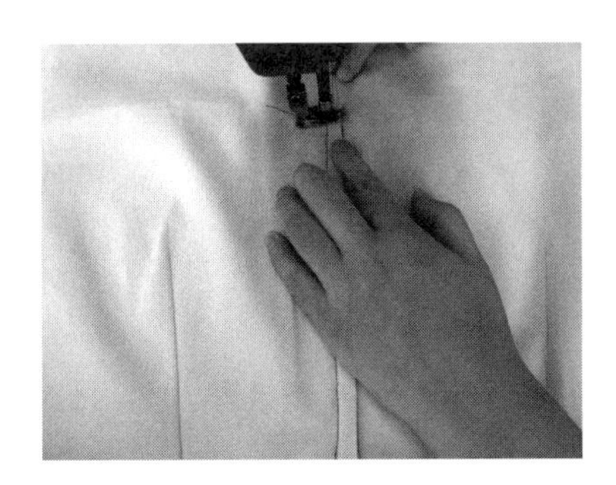
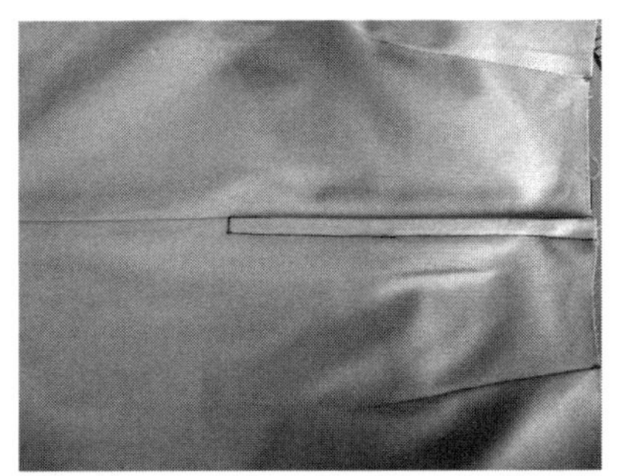

图2-15　封口

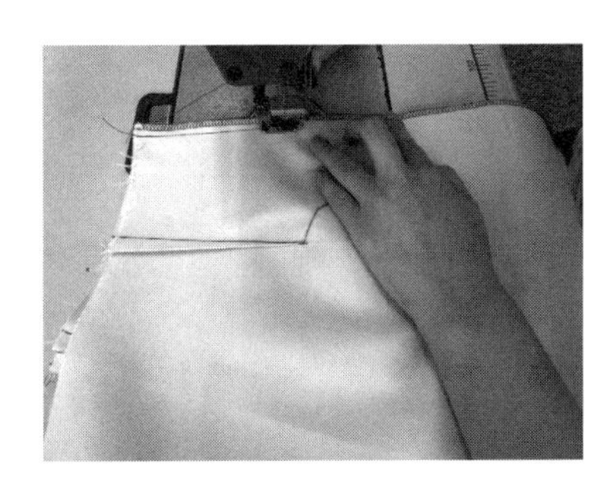

图2-16　合侧缝

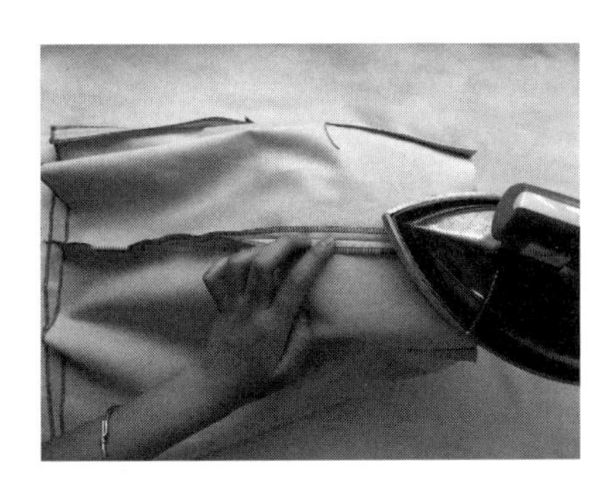
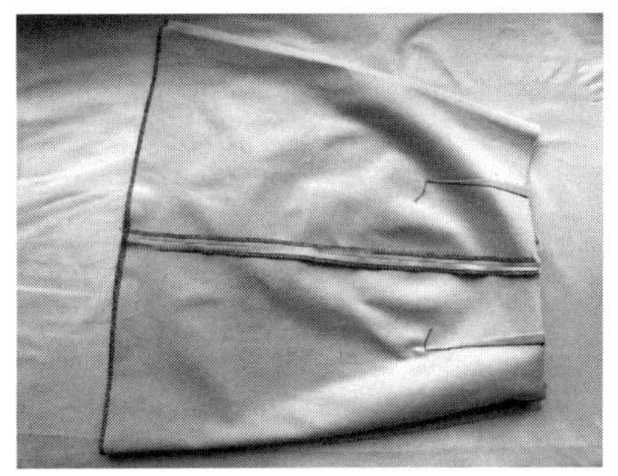

图2-17　烫侧缝

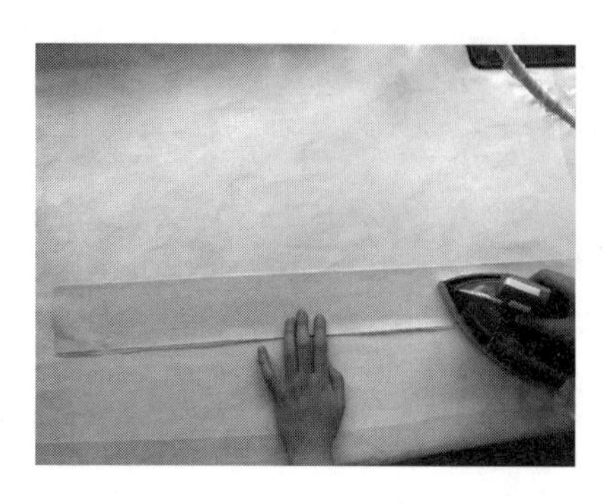
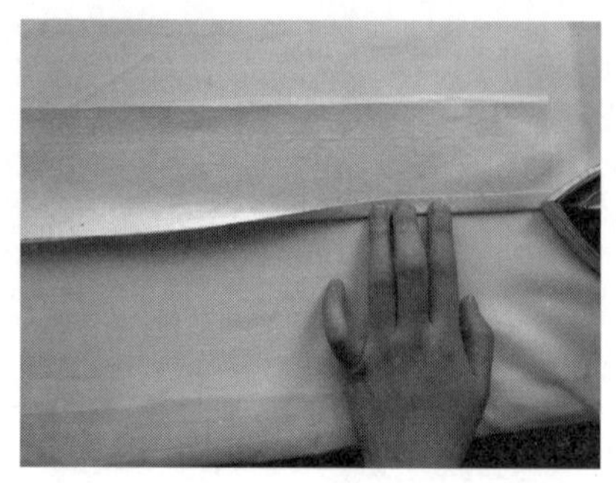

图2-18　烫腰衬

②扣烫腰头面：将腰头按腰头宽的宽度向下熨烫，腰头下口修剪剩1cm缝份，修剪整齐为绱腰做准备（图2-19）。

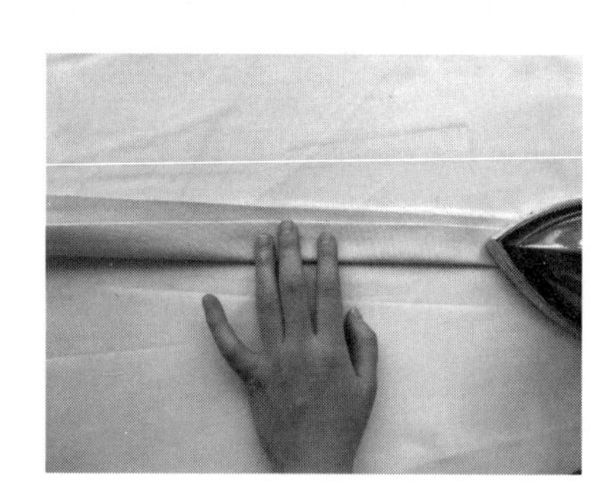
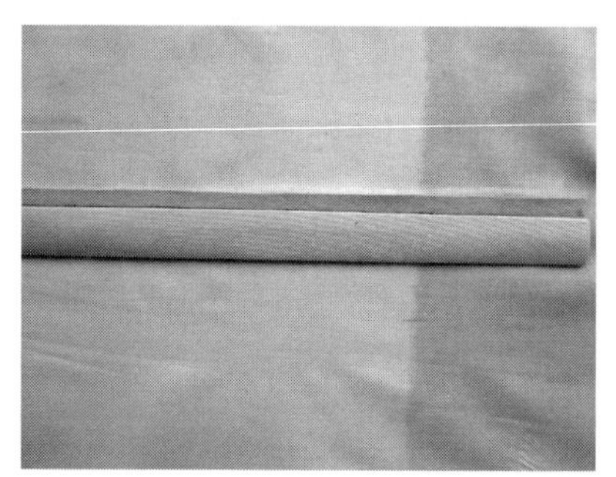

图2-19　扣烫腰面

（8）绱腰头。

①绱腰头：对准腰口部位与腰头部位的对位记号，将腰头反面朝上，裙片也反面朝上，由里襟处开始缉缝到门襟处，绱腰缝份为0.9cm，要求腰头左右两头预留1cm缝份，起落针回针（图2-20）。

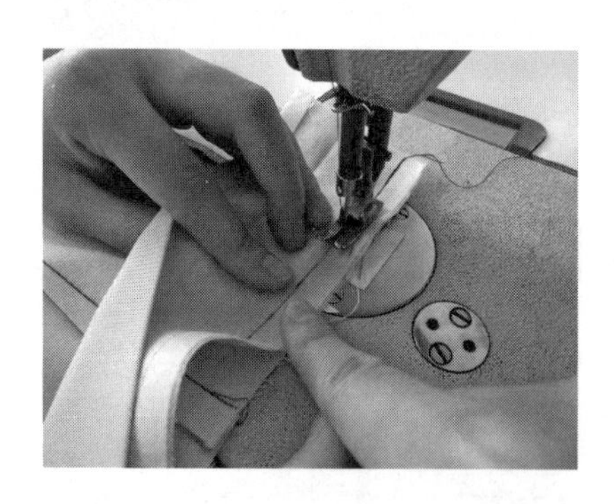

图2-20　绱腰头

②封腰头：腰头面、里按腰头宽对折，在腰头两端离腰头衬0.1cm缉线并将缝份进行修剪，减少厚度（图2-21）。

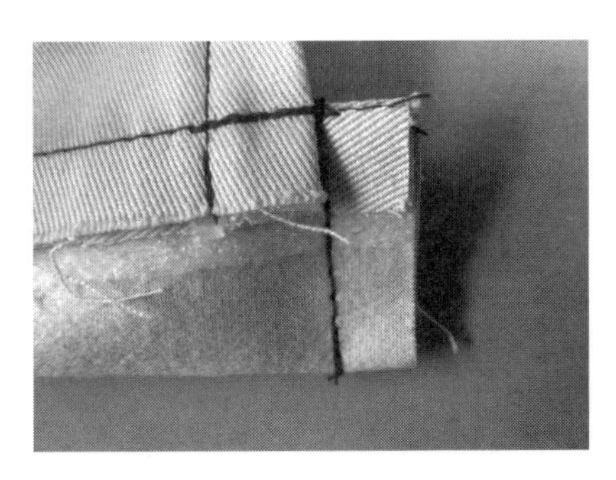
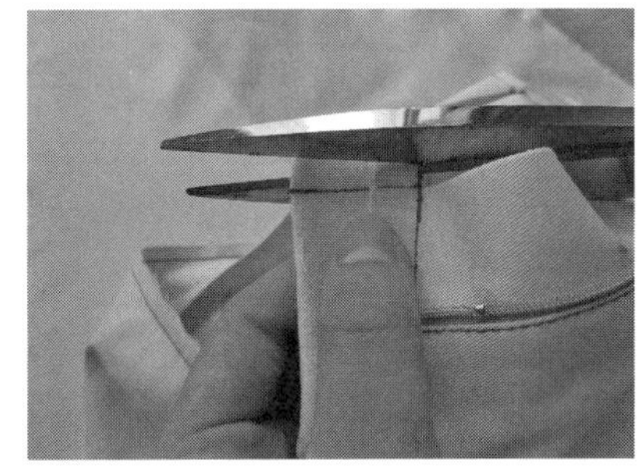

图2-21　封腰头

③翻腰头：将修剪好缝份的腰头翻转正面朝外，用锥子将腰头翻平复、方正（图2-22）。

④腰头面压线：将腰头正面朝上，沿绱腰线进行0.1cm缉线，固定腰里（图2-23）。

（9）锁眼、钉扣：腰头门襟锁眼，里襟钉扣（图2-24）。

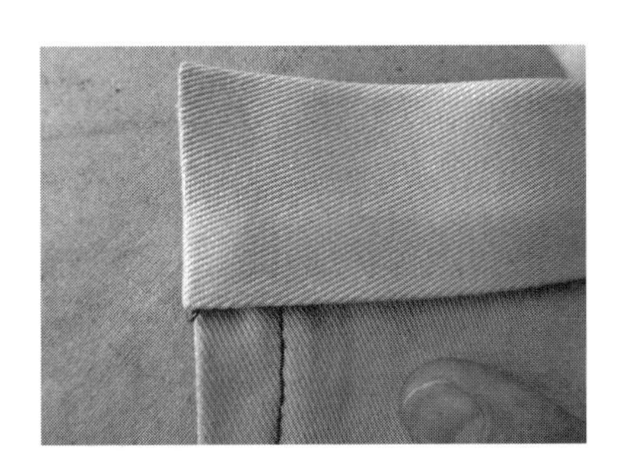
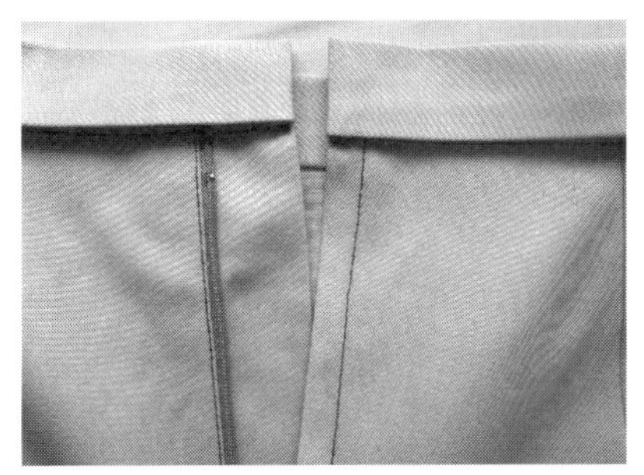

图2-22　翻腰头

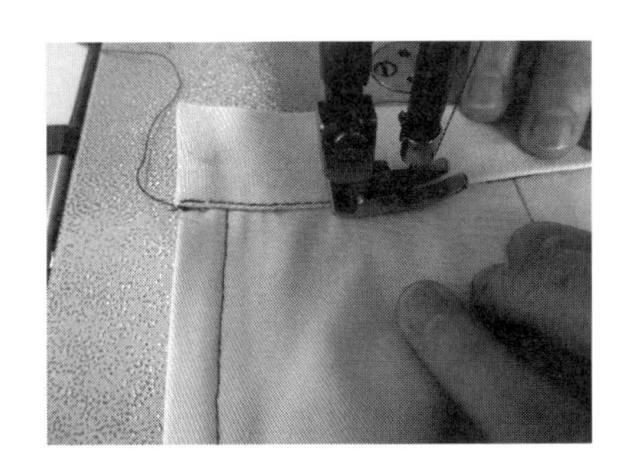
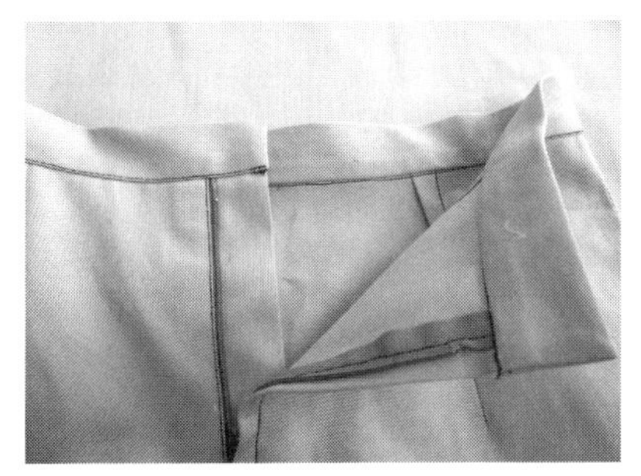

图2-23　腰头面压线

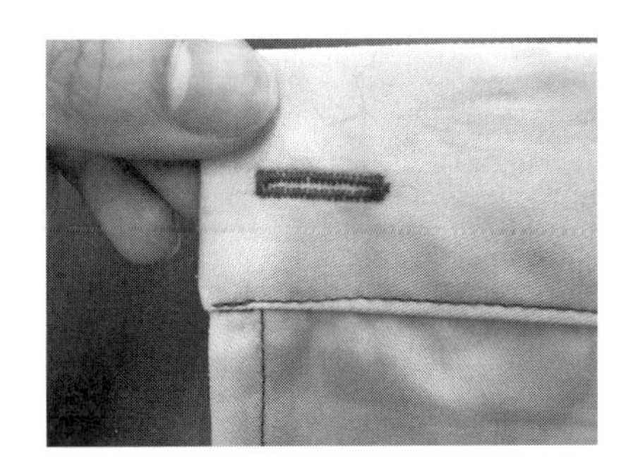

图2-24　锁眼、钉扣

（10）手工绷缝：贴边按放缝量翻折，靠近锁边线，绷缝三角针（图2–25）。

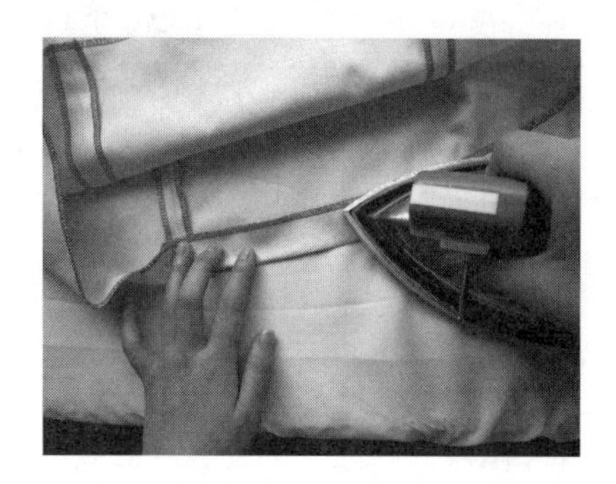
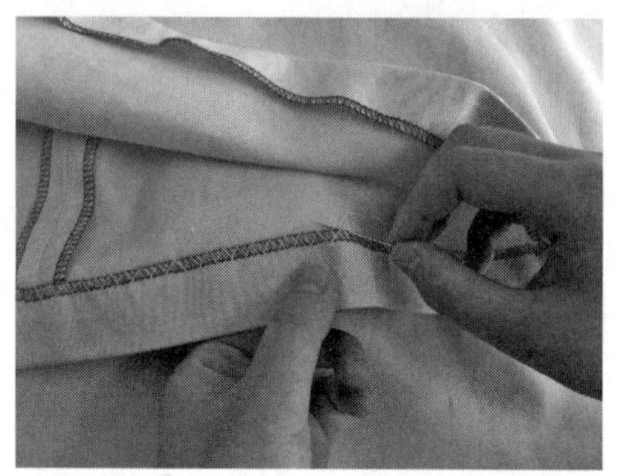

图2–25 手工绷缝

（11）整烫：熨斗的走向应与衣料的丝缕一致，以免裙子变形走样（图2–26）。

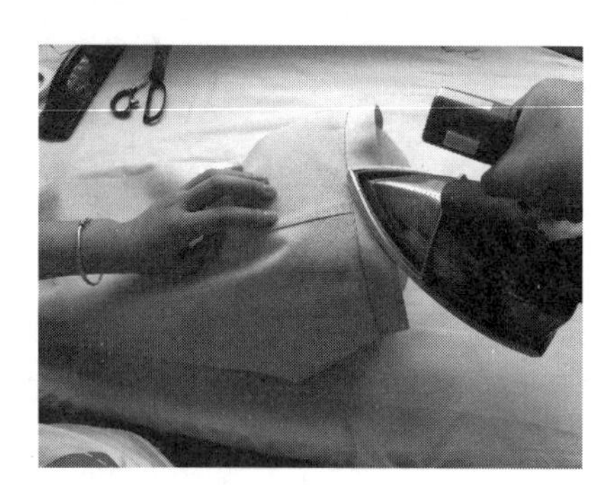
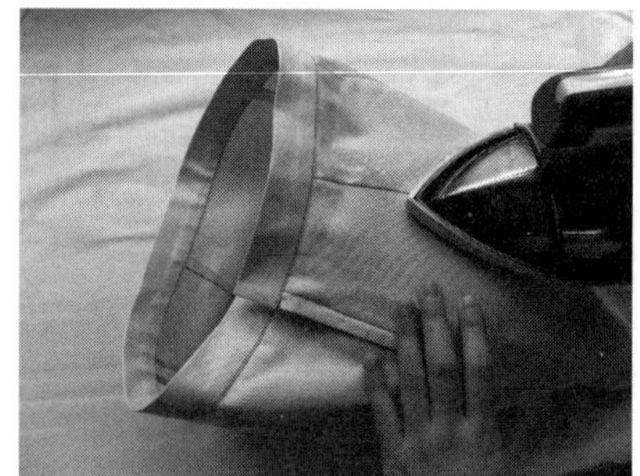

图2–26 整烫

（12）A字裙成品图（图2–27）。

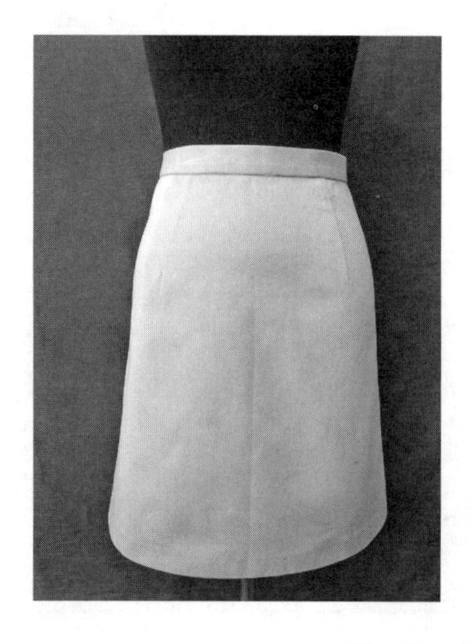

图2–27 A字裙成品图

【特别提示】

（1）装拉链是A字裙的重点工艺。其一，门里襟缝合时一定注意上、下层松紧一致；其二，绱拉链1cm压线时容易受到拉链牙齿和压脚边的宽度影响，可以换成单边压脚，以便缩短拉链牙齿与压线的距离，单边压脚有左右之分。

（2）做腰、绱腰在工艺上要求比较高。绱腰时，检查裙腰口与腰头的大小是否一致，要求做好裙中心点、侧缝等绱腰标记，这样有利于绱腰的质量。

（3）产品整洁，无线头、无污渍、无跳针。

三、任务实施

1. 实践准备

材料准备如图2-28所示。

（1）面料裁片：前裙片1片；
后裙片2片；
腰头面里1片；
里襟1片。

（2）辅料准备：拉链1根；
纽扣1粒；
配色线；
黏合衬若干。

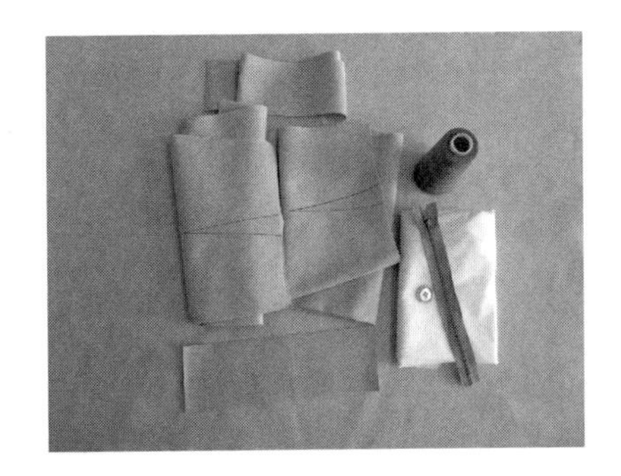

图2-28　A字裙材料图

（3）实物样裙一件。

2. 操作实施

（1）根据A字裙结构制图进行放缝，检查裁剪样板数量。

（2）整理面料，识别面料正、反面，将面料正面相叠，反面朝上，丝缕顺直。

（3）将裁剪样板根据丝缕要求，正确铺放在面料上，做到紧密、合理的排料。

（4）先剪主件、后剪部件，再配黏合衬。检查所需的裁片、辅料是否完整。

（5）根据工艺要求制作A字裙，其工艺流程：做标记→锁边→收省→合后中缝→装拉链→合侧缝→做腰头→绱腰头→锁眼、钉扣→手工绷缝→整烫。

四、学习拓展

镶、滚、嵌工艺

镶、滚、嵌作为服装的传统工艺，主要表现在对服装的领口、袖口、下摆、开衩等部位进行装饰。

镶通常是指镶边或镶条，在服装表面或衣服边缘进行不同颜色的拼接或拼贴的工艺手法，起到装饰性作用（图2-29）。

滚是指围绕衣边进行包裹缝纫的工艺手法，起到加固服装边缘的作用（图2-30）。

嵌是指夹缝进两片面料中间的布条，可达到外观圆润、硬挺的装饰效果（图2-31）。

图2-29 镶

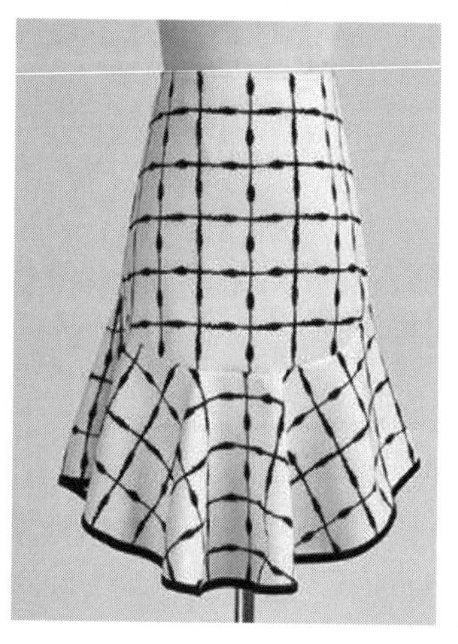

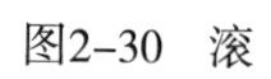

图2-30 滚

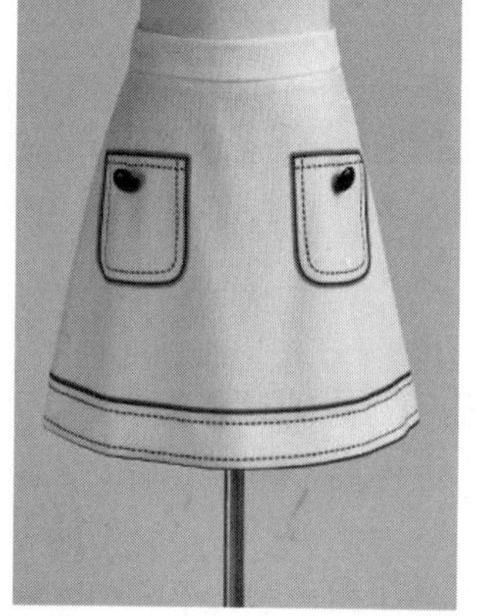

图2-31 嵌

五、任务评价

A字裙评价表（表2–3）。

表2–3　A字裙评价表

序号	部位	具体指标	分值	自评	小组互评	教师评价
1	规格	裙长、腰围、臀围、裙摆规格正确	12			
2	腰头	腰面、腰里、衬布平服，松紧适宜 腰头方正，无探头、缩进 腰头左右对称、宽窄一致 腰头正面缉线顺直，无跳针	24			
3	装拉链	拉链缉线顺直，进出一致 拉链不外露，松紧适宜 拉链底端封口牢固、平整	18			
4	省	收省顺直、平服，左右对称	6			
5	缝子	侧缝顺直平服	10			
6	底边	平服、宽窄一致手工三角针3cm不少于5针	10			
7	整洁牢固	整件产品无跳针、浮线、粉印 各部位无毛、脱、漏 整件产品无明暗线头 明线、暗线3cm不少于12针	20			
合计			100			

工作任务2.2　牛仔裙制作工艺

技能目标	知识目标
1. 能按照牛仔裙款式图进行款式分析 2. 能根据面料特点、款式规格，运用结构制图进行裁剪、工艺制作 3. 能分析同类裙型的工艺流程，编写工艺单 4. 能根据质量要求评价裙子品质的好坏，树立服装品质概念	1. 了解牛仔裙的外形特点，并能描述其款式特点 2. 了解面料的幅宽，能根据牛仔裙样板进行放缝、排料、划样、裁剪 3. 掌握牛仔裙制作工艺 4. 熟悉牛仔裙工艺单的编写 5. 了解锁眼、钉扣、后整理、包装操作工艺的要求 6. 了解牛仔裙质量要求

一、任务描述

根据牛仔裙样衣通知单，根据款式图明确的款式要求，按照M号规格尺寸进行结构制图（1∶1），并在结构图基础上放缝、制样板，并选择合适的面料进行排料、裁剪、制作，完成一条牛仔裙。

牛仔裙服装样衣工艺通知单如表2–4所示。

表2-4　牛仔裙服装样衣工艺通知单

品牌：RHH	款号：DL1125	名称：牛仔裙
纸样编号：T1418	下单日期：	完成日期：

款式图：

系列规格表（5·4）　　单位：cm

部位 \ 规格		155/64 A	160/66A	165/68A	档差	公差
		S	M	L		
1	裙长	48	50	52	2	±1
2	腰围	70	72	74	2	±1
3	臀围	88	92	96	4	±2
4	臀长	18	18	18	0	0
5	腰头宽	4	4	4	0	0

款式概述：

装弧形腰头，裙腰位置低于正常腰围线3cm。前中线装门里襟拉链，后片拼育克，装左右贴袋，后中缝下端开衩，裙摆平直，缉装饰双线

面料：靛蓝色的牛仔布
成分：100%棉
组织：平纹
幅宽：144cm

辅料：黏合衬、金属拉链、纽扣、配色线、商标、洗水唛

工艺要求：

1. 针迹：明线3cm不少于8针
2. 装拉链：拉链顺滑不外露，平服无褶皱，门襟里襟长短一致
3. 拼育克：左右对称，线条顺直
4. 后贴袋：袋位正确，压线整齐，左右对称
5. 后开衩：两头不反吐，平服，长短一致
6. 腰头：平服无起皱，侧缝对齐，面、里、衬松紧适宜，宽窄一致
7. 下摆：折边宽窄一致，缉线平服顺直
8. 缉线：双线均匀、顺直，无跳针、断线现象
9. 商标：位置端正，号型标志清晰，号型标志钉在商标下沿
10. 整烫：各部位熨烫到位，平服，无亮光、水花、污迹

工艺编制：　　　　工艺审核：　　　　审核日期：

二、必备知识

1. 款式描述

图2-32　款式图

款式如图2-32所示。装弧形腰头，裙腰位置低于正常腰线3cm。前中线装门里襟拉链，后片拼育克，装左右贴袋，后中缝下端开衩，裙摆平直，缉装饰双线。牛仔裙具有自由、洒脱、随意、豪迈的造型风格。

2. 结构图

（1）规格尺寸，号型160/66A（M号）牛仔裙的规格尺寸见表2-5。

表2-5　牛仔裙M号规格尺寸表　单位：cm

部位	裙长	腰围（W）	臀围（H）	臀长	腰头宽
规格	50	72	92	18	4

（2）结构图如图2-33所示。

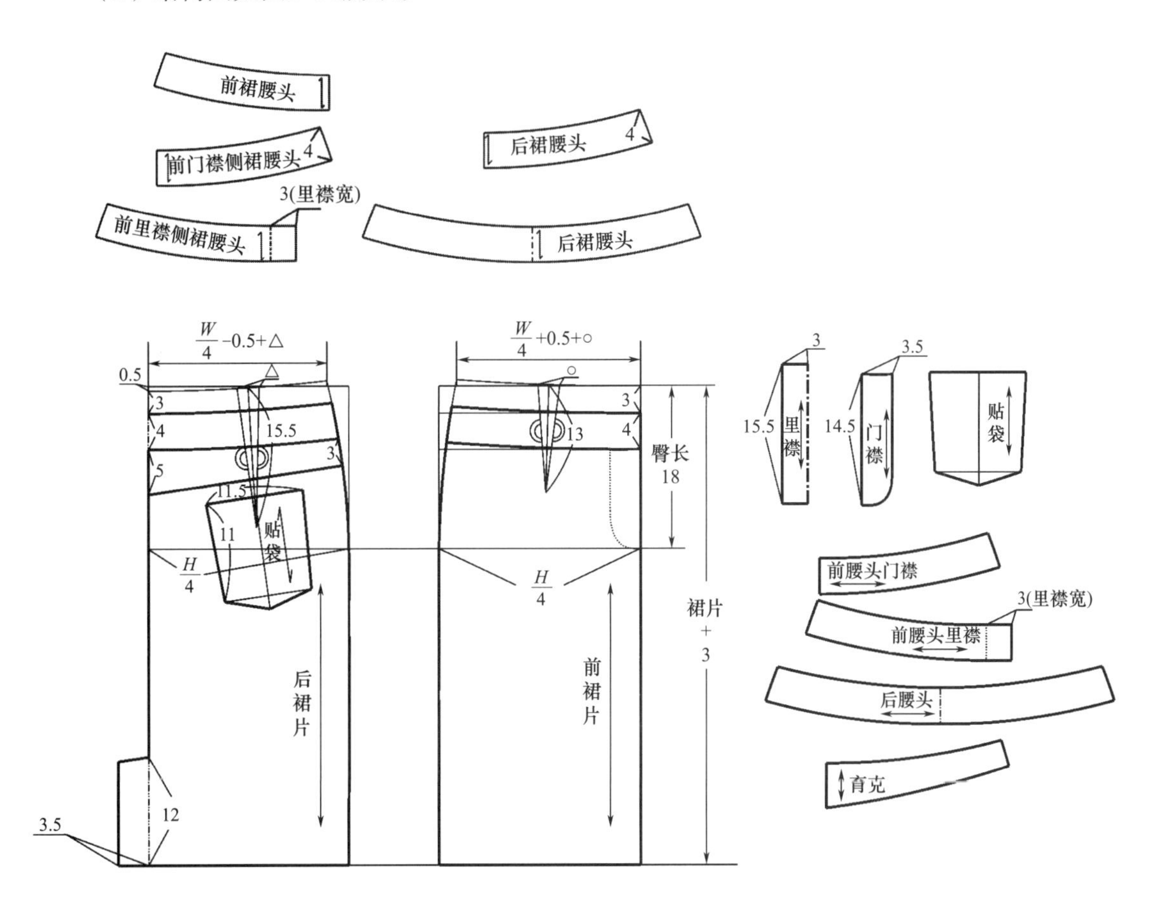

图2-33　结构图

3. 裁剪

（1）裁片名称。

牛仔裙的主要裁片：前、后裙片，前、后裙腰头面（里）、门襟、里襟、育克、贴袋（图2-34）。

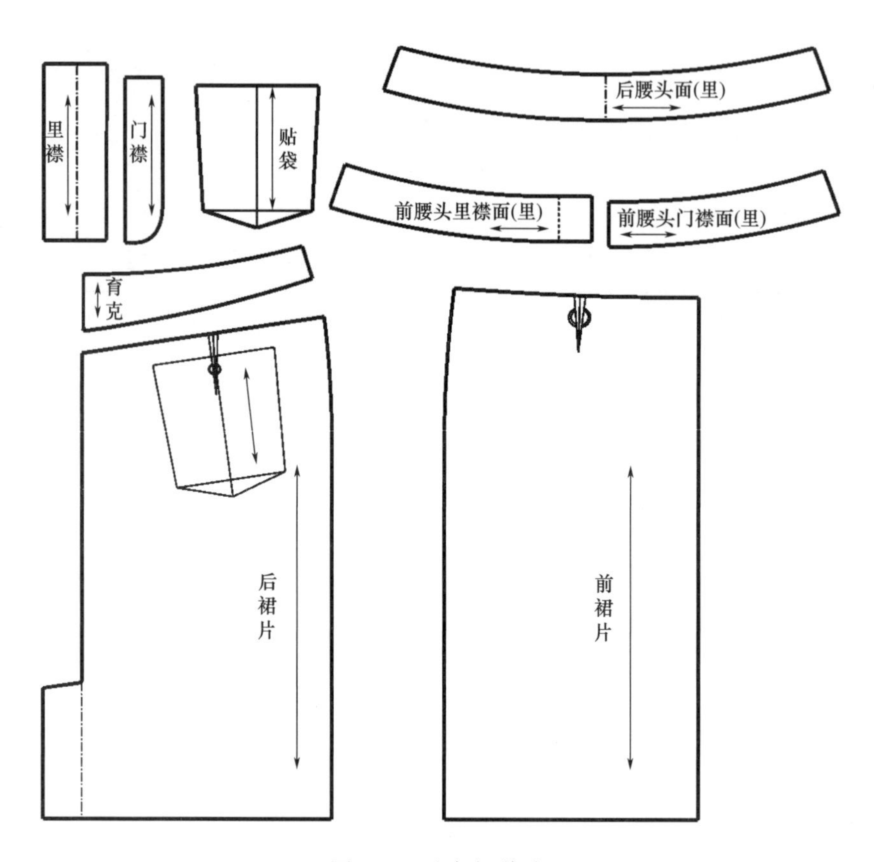

图2-34　牛仔裙裁片

（2）裁片放缝（图2-35）。

①前、后裙片贴边放缝3.5cm，其余放缝1cm。

②裙腰头四周，门襟、里襟、育克四周各放缝1cm。

③后片贴袋上口放缝3.5cm，其余三边放缝1cm。

（3）裁片做标记。

牛仔裙打刀眼、钻眼部位：

①前片装襟门、里襟处，后片开衩处做缝止点记号。

②后腰中点，前、后裙片臀围线处做对位记号。

③后片贴袋在袋口内侧0.3cm处做钻眼定位记号。

④裙摆处做卷边宽度记号。

（4）排料图，将幅宽144cm的面料对折后进行排料（图2-36）。

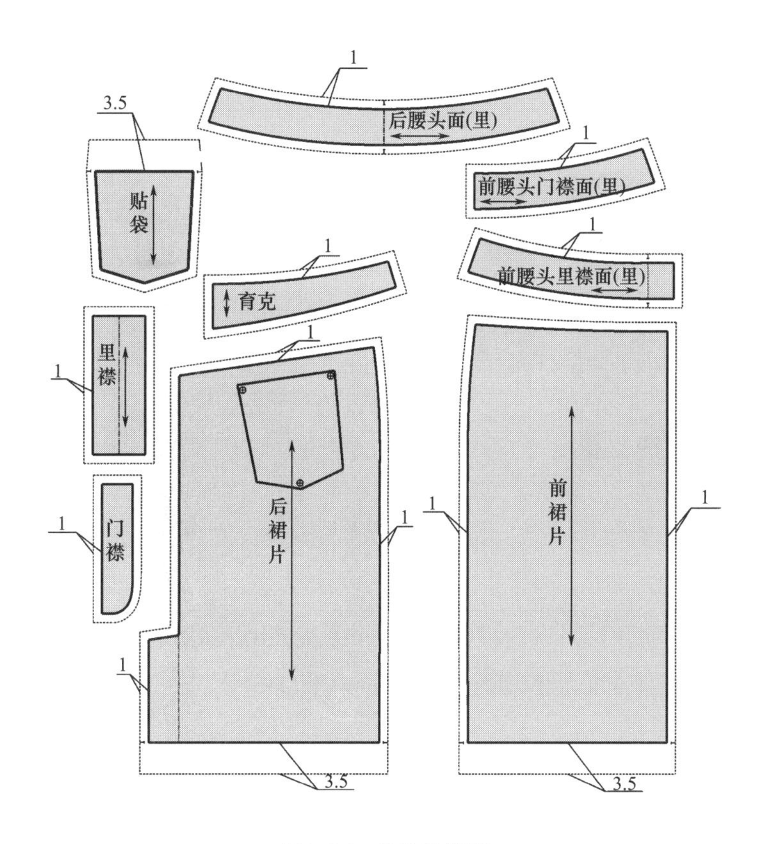

图2-35　裁片放缝图

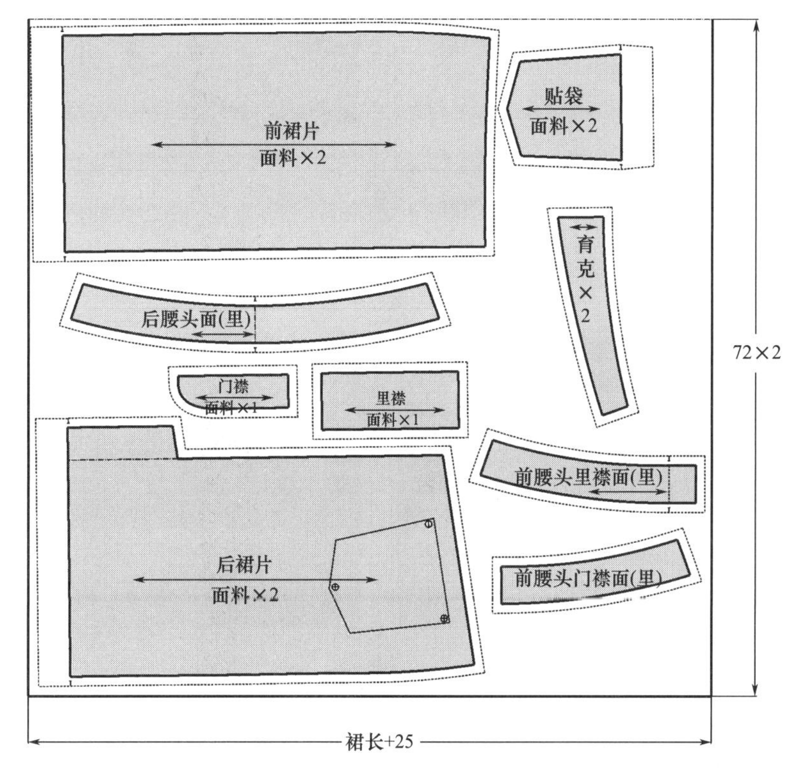

图2-36　排料图

4. 缝制工艺

（1）合前中缝：从拉链开衩缝止点缝到裙片底边，1cm缝份顺直，宽窄一致（图2-37）。

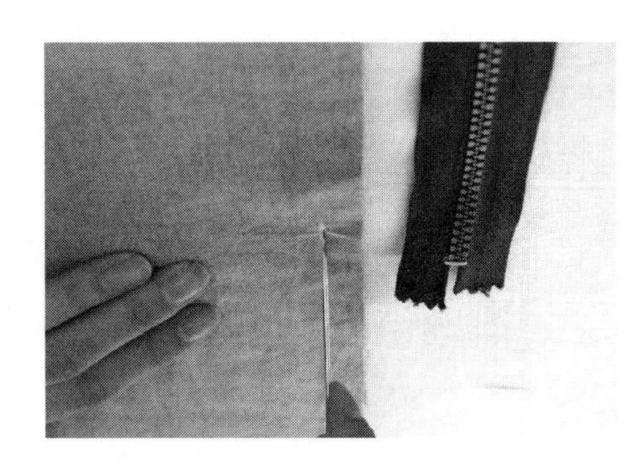
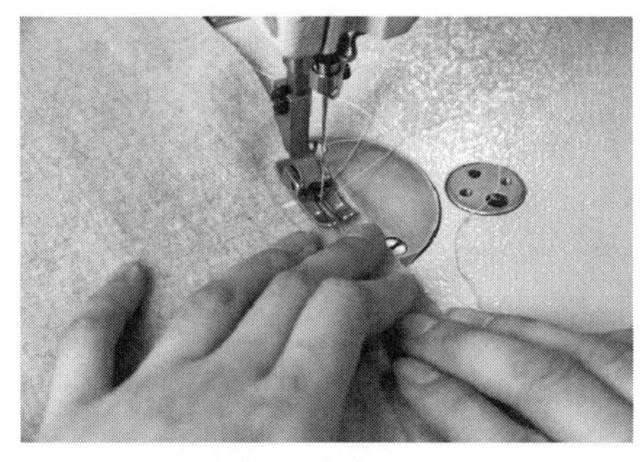

图2-37 合前中缝

（2）装门襟。

①门襟反面黏上黏合衬，将门襟弧线边止口折光缉0.1cm，门襟反面与左前裙片中缝上端装拉链处缝合0.8cm，要求低于拉链缝止点1.5cm（图2-38）。

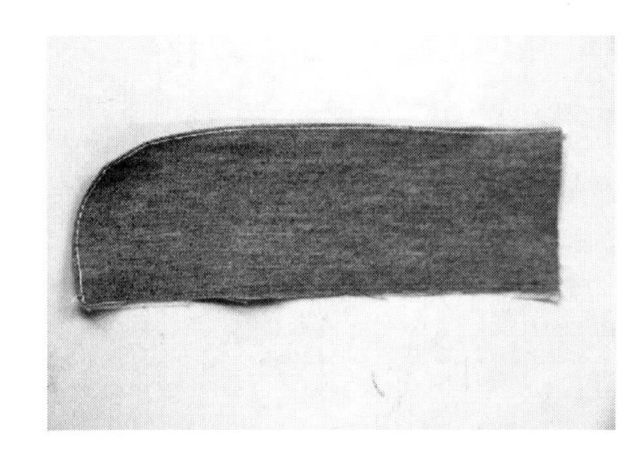

图2-38 装门襟①

②将贴门襟翻转，正面沿缝份缉0.1cm（图2-39）。

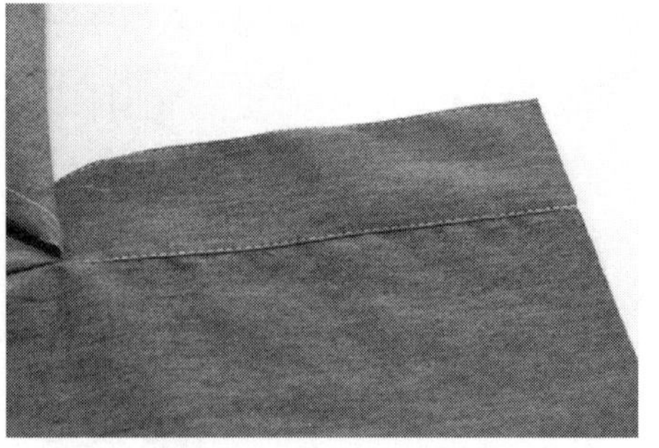

图2-39 装门襟②

（3）装里襟。

①里襟对折锁边，将金属铜拉链正面朝上，对齐锁边线里缉0.1cm（图2-40）。

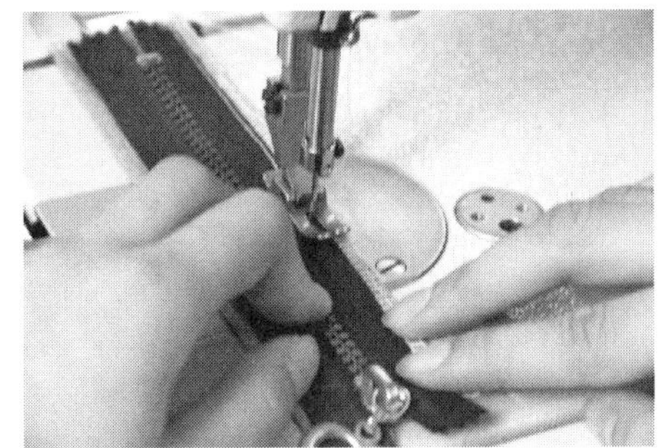

图2-40　装里襟①

②前右裙片中线处折转缝份0.8cm，与装拉链的里襟条对齐缝份，正面缉0.1cm至拉链缝止点，然后掀开里襟下端，在右前中缝拉链止口处打一剪口，目的是使下方的缝份统一向左倒（图2-41）。

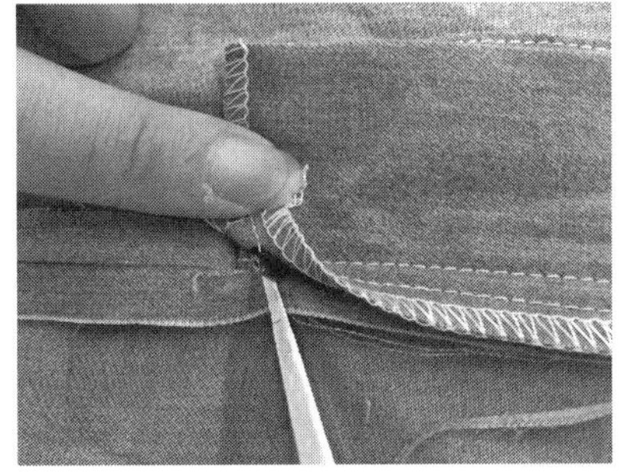

图2-41　装里襟②

（4）缝合拉链与贴门襟：将拉链的另一侧与贴门襟缝合。为了防止拉链闭合后外露，拉链上端比下端朝门襟弧线方向略偏进0.3cm，门里襟无长短（图2-42）。

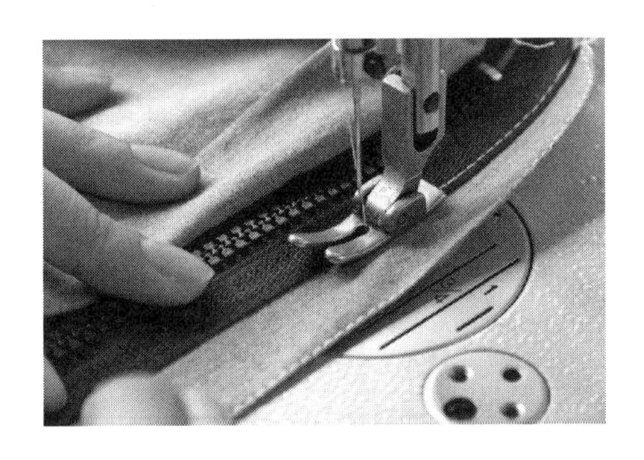

图2-42　缝合拉链与贴门襟

（5）压缉门襟和前中双线：按门襟净样板缉双线，线与线之间距离0.6cm；前中也压缉0.1+0.6cm双线，与门襟双线呼应，注意交会处封口加固（图2-43）。

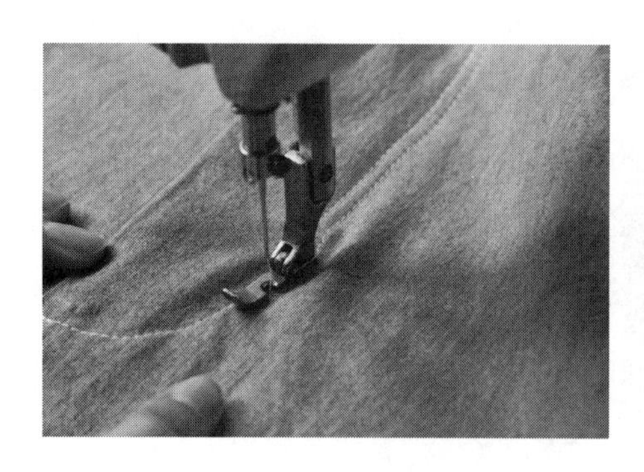

图2-43　压缉门襟和前中双线

（6）做贴袋。

①扣烫贴袋：贴袋上口先折1cm，再折2.5cm，其他三边按贴袋净样板扣烫，折进1cm（图2-44）。

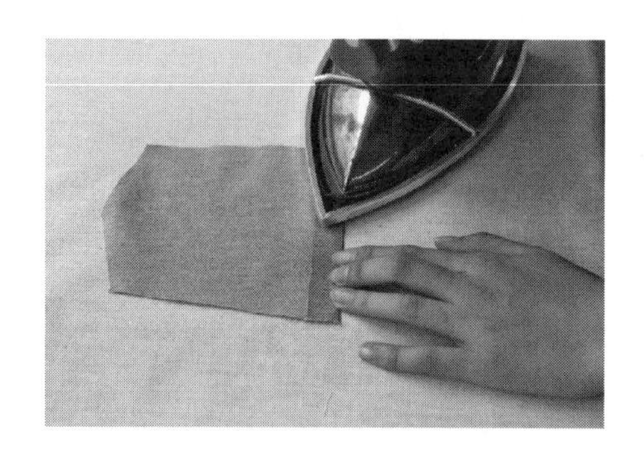

图2-44　扣烫贴袋

②缉袋口明线和定袋位：沿袋口贴边宽缉一道上口线，注意是底线当面线故面线要略紧。在后裙片上按贴袋位置做出钻孔标志（图2-45）。

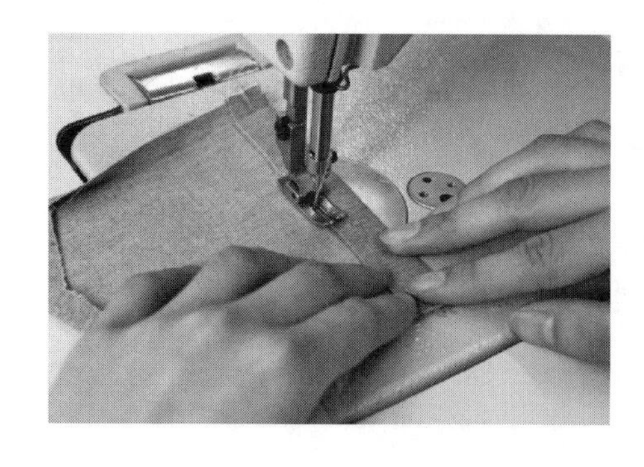
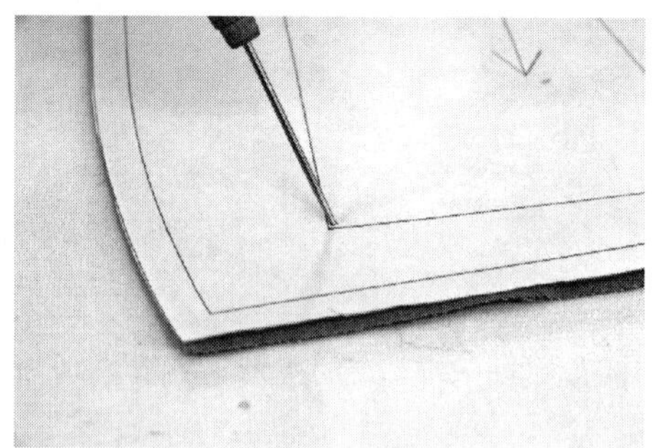

图2-45　缉袋口明线和定袋位

③装贴袋：将贴袋放在裙片贴袋位置的钻孔处，要端正、左右对称，距贴袋边缘0.1cm缉线，然后再距该缉线0.6cm缉第二道线，缉线要整齐、上下层松紧一致（图2-46）。

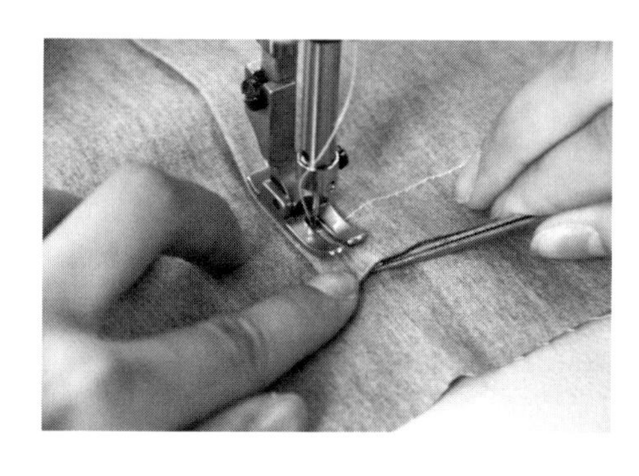 

图2-46 装贴袋

（7）拼育克：育克反面下口与后裙片反面上口对齐，左右对称进行拼合，拼合后锁边，缝份往育克倒育克正面缉0.1+0.6cm双线（图2-47）。

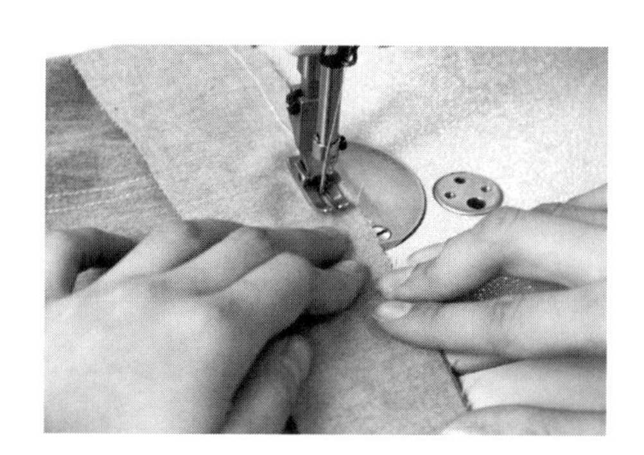 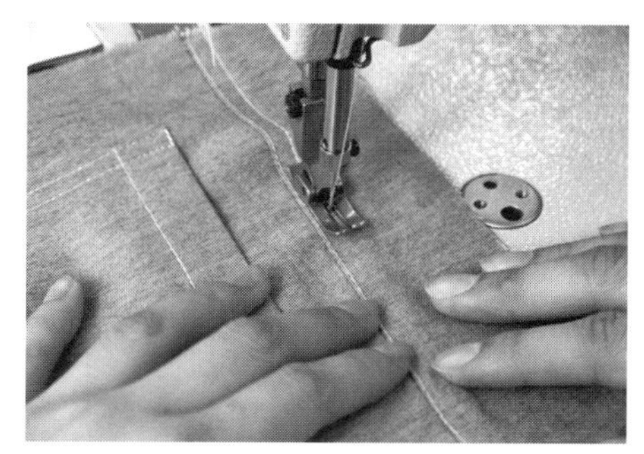

图2-47 拼育克

（8）拼后中缝：将后裙片开衩位黏上黏合衬，开衩里襟折进1cm，从开衩口缉至腰口处，注意育克缝份、压线左右要对齐（图2-48）。

 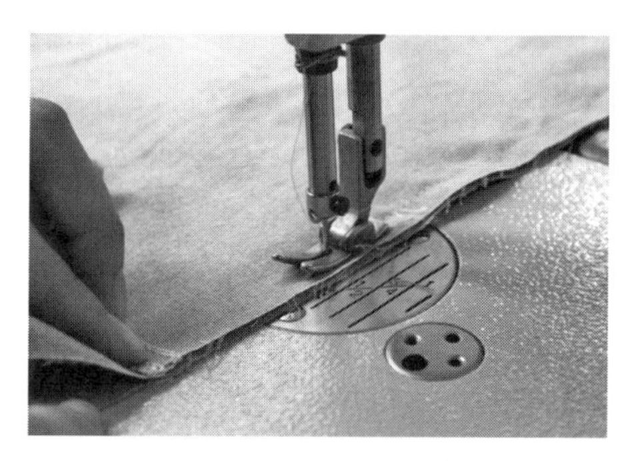

图2-48 拼后中缝

（9）做后开衩。

①将后裙片开衩底边按3.5cm放缝量熨烫，注意开衩处里襟不允许长于门襟，开衩顺直、四角方正（图2-49）。

②锁边：从后裙片腰口双层锁边至开衩拐弯处，门襟、里襟贴边处单层锁边（图2-50）。

③做后开衩：门襟沿底边宽3.5cm横封，里襟沿1cm缝份竖封（图2-51）。

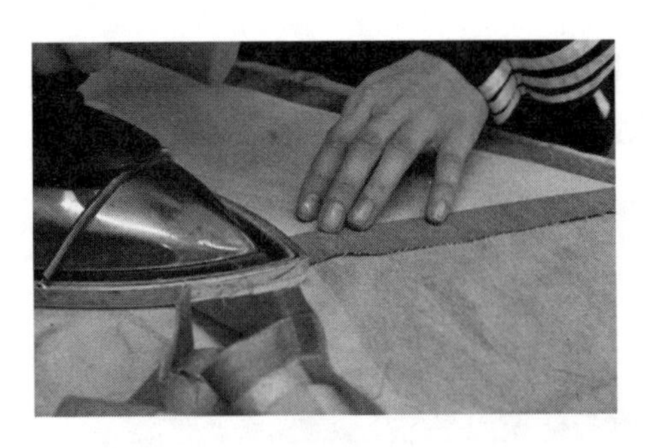

图2-49 做后开衩 ①

图2-50 做后开衩 ②

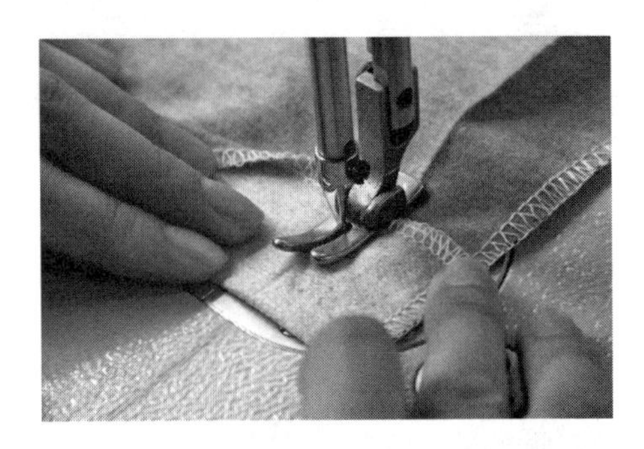
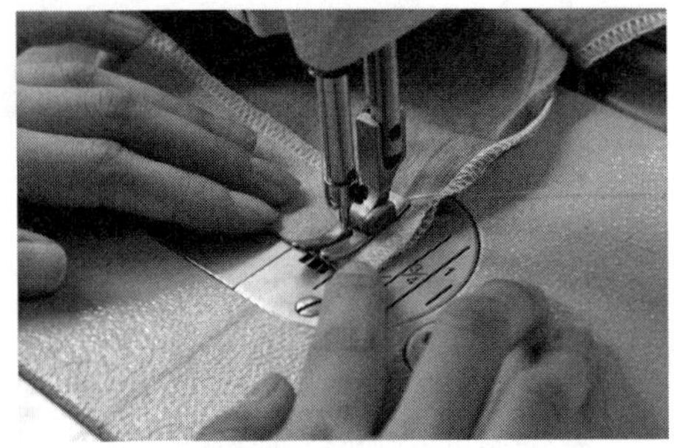

图2-51 做后开衩 ③

④烫后开衩：将缉好的门襟、里襟翻转，烫平服（图2-52）。

（10）后裙片中线、底边缉线：距后中线0.1cm处压缉一道缝，距该缝0.6cm再缉一道缝，双缝线与前中双缝线呼应，底边同样缉双缝线（图2-53）。

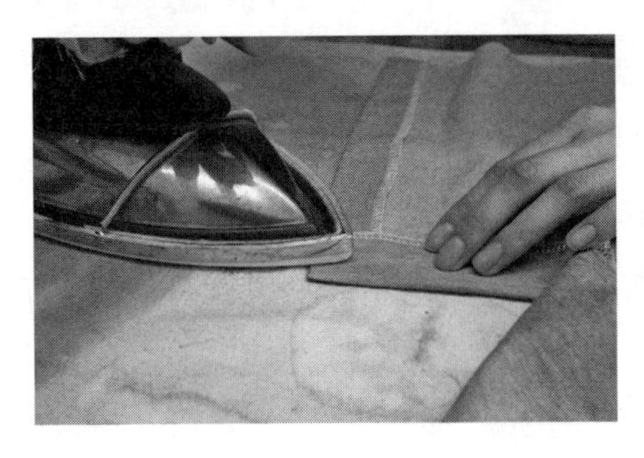

图2-52 做后开衩 ④

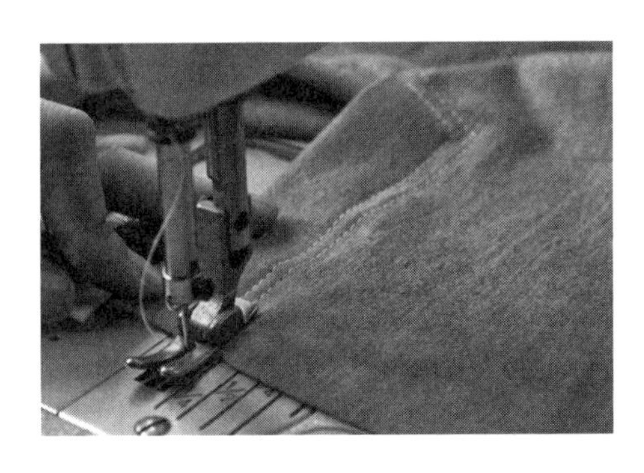

图2–53　后裙片中线、底边缉线

（11）拼合侧缝：拼合前裙片、后裙片侧缝，注意上下层松紧一致，拼合后反面锁边。侧缝正面缉双线（距边缘0.1cm缉线，距该线0.6cm缉线）（图2–54）。

（12）做腰头。

①拼腰头面、腰头里侧缝：将腰头面布、腰头里布的侧缝分别拼合后将缝份分烫（图2–55）。

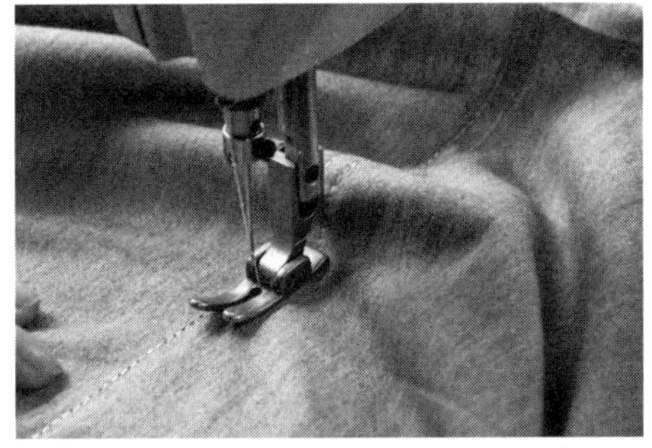

图2–54　拼合侧缝

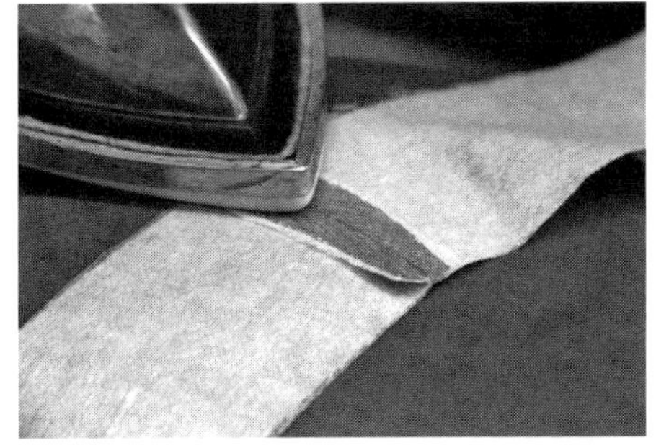

图2–55　做腰头①

②扣烫腰头面布下口、缝合腰头上口：侧缝拼合后的腰头面布下口缝边1cm扣烫光，将腰头面布与腰头里布正面相对，并在上、左、右三边缝合，缝合时，要求面布、里布的侧缝分开对齐（图2–56）。

③修剪腰头反面缝份：将腰头上口两头缝份修薄，减轻厚度，再将腰头翻转正面朝外，在腰头里上口压缉一条直线，方便面、里的熨烫（图2–57）。

④装腰头：将裙腰头里正面与裙片反面腰口相对并缝合，缝份1cm，裙片侧缝与腰头侧缝对齐（图2-58）。

（13）锁眼、钉扣（图2-59）。

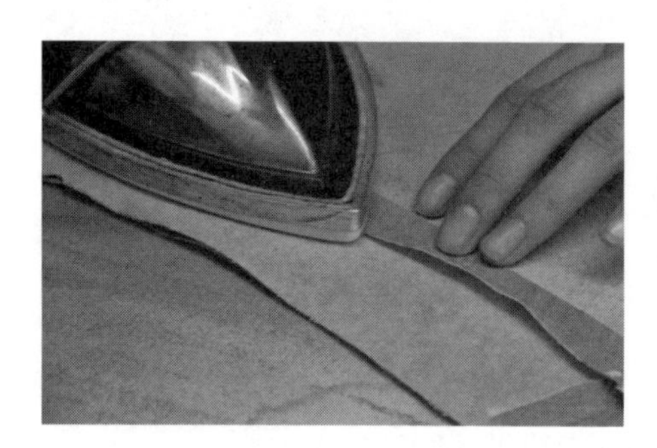
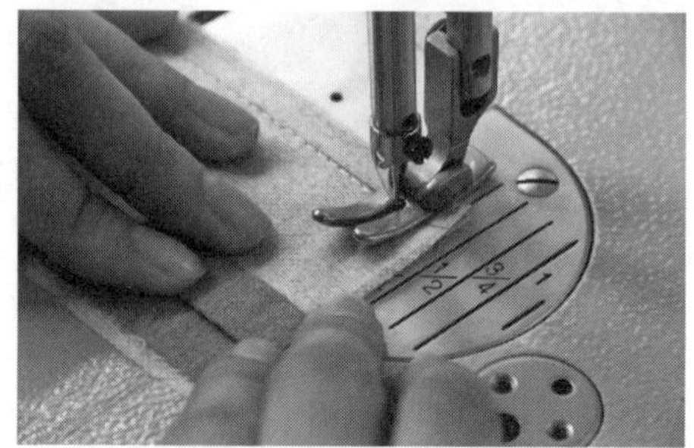

图2-56　做腰头②

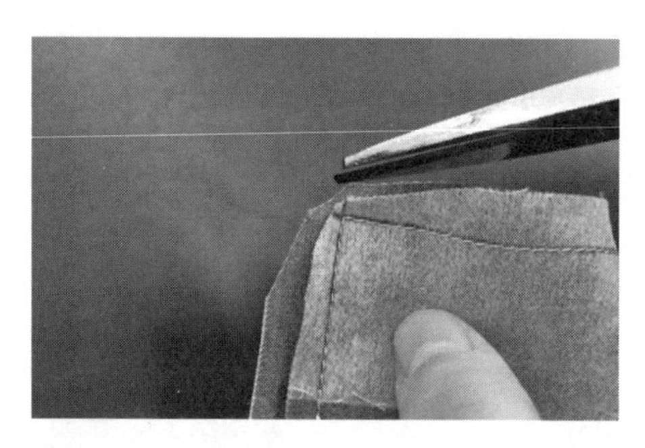

图2-57　做腰头③

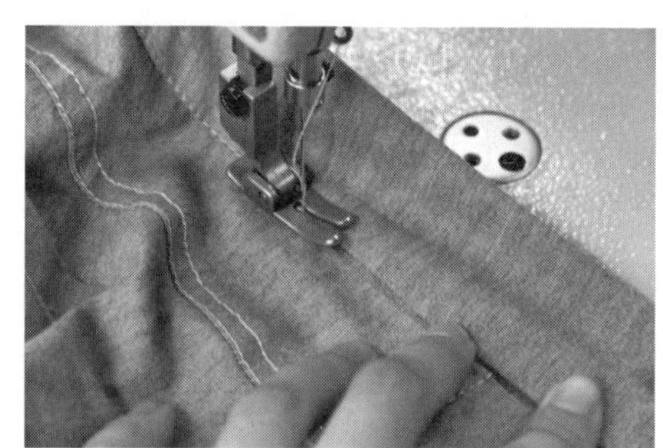

图2-58　装腰头

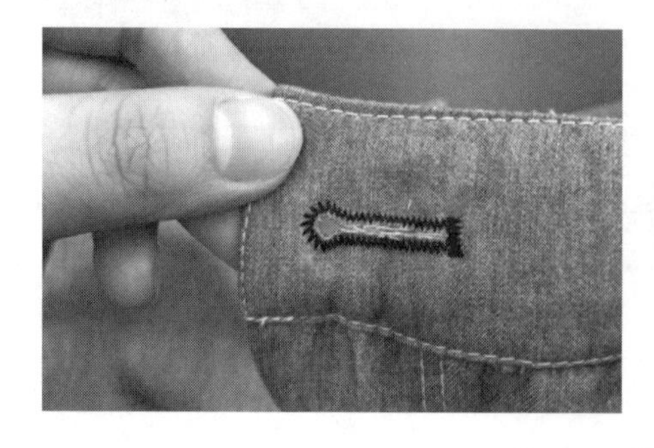

图2-59　锁眼、钉扣

（14）整烫（图2-60）。

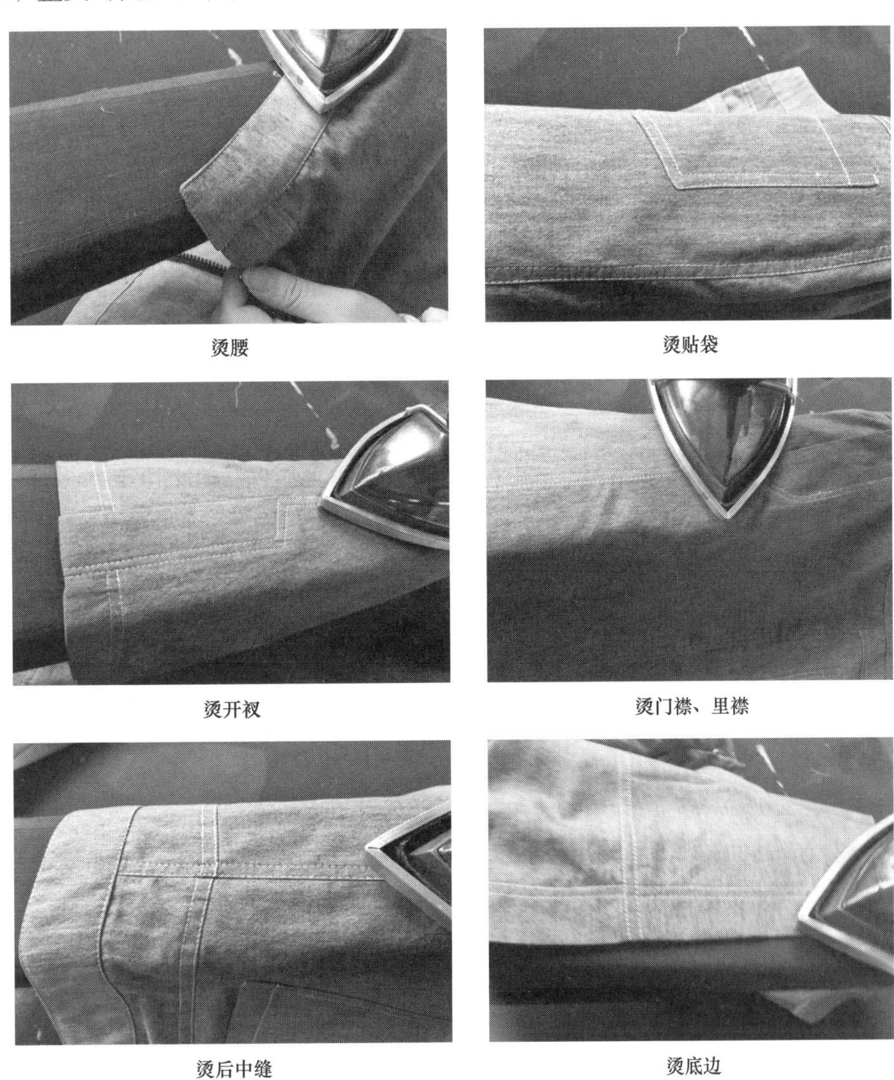

烫腰　烫贴袋

烫开衩　烫门襟、里襟

烫后中缝　烫底边

图2-60 整烫

（15）牛仔裙成品图（图2-61）。

图2-61 牛仔裙成品图

【特别提示】

（1）拼后育克时，学生容易把育克的侧缝与后中缝两头弄错，所以裁剪时，需要做好侧缝或后中缝的育克标记，以免出现错误。

（2）门襟拉链是牛仔裙的重点工艺。门襟、里襟要求平服，长短一致，一方面要求上下层松紧一致，另一方面要求绱门襟、里襟时，应该从一个方向开始起针，这样长短才会一致。

（3）弧形腰比直腰工艺难度更大，所以要求做好绱腰标记，如裙片中心点、侧缝都要对齐，有利于绱腰的质量。

（4）产品整洁，无线头、无污渍、无跳针。

三、任务实施

1. 实践准备

材料准备如图2-62所示。

（1）面料裁片：前裙片2片；
后裙片2片；
前腰头门襟面、里各1片；
前腰头里襟面、里各1片；
后腰头面、里各1片；
门襟1片；
里襟1片；
后育克2片；
后贴袋2片。

图2-62　牛仔裙材料图

（2）辅料准备：拉链1根；
纽扣1粒；
黏合衬若干；
配色线。

（3）实物样裙一件。

2. 操作实施

（1）根据牛仔裙结构制图进行放缝，检查裁剪样板数量。

（2）整理面料，识别面料正、反面，将面料正面相对，反面朝上，丝缕顺直。

（3）将裁剪样板根据丝缕要求，正确的铺放在面料上，做到紧密、合理的排料。

（4）先剪主件、后裁部件，再配黏合衬。检查所需的裁片、辅料是否完整。

（5）根据裁片制作牛仔裙，其工艺流程：合前中缝→装门襟→装里襟→缝合拉链与门襟→压缉门襟和前中双线→做贴袋→拼育克→拼后中缝→做后开衩→后中缝、底边缉线→拼合侧缝→做腰头、绱腰头→锁眼、钉扣→整烫。

四、学习拓展

破洞工艺

磨白、破洞、毛边等工艺是牛仔裙当前流行的时尚元素（图2-63），它采用酵素洗柔软牛仔布，水洗做旧、磨白、加大破洞处理，其工艺复杂但处理自然。下面我们来学习牛仔裙的破洞工艺。

（1）先在牛仔裙上设计好要破洞的位置，用砂纸在这些位置上反复打磨几次，进行做旧。

（2）在砂纸打磨过的位置上，用美工刀剪出一定数量的平行切口。

（3）根据需要用挑线器抽出一些布丝，如横向的宽纹可以抽，纵向的布丝可以不抽，完工的时候最好能下水洗一下，那些破洞就能和裙子浑然天成，另有一番味道。

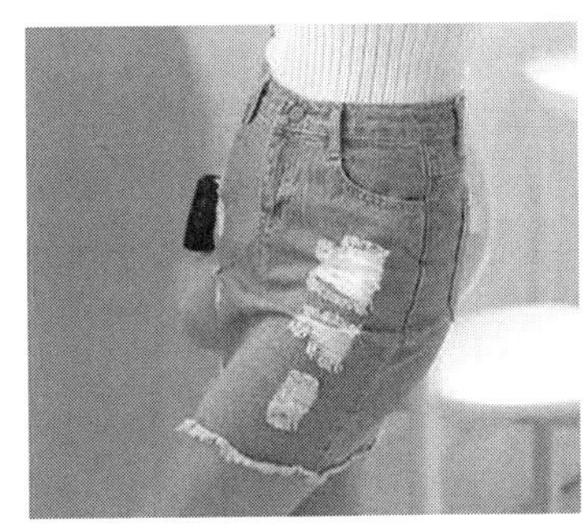

图2-63　磨白、破洞、毛边牛仔裙

五、任务评价

牛仔裙评价表（表2-6）。

表2-6　牛仔裙评价表

序号	部位	具体指标	分值	自评	小组互评	教师评价
1	规格	裙长、腰围、臀围、裙摆规格正确	12			
2	腰头	腰头面、腰头里、衬要平服，松紧适宜 腰头方正，无探头、缩进 弧形腰头拼接，绱腰时对齐侧缝 腰头正面缉线顺直，无跳针	24			
3	门、里襟装拉链	拉链缉线顺直，进出一致 拉链不外露，门襟、里襟不反吐 拉链底端门襟封口牢固、平整	18			
4	后贴袋	袋位正确，袋口平服，封口整齐	6			
5	后开衩	开衩平整、不反翘 开衩门襟、里襟长短一致	8			
6	拼育克、侧缝	顺直平服	6			
7	底边	平服、宽窄一致	6			
8	整洁牢固	整件产品无跳针、浮线、粉印 各部位无毛、脱、漏 整件产品无明暗线头 明线3cm不少于8针	20			
合计			100			

工作任务2.3 拼接波浪裙制作工艺

技能目标	知识目标
1. 能按照拼接波浪裙款式图进行款式分析 2. 能根据面料特点、款式规格，运用结构制图进行排料、裁剪、工艺制作 3. 能分析同类裙型的工艺流程，编写工艺单 4. 能根据质量要求评价裙子品质的好坏，树立服装品质概念	1. 了解拼接波浪裙，并能描述其款式特点 2. 了解面料的幅宽，能根据拼接波浪裙样板进行放缝、排料、划样、裁剪 3. 掌握拼接波浪裙制作工艺 4. 熟悉拼接波浪裙工艺单的编写 5. 了解后整理、包装操作的工艺要求 6. 了解拼接波浪裙质量要求

一、任务描述

根据拼接波浪裙样衣通知单，根据款式图明确的款式要求，按照M号规格尺寸进行结构制图（1：1），并在结构图基础上放缝、做样板，并选择合适的面料进行排料、裁剪、制作，完成一条拼接波浪裙。

拼接波浪裙样衣工艺通知单，如表2-7所示。

二、必备知识

1. 款式描述

款式如图2-64所示。无腰、无省、无裥工艺，臀长下2cm处作分割线，裙摆呈波浪形，后中线装隐形拉链。拼接波浪裙具有天真、纯美、优雅、浪漫的造型风格。

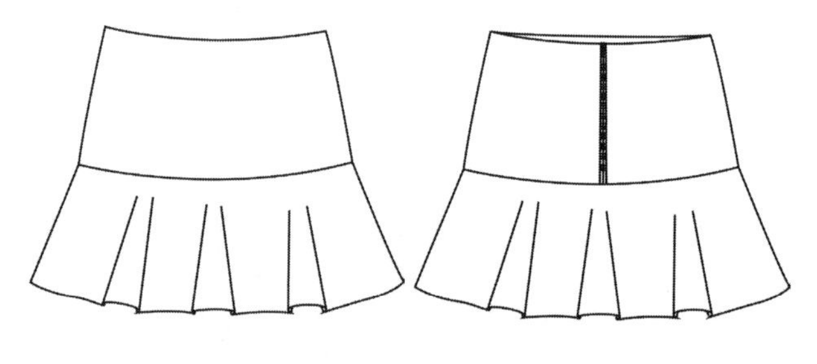

图2-64 款式图

2. 结构图

（1）规格尺寸，号型160/66A（M号）拼接波浪裙规格尺寸如表2-8所示。

表2-8 拼接波浪裙M号规格尺寸表

单位：cm

部位	裙长	腰围（W）	臀围（H）	臀长
规格	36	70	92	18

（2）结构图，如图2-65所示。

表2-7 拼接波浪裙样衣工艺通知单

品牌：RHH	款号：DL1127	名称：拼接波浪裙
纸样编号：T1420	下单日期：	完成日期：

款式图：

系列规格表（5·4）　　单位：cm

部位＼规格		155/64A	160/66A	165/68A	档差	公差
		S	M	L		
1	裙长	34	36	38	2	±1
2	腰围	68	70	72	2	±1
3	臀围	88	92	96	4	±2
4	臀长	18	18	18	0	0

款式概述：

无腰、无省、无裥工艺，臀长下2cm处作分割线，裙摆呈波浪形，后中线装隐形拉链

面料：纱卡
成分：100%棉
组织：斜纹
幅宽：144cm

辅料：黏合衬、隐形拉链、配色线、商标、洗水唛

工艺要求：

1. 装隐形拉链：缉好拉链后要求密合，无褶皱，门襟、里襟长短一致
2. 腰头：裙腰平服，面、里、衬松紧适宜，缝线顺直
3. 拼侧缝：顺直，缝份对齐，长短一致
4. 下摆：波浪均匀，宽窄一致
5. 缉线：顺直，无跳针、断线现象
6. 针迹：明线、暗线 3cm不少于12针
7. 商标：位置端正，号型标志清晰，号型钉在商标下沿
8. 整烫：各部位熨烫到位，平服，无亮光、水花、污迹

工艺编制：　　工艺审核：　　审核日期：

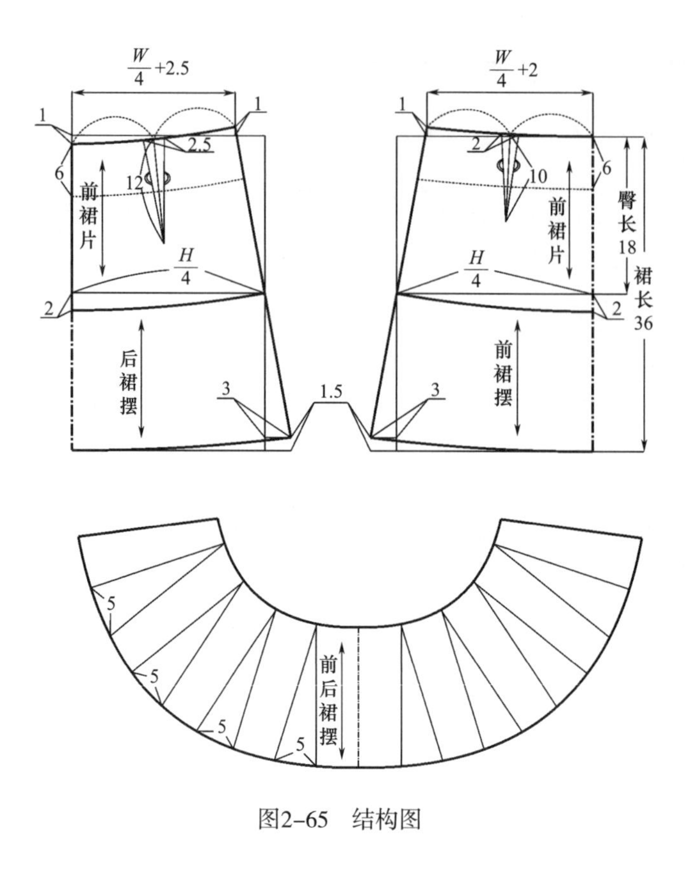

图2-65　结构图

3. **裁剪**

（1）裁片名称，拼接波浪裙的主要裁片：前裙片、后裙片、前（后）裙摆，前（后）裙腰里（图2-66）。

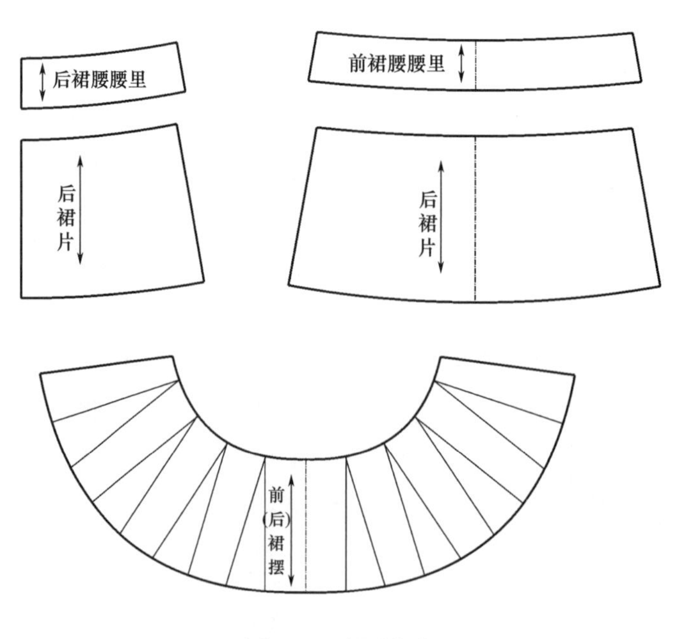

图2-66　主要裁片

（2）裁片放缝（图2–67）。

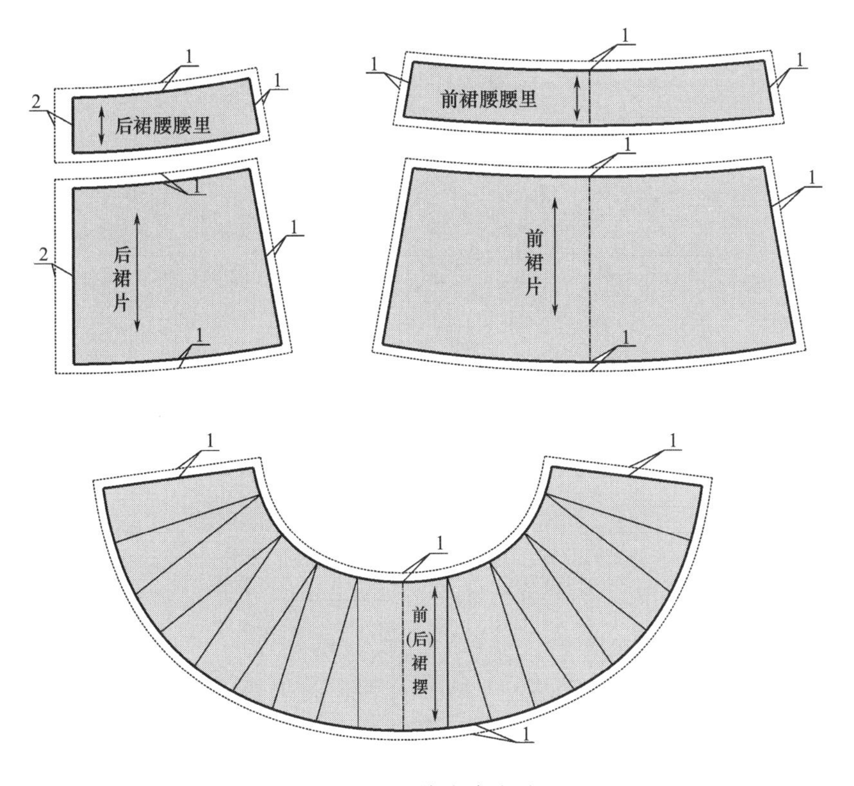

图2–67　裁片放缝图

①后裙片中缝放缝2cm，其余放缝1cm。

②裙摆底边放缝1cm，其余相同。

（3）裁片做标记。

拼接波浪裙打刀眼、钻眼部位：

①后中放缝处做缝止点记号。

②前腰中点，前、后裙片臀围线处做对位记号。

③裙摆底边处1cm做卷边宽度记号。

（4）排料图（图2–68）。

4. **缝制工艺**

（1）锁边：后中线装隐形拉链处锁边（图2–69）。

（2）装隐形拉链：换上单边压脚，先缉左半边后裙片，再缉右半边后裙片，拉开拉链，正面与后中缝份正面相对、沿拉链牙齿边缘缝线要求长短一致，密缝（图2–70）。

（3）合侧缝：将前上片、后上片正面相对，侧缝对齐，要求长短一致，再将缝份进行分烫（图2–71）。

（4）做腰里。

①将腰里黏上黏合衬，再将前片、后片腰里正面相对，缝合左、右侧缝（图2–72）。

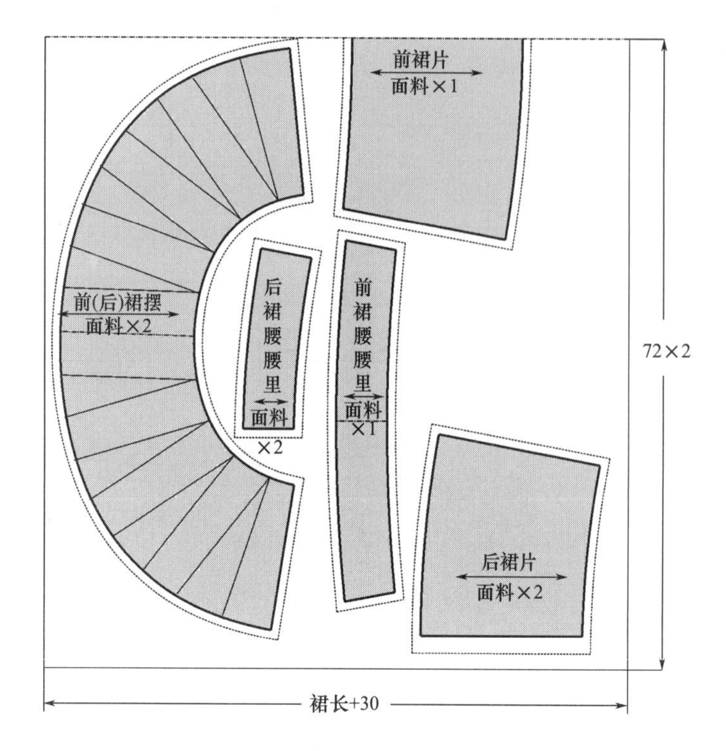

图2-68 排料图

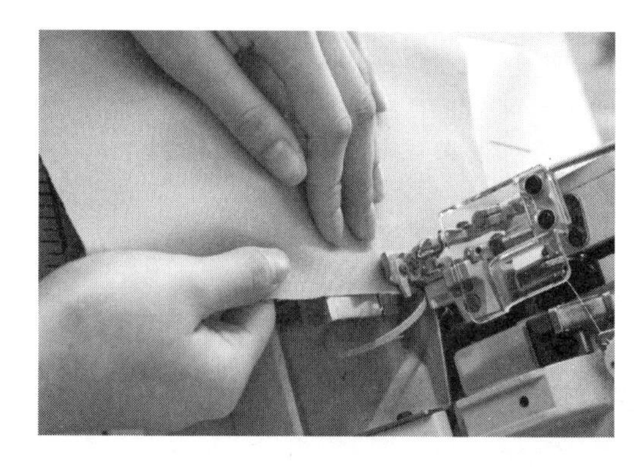

图2-69 锁边

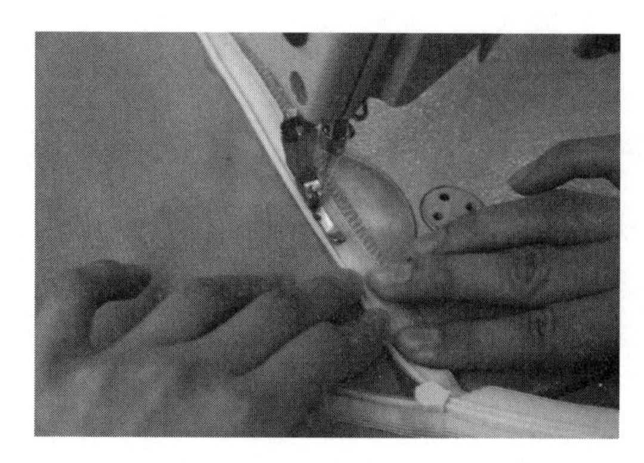
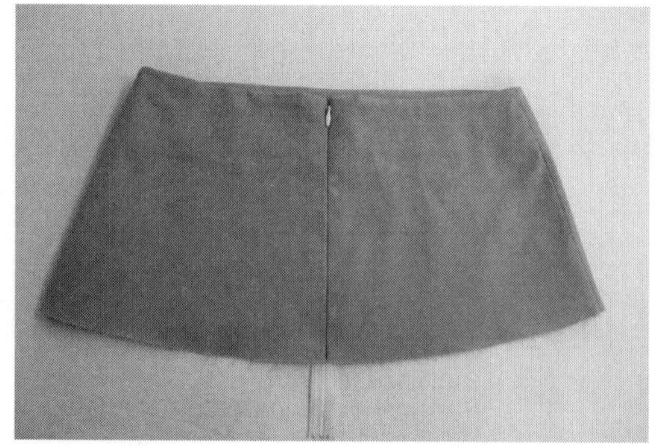

图2-70 装隐形拉链

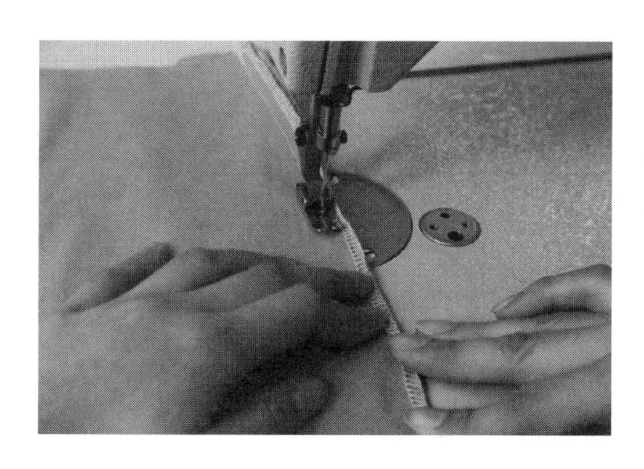
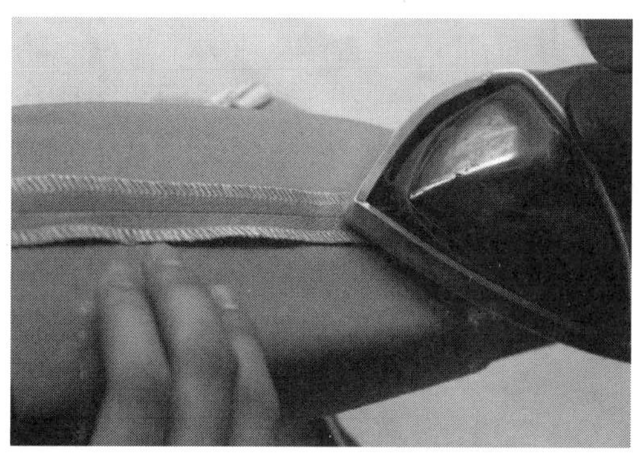

图2-71　合侧缝

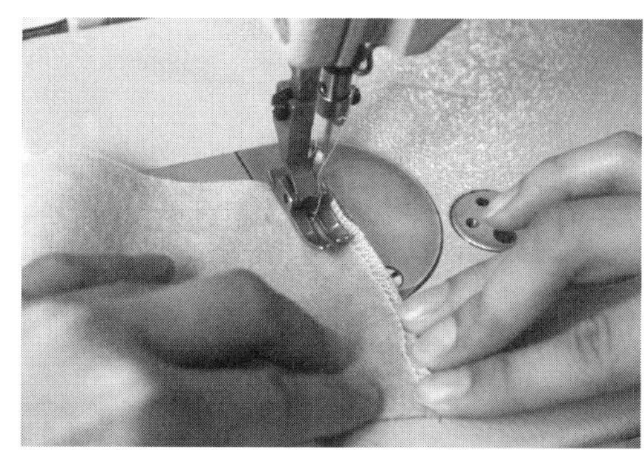

图2-72　做腰里①

②腰里侧缝分烫后下口锁边（图2-73）。

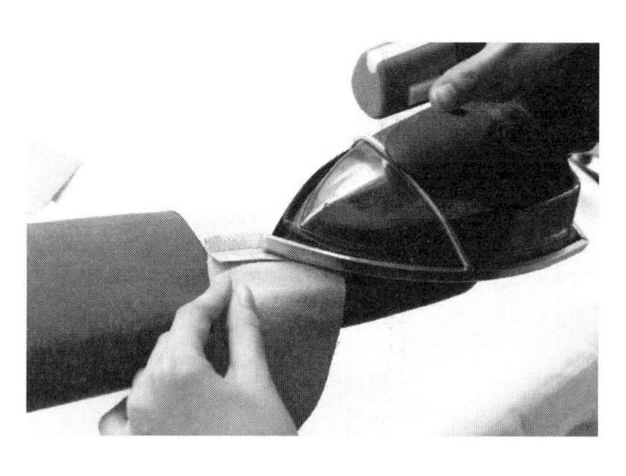
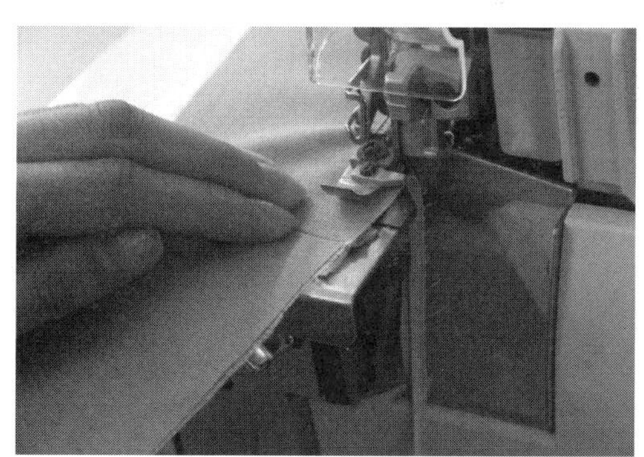

图2-73　做腰里 ②

（5）绱腰里：将做好的腰里两端和隐形拉链缝份处正面相对，沿腰里上口边缘缉0.8cm缝份（图2-74）。

（6）修剪缝份：将缝份修薄，折叠后翻转，要求方正（图2-75）。

（7）腰里压线：为了使腰里不外吐，缝份向腰里倒，在腰里拼接缝上口距边缘0.1cm缉缝（图2-76）。

（8）拼前、后裙摆侧缝：将前、后裙摆正面相对，并沿侧缝拼合，缝份宽窄一致，拼

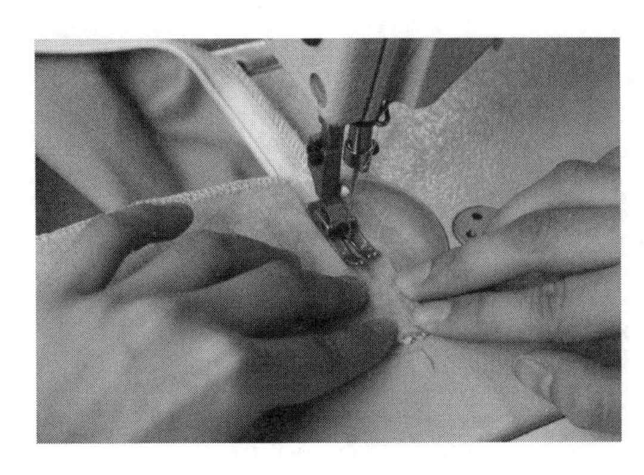
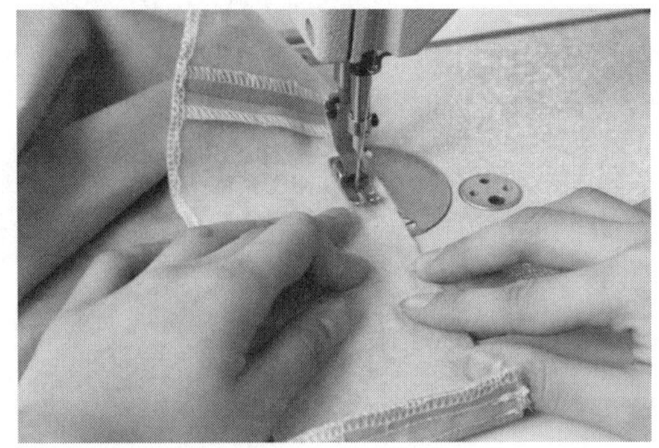

图2-74　绱腰里

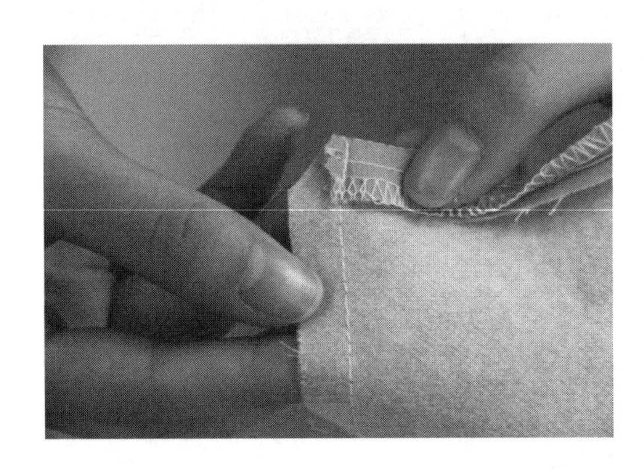
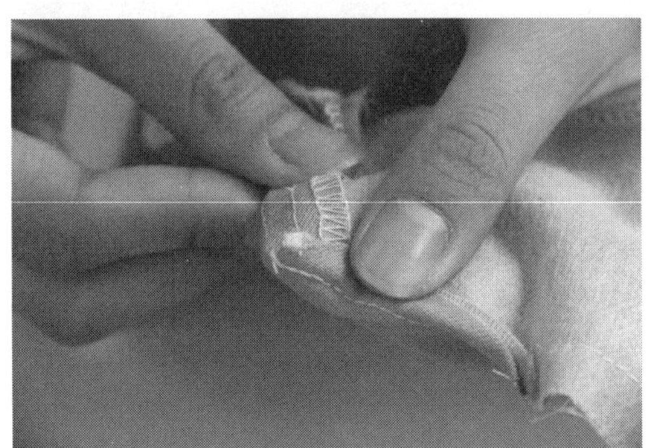

图2-75　修剪缝份

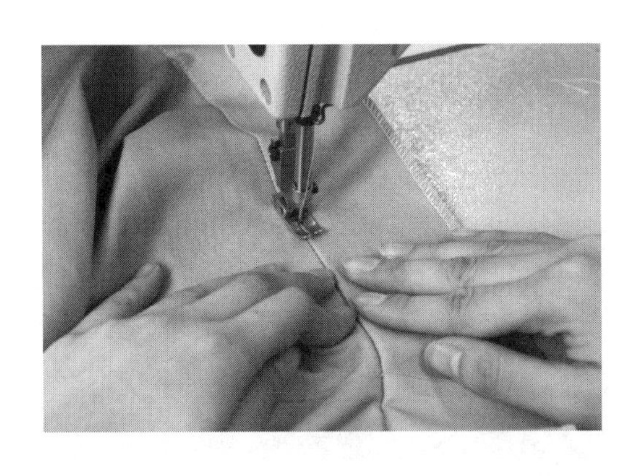
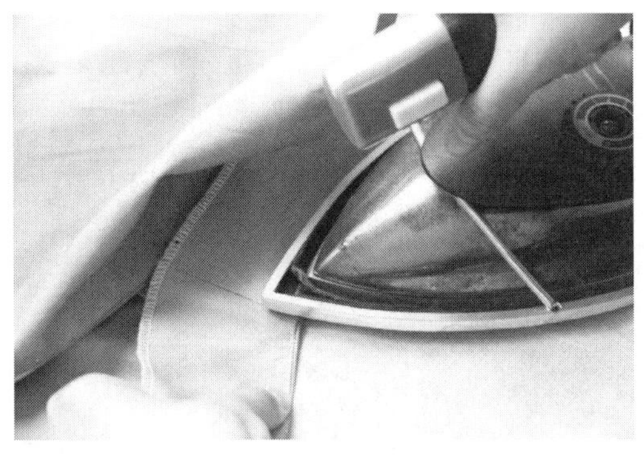

图2-76　腰里压线

合后分烫（图2-77）。

（9）裙摆卷边：将裙摆锁边后，沿裙摆底边折边0.5cm，距边缘0.4cm缉缝（图2-78）。

（10）拼合分割线：将裙上半部与裙摆正面相对，沿裙摆上口线拼合，要求裙摆上口线带紧（图2-79）。

（11）整烫（图2-80）。

（12）拼接波浪裙成品图（图2-81）。

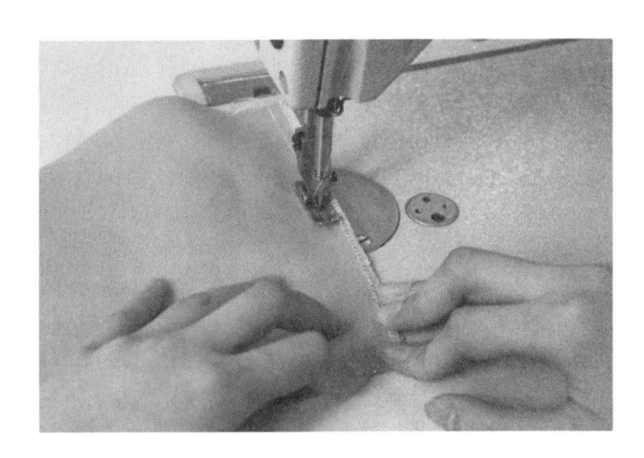
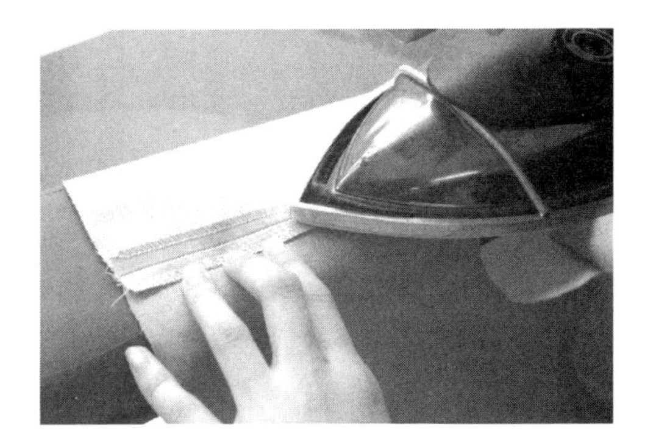

图2-77　拼下摆侧缝

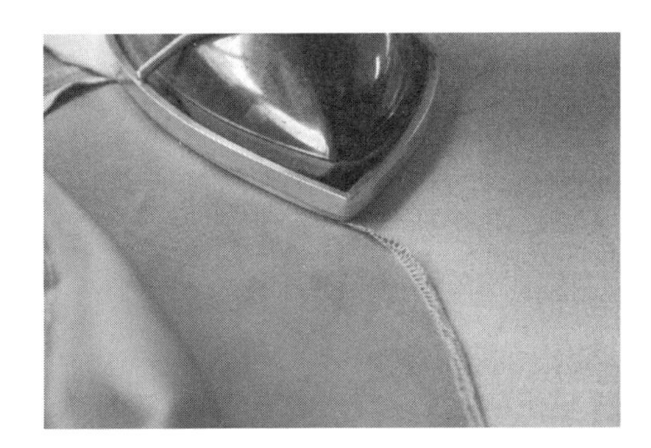
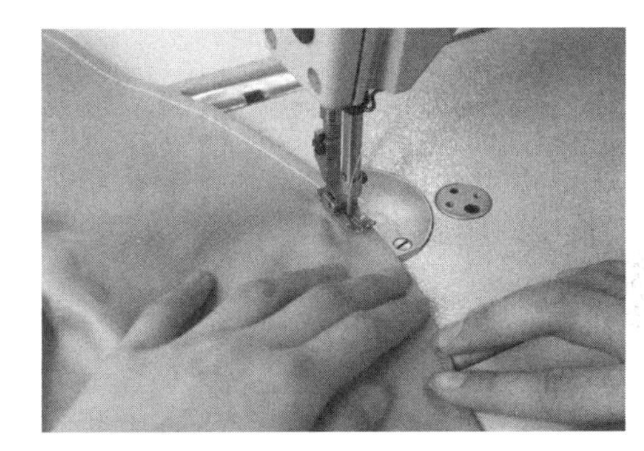

图2-78　裙摆卷边、缉缝

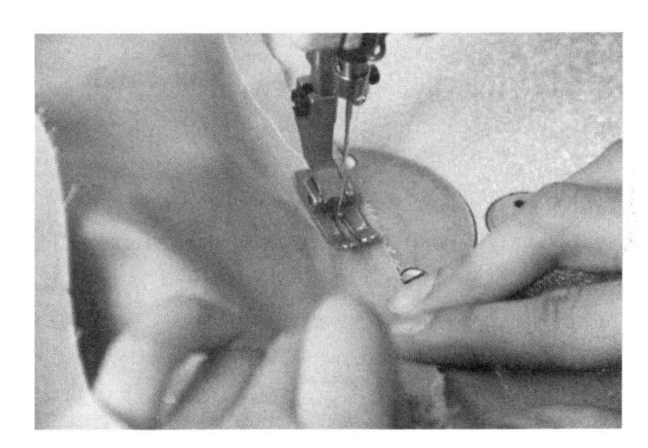

图2-79　拼合分割线

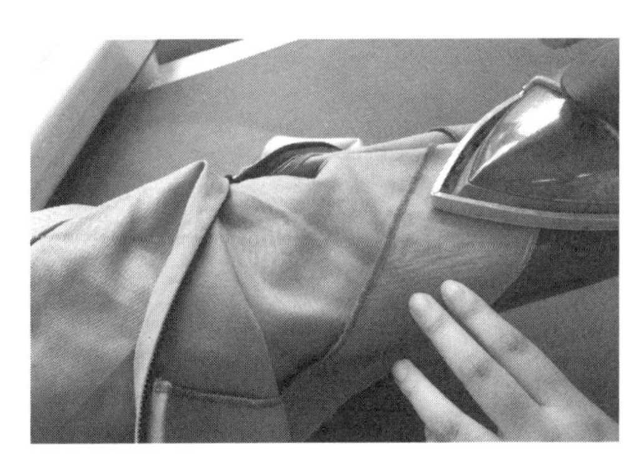
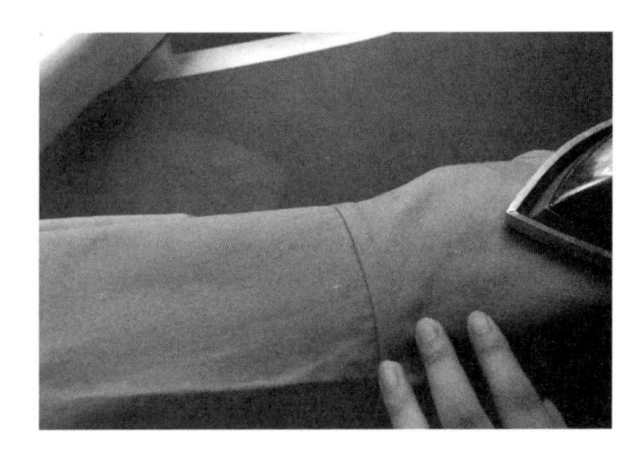

图2-80　整烫

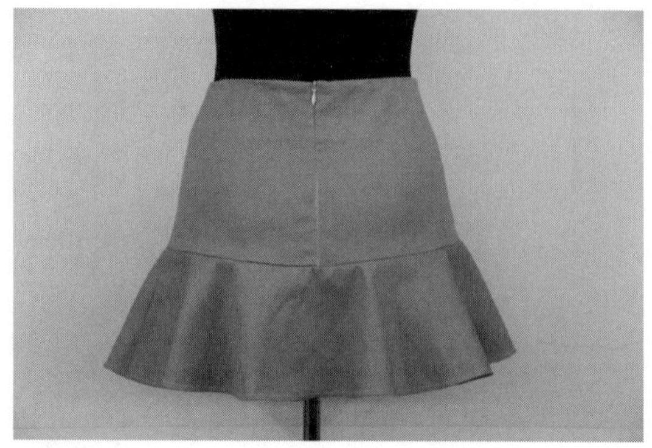

图2-81　拼接波浪裙成品图

【特别提示】

（1）绱隐形拉链时，要换用单边压脚（图2-82）或带槽压脚（图2-83）。单边压脚有左、右之分，装压脚时注意位置，绱拉链时线迹尽可能靠近拉链齿，以达到闭合的效果。

（2）裙摆底边越窄越容易卷边，不然会起涟，所以弧线的卷边放缝尽量少，也可以运用卷边压脚，取得更好的效果。

（3）裙摆分割线拼接时，裙摆要略带紧，这样会使每个波浪效果明显。

（4）产品要求整洁，无线头、无极光。

图2-82　单边压脚

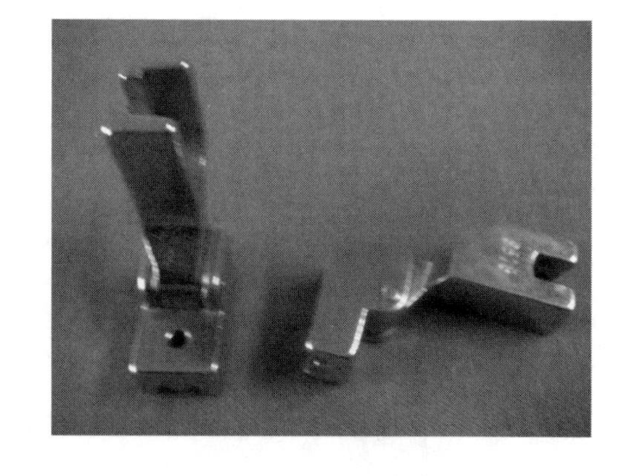

图2-83　带槽压脚

三、任务实施

1. 实践准备

材料准备如图2-84所示。

（1）面料裁片：前裙片1片；

后裙片2片；

前裙摆1片；

后裙摆1片；
前裙腰里1片；
后裙腰里2片。

（2）辅料准备：拉链1根；
配色线；
黏合衬若干。

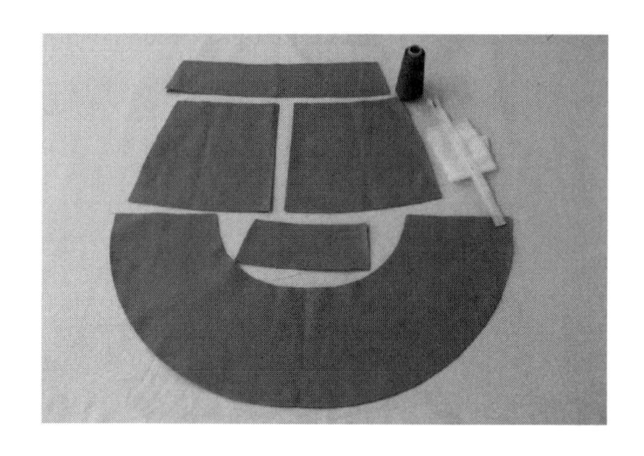

图2-84　拼接波浪裙材料图

（3）实物样裙一件。

2. **操作实施**

（1）根据拼接波浪裙结构制图进行放缝，检查裁剪样板数量。

（2）整理面料，识别面料正、反面，将面料正面与正面相叠，反面朝上，丝缕顺直。

（3）将裁剪样板根据缕要求，正确的铺放在面料上，做到紧密、合理的排料。

（4）先裁主件、后裁部件，再配黏合衬。检查所需的裁片、辅料是否完整。

（5）制作拼接波浪裙，其工艺流程：锁边→装隐形拉链→合侧缝→做腰里→ 绱腰里→修剪缝份→腰里压线→拼下摆侧缝→裙摆底边卷边→拼合分割线→整烫。

四、学习拓展

绱隐形拉链工艺

（1）烫黏合衬牵条：确定拉链末端的位置，将黏合衬牵条压烫在绱拉链的裙片部位（图2-85）。

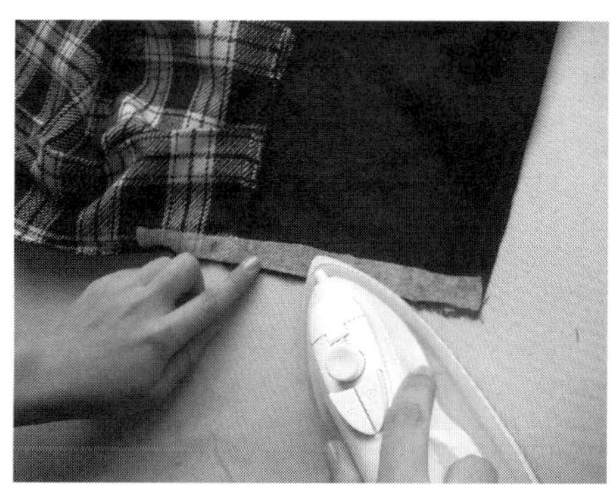

图2-85　烫黏合衬牵条

（2）合左裙片侧缝：从拉链底端开始缉至裙片底边，起落针时要求打回针并将缝份分烫（图2-86）。

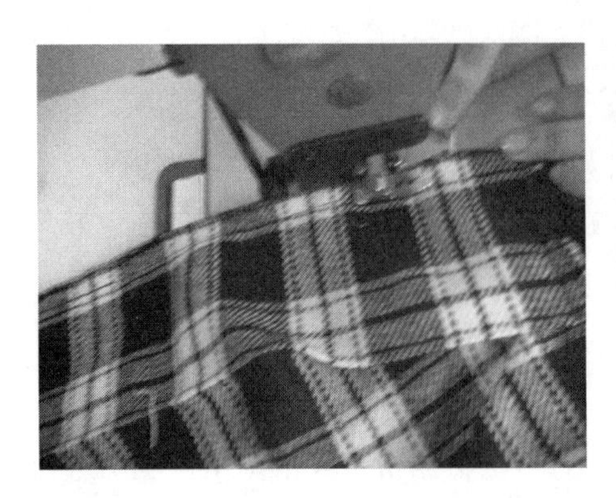
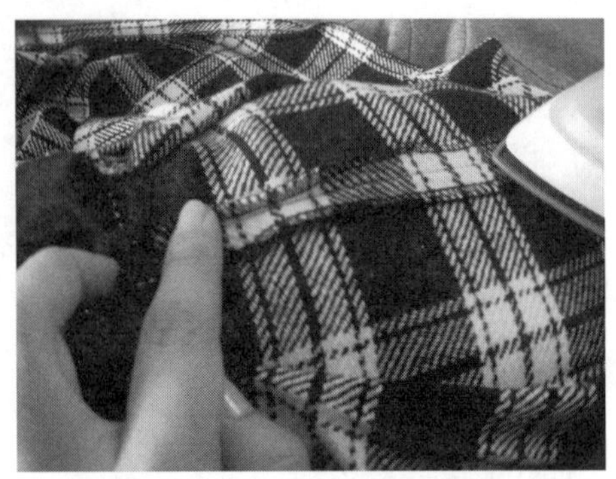

图2-86 合左侧缝

（3）绱左拉链：更换压脚，打开裙片左片正面朝上，将拉链的牙边对准左中缝线，由上至下缉缝拉链，起落针时要求打回针（图2-87）。

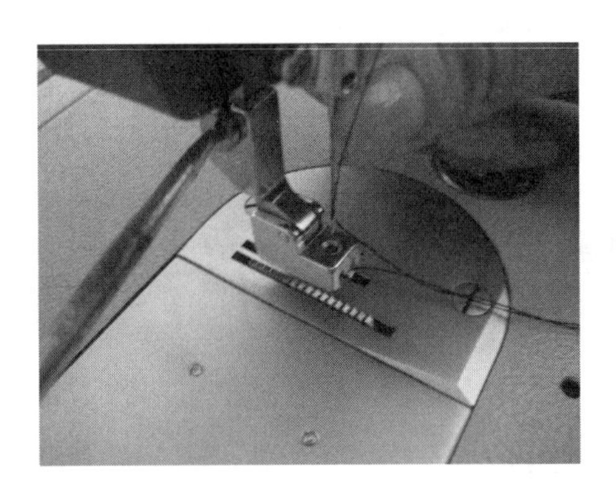
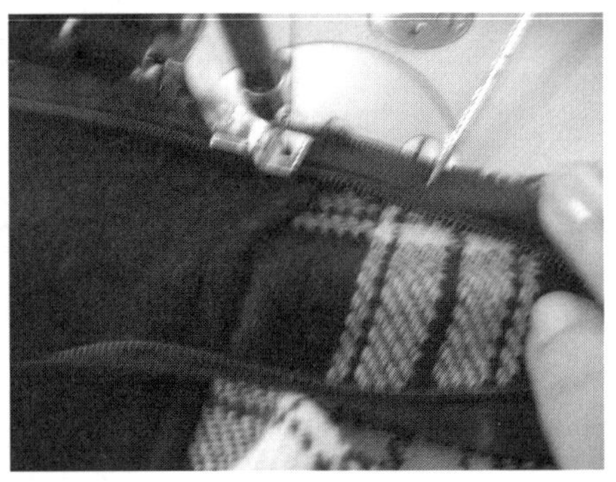

图2-87 绱左拉链

（4）绱右拉链：方法同上，绱好的隐形拉链拉合后看不出拉链，表面平服，无高低、皱褶（图2-88）。

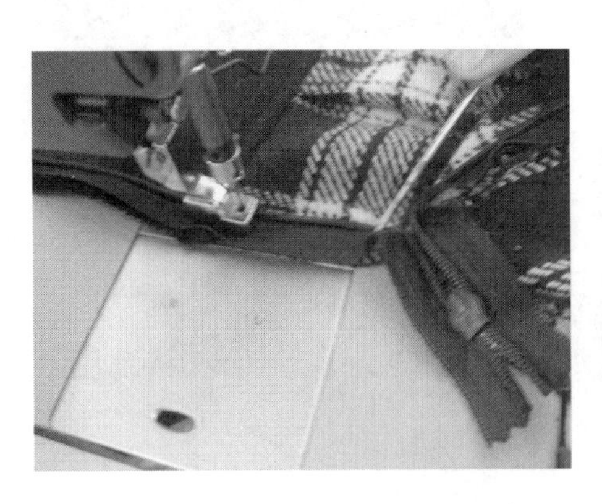
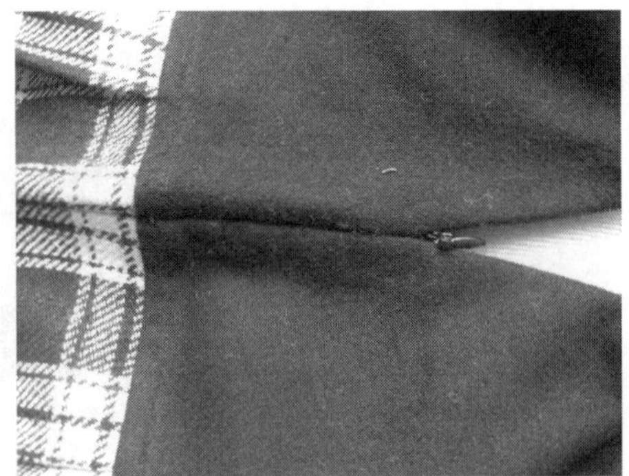

图2-88 绱右拉链

五、任务评价

波浪拼接裙评价表（表2-9）。

表2-9　波浪拼接裙评价表

序号	部位	具体指标	分值	自评	小组互评	教师评价
1	规格	裙长、腰围、臀围、裙摆规格正确	12			
2	腰头	腰头面、里、衬平服，松紧适宜 腰头面方正，腰里无毛 腰头里压线顺直、无跳针	22			
3	装隐形拉链	隐形拉链缉线顺直，进出一致 隐形拉链不外露，松紧适宜 隐形拉链底端平整，无皱、毛	22			
4	分割线	横分割线顺直，左右对称	8			
5	缝子	侧缝顺直平服	8			
6	底边	卷边平整、宽窄一致	8			
7	整洁 牢固	整件产品无跳针、浮线、粉印 各部位无轻微毛、脱、漏 整件产品无明暗线头 明线、暗线 3cm不少于12针	20			
合计			100			

模块小结

本模块以A字裙、牛仔裙、拼接波浪裙三种代表裙装为例，学习了后中缝装拉链、前中门里襟装拉链、绱隐形拉链三种不同的装拉链方法，学习了直筒腰、弧形腰、无腰的三种不同的做腰、绱腰工艺。在学做过程中，我们又拓展了镶、嵌、滚、磨白、破洞、毛边等各类装饰性工艺，既丰富了裙子的内容，又有独特的个性。

思考与练习

（1）你学会了后中缝装拉链、前中门里襟装拉链、绱隐形拉链三种不同的装拉链方法吗？仔细想一想，三种不同的装拉链工艺，其共同点和不同点在哪里？根据款式实际情况，把它运用到实际产品中。

（2）你学会了直筒腰、弧形腰、无腰三种不同的做腰、绱腰工艺吗？相比较，哪种工艺难度大一些？哪种造型更符合人体？把这三种不同腰的工艺操作运用到最恰当的款式中。

（3）请你在基本款A字裙、牛仔裙的基础上，利用贴袋、纽扣、镶、嵌、滚、缉线针迹、磨白、破洞、毛边等各类装饰性工艺，丰富裙子的样式。

（4）请结合拼接波浪裙的变化，进行纵向、横向、斜向分割练习，打破平板的效果，使裙摆更具层次感，造型更为丰富。

模块三　裤装制作工艺

技能目标：

（1）能按照男西裤款式图进行款式分析，会运用结构制图进行裁剪、工艺制作。

（2）能按照牛仔裤款式图进行款式分析，会运用结构制图进行裁剪、工艺制作。

（3）能分析同类裤型的工艺流程，编写工艺单和评价裤子品质的好坏，学会对整条裤装制作工艺的控制能力。

知识目标：

（1）了解裤子的外形特点，并能描述其款式特点。

（2）了解面料的幅宽，能根据裤子样板进行铺料、排料划样、裁剪。

（3）掌握裤子制作工艺。

（4）熟悉裤子工艺单的编写。

（5）了解锁眼、钉扣、后整理、包装操作的工艺要求。

（6）了解裤子质量要求。

模块导读：

裤子是穿在腰部以下有裆的服装。一条裤子主要由裤腰头、裤裆、裤腿组合而成。裤子的工艺主要表现在腰、袋、门里襟、脚口等方面。裤装制作工艺主要讲述基本款式男西裤、牛仔裤的缝制工艺和质量标准；变化款休闲裤的缝制工艺和质量标准。

男西裤主要采用前中装门里襟拉链，后挖袋、斜插袋、装腰头等工艺。男西裤是人们在出席正式场合与西装上衣配套穿着的裤装，其特点是：款式固定、面料考究、工艺精湛，所以掌握男西裤的工艺内容，基本可以达到服装中级制作工的技能考核要求。

牛仔裤主要采用前中装门里襟拉链，月亮袋、后贴袋、装腰头等工艺。牛仔裤是一种男、女都可穿用的紧身便裤。一般采用劳动布、牛筋劳动布等靛蓝色水磨面料，牛仔裤因为耐磨、耐脏、穿着贴身、舒适等特点，受到年轻人的喜爱。

休闲裤主要采用装松紧腰，腰口为自由褶裥，侧缝直插袋，脚口装克夫等工艺。休闲裤是一种穿起来比较舒适，显得比较随意，色彩更加丰富的裤子。

本单元重点工艺是拉链的装配、挖袋、插袋的制作及做腰头、绱腰头工艺。

工作任务3.1　男西裤制作工艺

技能目标	知识目标
1. 能按照男西裤款式图进行款式分析 2. 能根据面料特点、款式规格，运用结构制图进行裁剪、工艺制作 3. 能分析同类裤型的工艺流程，编写工艺单 4. 能根据质量要求评价西裤品质的好坏，树立服装品质概念	1. 了解男西裤的外形特点，并能描述其款式特点 2. 了解面料的幅宽，能根据男西裤样板进行放缝、排料划样、裁剪 3. 掌握男西裤制作工艺 4. 熟悉男西裤工艺单的编写 5. 了解锁眼、钉扣、后整理、包装操作的工艺要求 6. 了解西裤质量要求

一、任务描述

根据男西裤服装样衣通知单要求，按照款式图明确的款式要求，使用M号规格尺寸进行结构制图（1∶1），并在结构图基础上放缝、做样板，并选择合适的面料进行排料、裁剪、制作，完成一条男西裤制作。

男西裤服装样衣工艺通知单，如表3-1所示。

二、必备知识

1. 款式描述

款式如图3-1所示。装直腰头，串带襻6根，前中门里襟装拉链，前裤片腰口左右反褶裥各1个，侧缝有斜插袋左右各1只，后裤片腰口左右各收省2个，双嵌线开袋左右各1只，平脚口。男西裤具有舒适、自然、平和、稳重的造型风格。

2. 结构图

（1）规格尺寸，号型170/74A（M号）西裤规格尺寸见表3-2。

表3-2　西裤M号规格尺寸表　　单位：cm

部位	裤长	腰围（W）	臀围（H）	直裆	中裆	脚口	腰头宽
规格	103	76	100	28	23	22	4

（2）结构图如图3-2所示。

3. 裁剪

（1）裁片名称。

男西裤的主要裁片：前、后裤片，腰头，斜插袋袋垫，门襟，里襟，后袋垫，后袋上（下）嵌条，串带襻（图3-3）。

男西裤辅料：斜插袋袋布，后袋大（小）袋布，里襟里。

（2）裁片放缝（图3-4）。

表3-1　男西裤服装样衣工艺通知单

品牌：zzgy　　款号：jsnt3-1　　名称：男西裤

纸样编号：cc527　　下单日期：　　完成日期：

款式图：

系列规格表（5·4）　　单位：cm

部位 \ 规格		165/72A	170/74A	175/76A	档差	公差
		S	M	L		
1	裤长	100	103	106	3	±1.5
2	腰围	74	76	78	2	±1
3	臀围	96	100	104	4	±2
4	直裆	27	28	29	1	0
5	中裆	22	23	24	1	0
6	脚口	21	22	23	1	0
7	腰头宽	4	4	4	0	0

款式概述：

装直腰，串带襻6根，前中门里襟装拉链，前裤片腰口左右反褶裥各1个，侧缝有斜插袋左右各1只，后裤片腰口左右各收省2个，双嵌线开袋左右各1只，平脚口

面料：毛涤类
成分：60%毛、40%涤
组织：斜纹
幅宽：72×2cm

辅料：袋布、黏合衬、腰衬、腰里、拉链、纽扣、裤钩、配色线、商标、洗水唛

工艺要求：

1. 针迹：明线12~14针/3cm，三角针3cm不少于4针，三线包缝3cm不少于9针
2. 腰头：面、里、衬平服，松紧适宜。裤串带襻位置左右对称
3. 装拉链：拉链不外露，长短互差不大于0.3cm，门襟缉线按净样3.2cm宽
4. 裤袋：袋位高低、前后、斜度大小一致，各部位互差不大于0.3cm
5. 前、后裆：圆顺、平服，后裆处双线加固，十字裆互差不大于0.2cm
6. 裤腿、脚口：裤腿长短、肥瘦一致，脚口贴边宽窄一致，互差不大于0.3cm
7. 商标：号型标志、成分标志、洗涤标志位置端正，清晰准确
8. 整烫：烫迹线顺直，臀部圆顺，裤脚平直

工艺编制：　　工艺审核：　　审核日期：

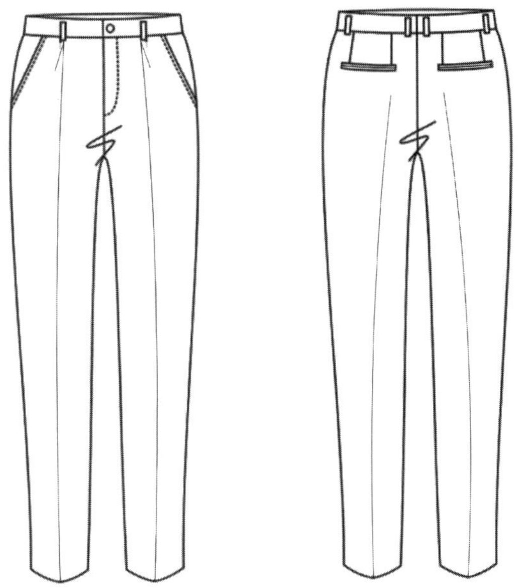

图3-1　款式图

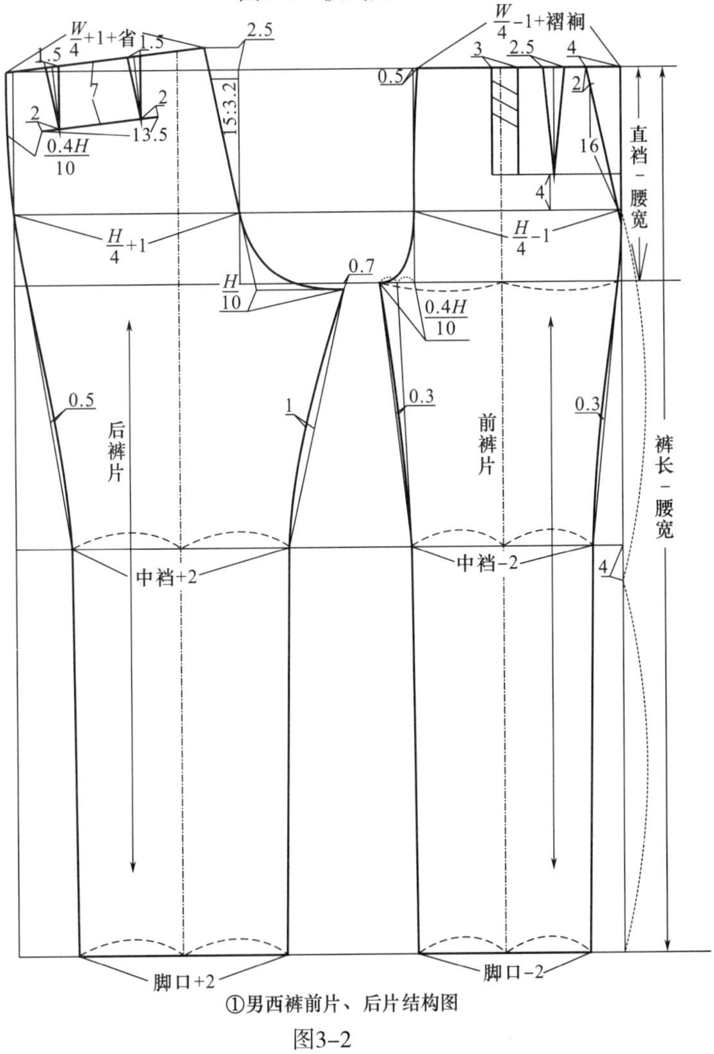

①男西裤前片、后片结构图

图3-2

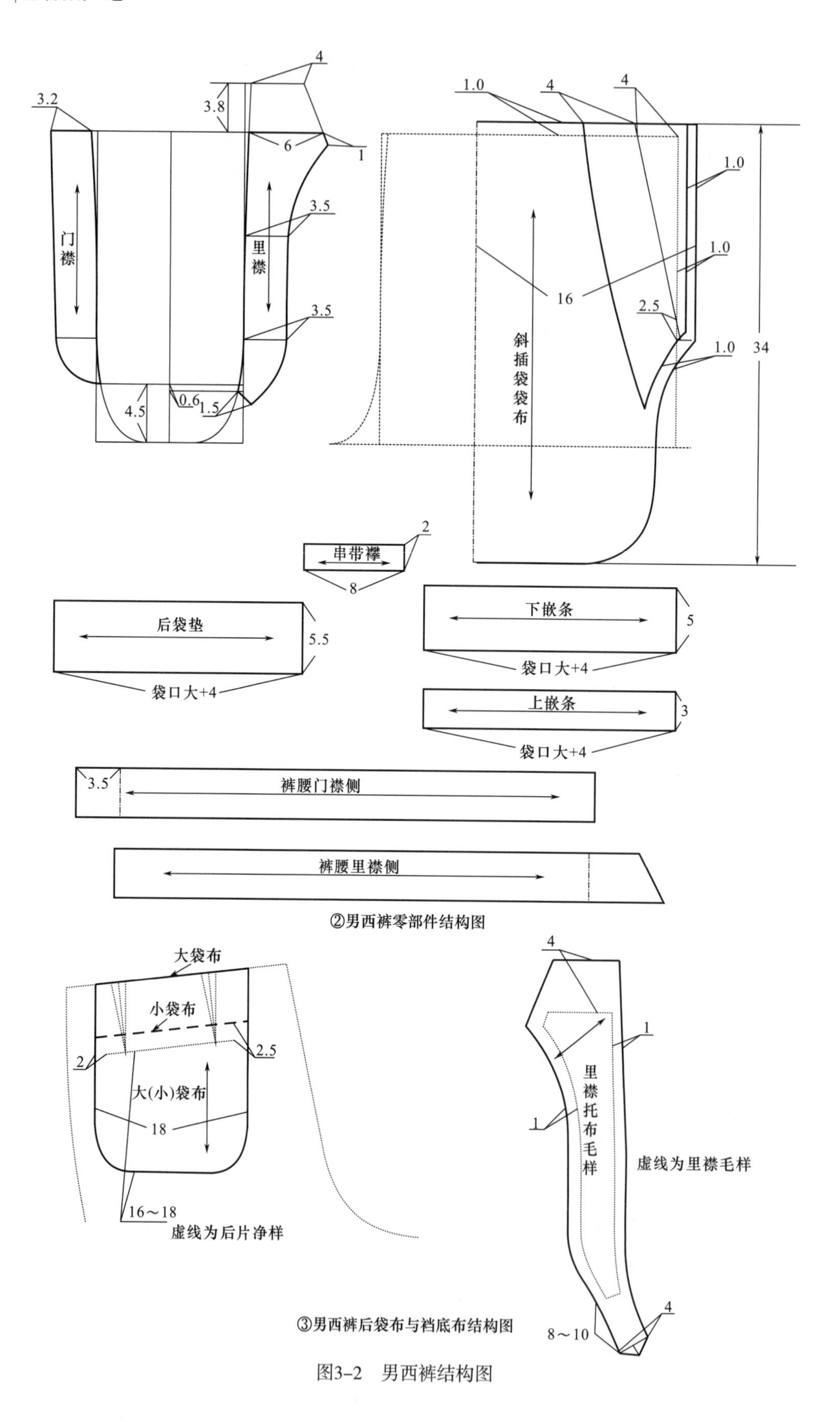
3.2
4
3.8
6
1
门襟
里襟
3.5
3.5
4.5
0.6
1.5
1.0
4
4
1.0
1.0
16
2.5
1.0
34
斜插袋袋布
串带襻
2
8
后袋垫
5.5
袋口大+4
下嵌条
5
袋口大+4
上嵌条
3
袋口大+4
3.5
裤腰门襟侧
裤腰里襟侧
②男西裤零部件结构图
大袋布
小袋布
2
2.5
大(小)袋布
18
16～18
虚线为后片净样
4
1
里襟托布毛样
1
虚线为里襟毛样
4
8～10
③男西裤后袋布与裆底布结构图

图3-2　男西裤结构图

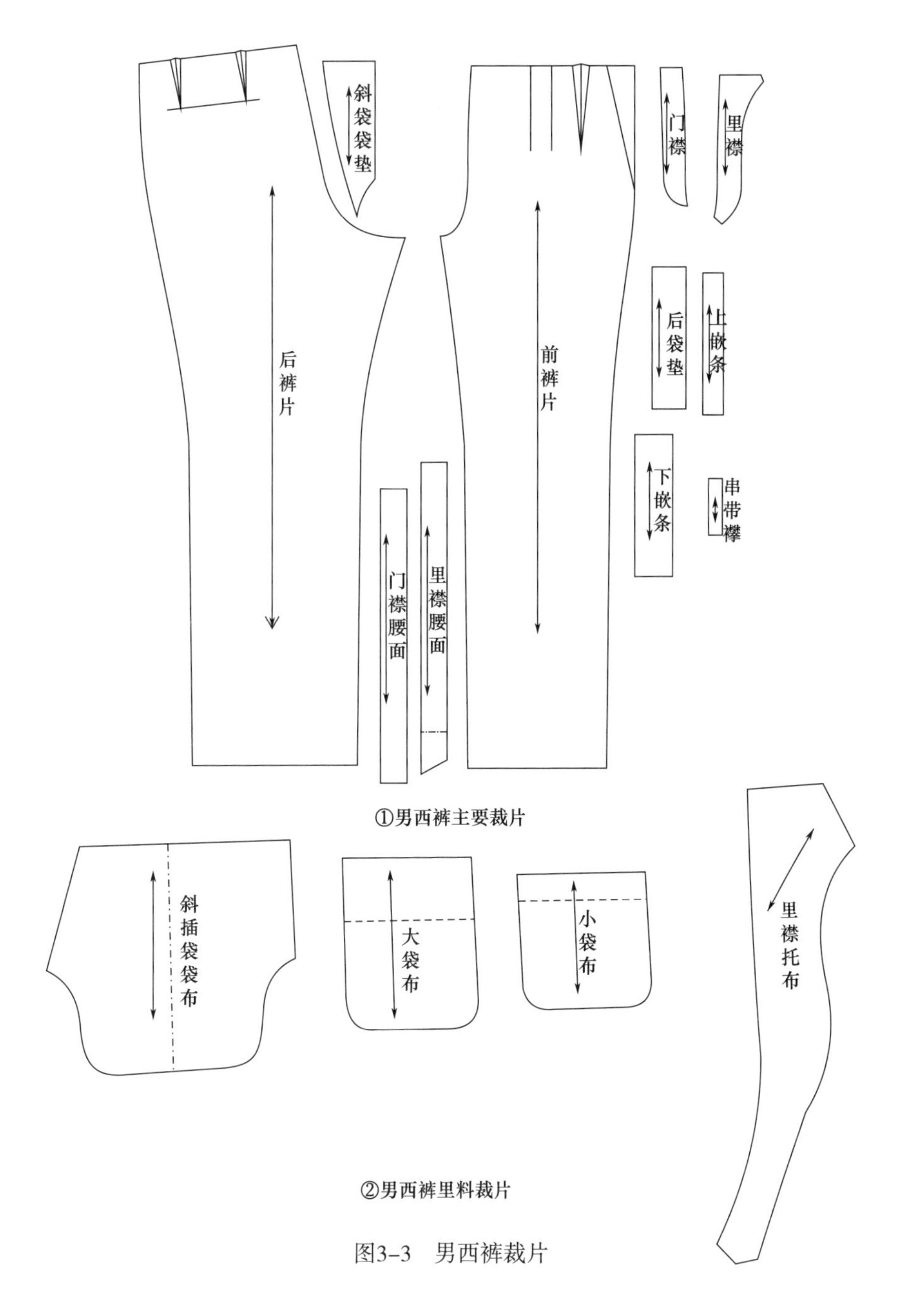

图3-3　男西裤裁片

①后裆缝臀围线向上逐渐放缝2.5cm，前、后裆弧线为1cm。

②裤子脚口贴边放缝为4cm。

③其余下裆缝、侧缝、腰口及各部件放缝为1cm。

（3）做标记位置。

男西裤打刀眼、钻眼部位：

①前裤片、后裤片臀围线，侧缝横裆线处，下裆缝和侧缝的中裆线，脚口卷边处做对位刀眼。

②门里襟装拉链下端缝止点做对位刀眼。

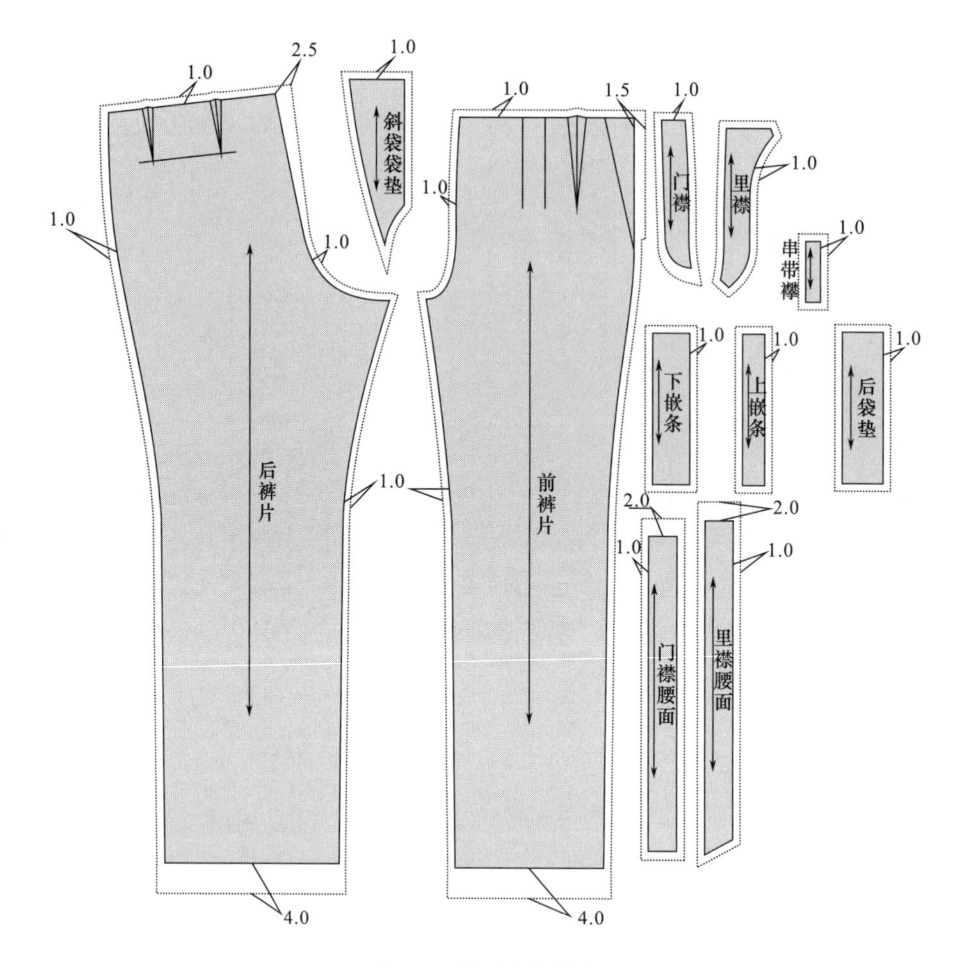

图3-4　男西裤放缝图

③前裤片腰口线上的褶裥位置、褶裥量的大小和侧缝斜插袋袋位大小；后裤片腰口收省位置和收省量的大小做刀眼记号。

④裤子后裆缝腰口放缝2.5cm处，裤子脚口边一般为4cm做刀眼记号。

⑤后裤片省尖、后挖袋袋位作钻眼记号，钻眼要求在袋位向内进0.3cm。

（4）排料图。

①男西裤排料图（图3-5）。

②辅料排料图（图3-6）。

4. **缝制工艺**

（1）锁边：后裤片除腰口与袋口外，其余部位都要锁边；锁边时裁片正面朝上，面料放平服，注意手势，左右对称着锁边（图3-7）。

（2）双嵌线后挖袋。

①收省：根据需要在后裤片省位处用剪刀眼、画粉线做好缝制标记，按省中心线对折后裤片缉线，省根要求回针，省尖处不回针留2cm线头，后省尖不超过袋位（图3-8）。

②烫省、黏黏合衬：省往后中方向熨烫，要求烫平、烫煞，省尖浑圆，在后袋位处的反面黏上黏合衬，同时将袋嵌线条烫黏合衬并扣烫（图3-9）。

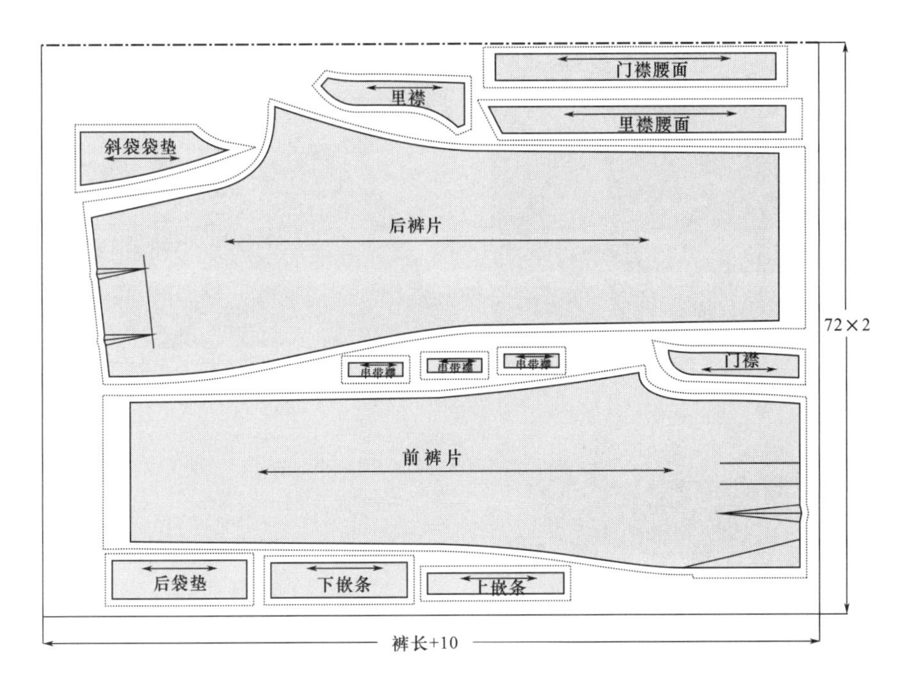

图3-5　72×2cm幅宽男西裤排料图

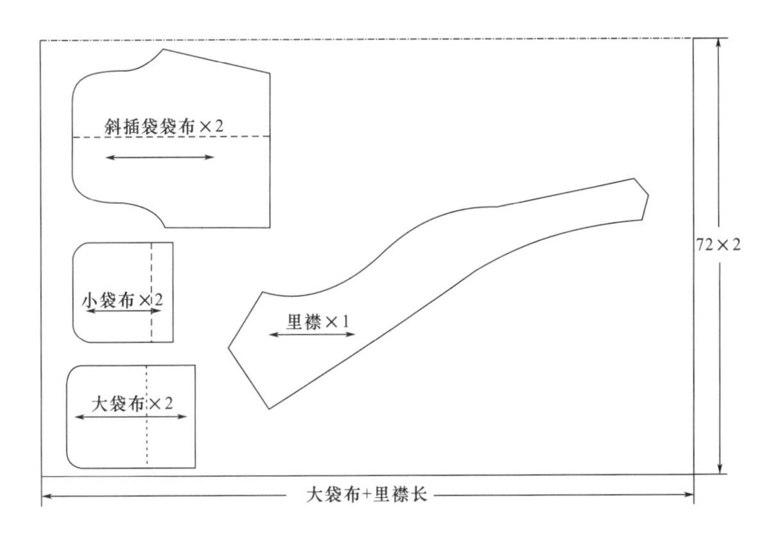

图3-6　男西裤辅料排料图

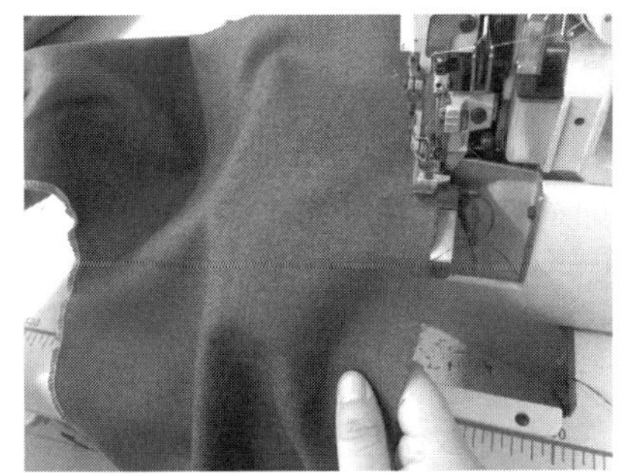

图3-7　锁边

图3-8 收省

图3-9 烫省、黏黏合衬

③划袋位、放小袋布：在裤片的正面用隐形划粉划出袋口位置，并将小袋布放在裤片反面袋位线上2cm处，要求左右留余量放置均匀（图3-10）。

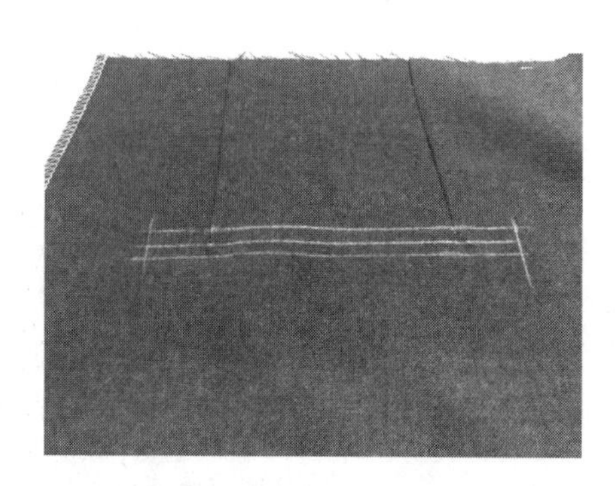 

图3-10 划袋位、放小袋布

④缃嵌线：将扣烫好的嵌线条对准袋位线，在其上、下各0.5cm缉嵌条，缉线时两端打回针，上线与下线之间宽度1cm，两线要求平行（图3-11）。

⑤剪袋口：掀开嵌线条缝份，从中间开始剪，剪到距袋位两端0.8cm处要剪成“>——<”三角形，注意两端不能不到也不能超过0.8cm，更不能剪断线（图3-12）。

⑥翻烫缉下嵌线：翻烫后将下嵌线净宽线与小袋布缉缝，起落针要回针。注意嵌线小于袋布0.6cm（图3-13）。

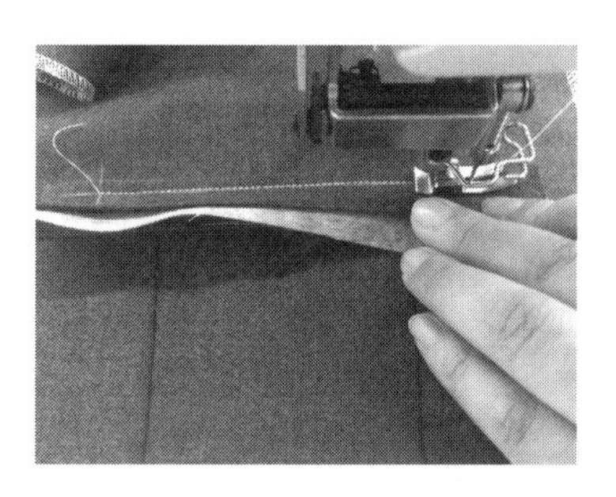
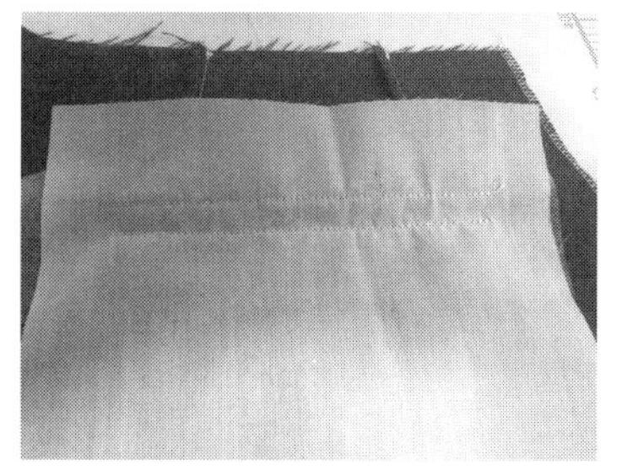

图3-11 缉嵌线

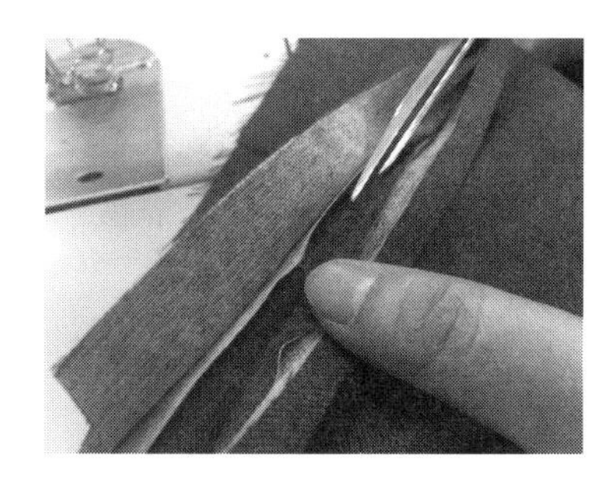

图3-12 剪袋口

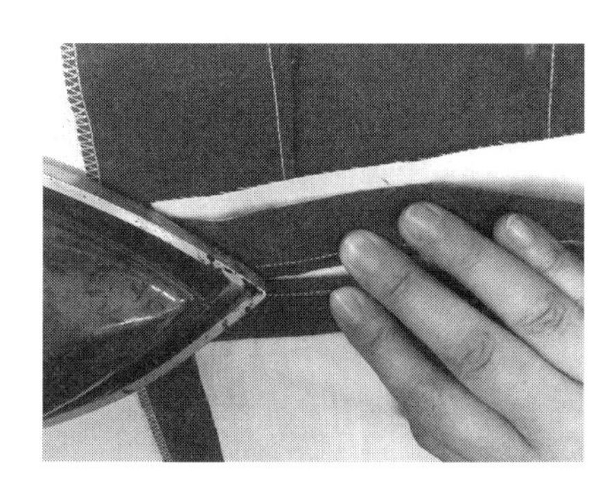

图3-13 翻烫缉下嵌线

⑦缉袋垫布：袋垫布找准袋位后，将袋垫布下口锁边或折进1cm缝份在下层袋布上缉0.1cm，要求袋垫布小于袋布0.6cm（图3-14）。

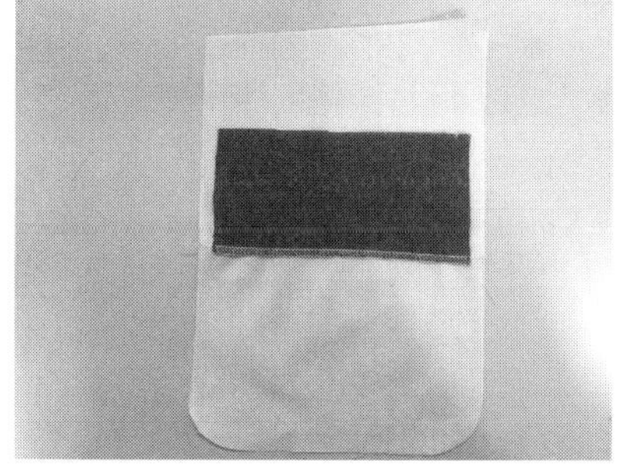

图3-14 缉袋垫布

⑧兜缉袋布：将有袋垫布的朝下，在反面缝合袋布，0.3cm缝份，按图示将袋布修剪圆顺后，将袋布翻向正整理平整，缉0.6cm，注意袋角圆顺（图3-15）。

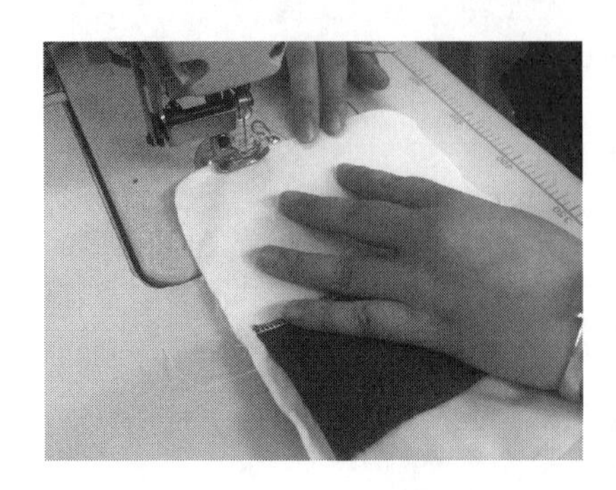
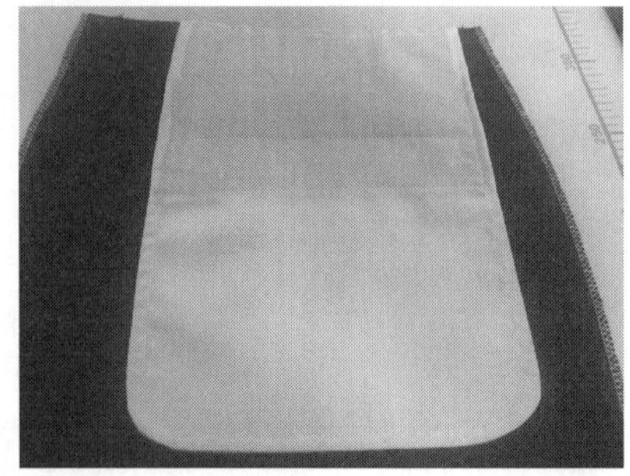

图3-15　兜缉袋布

⑨三边封口：掀开裤片，从袋口一端的三角起打回针缉线，经过上袋口线到另一端的三角止再打回针，袋口封线呈“ ”形（图3-16）。

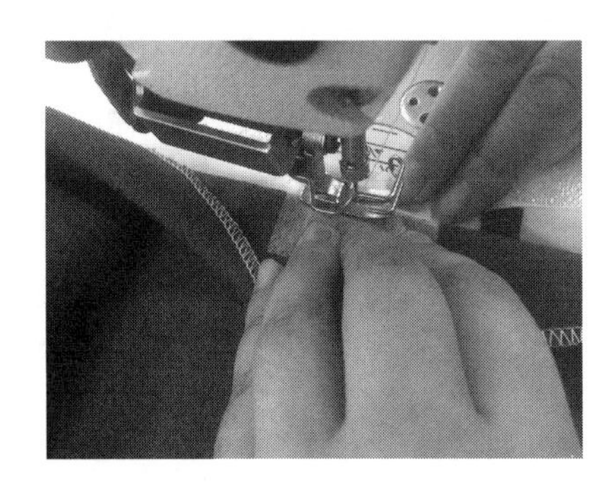
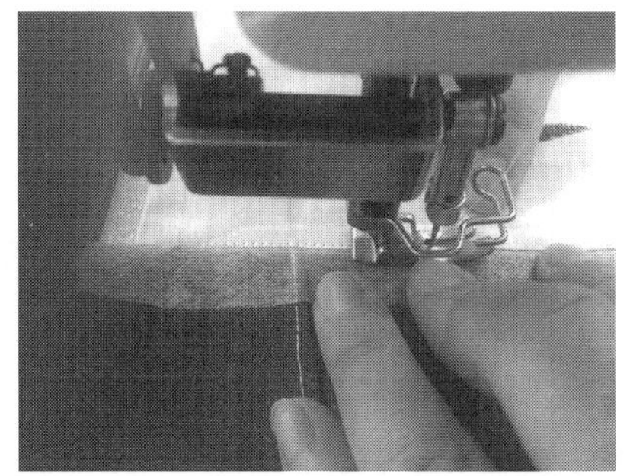

图3-16　三边封口

⑩封袋口：将袋布上口与后裤片固定住，缉缝0.3cm，多余袋布与裤片腰口对齐修剪（图3-17）。

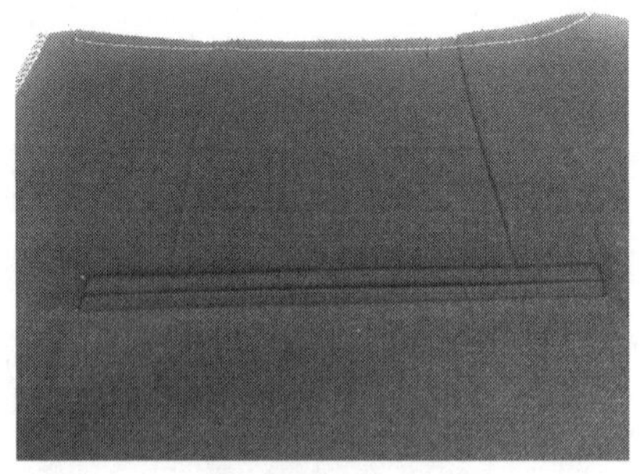

图3-17　封袋口

（3）做前斜插袋。

①做斜插袋：缝合斜插袋袋垫布与袋布，袋垫布离开袋布1cm，缝合袋底0.3cm，起针位

置离开1.5cm（图3–18）。

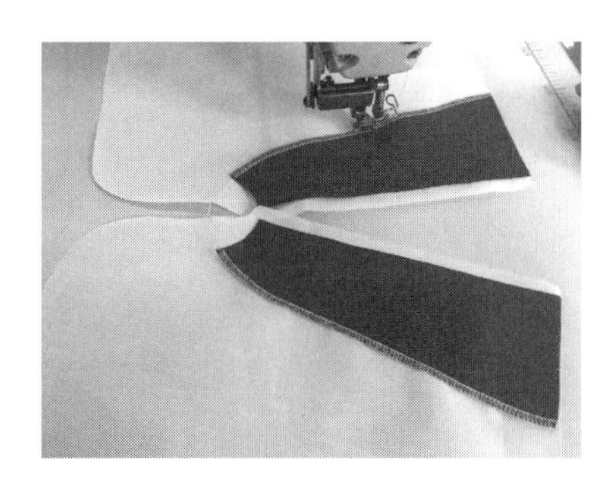
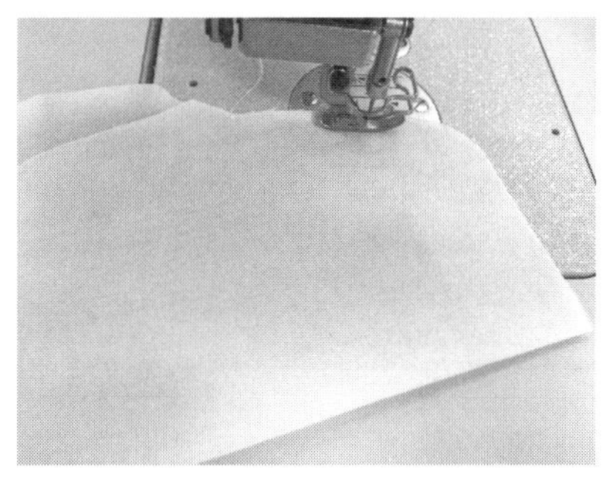

图3–18　做斜插袋

②兜袋底：袋布下口采用来去缝，第一道0.3cm，距小半爿袋布口1.5cm处不缉线，起落手要求回针。再将袋布翻转至正面，第二道缉线0.6cm，缉至袋口1.5cm处，缉线慢慢变小成0.1cm，把小半爿袋布上端不缉线的部分拉开，大袋爿处折光缉到头（图3–19）。

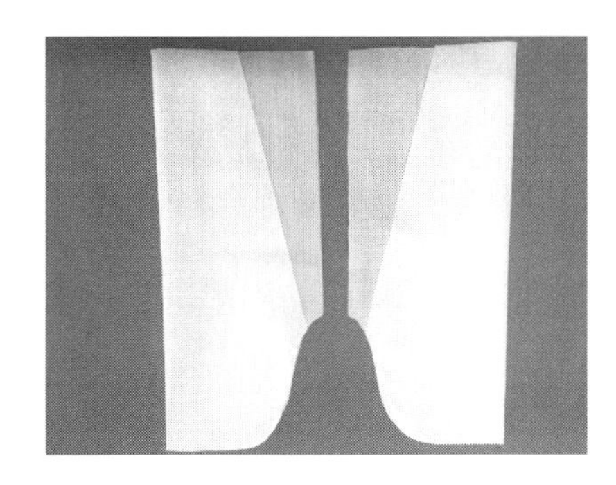
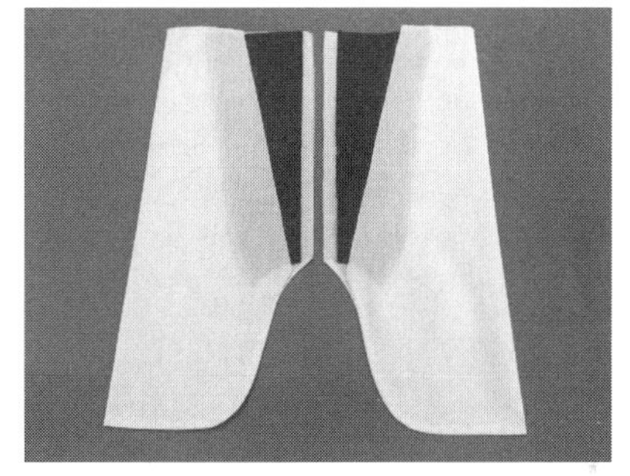

图3–19　兜袋底

③定袋位：画出前裤片斜插袋位置，并在反面烫上黏合衬，在斜插袋袋位下口剪一刀（图3–20）。

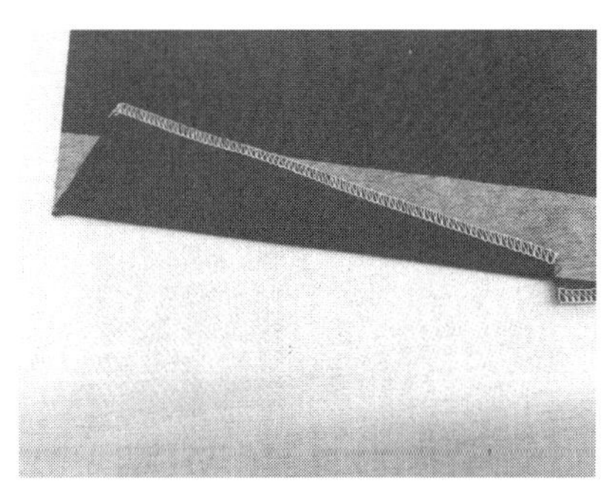

图3–20　定袋位

④装斜插袋：将袋布与袋口斜边对齐，沿锁边线缉线，翻转后距边缘0.7cm缉明线（图3–21）。

⑤封口：斜袋口处“L”型封口，袋口下端定位，定位时千万不要缝住袋布（图3–22）。

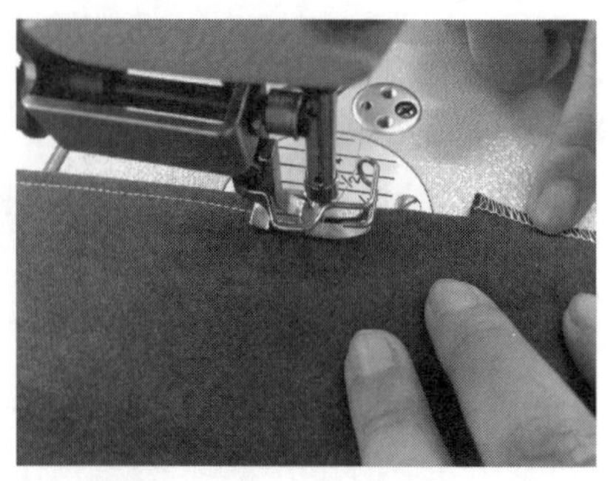

图3-21 装斜插袋

图3-22 封口

（4）缝合侧缝：前、后裤片正面相对，前裤片放上层，对齐脚口、中裆、横裆的对位标记，缝份为1cm；注意在缝至袋垫布下端时，将袋垫布与后裤片一起缝合（图3-23）。

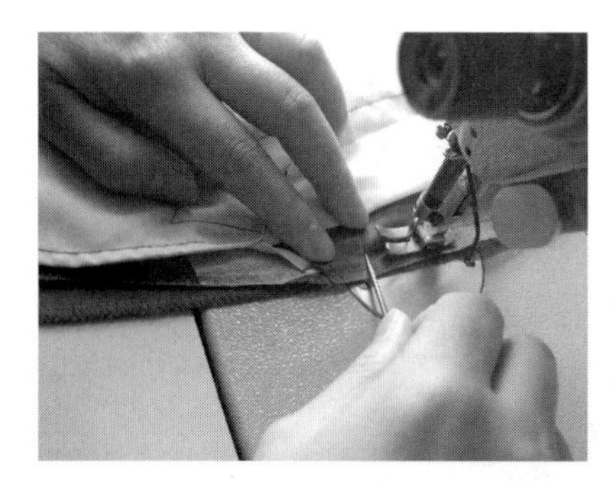
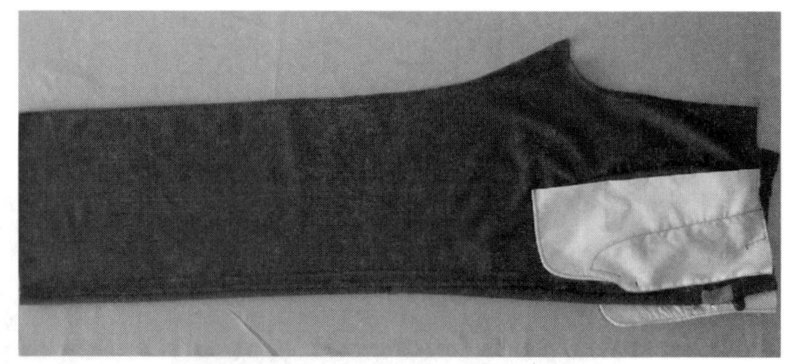

图3-23 缝合侧缝

（5）合下裆缝：缝合下裆缝，分缝烫开（图3-24）。

（6）中间熨烫：将下裆缝与侧缝的分烫缝对齐，烫出前、后烫迹线，要求烫平烫煞，同时按刀眼扣烫脚口（图3-25）。

（7）缝合前、后裆缝：从拉链最上端量至拉链卡子向下0.5cm，定前裆缝缝合点；前裆弯与后裆弯缝份为0.8cm，后臀围线至腰口缝份逐渐变大为2.5cm。注意裆底“十字缝”对齐，前后裆缝必须来回两道同轨线（图3-26）。

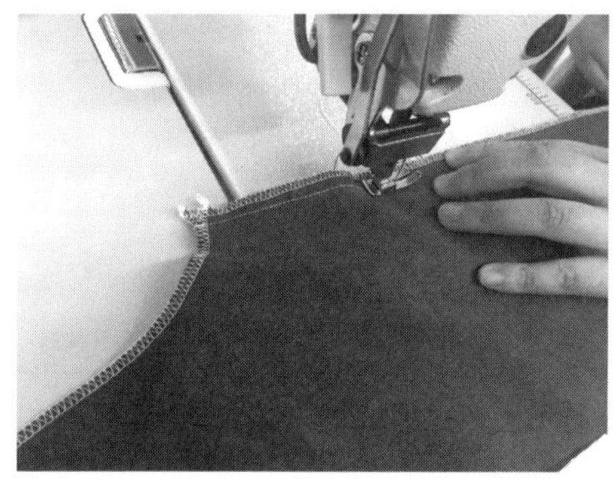

图3-24　合下裆缝

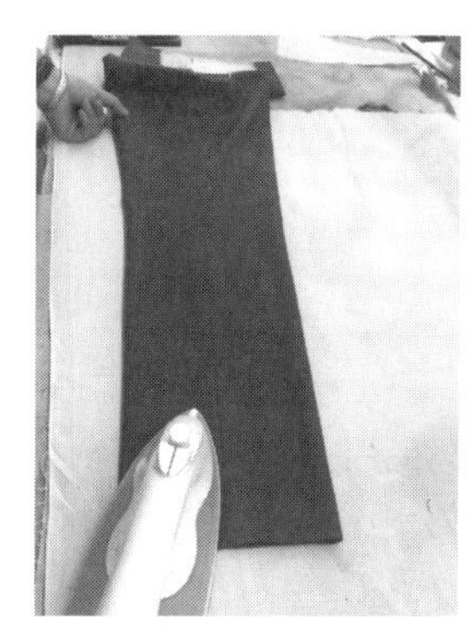

图3-25　中间熨烫

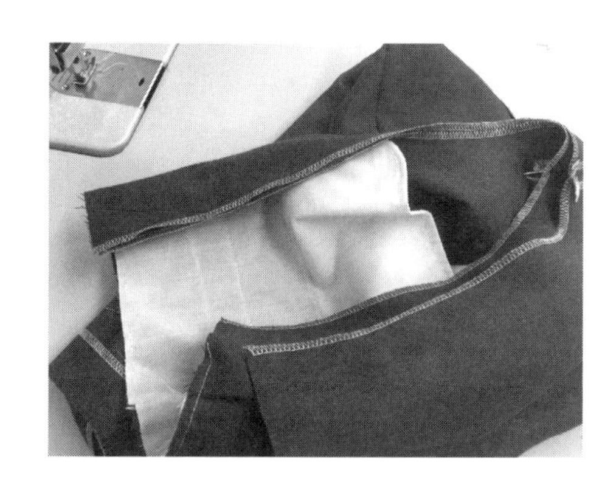
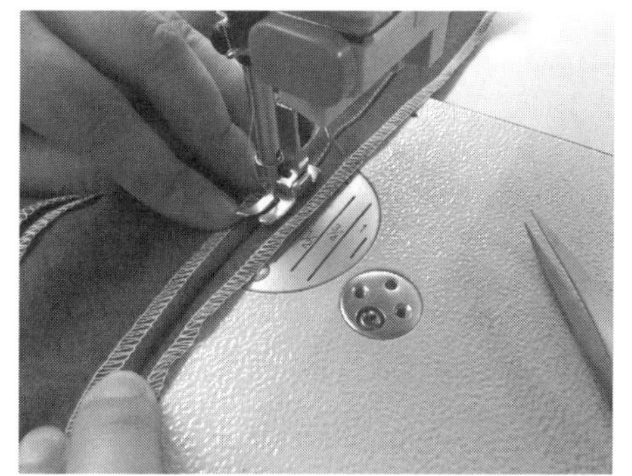

图3-26　缝合前、后裆缝

（8）做、装门襟、里襟。

①装门襟：门襟反面烫黏合衬后正面与左前裤片正面相对，进行缝合，缝份0.8cm，从下端起针缝份逐渐增大为1cm，并在贴门襟上缉线0.1cm（图3-27）。

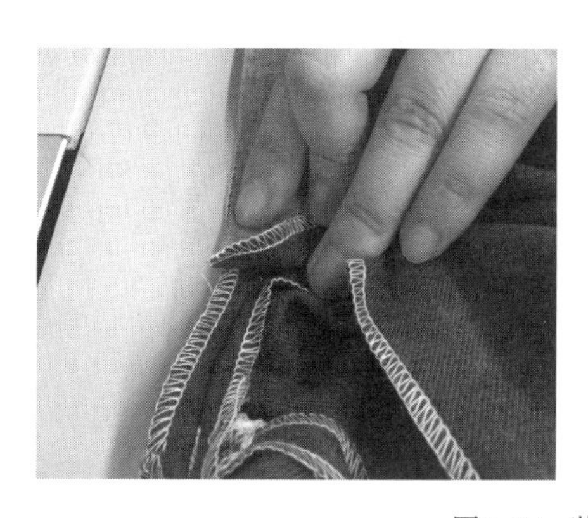

图3-27　装门襟

②做里襟：里襟烫黏合衬并画出净样，沿净样缝合里襟面布与里布。打刀眼后翻转至正面，烫平止口（图3-28）。

③里襟装拉链：将拉链布带正面朝上沿里襟锁边线缉0.1cm，拉链离里襟边缘0.5cm缉线（图3-29）。

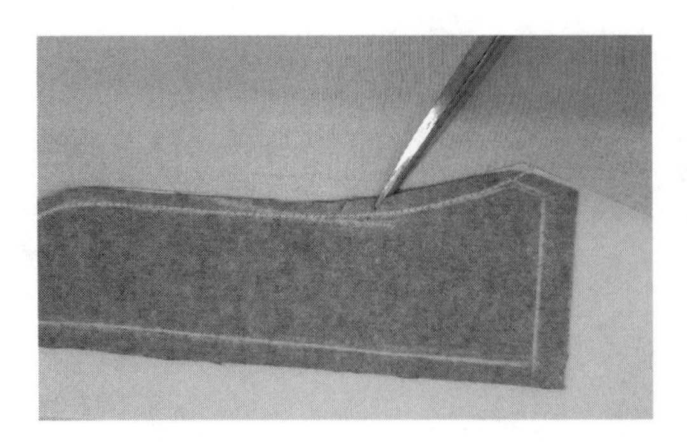
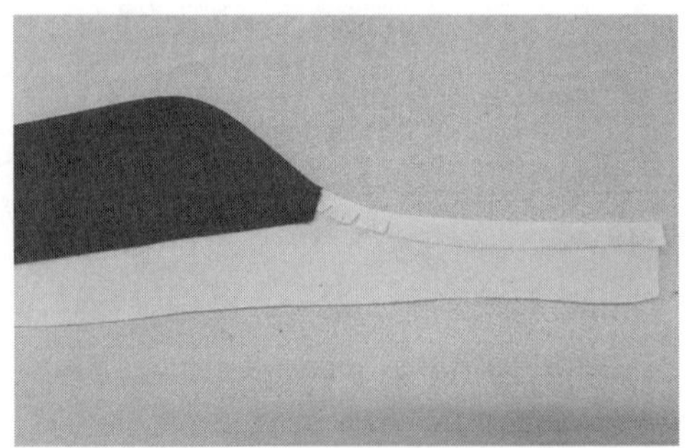

图3-28　做里襟

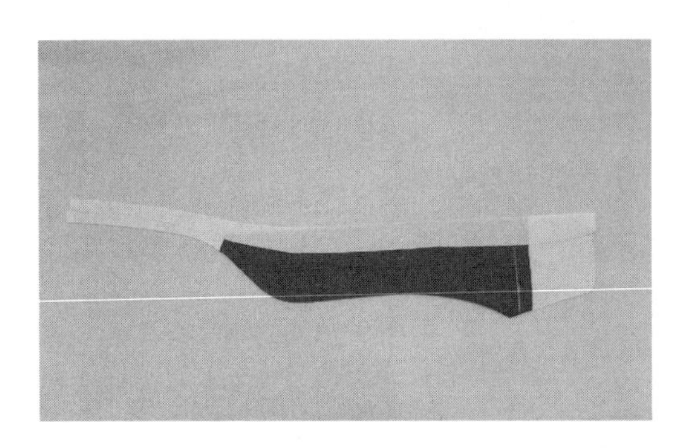
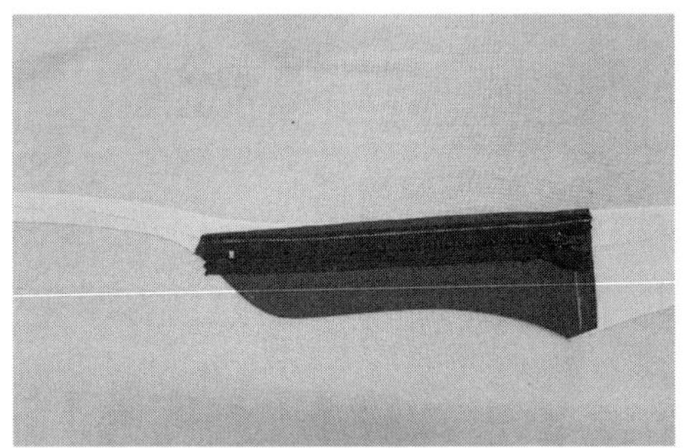

图3-29　里襟装拉链

④装里襟：掀开里襟里布，将里襟面布与右前裤片缝合，对齐缝份，拉链夹在中间，缉0.8cm（图3-30）。

图3-30　装里襟

（9）缝合拉链：将拉链拉上，门、里襟密合，在贴门襟的正面沿拉链的外缘做装门襟拉链的标记；然后将拉链拉开，沿拉链边缘0.1cm缉线。注意上下端的位置不要偏移（图3-31）。

（10）做串带襻：将裤襻平缝，宽度为1cm；修剪缝份后翻烫（图3-32）。

（11）装串带襻：裤串带襻位置距后中缝3cm左右各一个，左右前裤片褶裥处各一个；其余两个在后中和前褶裥两个裤串带襻的1/2处（图3-33）。

从腰口往下2cm，按"U"字形进行缝合，2cm处来回三道进行加固。

图3-31　缝合拉链

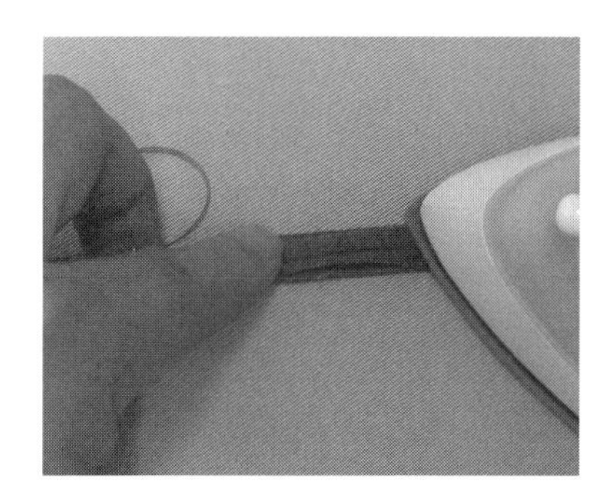
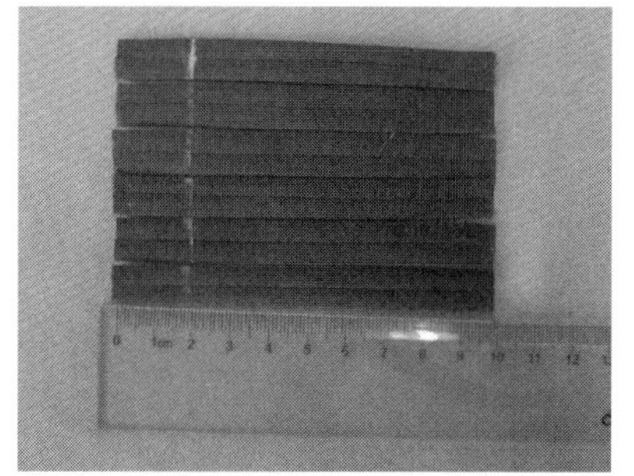

图3-32　做串带襻

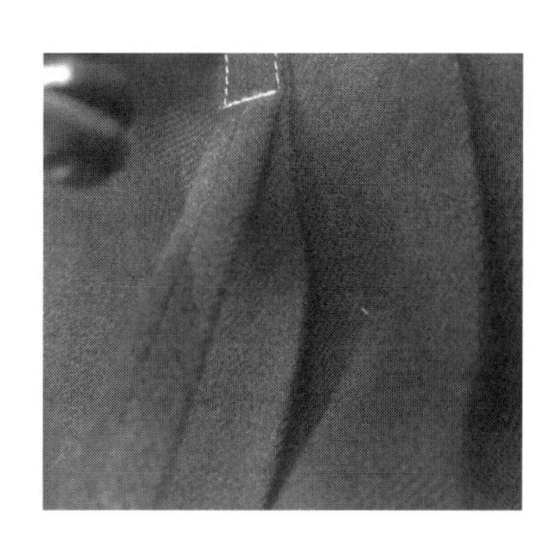
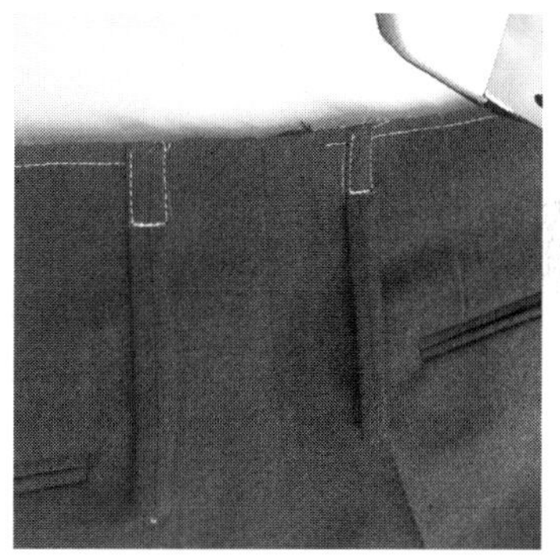

图3-33　装串带襻

（12）做腰头。

①烫腰头衬：拼接腰头面布后中缝，在腰头面布上先烫无纺黏合衬，再烫硬腰衬后两边扣烫，并按照门、里襟的宽度将两头烫出来，做标记（图3-34）。

②缉腰头里：将腰头里上口沿着腰头面的上口下端0.3cm处搭缝缉明线0.1cm，松紧一致（图3-35）。

（13）装腰头。

①装腰头面：先装腰头面，腰头面（正面）与裤片正面相对，离开衬0.1cm缉缝份0.8cm。注意门襟部位打开缝制（图3-36）。

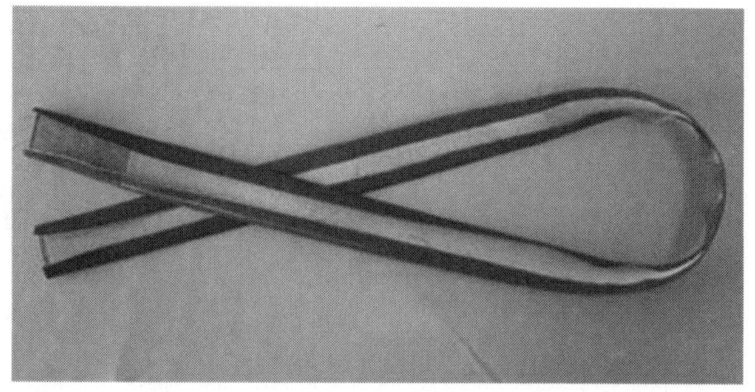

图3-34　烫腰衬

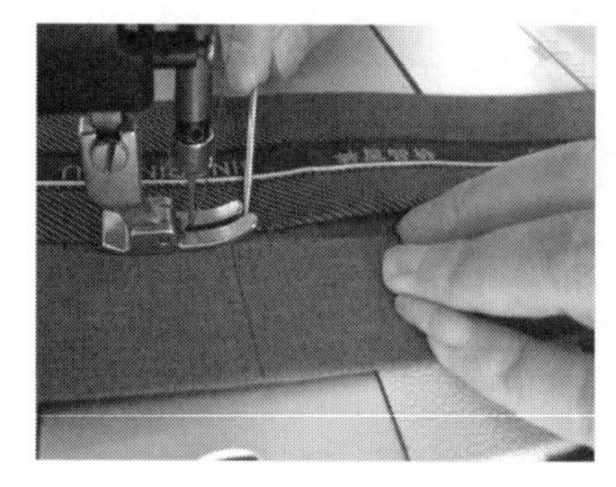

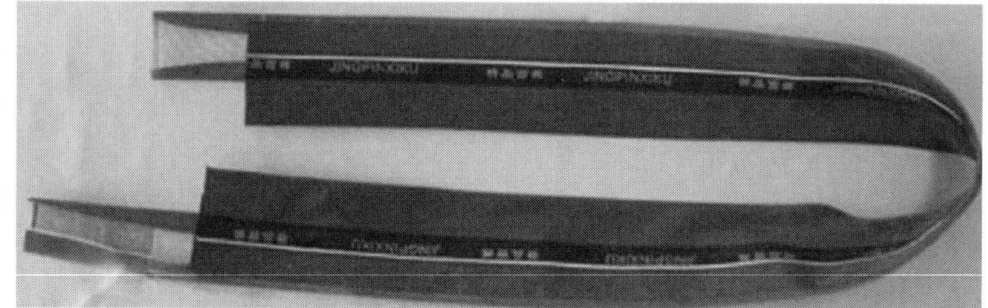

图3-35　缉腰头里

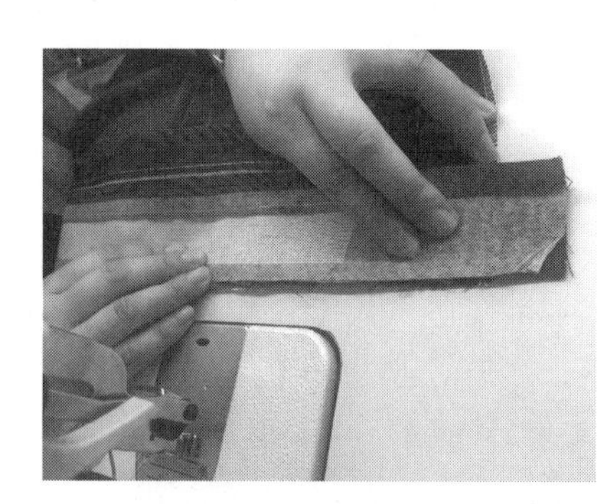

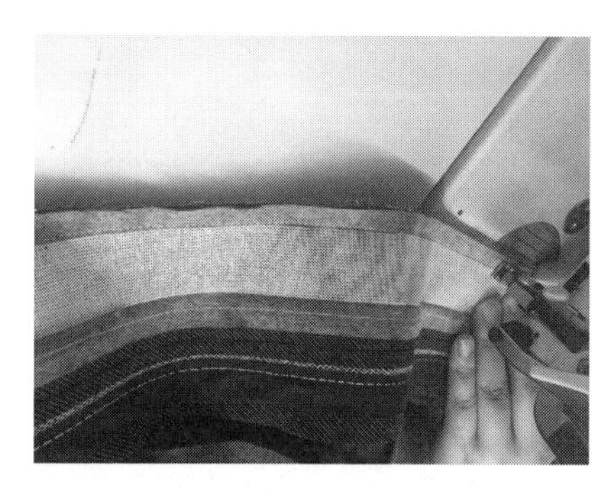

图3-36　装腰头面

②做门襟腰头：将门襟沿前门襟止口线对折，腰头上口缉线后翻烫平服，腰头面往里折（图3-37）。

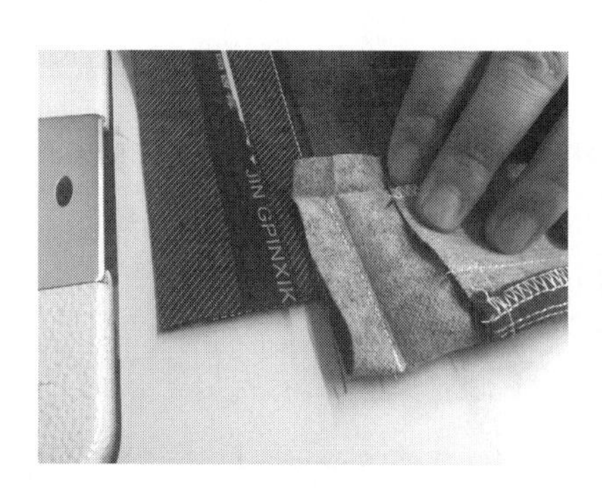

图3-37　做门襟腰头

③做里襟腰头：根据里襟净样板延长斜角到腰口线，缝线离开烫痕0.1cm，修剪缝份，翻烫平服（图3-38）。

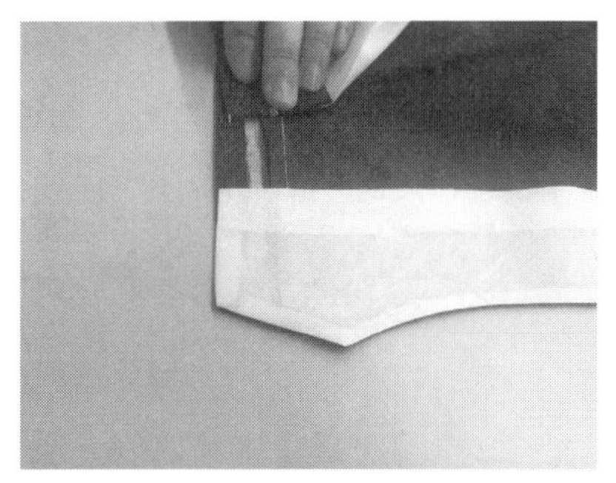

图3-38　做里襟头

④装裤钩：在门襟一侧距离前中线1cm处装裤钩，在里襟拉链牙齿上方装裤襻（图3-39）。

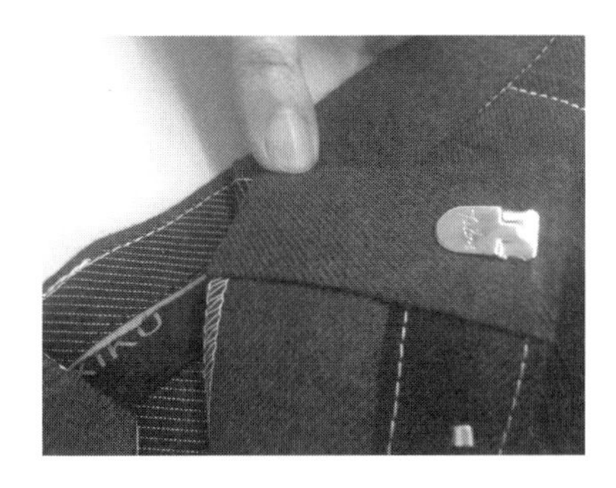
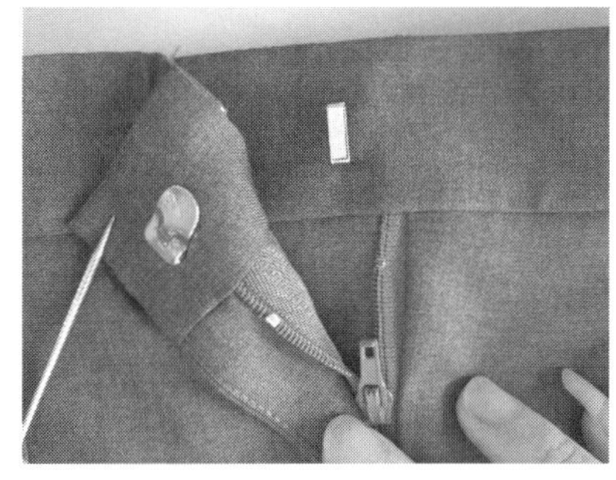

图3-39　装裤钩

⑤腰头面压漏落缝：沿腰头下口缉漏落缝，不能缉住腰里外层（图3-40）。

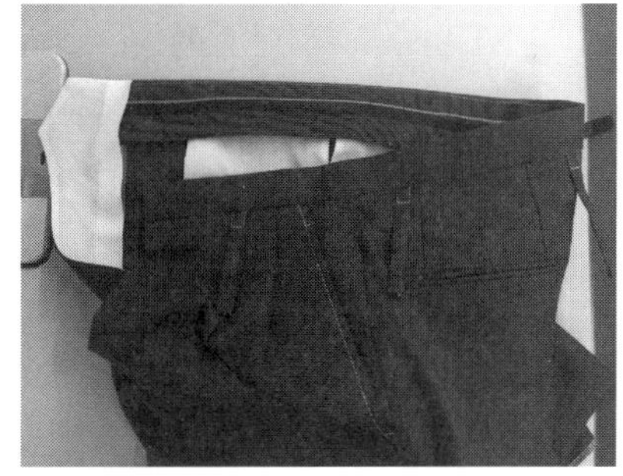

图3-40　腰面压漏落缝

（14）封串带襻：串带襻与腰头面定位，串带襻压线注意不能歪斜（图3-41）。

（15）里襟压明线：从里襟下端距边缘0.1cm压线，一直压线到腰头并延续到里襟的下端（图3-42）。

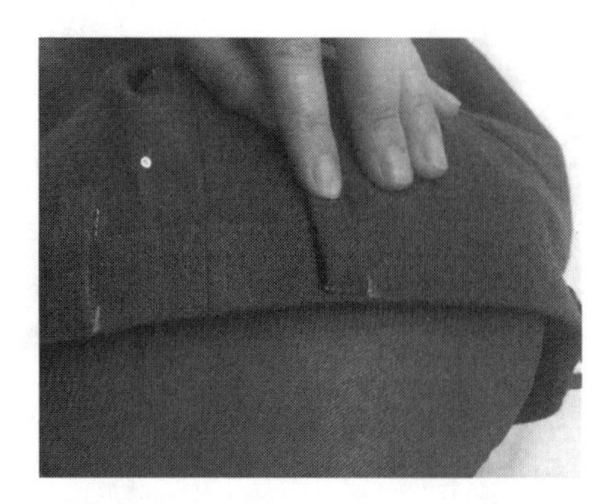
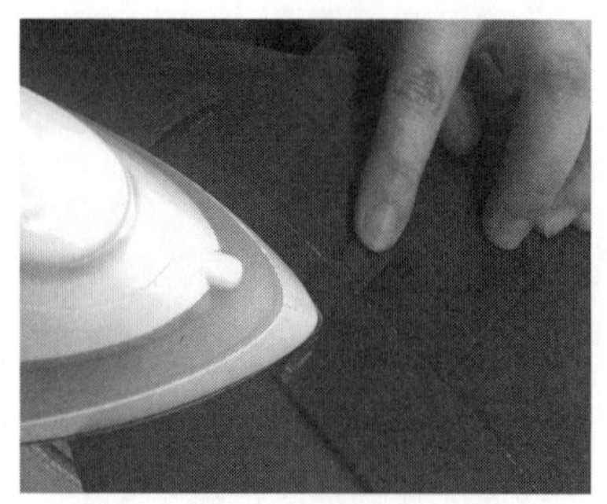

图3-41　封串带襻

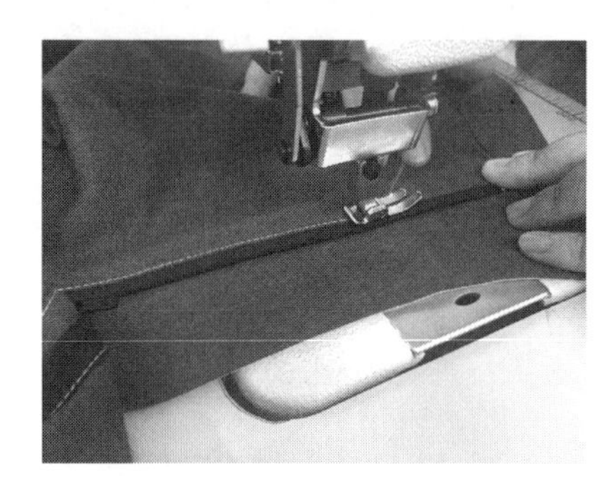

图3-42　里襟压明线

（16）门襟压明线：首先用门襟净样板画出线，注意压线从腰头面开始，圆角处反面不能压住里襟（图3-43）。

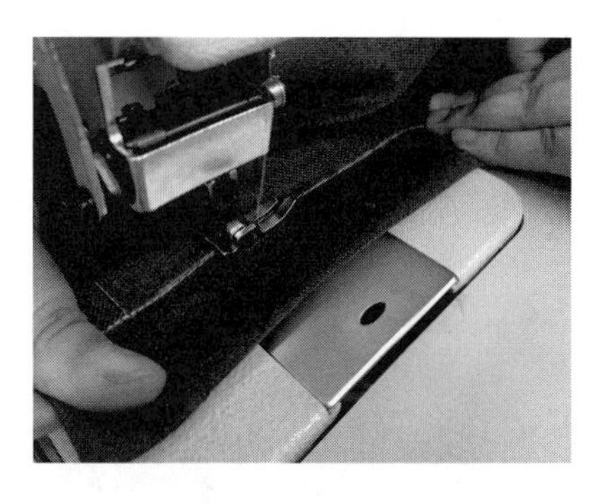

图3-43　门襟压明线

（17）封十字裆里：根据缝份的宽度折光并压线0.1cm（图3-44）。

（18）整烫（图3-45）。

（19）男西裤成品图（图3-46）。

三、任务实施

1.实践准备

材料准备如图3-47所示。

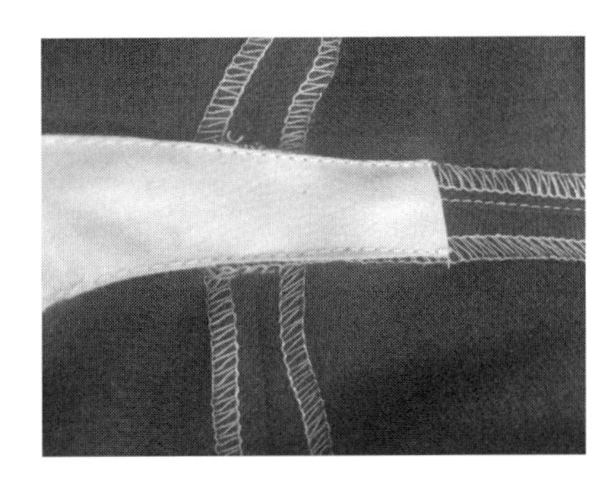
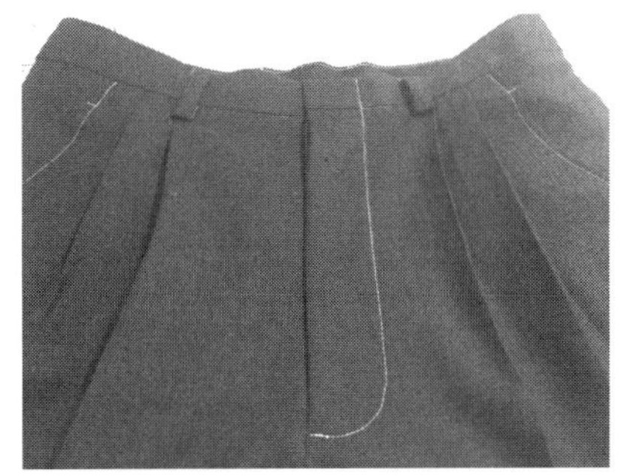

图3-44　封十字裆里

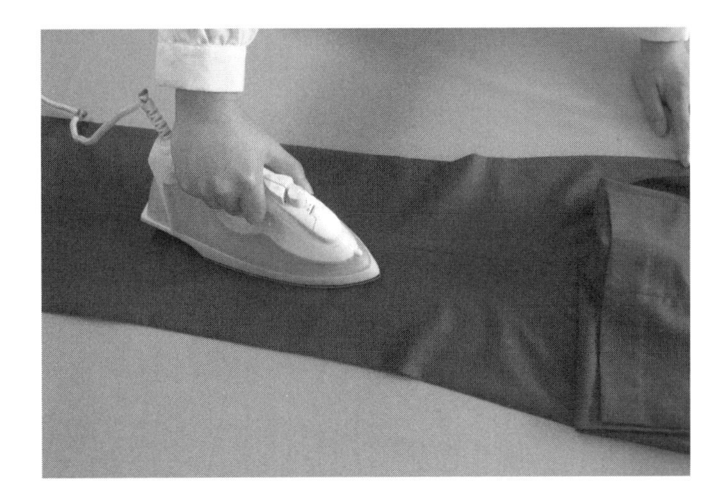

图3-45　整烫

图3-46　男西裤成品图

图3-47　男西裤材料图

（1）面料裁片：前裤片2片；
后裤片2片；
腰头面2片；
斜插袋袋垫布2片；
门襟1片；
里襟1片；
后袋袋垫布2片；
后袋嵌线4片；
串带襻6条。

（2）辅料准备：斜插袋袋布2片；
腰头里1片；
大、小后袋布各2片；
拉链1根；
纽扣3粒；
裤钩1套；
配色线若干、黏合衬若干。

（3）实物样裤一条。

2. **操作实施**

（1）根据男西裤结构进行制图并放缝份，检查裁剪样板数量。

（2）整理面料，识别面料正、反面，将面料正面与正面相叠，反面朝上，丝缕顺直。

（3）将裁剪样板根据丝缕要求，正确的铺放在面料上，做到紧密、合理的排料。

（4）先剪主件、后裁部件，再配黏合衬。检查所需的裁片、辅料是否完整。

（5）根据裁片制作男西裤，其操作步骤：锁边→双嵌线后挖袋→做前斜插袋→缝合侧缝→合下裆缝→中间熨烫→缝合前、后裆缝→做、装门襟、里襟→缝合拉链→做串带襻→装串带襻→做腰头→装腰头→封串带襻→里襟压明线→门襟压明线→封十字裆里→整烫。

【特别提示】

（1）双嵌线挖袋、斜插袋是男西裤的两种不同袋型。双嵌线挖袋要求两嵌线缉线时，线与线之间平行；剪三角时既要剪到位，又不能剪断线，否则袋口会有毛口、烂洞的现象。斜插袋要求袋垫布与袋口位置要吻合，不然会影响后面侧缝的缝合。

（2）门、里襟装拉链工艺也是男西裤的重点工艺，要求门、里襟面、里、衬平服，松紧适宜，门襟不短于里襟，长短互差不大于0.3cm。

（3）精品男西裤做腰头采用的材料跟裙子做腰头的材料有所区别，其一，精品男西裤腰头衬是市场出售的专用腰头树脂硬衬（图3-48）；其二，腰头里是工厂大批生产的专用腰头里（图3-49），美观且舒适。

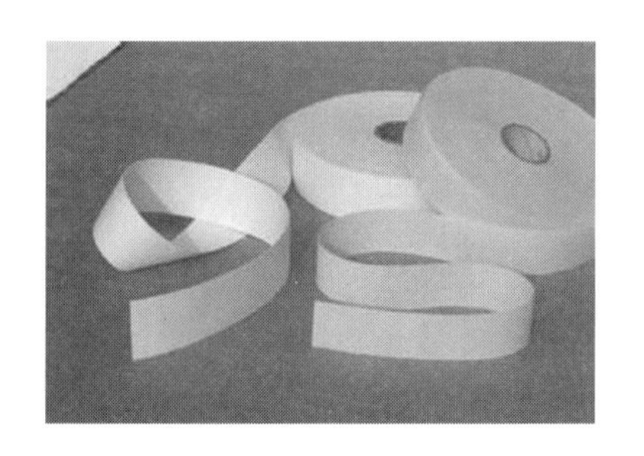

图3-48　树脂硬衬

图3-49　专用腰头里

四、学习拓展

单嵌线袋

1. **单嵌线袋成品图**（图3-50）。

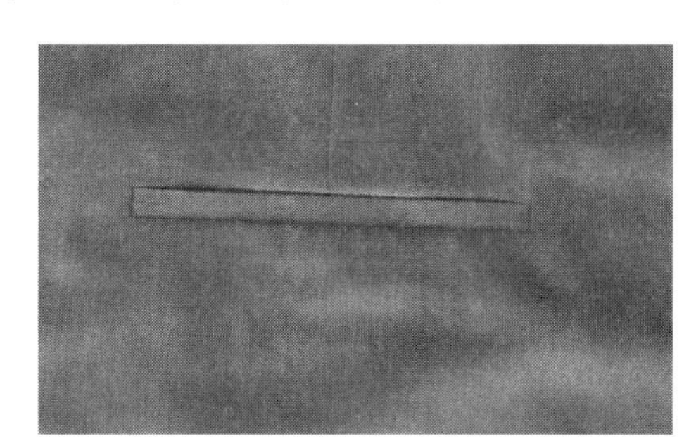

图3-50　单嵌线袋成品图

2. **款式说明**

单嵌线袋是指袋口装一条嵌线的口袋，一般运用在男西裤以及男、女西服等服装品种上，是服装工艺制作的重点。

3. **裁剪图**（图3-51）

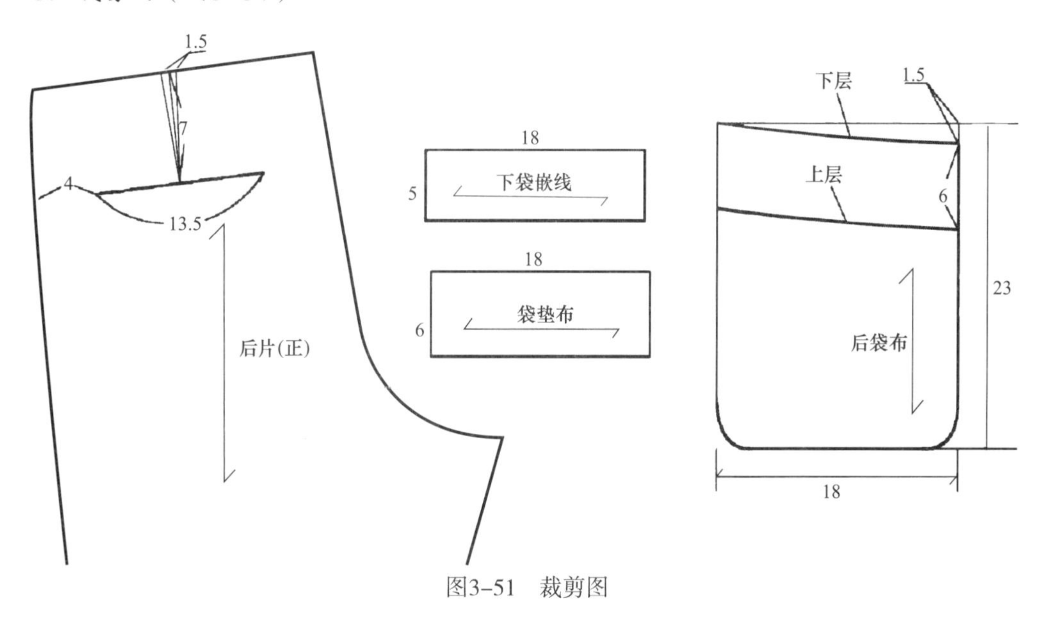

图3-51　裁剪图

4. **材料准备**

材料准备如图3–52所示。

后裤片1片；

嵌线条1条；

袋垫布1片；

大、小袋布各1片。

5. **工艺流程**

画省、收省、烫省→烫嵌线、划袋口位 →划袋位、放小袋布→缉下嵌线条和袋垫布→剪袋口→缉袋垫布和嵌线→封口缉袋底。

6. **缝制工艺**

（1）画省、收省、烫省：根据省的尺寸由省根缉线至省尖，在裤片后袋位置的反面黏上黏合衬（图3–53）。

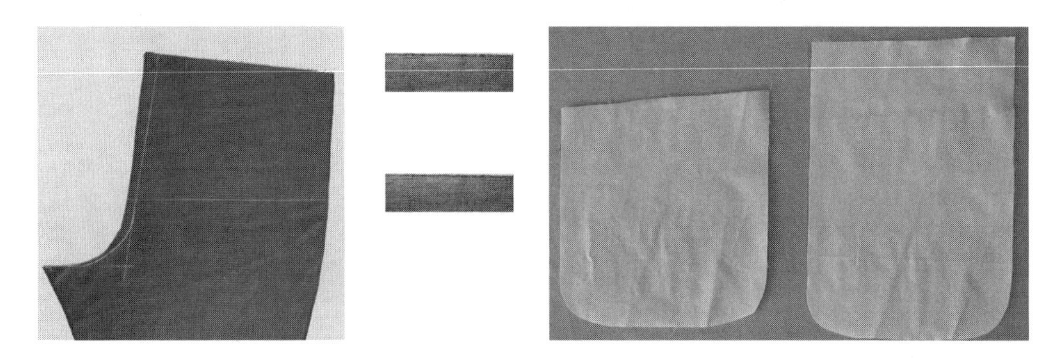

图3–52　单嵌袋材料图

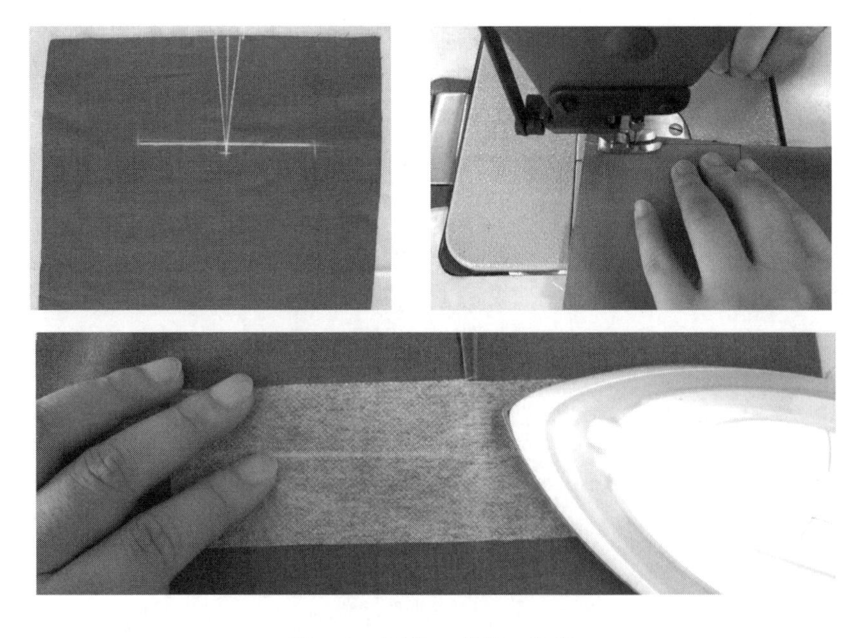

图3–53　画省 、收省、烫省

（2）烫嵌线、画袋口位：将嵌线条的反面黏上黏合衬，将嵌线对折连口处正面画出袋口长13.5cm，袋口宽1.0cm（图3–54）。

图3–54　烫嵌线、画袋口位

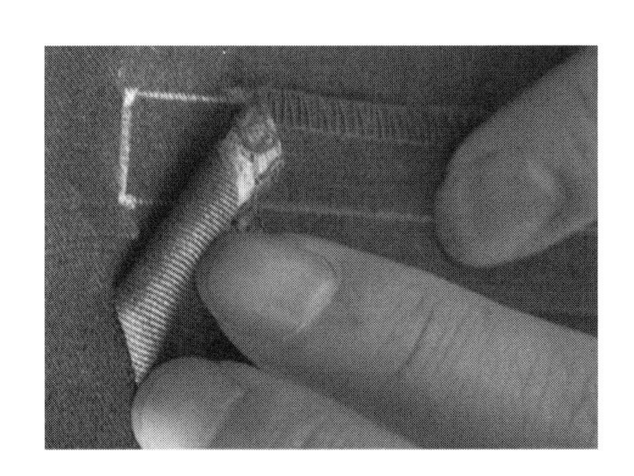

图3–55　画袋位、放小袋布

（3）画袋位、放小袋布：在裤片的正面用隐形画粉划出口袋位置，并将小袋布放在裤片反面袋位线上2cm处，要求左右余量放置均匀（图3–55）。

（4）缉下嵌线条和袋垫布：将扣烫好的嵌线条对准袋位线，缉下嵌条1cm宽，缉线两端打回针，两线要求平行（图3–56）。

（5）剪袋口：袋口剪三角后，翻转至裤片反面（图3–57）。

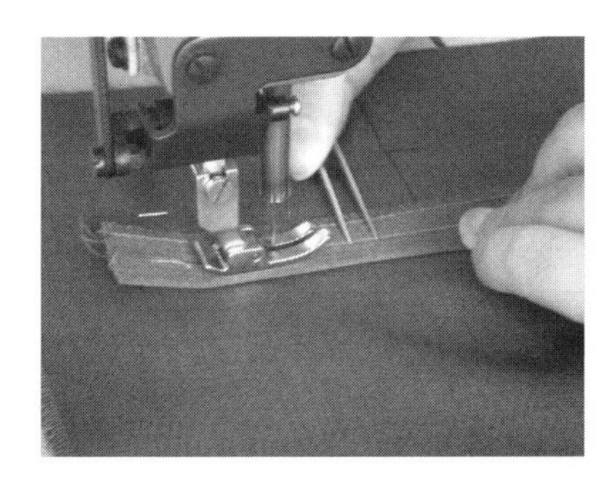

图3–56　缉下嵌线条和袋垫布

（6）缉袋垫布和嵌线：小袋布与嵌线缉线0.1cm，袋垫布与大袋布缉线0.1cm（图3–58）。

（7）封口缉袋底：用“━”形封袋上口，两侧三角处来回三道。按0.8cm兜缉大、小袋布后四周锁边（图3–59）。

（8）单嵌线效果图（图3–60）。

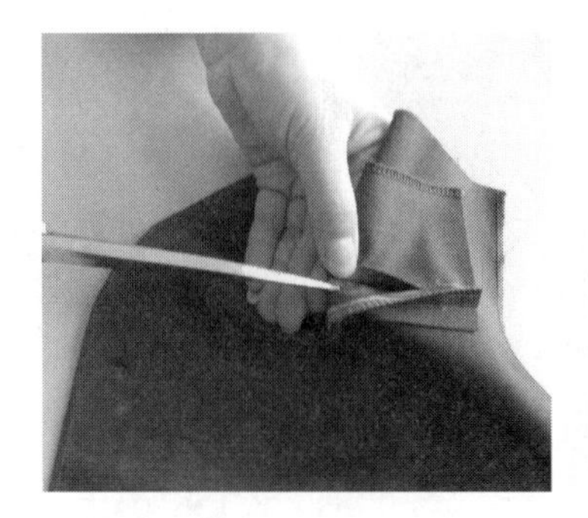
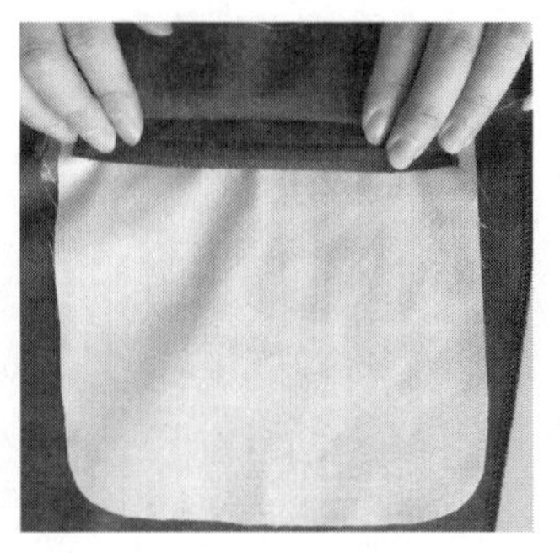

图3-57　剪袋口

图3-58　缉袋垫和嵌线

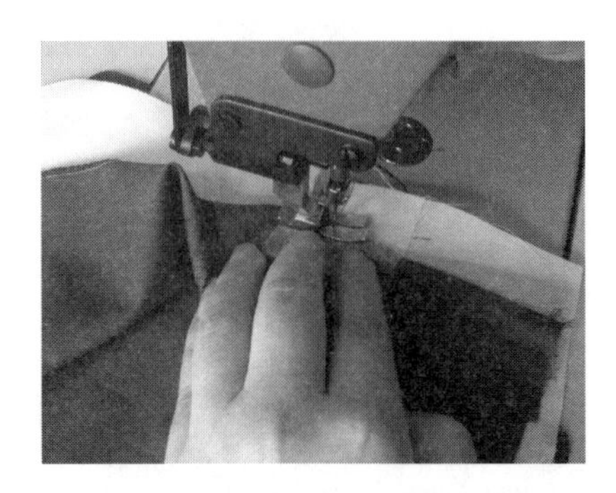
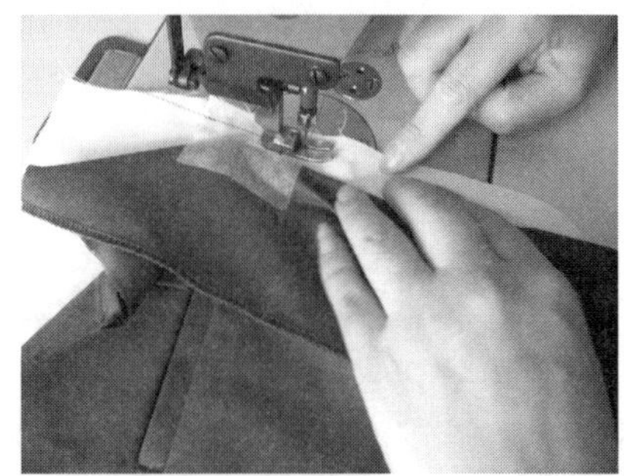

图3-59　封口缉袋底

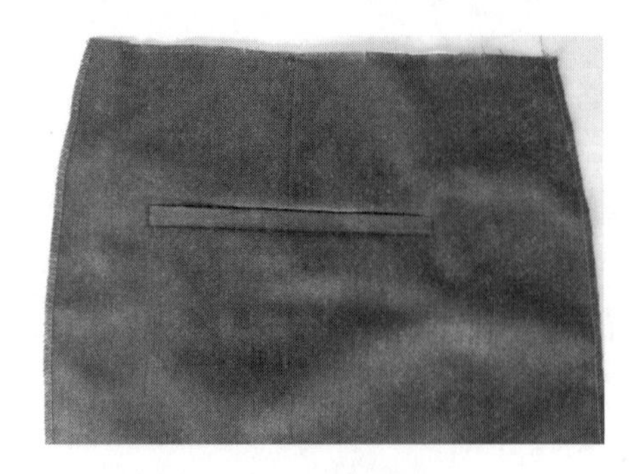

图3-60　单嵌线效果图

7. 质量要求

（1）规格正确，袋口长13.5cm，嵌线一根1cm。

（2）袋嵌线宽窄一致、平服、顺直；袋角方正，袋口封结牢固，无毛出；袋布平服，缉线顺直，袋垫布正，袋布无毛出。

（3）线迹美观，针距3cm为12～14针。

（4）产品整洁，熨烫平服，无线头、无污渍、无极光、不渗胶。

五、任务评价

男西裤评价表（表3-3）。

表3-3 男西裤评价表

序号	部位	具体指标	分值	自评	小组互评	教师评价
1	规格	裤长、腰围、臀围、脚口规格正确	8			
2	腰头	腰头面、里、衬平服，松紧适宜 腰头方正，无探头、缩进 腰头左右对称、宽窄一致 腰头正面缉线顺直，无跳针	18			
3	串带襻	宽窄一致，左右对称 串带襻封结牢固	6			
4	门、里襟装拉链	门、里襟平服，长短一致，止口不反吐 拉链不外露，平整，位置正确 门、里襟底端封口牢固、平整	12			
5	裥、省	褶裥左右一致，倒向一致 收省顺直、平服，左右对称	6			
6	袋位	斜插袋顺直，平服，不还口，不起涟 后挖袋袋角方正，无毛出 袋口封结牢固、位置正确 袋布平服，缉线圆顺，无毛出，无洞	20			
7	侧缝、裆缝	线条顺直、平服 十字裆平齐，互差不超0.2cm	10			
8	脚口	平服，折边宽窄一致	4			
9	脚口折边	平服、宽窄一致，三角针3cm不少于4针	6			
10	整洁牢固	整件产品无跳针、浮线、粉印 各部位无毛出、脱线、漏针 整件产品无明暗线头 针迹明线3cm12～14针	10			
合计			100			

六、职业技能鉴定指导

1. 知识技能复习要点

（1）掌握量体知识，通过测量能得到男西裤的成品尺寸规格，也能根据款式图或照片给出成品尺寸规格。

（2）能画出男西裤1：1的结构图，在结构图基础上放缝、制作样板。

（3）选择合适的面料进行排料、裁剪。

（4）要求完成一条男西裤，在男西裤的制作过程中，需有序操作，独立按时完成。

（5）编写男西裤的制作工艺流程。

2. 理论题（20分）

男西裤理论试卷

（1）选择题（10题，每题1分，共10分）。

1	一条成品西裤的中裆25cm，脚口22cm，这条西裤的外形是（　　）。 A．锥形裤　B．喇叭裤　C．直筒裤　D．小脚裤
2	男西裤前、后身经纱的标准为（　　）。 A．烫迹线　B．侧缝线　C．下裆线　D．脚口线
3	西裤脚口贴边缝（　　）。 A．缲针　B．贯针　C．环针　D．三角针
4	下列无须锁边的裤片部位是（　　）。 A．侧缝　B．腰口　C．下裆缝　D．小裆弧度
5	西裤缝制对针距密度的要求是明暗线每3cm（　　）。 A．12～14针　B．12～15针　C．10～12针　D．12～16针
6	裤长与以下哪个控制部位有关。 A．腰围高　B．胸围　C．腰围　D．臀围
7	单嵌线口袋缝制工艺要求不合理的是（　　）。 A．袋口作明缉或用手针缝　B．缉袋口四角方正 C．翻转时圆角拉平　D．缉袋口线头尾相接转针
8	普通西裤改变为低腰裤，则应（　　）。 A．直裆减短，腰围加大　B．直裆减短，腰围不变 C．直裆不变，裤长减短　D．直裆不变，腰围不变
9	单个省量最大一般不超过（　　）。 A．2.5cm　B．3cm　C．3.5cm　D．4cm
10	某男生购买一条号型为165/70A的西裤。裤子的成品腰围应是（　　）。 A．68cm　B．70cm　C．72cm　D．74cm

（2）判断题（对的打√、错的打×、每题2分，共10分）。

①裤子只要保证腰部尺寸稳定，其他部位均可大胆变化。（　）

②毛样是指服装裁片的尺寸不包括缝份、贴边等。（　）

③斜插袋是利用衣服上现有的分割线缝制的口袋。（　）

④裤子一般先做口袋再合裆缝。　　( )

⑤西裤的前片在横裆线以下部分按烫迹线两侧对称。　　( )

3. **实测题**（80分）

男西裤制作工艺操作试卷

学校：__________　　姓名：__________　　学号：__________

一、试题名称：男西裤

二、考试时间：270分钟

（一）男西裤外形概述

直筒式装腰。前开门装拉链，前裤片左右褶裥各一个，斜插袋各一只。后裤片左右省缝各两个，单嵌线后袋各一只，门、里襟腰头装裤钩一副，串带襻六根。

（二）规格

1. 男西裤成品规格尺寸

单位：cm

名称	裤长	腰围	臀围	直裆	脚口宽
规格	106	76	104	30	24

2. 小规格尺寸

单位：cm

名称	规格	名称	规格	名称	规格	名称	规格
腰头面宽	4	门襟缉线宽	3.5	小裆封高	5	后袋口长	13.5
腰头里宽	5	里襟宽	4.5	斜袋上封口	2.5	后袋嵌线宽	1
门襟宽	4	小裆三角封口	0.8	斜袋口长	15.5	串带襻长、宽	5、1
后袋纽眼大	1.7	脚口贴边	4				

3. 男西裤部件数量

单位：片

名称	前裤片	后裤片	腰头面	门襟	里襟	前袋垫布	后袋嵌线	后袋垫布	串带襻
数量	2	2	2	1	1	2	4	2	6

4. 男西裤辅料（毛）数量

名称	硬腰衬	斜插袋布	后袋布	无纺黏合衬	拉链	裤钩	纽扣	专用腰里
数量	1条	2片	2片或4片	若干	1条	1副	3粒	1条

（三）男西裤质量要求

（1）各部位规格尺寸正确。

（2）外形整烫平挺，内外无线头。

（3）裤腰头平服，宽窄一致，左右对称。

（4）串带襻位置正确不歪，长短一致，左右对称。

（5）门、里襟缉线顺直、长短一致，拉链不外露，封口平服无起吊、起涌现象。

（6）斜袋、后袋松紧适宜，平服，四角方正，嵌线宽窄一致，袋角无褶裥，无毛出。

（7）斜袋缉线顺直。封口高低一致，袋口大小一致。

（8）侧缝、下裆缝顺直，松紧一致，两脚口大小一致。

（9）整烫符合人体要求，各部位无脱线、漏线、毛出、极光等现象。

工作任务3.2　牛仔裤制作工艺

技能目标	知识目标
1. 能按照牛仔裤款式图进行款式分析 2. 能根据面料特点、款式规格，运用结构制图进行裁剪、工艺制作 3. 能分析同类裤型的工艺流程，编写工艺单。 4. 能根据质量要求评价牛仔裤品质的好坏，树立服装品质概念	1. 了解牛仔裤的外形特点，并能描述其款式特点 2. 了解面料的幅宽，能根据牛仔裤样板进行放缝、排料划样、裁剪 3. 掌握牛仔裤制作工艺 4. 熟悉牛仔裤工艺单的编写 5. 了解锁眼、钉扣、后整理、包装操作的工艺要求 6. 了解牛仔裤质量要求

一、任务描述

根据牛仔裤样衣通知单，根据款式图明确的款式要求，按照M号规格尺寸进行结构制图（1：1），并在结构图基础上放缝、制作样板，并选择合适的面料进行排料、裁剪、制作，完成一条牛仔裤。

牛仔裤样衣工艺通知单如表3–4所示。

表3–4 牛仔裤服装样衣工艺通知单

品牌：zzgy	款号：jsnt3–2–1	名称：牛仔裤
纸样编号：cc527	下单日期：	完成日期：

款式图：

系列规格表（5·4）　　单位：cm

部位		165/74A	170/76A	175/78A	档差	公差
规格		S	M	L		
1	裤长	100	102	104	2	±1.5
2	腰围	74	78	82	4	±1.5
3	臀围	90	94	98	4	±2
4	直裆	22	23	24	1	0
5	中裆	19	20	21	1	0
6	脚口	21	22	23	1	0
7	腰头宽	4	4	4	0	0

款式概述：

装弧形腰头，前片腰口无褶裥，前侧腰口左右各有月亮袋1个，右月亮袋内饰硬币袋，前中门、里襟装拉链。后片无省，拼育克，后贴袋左右各1只，裤串带襻5根，外观各部位均缉明双线

面料：牛仔布

成分：棉

组织：斜纹

幅宽：144cm

辅料：袋布、有纺衬、拉链、纽扣、铆钉、配色线、商标、洗水唛

工艺要求：

1. 裁剪：面料注意经纬线，色差，残疵
2. 腰头：面、里、衬平服，松紧适宜。裤串带襻位置左右对称
3. 门、里襟装拉链：门襟不能反吐，长短一致，门襟缉线按净样3cm缉线。绱好的拉链要求密合，不外露，无褶皱
4. 月亮袋：袋位高低、左右大小一致，各部位互差不大于0.3cm
4. 前、后裆：圆顺、平服，十字裆互差不大于0.2cm
5. 裤腿、脚口：裤腿长短一致，脚口折边宽窄一致，互差不大于0.3cm
6. 月亮袋袋口、贴袋、后育克、下裆缝、脚口均缉双明线0.1+0.6cm
7. 针迹：明线8针/3cm，三线包缝9针/3cm，机针16号
8. 商标：位置端正，号型标志清晰，号型钉在商标下沿
9. 整烫：各部位熨烫到位，平服，无极光、水花、污迹，臀部圆顺饱满
10. 用衬部位：月亮袋袋口、门襟、后片上口、腰头面

工艺编制：　　　　工艺审核：　　　　审核日期：

二、必备知识

1. 款式描述

款式如图3-61所示。装弧形腰，前片腰口无褶裥，前侧腰口左右各设月亮袋1个，右侧月亮袋内饰硬币袋，前中门、里襟装拉链。后片无省，拼育克，后贴袋左右各1只，裤串带襻5根，外观各部位均缉双明线。牛仔裤具有精明、干练、豪爽、利落，充满青春活力的风格。

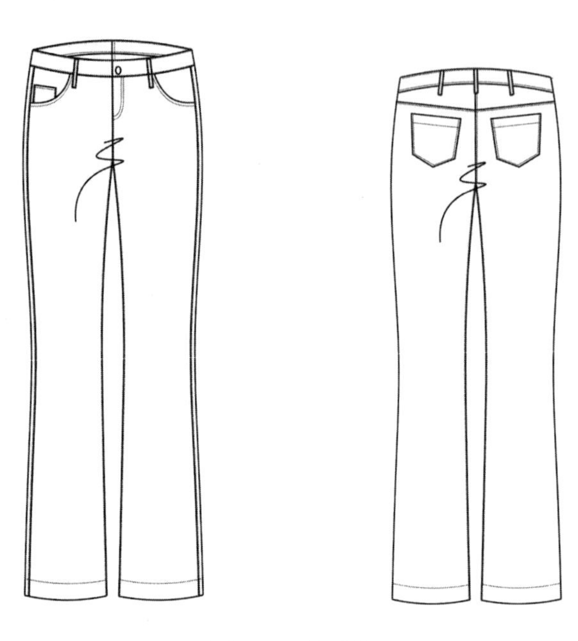

图3-61 款式图

2. 结构图

（1）规格尺寸，号型170/76A（M号）牛仔裤规格尺寸（表3-5）。

表3-5 牛仔裤M号规格尺寸表 单位：cm

部位	裤长	腰围（W）	臀围（H）	直裆	中裆	脚口	腰头宽
规格	102	78	94	23	20	22	4

（2）结构图（图3-62）。

3. 裁剪

（1）裁片名称（图3-63）。

①牛仔裤面料裁片：前裤片、后裤片、育克、腰面、月亮袋袋垫、硬币袋、门襟、里襟、后贴袋、串带襻。

②牛仔裤辅料裁片：月亮袋布

（2）裁片放缝（图3-64）。

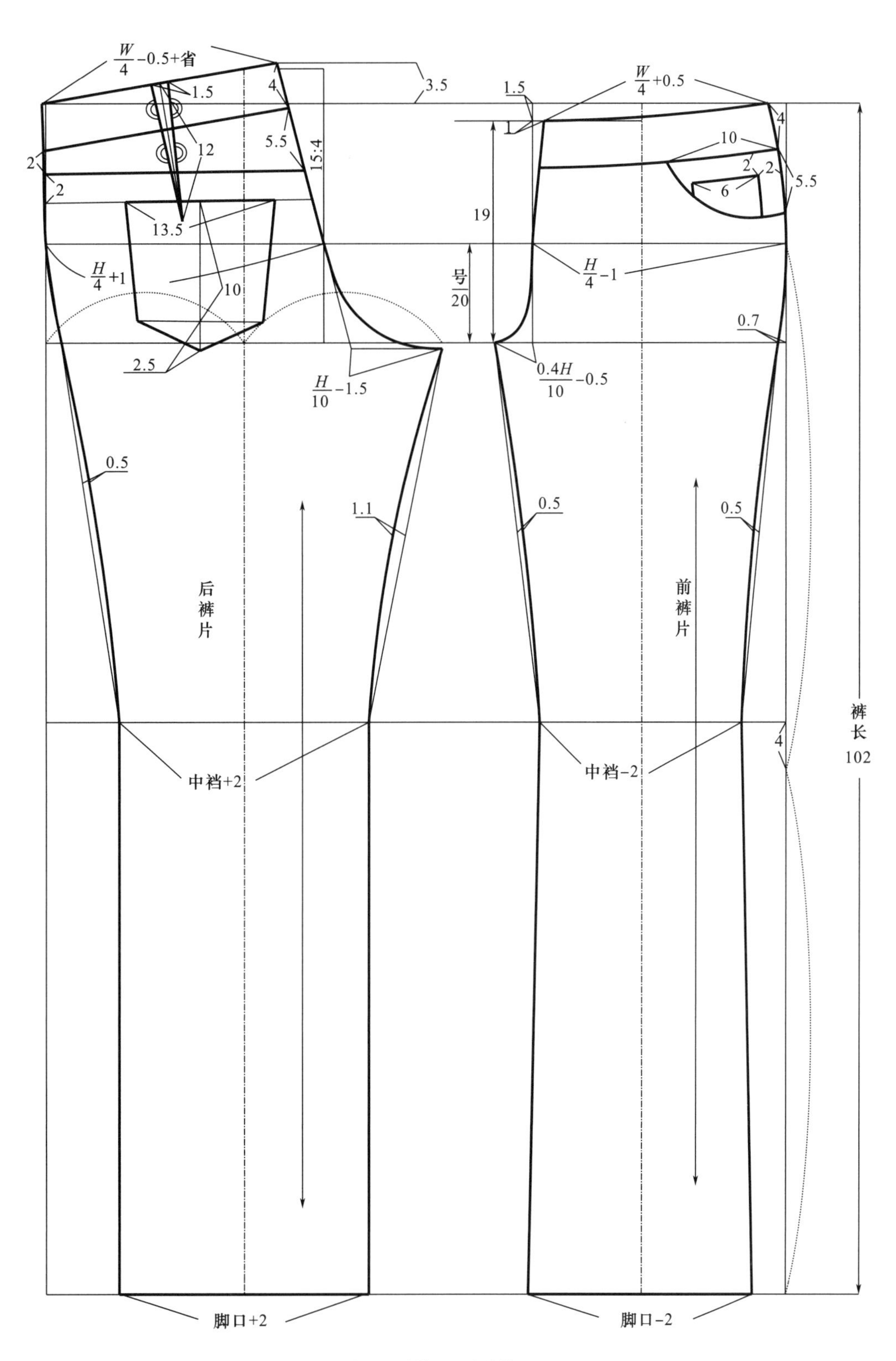

①牛仔裤前、后片结构图

图3-62

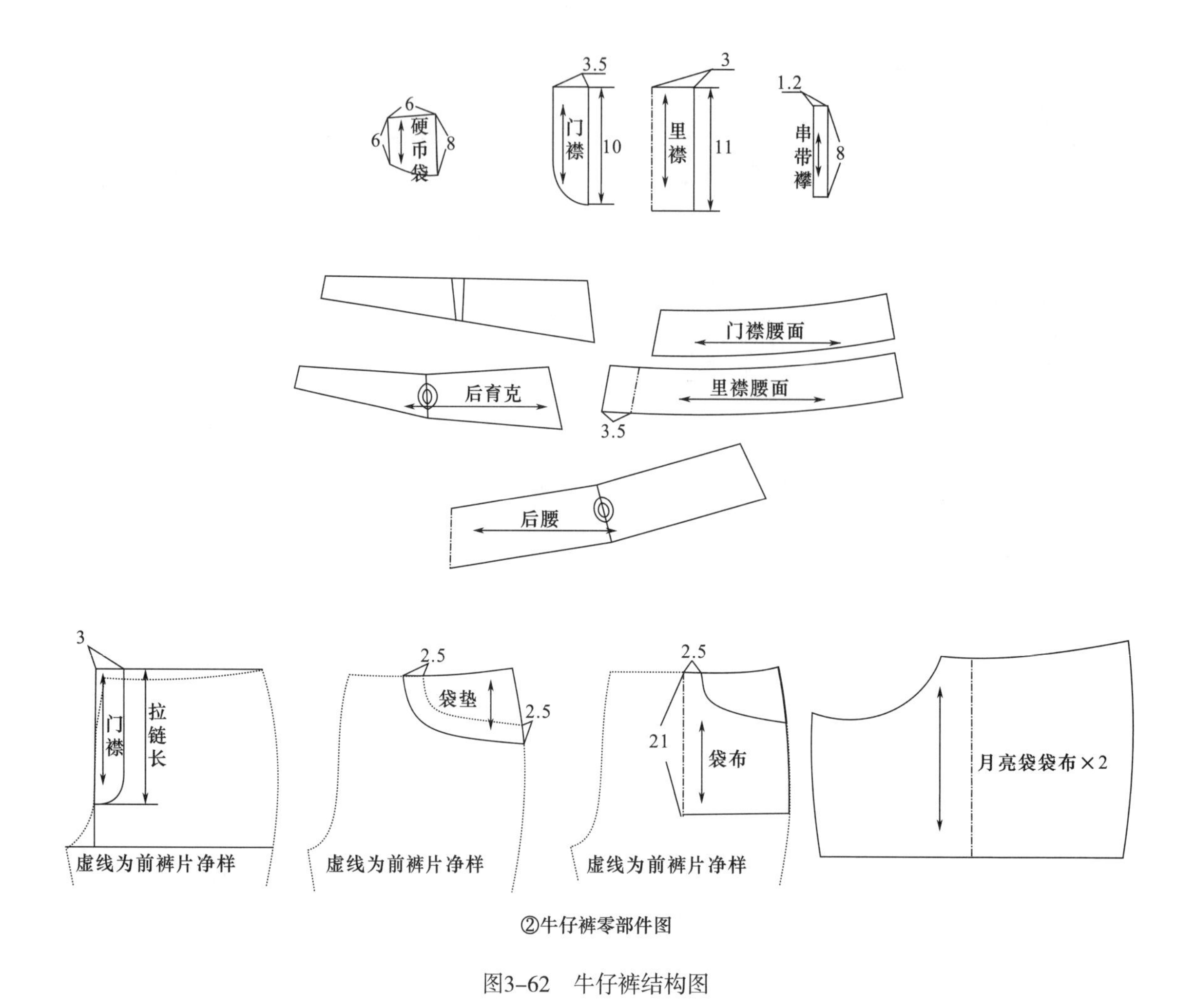

②牛仔裤零部件图

图3–62 牛仔裤结构图

①前、后裤片脚口放缝为3cm，裤片其余部位都为1cm；育克下口为1cm，上口为1.0cm；月亮袋袋垫布下口为2.5cm，其余部位缝份为1cm；腰头、门襟、里襟、串带襟周边缝份均为1cm。

②贴袋袋口缝份为2.5cm，其余部位都为1cm。

（3）做标记位置。

牛仔裤打刀眼、钻眼部位：

①前、后裤片臀围线，中裆线，脚口卷边处做对位刀眼。

②月亮袋袋垫布，门、里襟装拉链下端缝止点做对位刀眼。

③小贴袋、后贴袋位置上口分别向内钻眼，孔径距袋位0.3cm以内。

（4）排料图（图3–65）。

4. 缝制工艺

（1）做标记：将牛仔裤打刀眼、钻眼部位做出相应的标记（图3–66）。

（2）做、装硬币袋：硬币袋上口锁边，按净样板扣烫，距袋口1cm缉明线；将硬币袋缉在右侧袋垫布上，要求位置准确，缉双明线，第一道缉线距袋边缘0.1cm，与第二道缉线距离0.6cm，下口与袋垫布一起锁边（图3–67）。

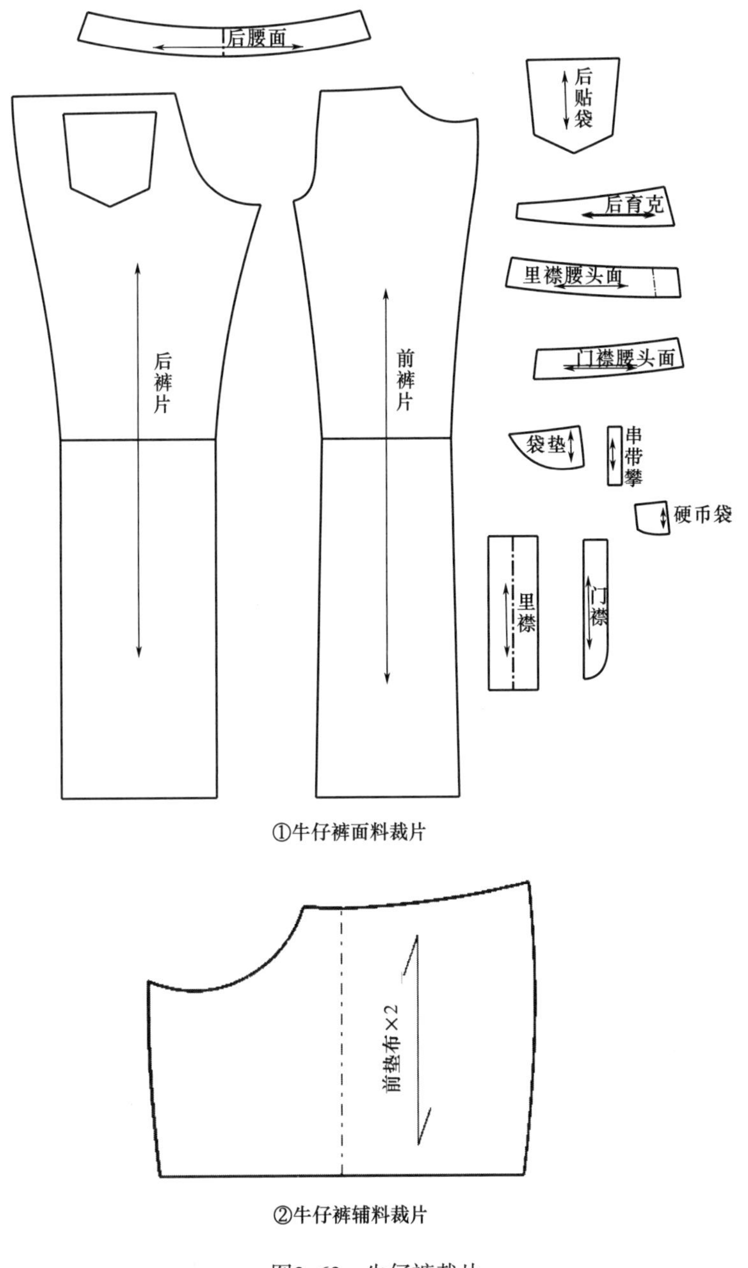

①牛仔裤面料裁片

②牛仔裤辅料裁片

图3-63　牛仔裤裁片

（3）做、装月亮袋。

①固定袋垫布：沿袋垫布锁边线将其与袋布缉缝，要求袋布左右对称（图3-68）。

②做袋口：前裤片正面与袋布正面相对，袋口对齐，距袋口0.8cm车缝，缉好线后，在袋口弧线处修剪缝份并打剪口，翻转扣烫，注意白袋布烫进0.1cm（图3-69）。

③翻缉袋口：转至正面，进行熨烫，袋口正面缉双明线（0.1+0.6cm），注意白袋布不能反吐，缝合袋底后三线包缝（图3-70）。

④月亮袋效果图（图3-71）。

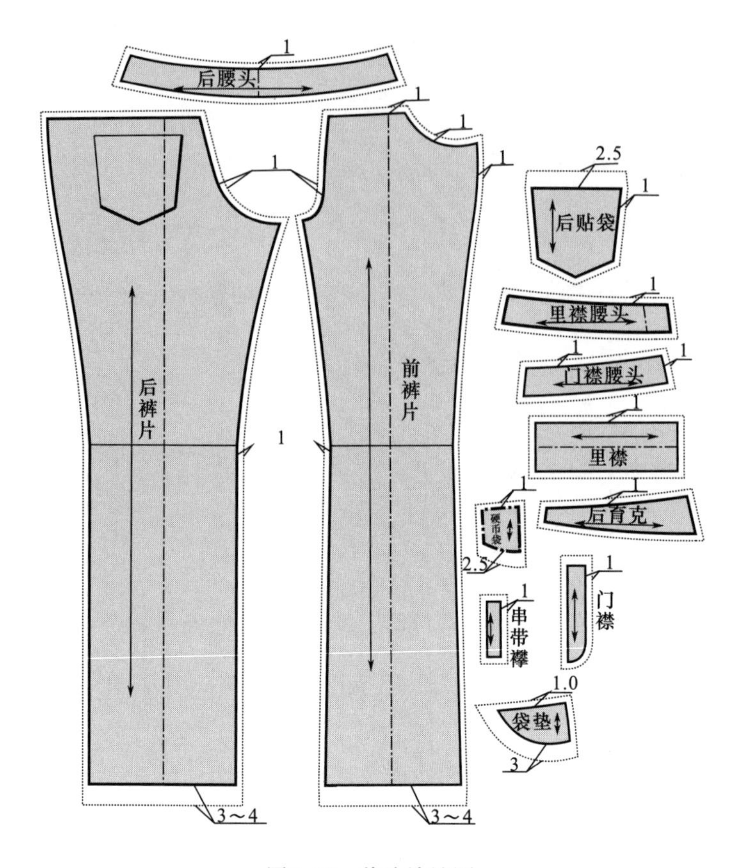

图3-64 裁片放缝图

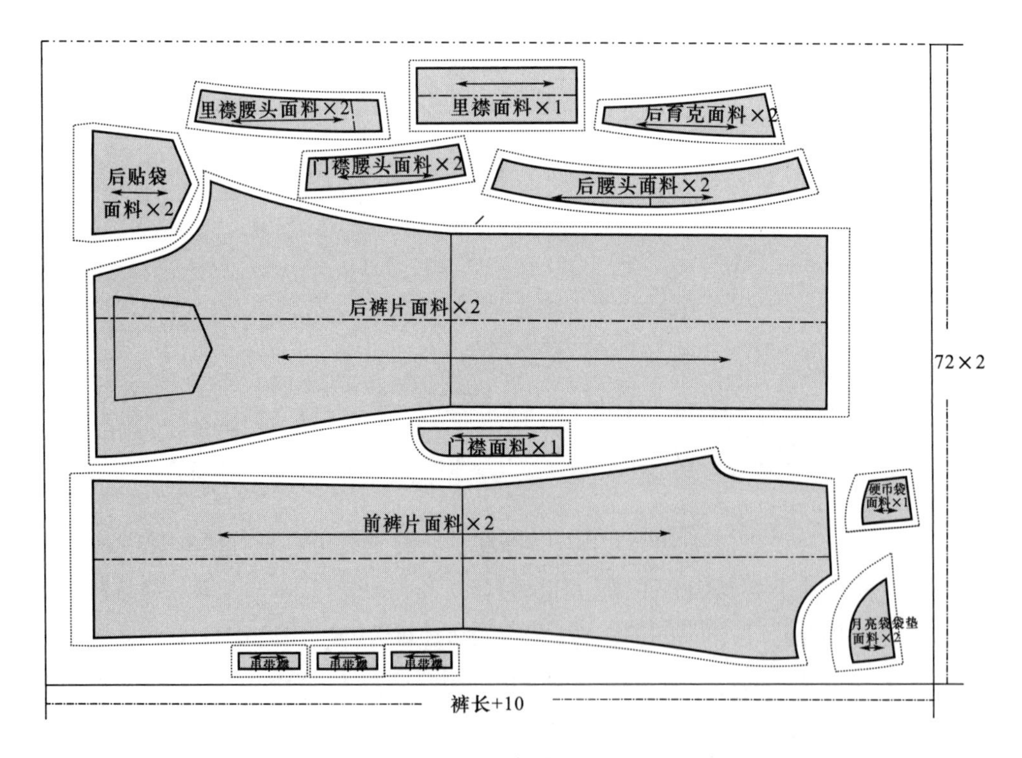

图3-65 牛仔裤排料图

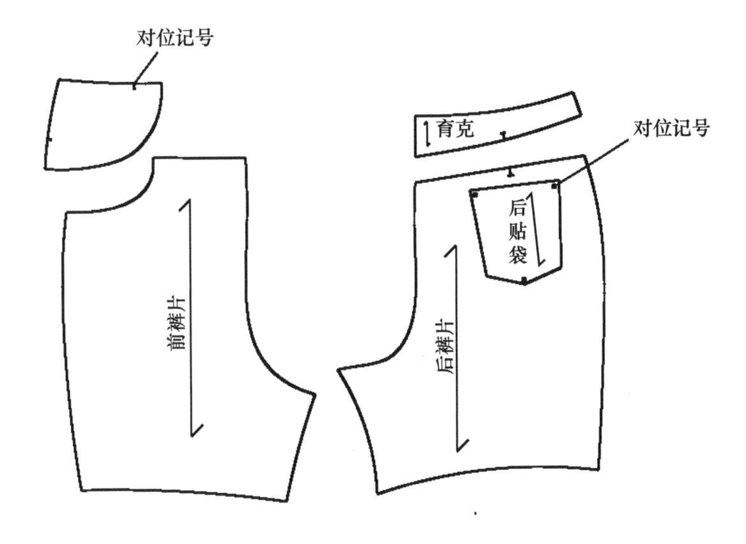

图3-66　做标记

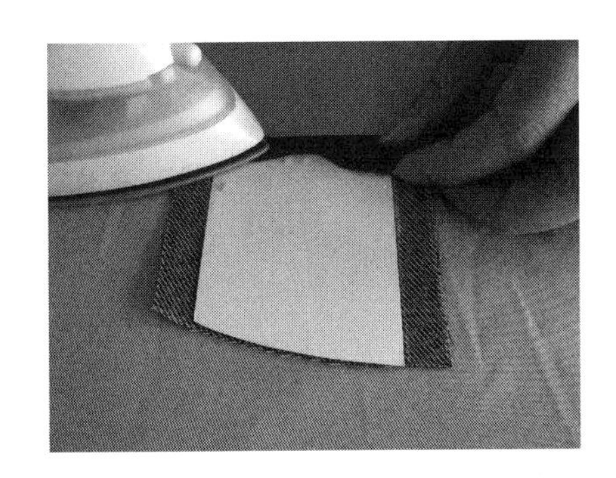
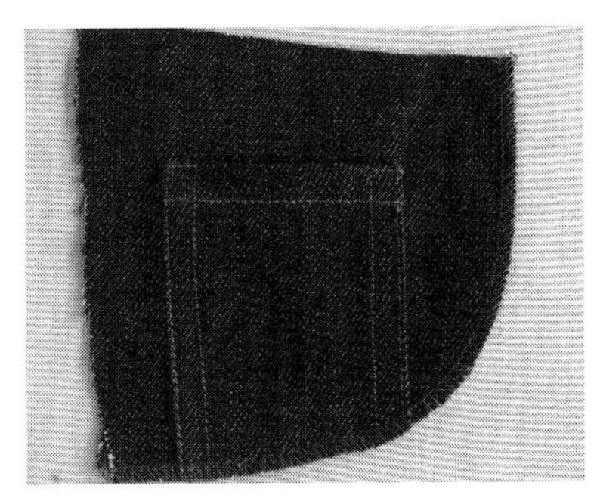

图3-67　做、装硬币袋

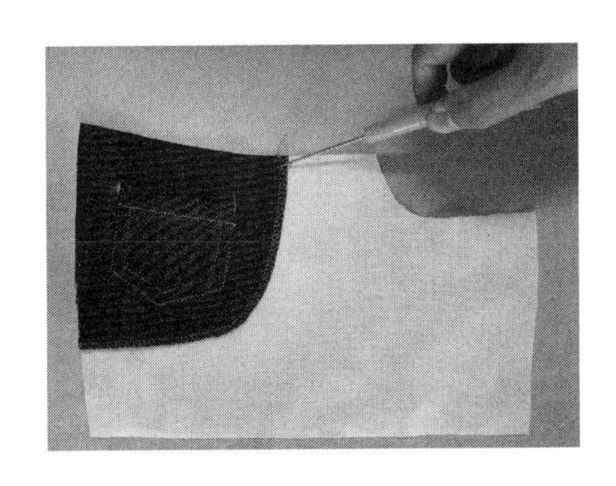
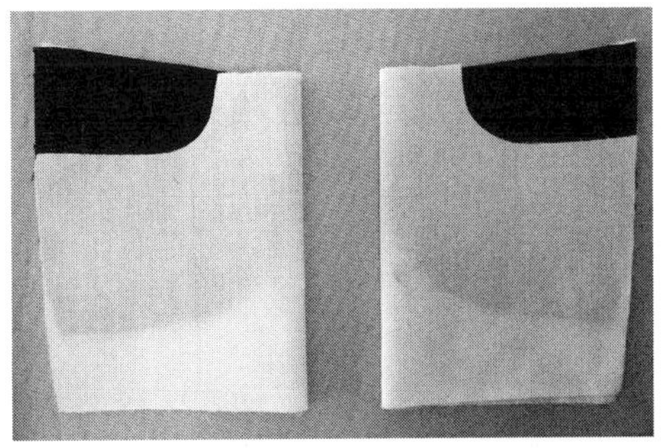

图3-68　固定袋垫布

（4）装拉链。

①装贴门襟：门襟条缉在左前裆缝上，缝份0.8cm。前裤片正面压0.15cm明线（图3-72）。

②门襟装拉链：将拉链与贴门襟缝合，注意拉链的位置，拉链开口与腰齐平。前裤片缉门襟线时注意将里襟侧拉链底布折起（图3-73）。

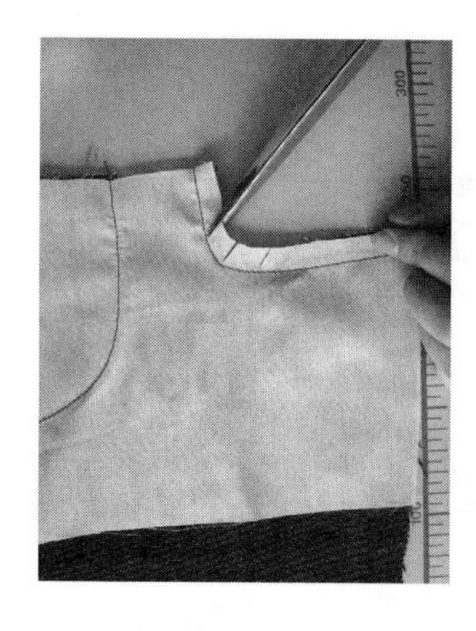

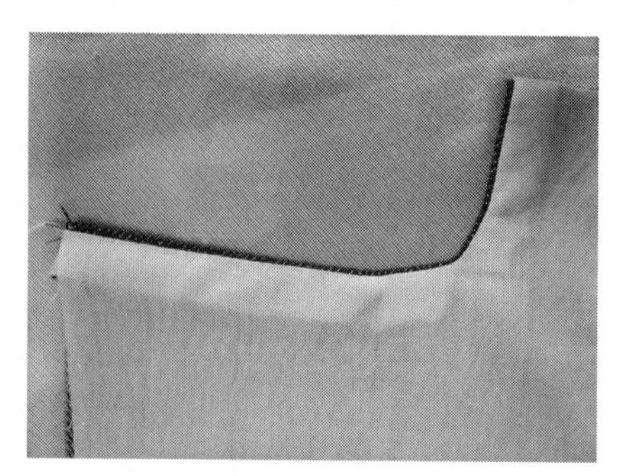

图3-69 做袋口

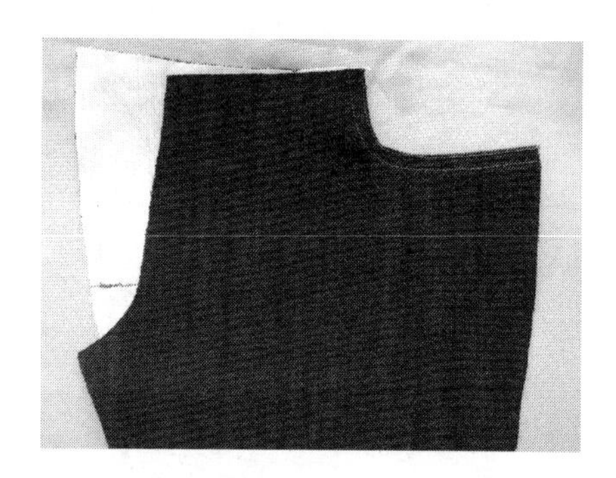

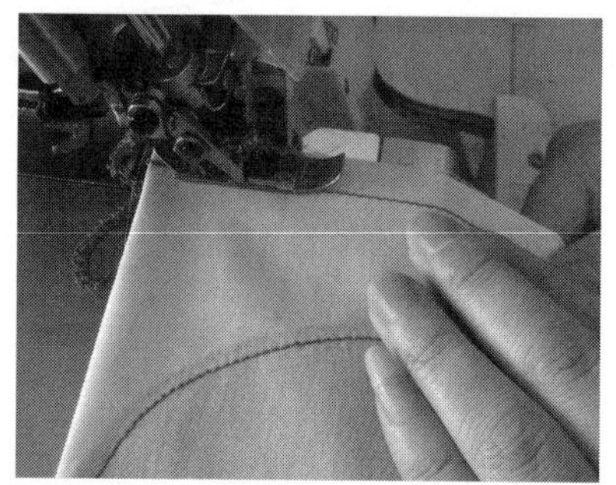

图3-70 翻缉袋口

图3-71 月亮袋效果图

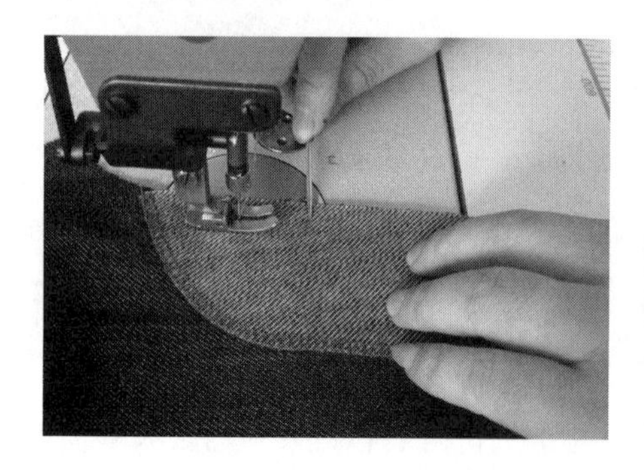

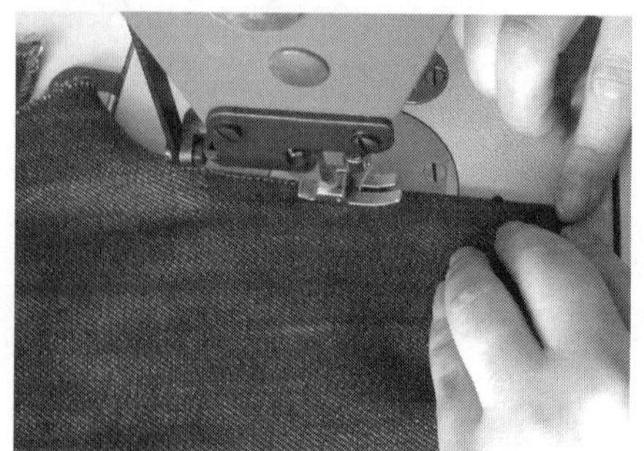

图3-72 装贴门襟

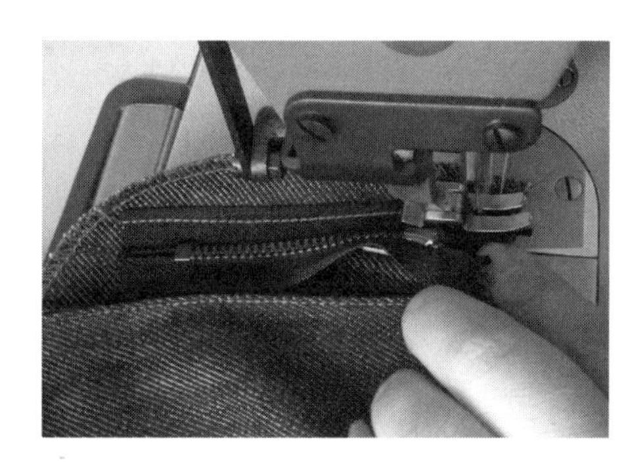
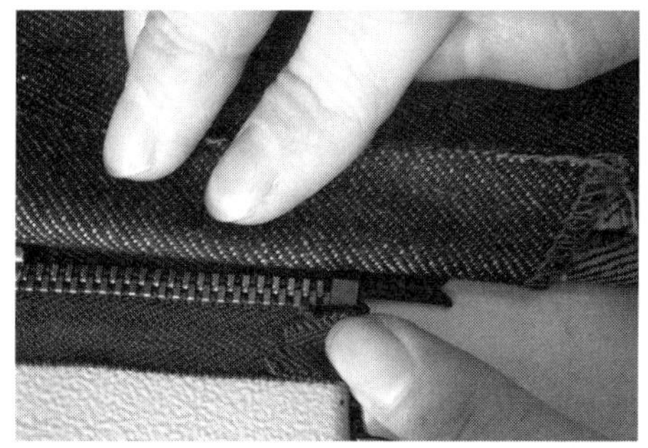

图3-73　门襟装拉链

③左前门襟按净样板划线，缉双线（0.1+0.6cm）（图3-74）。

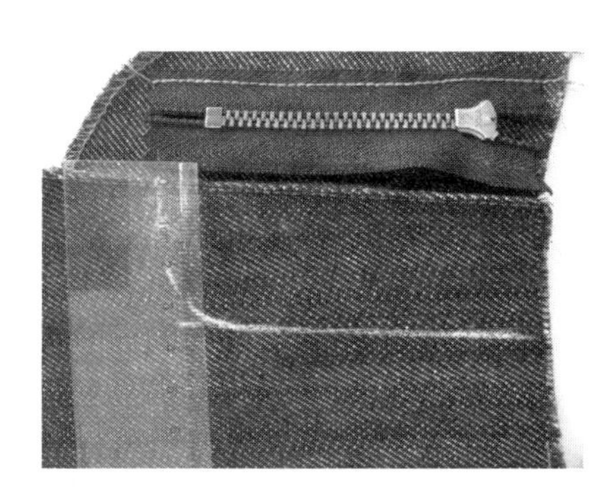
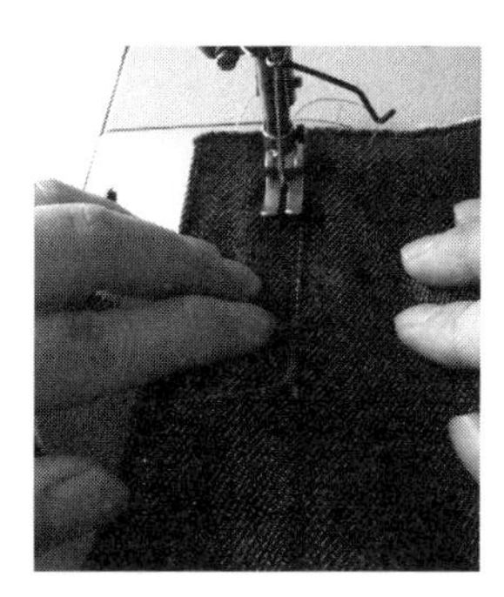

图3-74　门襟压线拉链

④装里襟：里襟放在拉链下面，拉链边与里襟锁边线内0.1cm处并齐，放平后距锁边0.8cm车缝固定；右裤片开口处缝份折0.6cm盖住里襟拉链缝线，沿折边压0.15cm明线，里襟缝合后，确保左裤片门襟盖过右裤片0.5cm（图3-75）。

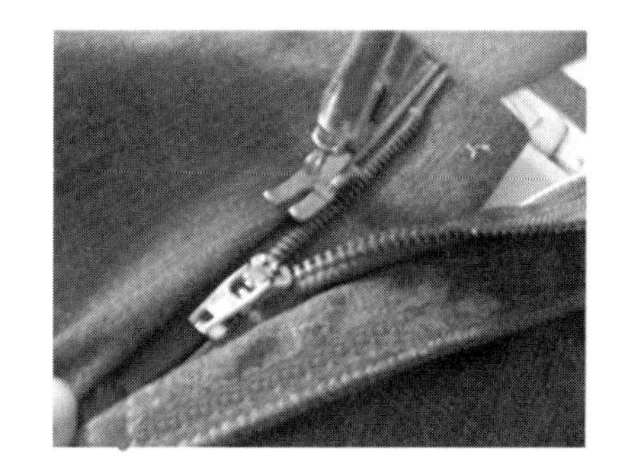

图3-75　装里襟

（5）缝合前裆缝。

①缝合前裆缝：将右前片里襟下端锁边，剪刀口，深度0.8cm；前裆弧线压双线，封口止点为门襟明线上1cm处（图3-76）。

②前裤片门襟拉链效果图（图3-77）。

图3-76 缝合前裆缝

图3-77 前裤片门襟拉链效果图

（6）拼育克。

①拼育克：育克在上，裤片在下正面相对拼缝，缝份1cm，注意上下松紧一致（图3-78）。

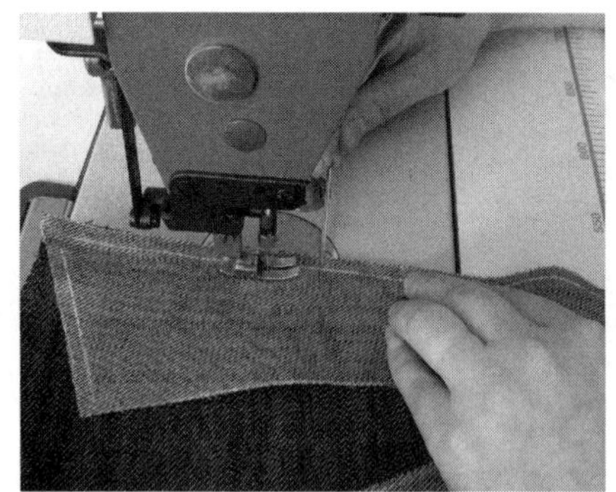

图3-78 拼育克

②育克压线：将缝份锁边后向裤片方向烫倒，裤片压育克正面缉双明线（0.1+0.6cm）（图3-79）。

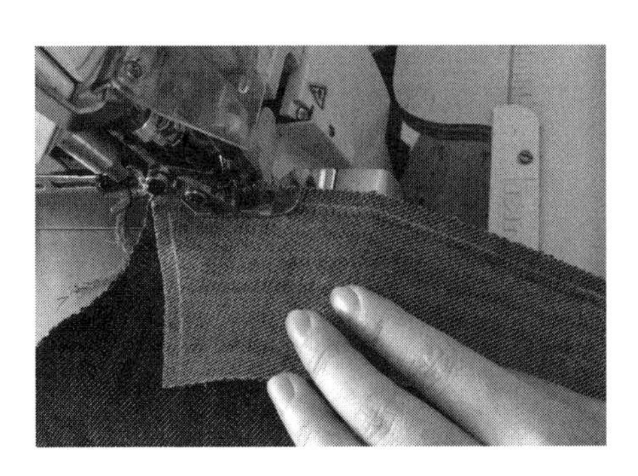

图3-79　育克压线

（7）做、装后贴袋。

①扣烫后贴袋：按净样板扣烫后贴袋袋口，贴边宽1.5 cm，后贴袋口沿贴边缉明线，距贴边边缘0.1cm，注意面线可以略紧（图3-80）。

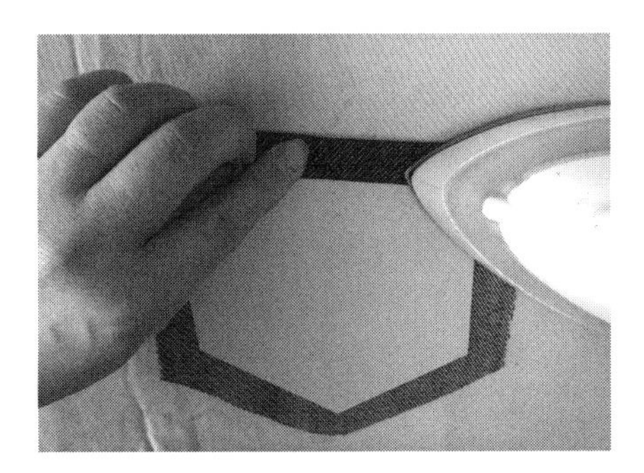

图3-80　扣烫后贴袋

②贴袋缉图案：贴袋按图案缉线，注意左右贴袋图案要对称，最后按贴袋净样板扣烫（图3-81）。

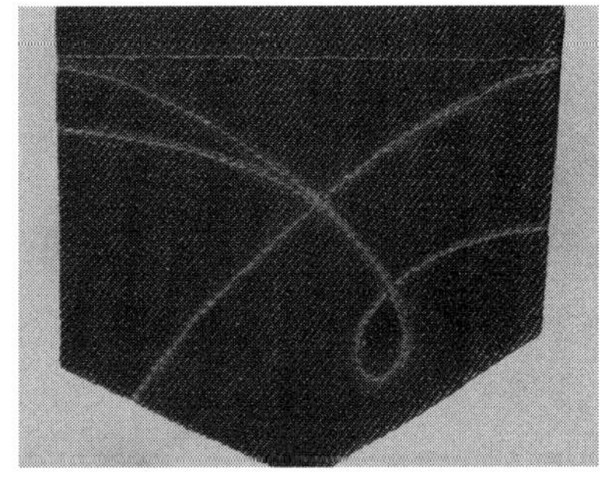

图3-81　贴袋缉线

③绱贴袋：在后裤片上定出袋位，按袋位将贴袋放上后，缉双明线（0.1+0.6cm）（图3-82）。

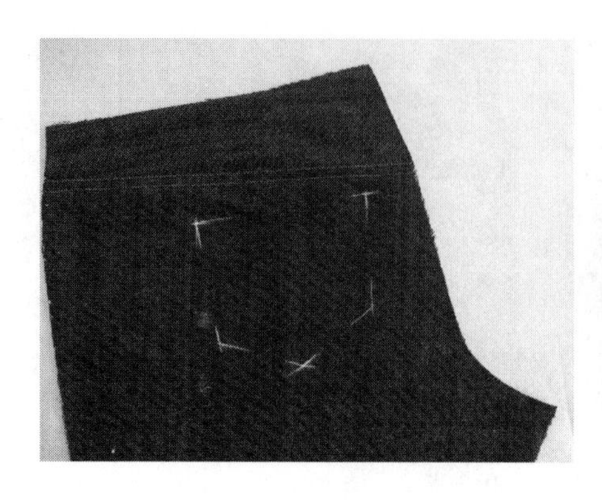
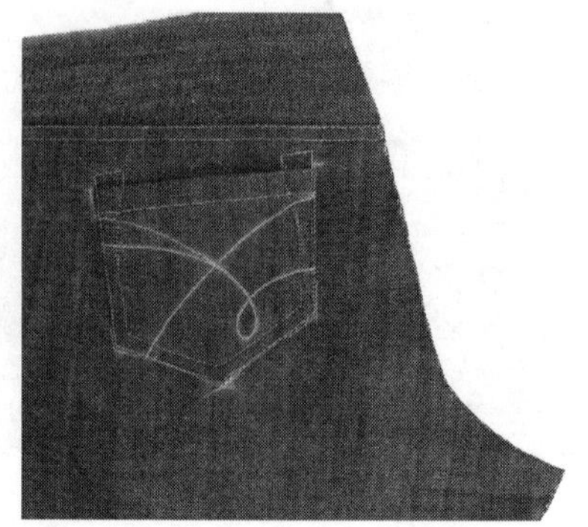

图3-82　缉贴袋

（8）缝合后裆缝。

①缝合后裆缝：育克缉的双明线对齐，后裆缝到前片门里襟拉链处平缝，用1cm缝份缝合后裆缝，注意松紧一致（图3-83）。

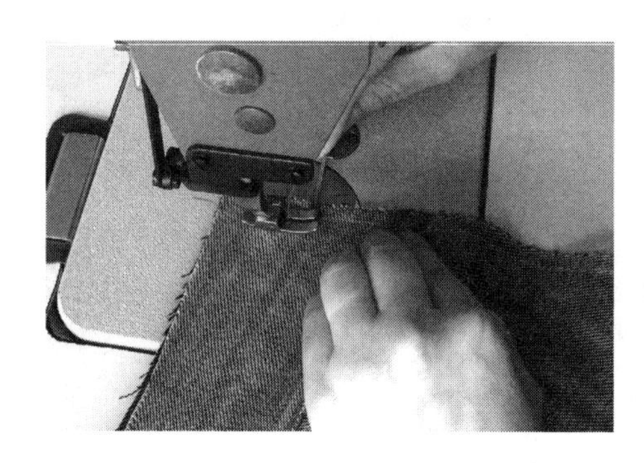
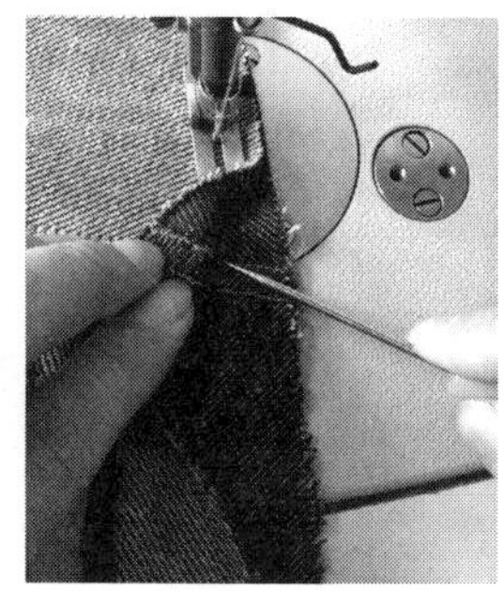

图3-83　缝合后裆缝

②前、后裆缝锁边。

③后裆缝压线：将缝份锁边后向左方向烫倒，正面缉双明线（0.1+0.6cm）（图3-84）。

图3-84　后裆缝压线

④后裤片效果图（图3-85）。

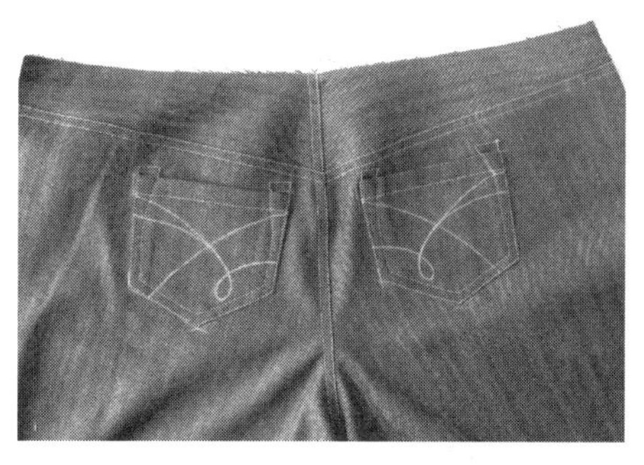

图3-85　后裤片效果图

（9）合侧缝。

①合侧缝：用1cm缝份将前、后裤片侧缝缝合，将整条缝份锁边，要求上下层松紧一致（图3-86）。

②侧缝压线：将整条缝份锁边后向后裤片烫倒，在裤片侧缝正面压双线（0.1+0.6cm）（图3-87）。

（10）合下裆缝。

①合下裆缝：将前、后裤片下裆缝缝合，前裤片放平，脚口对齐，缝到裆底时，注意要十字缝对齐，缝份1cm（图3-88）。

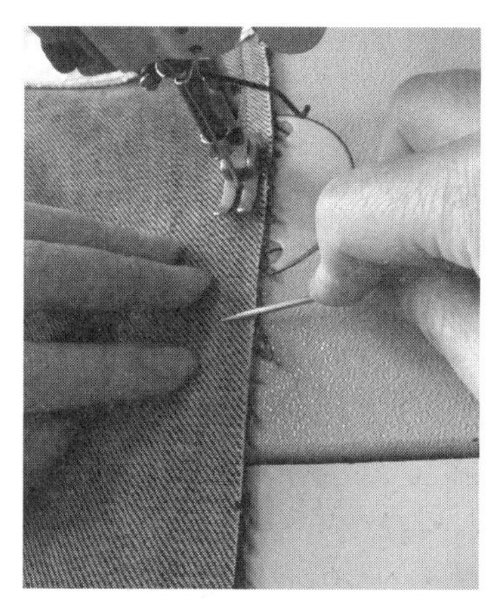

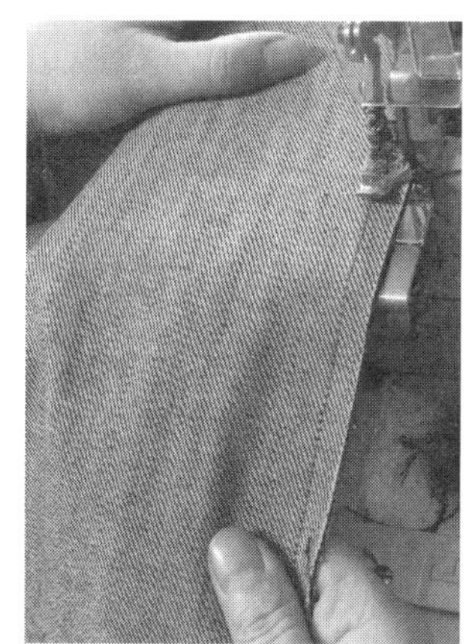

图3-86　合侧缝

图3-87　侧缝压线

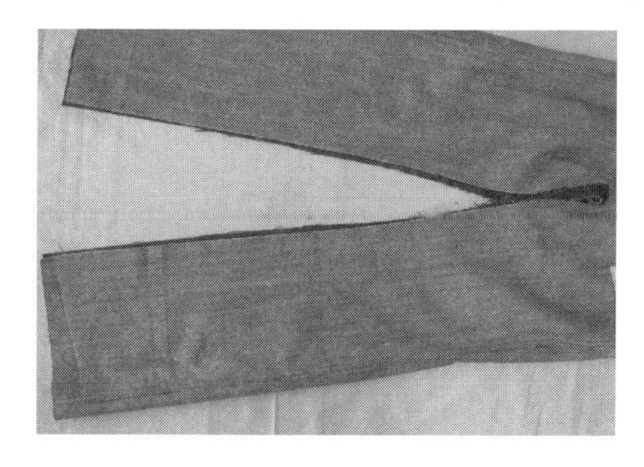

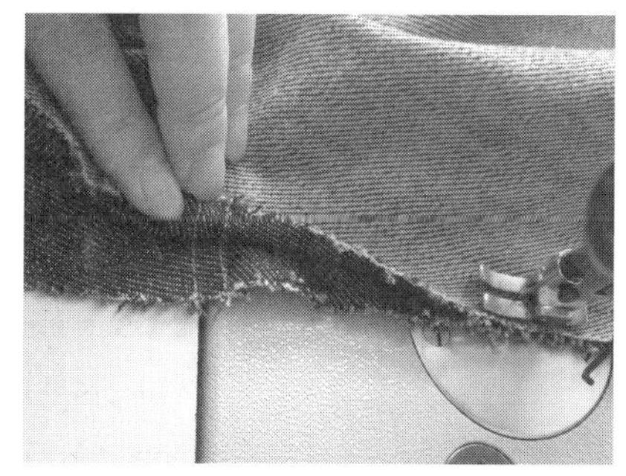

图3-88　合下裆缝

②锁边：正面检查裆底十字裆缝是否对齐，然后将前裤片放上层锁边（图3-89）。

图3-89　锁边

（11）卷脚口：将脚口贴边先折进0.5cm，再折进2cm熨烫，距折边边缘0.1cm缉明线，注意起针从下裆缝处开始（图3-90）。

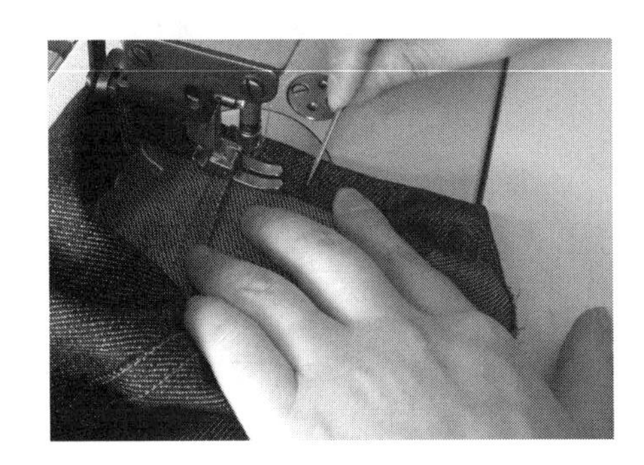

图3-90　卷脚口

（12）做、装串带襻。

①做串带襻：折烫串带襻，将串带襻一侧锁边，串带襻两边压线0.1cm后，裁剪成8cm的长度（图3-91）。

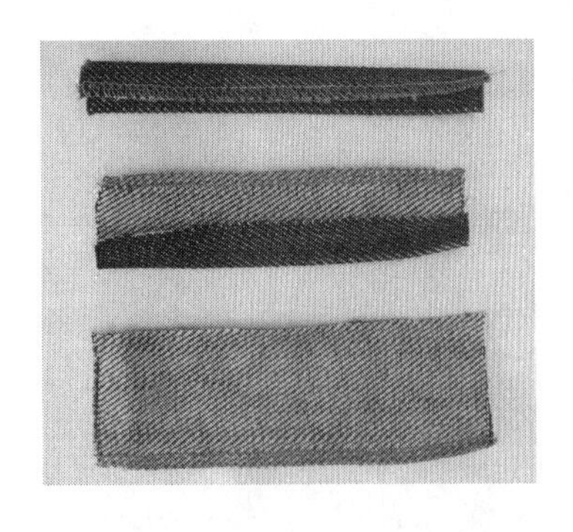
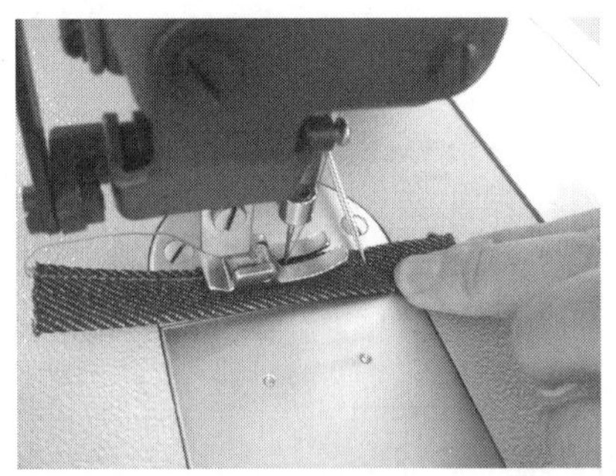

图3-91　做串带襻

②装串带襻：后中缝装串带襻一根，前片距袋口1 cm左右各装串带襻一根，后片中线与前片中线之间左右各装串带襻一根（图3-92）。

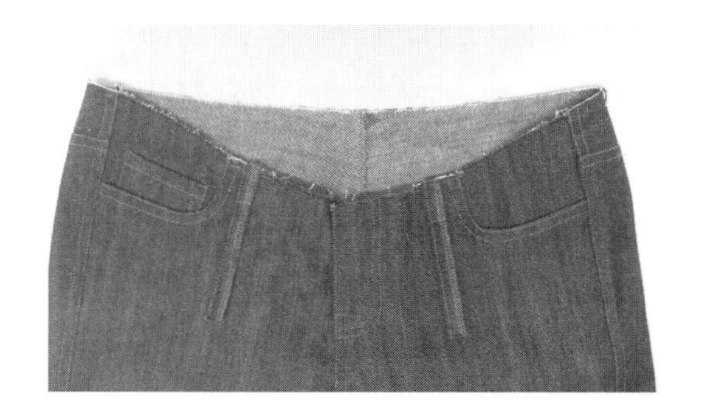

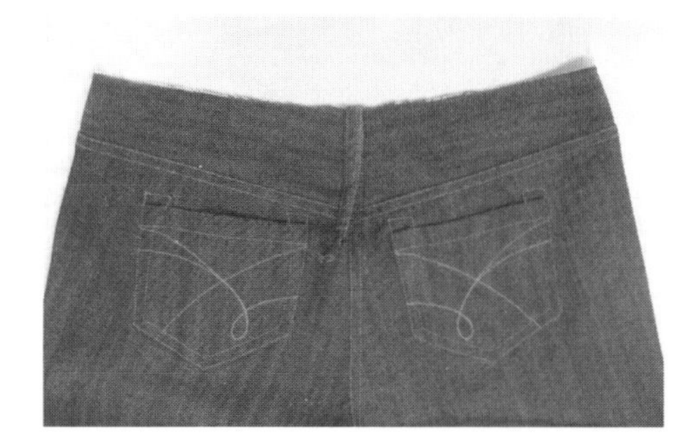

图3-92　装串带襻

（13）做腰头。

①做腰头：腰头面下口折烫1cm，腰头面和腰头里上口缝合，要求后中缝对齐，缝份1cm（图3-93）。

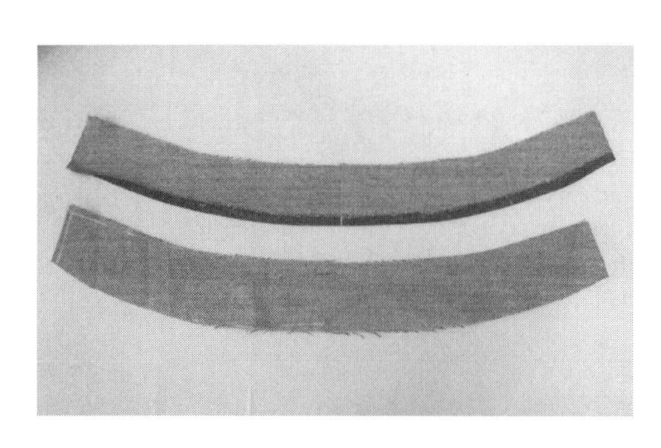

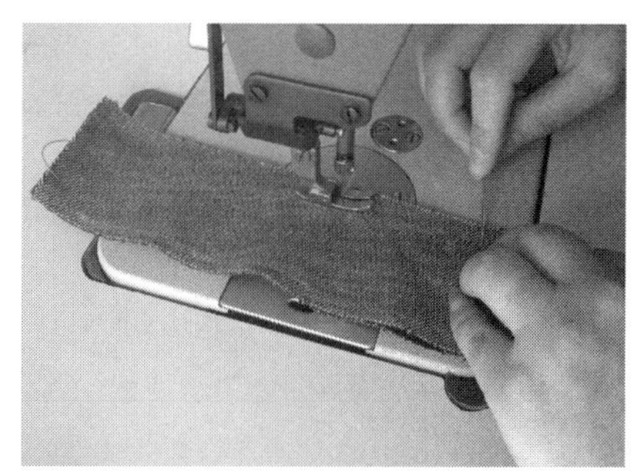

图3-93　做腰

②修剪缝份：修剪腰头两端的缝份，腰头上口缝份修剪留0.3cm，翻转腰头，注意腰头方正（图3-94）。

③做对位标记：翻转腰头，扣烫腰头里下口并做腰头对位记号（图3-95）。

（14）装腰头。

①门、里襟腰口定位：裤门、里襟放平整，腰口下1cm处用划粉做记号，按划粉线装腰头里（图3-96）。

②腰头面压线：腰头面与门襟平齐，夹缝装腰，缉线距边缘0.15cm，注意腰线盖过裤腰口缝份1cm沿腰头缉线一周，注意腰头面不能扭曲（图3-97）。

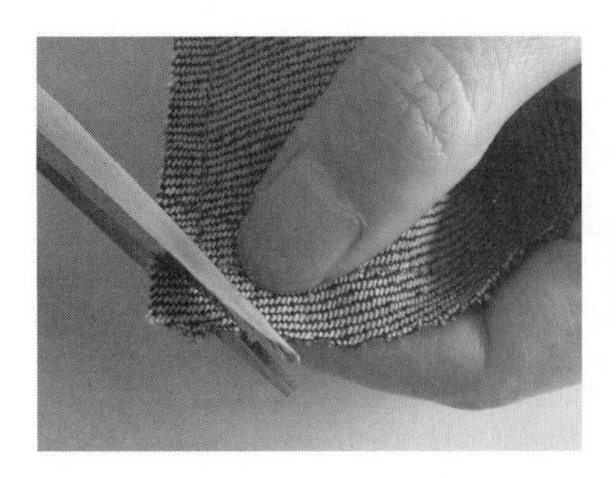
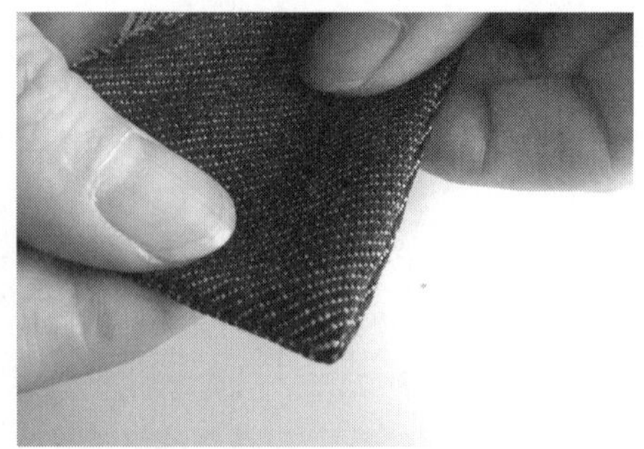

图3–94　修剪缝份

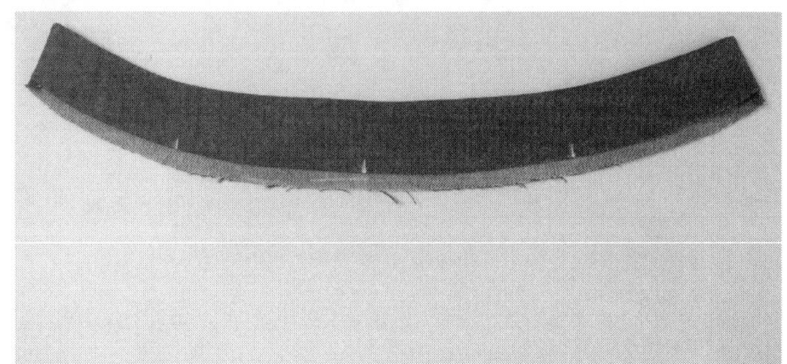

图3–95　做对位标记

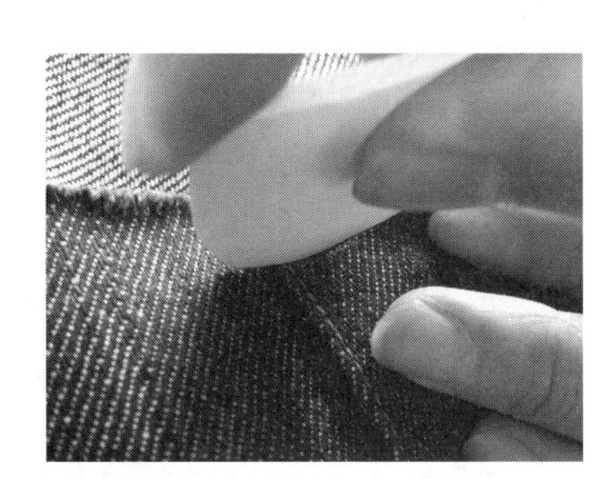

图3–96　门里襟腰口定位

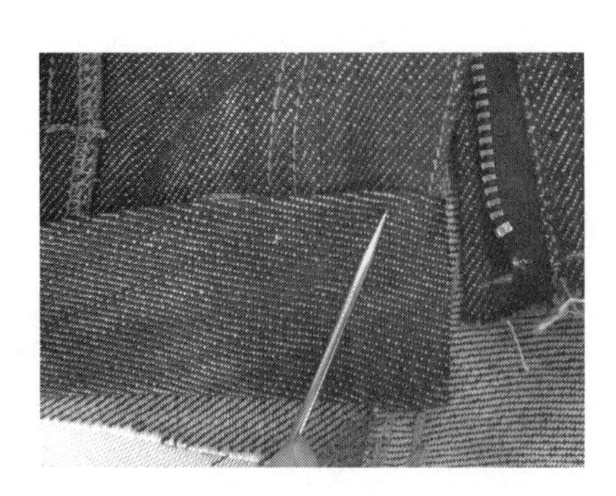
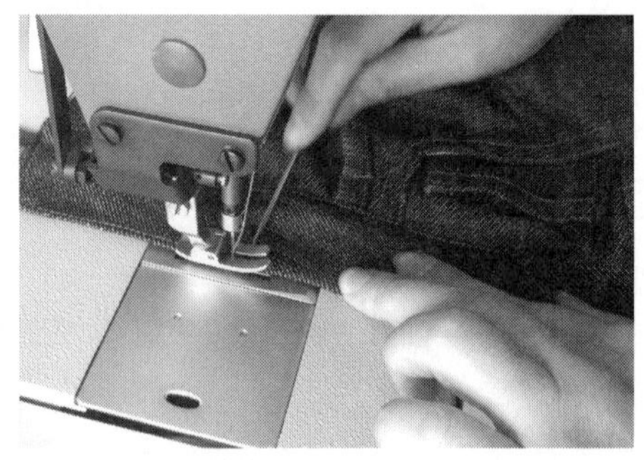

图3–97　腰头面压线

图3-98　装腰效果图

③装腰头效果图（图3-98）。

（15）打套结：串带襻套结加固后袋口套结加固（图3-99）。

（16）钉扣、锁眼：用圆头锁眼机按图示在门襟侧腰头位置进行锁眼，在里襟侧腰头的相应位置钉扣，在袋口处钉上铆钉（图3-100）。

（17）整烫：按后片贴袋、腰头、前片挖袋、门襟、腰头、裤腿、脚口等顺序进行熨烫（图3-101）。

图3-99　打套结

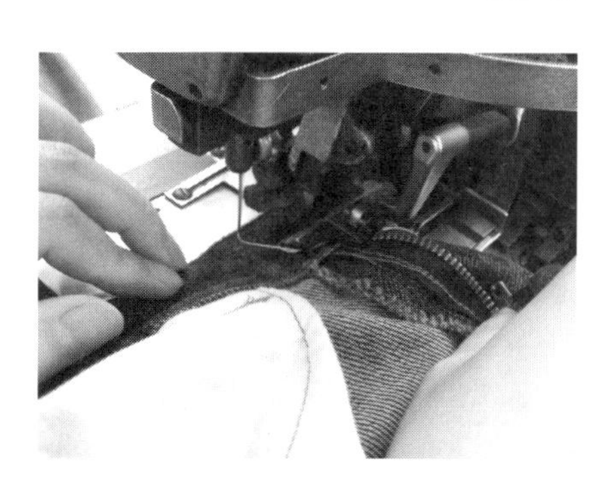

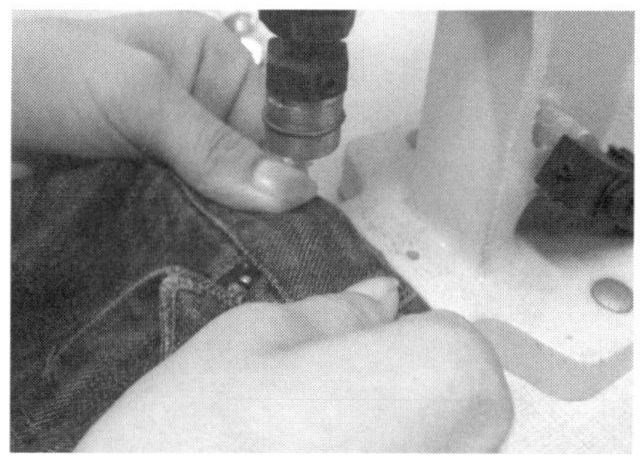

图3-100　钉扣、锁眼

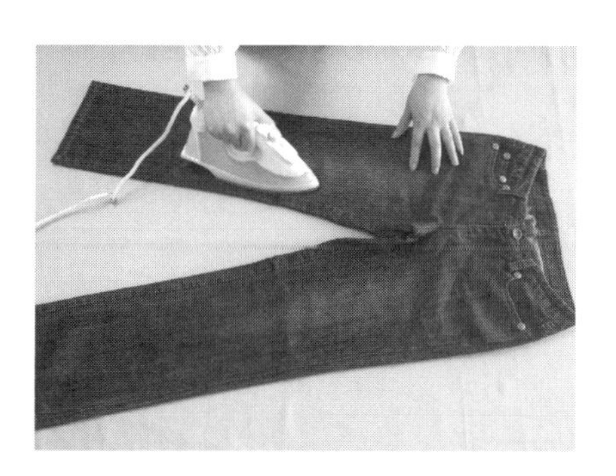

图3-101　整烫

（18）牛仔裤的成品图（图3-102）。

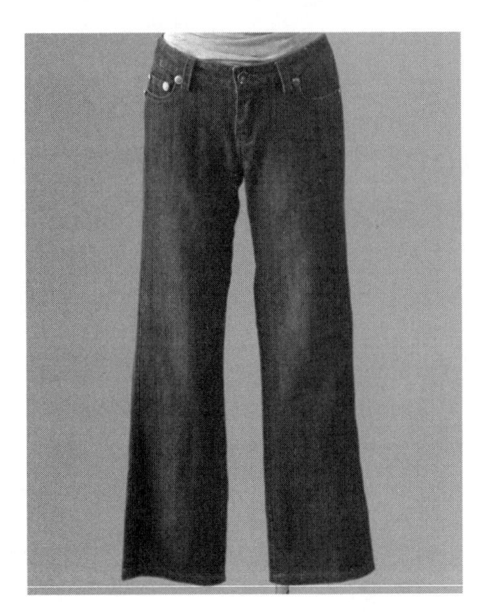
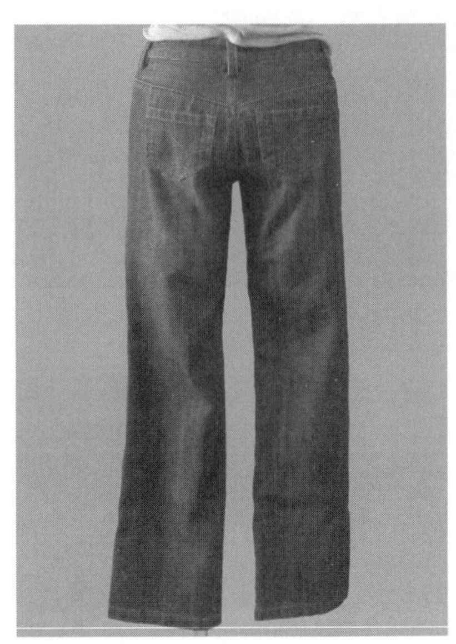

图3-102 牛仔裤的成品图

【特别提示】

（1）后贴袋工艺，是在贴袋正面印出缉线纹样，按纹样缉线。服装生产时有专业的绣花机、自动贴袋机，针对服装加工中其他不规则形状部位的缝合，平针缝制和套结可以一次完成。

（2）牛仔裤的前、后侧缝、裆缝、育克等有很多部位需要正面压缉双线（0.1+0.6cm），服装生产时可以用双针机或者埋夹机，埋夹就是双包缝，提高产品质量。

（3）牛仔裤的袋口、腰襻、前门襟等部位容易受力开裂或脱落，所以必须打套结或打铆钉增加牢固性。

（4）弧形腰绱腰时很容易起涟，所以在制作时腰头面要用镊子推送，腰头里要略带紧，每一部分要按对位标记缝合，腰头面、里要松紧一致。

（5）绱拉链也是牛仔裤重要的工艺，要求拉链与门襟直边距离正确，拉链的下端不能长于门襟下端，门襟止口不允许反吐，拉链不允许外露，缉明线要求与止口平行，顺直均匀，无断线，无跳针。

三、任务实施

1．实践准备

材料准备如图3-103所示。

（1）面料裁片：前裤片2片；

后裤片2片；

前左腰头面、里各2片；

前右腰头面、里各2片；

后腰头面、里各2片；

后育克2片；
门襟1片；
里襟1片；
硬币袋1片；
后贴袋2片；
月亮袋袋垫布2片；
串带襻5根。

（2）辅料准备：月亮袋袋布2片；
拉链1条；
纽扣1粒；
铆钉；
配色线；
黏合衬若干。

图3-103　牛仔裤材料图

（3）实物牛仔裤一件。

2. **操作实施**

（1）根据牛仔裤结构制图进行放缝，检查裁剪样板数量。

（2）整理面料，识别面料正、反面，将面料正面相叠，反面朝上，丝缕顺直。

（3）将裁剪样板根据丝缕要求，正确铺放在面料上，做到紧密、合理的排料。

（4）先裁主件、后裁部件，再配黏合衬。检查所需的裁片、辅料是否完整。

（5）根据裁片制作牛仔裤，其操作步骤：做标记→做、装硬币袋→做、装月亮袋→装拉链→缝合前裆缝→拼育克→做、装后贴袋→缝合后裆缝→合侧缝→合下裆缝→卷脚口→做、装串带襻→做腰头→装腰头→打套结→锁眼、钉扣→钉铆钉→整烫。

四、学习拓展

月亮袋变化款制作

1. 变化月亮袋成品图（图3-104）

2. 款式说明

随着市场需求以及服装流行周期的缩短，各种变化的款式丰富多彩，牛仔裤月亮袋变化就是其中之一，也是制作的重点。

3. 材料准备（图3-105）

4. 工艺流程

做镶条→扣烫袋口→装镶条→装袋垫→做袋口→翻转扣烫缉线→缝合大小袋布→袋底滚边→固定袋布。

（1）做镶条：镶条反面烫黏合衬，用隐形划粉划出净样（图3-106）。

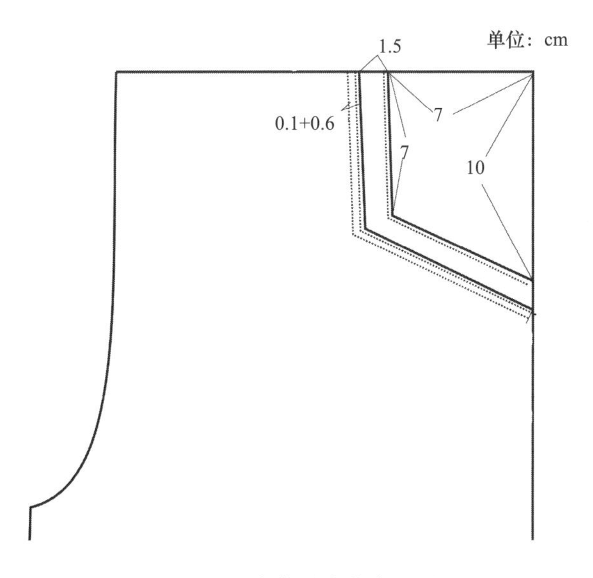

图3-104　变化月亮袋成品图

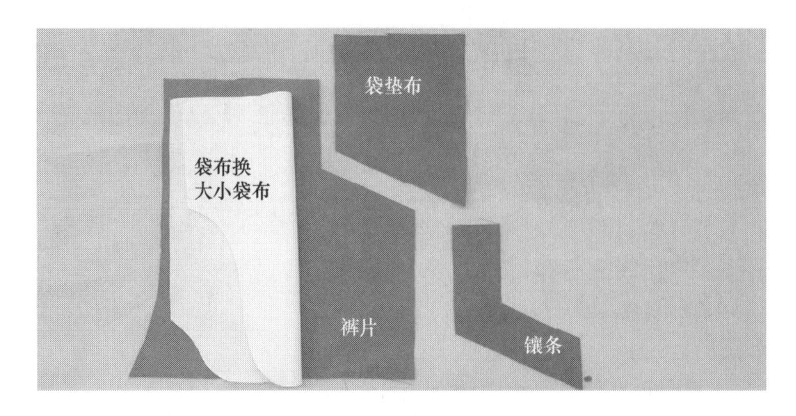

图3-105　材料准备

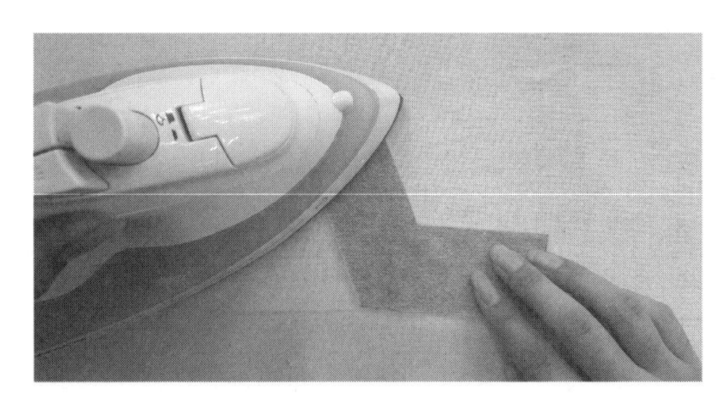

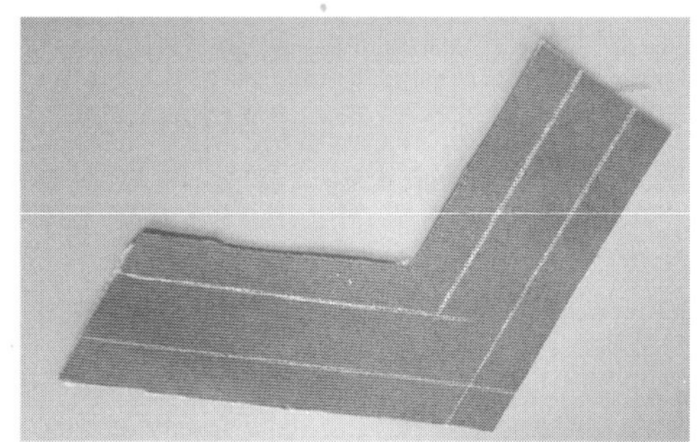

图3-106　做镶条

（2）扣烫袋口：裤片袋口反面烫黏合衬，画出净样袋口剪刀眼，并扣烫袋口（图3-107）。

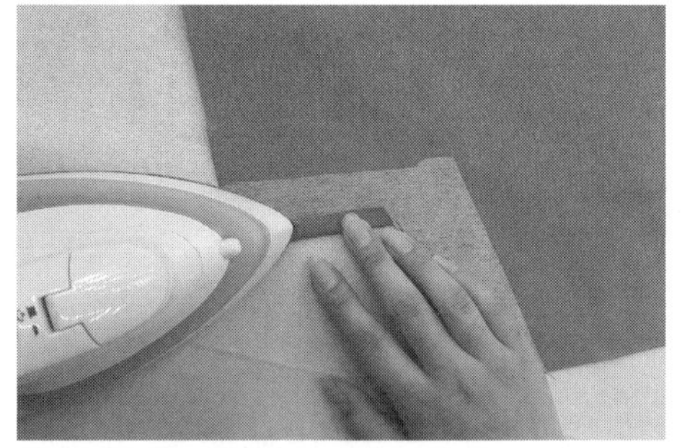

图3-107　扣烫袋口

（3）装镶条：将做好的镶条放在裤片袋口下面，对齐净样线，用双线压缉（0.1+0.6cm）（图3-108）。

（4）装袋垫布：袋口处扣烫袋垫布0.6cm，摆放到白袋布上缉线0.1cm（图3-109）。

（5）做袋口：将袋布正面与裤片袋口正面相对，缉1cm缝份，并在袋口转折处剪刀眼（图3-110）。

（6）翻转扣烫袋口缉线：翻转袋口后缉0.1cm袋口明线，白袋布不能反吐（图3-111）。

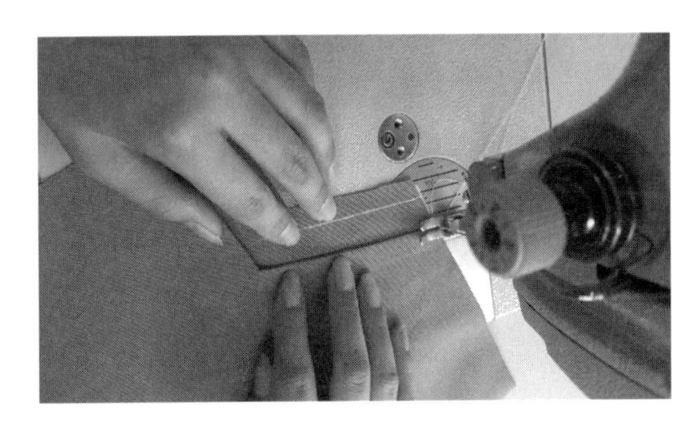
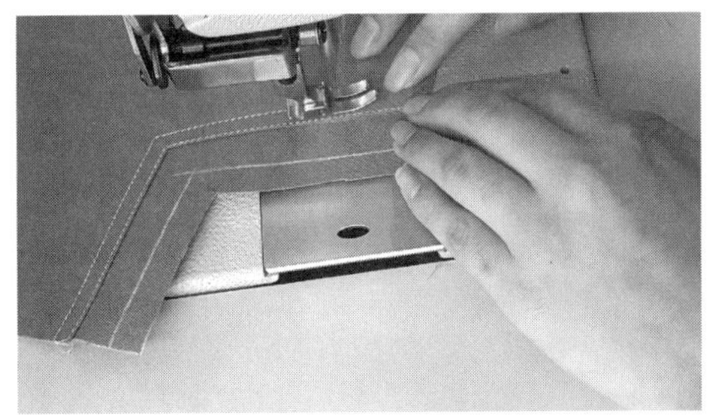

图3-108　装镶条

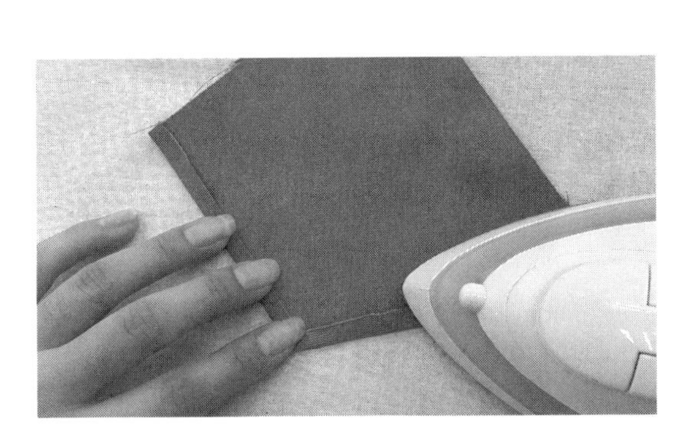
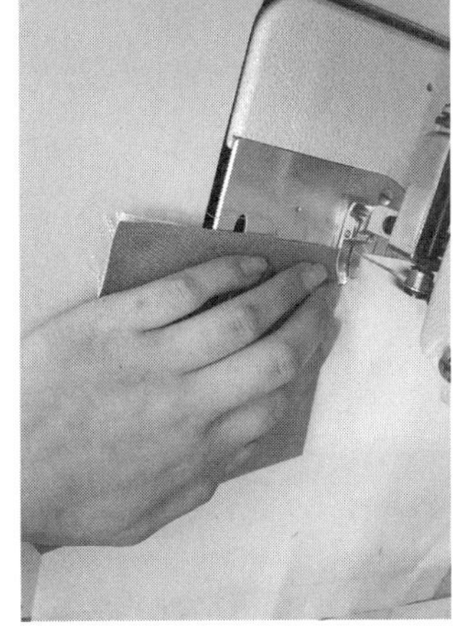

图3-109　装袋垫

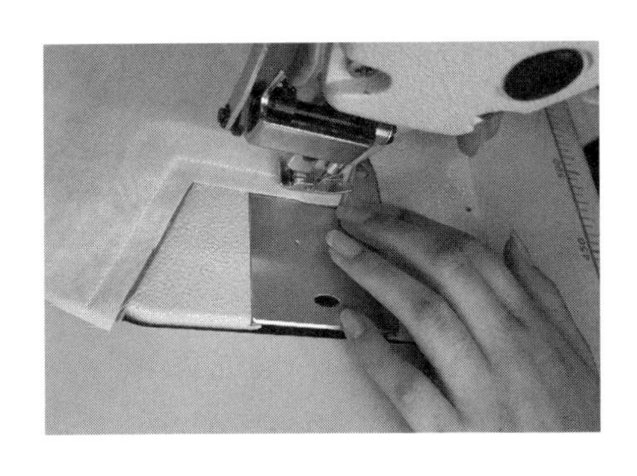
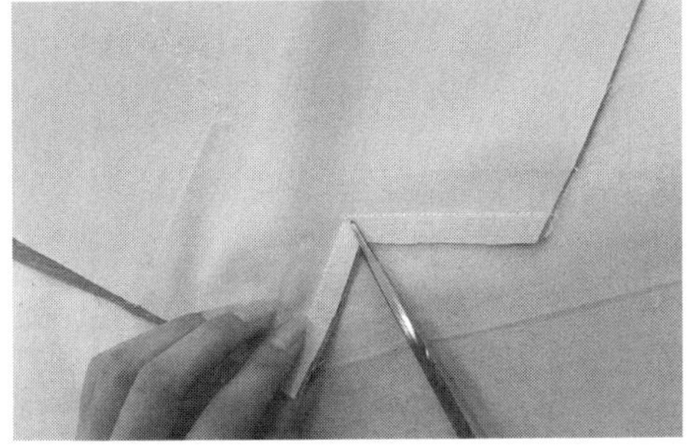

图3-110　做袋口

（7）缝合大小袋布：用0.6cm缝合两层袋布，注意圆角处的缝份也要求一致（图3-112）。

（8）袋底滚边：修剪袋底缝份为0.6cm，滚边条放在袋底下层，方便看到缉线的位置（图3-113）。

（9）固定袋布：大袋布的袋口连接到前裆缝线，上端与腰口齐平，缝0.3cm定位，侧缝0.3cm定位（图3-114）。

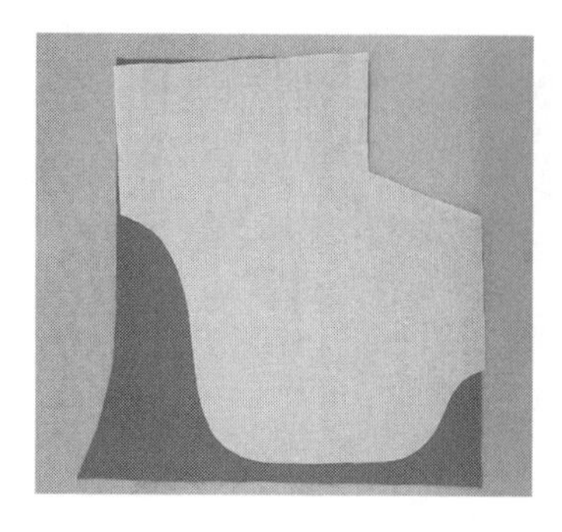
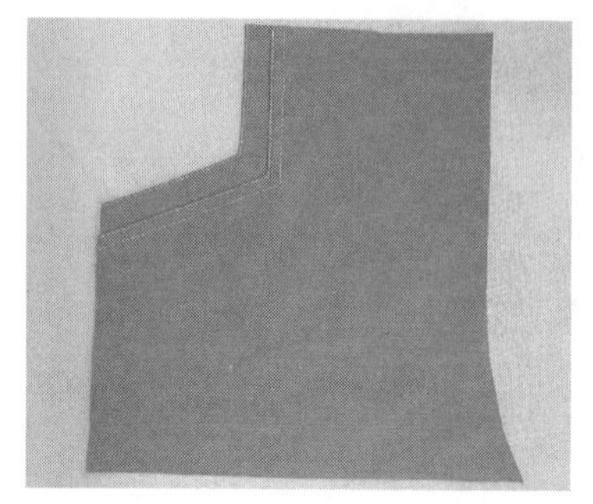

图3-111　翻转扣烫缉线

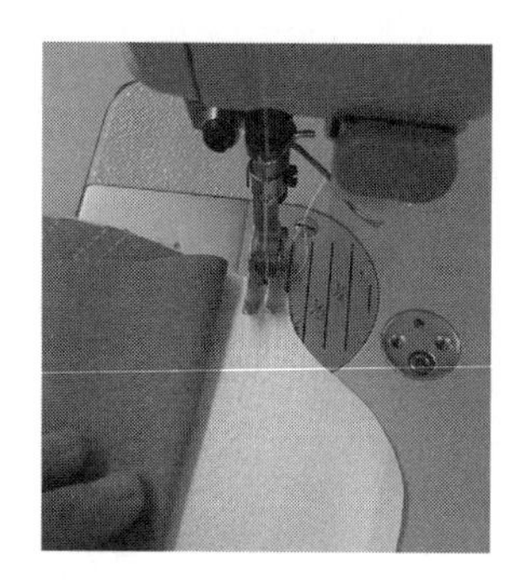
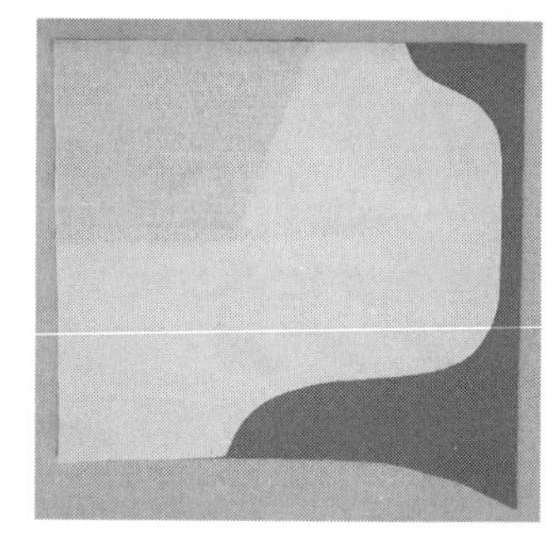

图3-112　缝合大小袋布

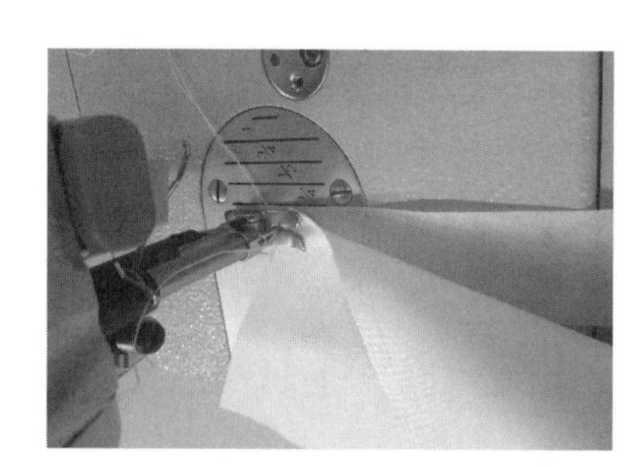
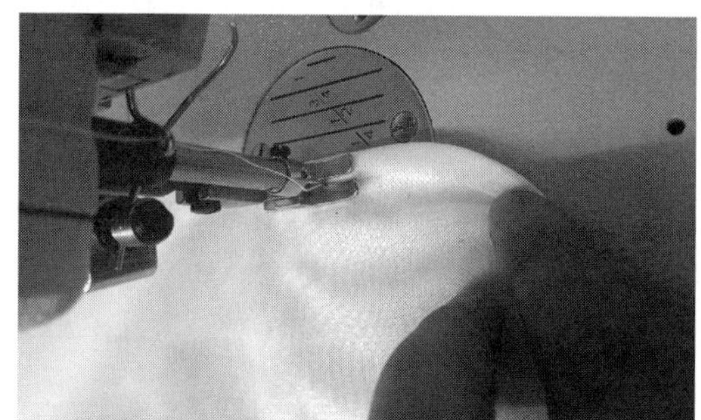

图3-113　袋底滚边

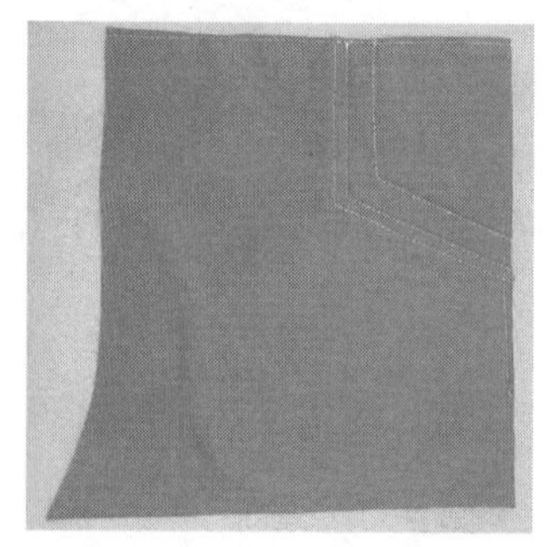

图3-114　固定袋布

五、任务评价

牛仔裤评价表（表3–6）。

表3–6　牛仔裤评价表

序号	部位	具体指标	分值	自评	小组互评	教师评价
1	规格	裤长、腰围、臀围、脚口规格正确	8			
2	腰头	腰头面、里、衬平服，松紧适宜 腰头方正，无探头、缩进 腰头左右对称、宽窄一致 腰头正面缉线顺直，无跳针	20			
3	串带襻	宽窄一致，左右对称 串带封结牢固	6			
4	门、里襟装拉链	门、里襟平服，长短一致，止口不反吐 拉链不外露，平整，位置正确 门、里襟底端封口牢固、平整	14			
5	育克	左右对称，顺直、平服	6			
6	袋位	月亮袋顺直，平服，不还口，不起涟 袋布平服，缉线圆顺，无毛出 贴袋袋角方正，无毛出 袋口封结牢固、位置正确	20			
7	侧缝、裆缝	线条顺直、平服 十字裆平齐，互差不超0.2cm	10			
8	脚口	卷边大小一致，缉线顺直、平服	6			
9	整洁牢固	整件产品无跳针、浮线、粉印 各部位无毛、脱、漏 整件产品无明暗线头 针迹明线3cm8针	10			
合计			100			

工作任务3.3　休闲裤制作工艺

技能目标	知识目标
1. 能按照休闲裤款式图进行款式分析 2. 能根据面料特点、款式规格，运用结构制图进行裁剪、工艺制作 3. 能分析同类裤型的工艺流程，编写工艺单 4. 能根据质量要求评价休闲裤品质的好坏，树立服装品质概念	1. 了解休闲裤的外形特点，并能描述其款式特点 2. 了解面料的幅宽，能根据休闲裤样板进行放缝、排料划样、裁剪 3. 掌握休闲裤制作工艺 4. 熟悉休闲裤工艺单的编写 5. 了解锁眼、钉扣、后整理、包装操作的工艺要求 6. 了解休闲裤质量要求

一、任务描述

根据休闲裤样衣通知单，按照款式图明确的款式要求，使用M号规格尺寸进行结构制图（1：1），并在结构图基础上放缝、制作样板，并选择合适的面料进行排料、裁剪、制作，要求完成一条休闲裤。

休闲裤服装样衣工艺通知单如表3-7所示。

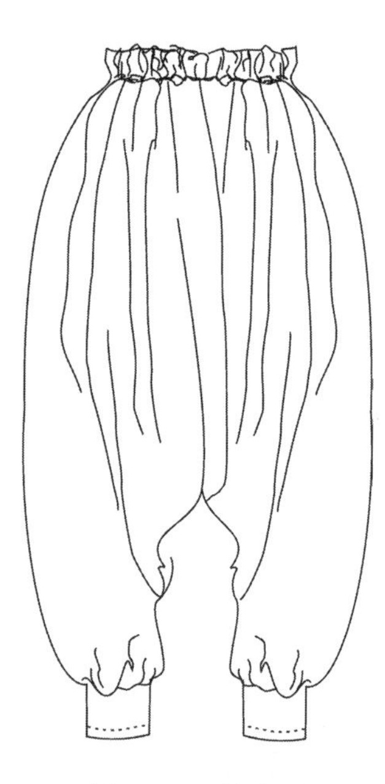

图3-115　款式图

二、必备知识

1. 款式描述

款式如图3-109 所示。装松紧带腰，侧缝有直插袋左右各1只，脚口装克夫。休闲裤具有舒适、自然、随性的造型风格。

2. 结构图

（1）规格尺寸，号型170/68A（M号）休闲裤规格尺寸（表3-8）。

表3-8　休闲裤M号规格尺寸表

单位：cm

部位	裤长	腰围（W）	直裆（直裆）	脚口	腰头宽
规格	94	70	54	24	3

（2）结构图（图3-116）。

①休闲裤前、后片结构图。

②休闲裤零部件结构图。

3. 裁剪

（1）裁片名称

①休闲裤的主要裁片：前、后裤片，腰头面（里），直插袋袋垫布、脚口克夫（图3-117）。

表3–7　休闲裤服装样衣工艺通知单

<table>
<tr><td>品牌：zzgy</td><td>款号：jsnt3–1</td><td>名称：休闲裤</td><td colspan="6">系列规格表（5・4）　　单位：cm</td></tr>
<tr><td>纸样编号：cc527</td><td>下单日期：</td><td>完成日期：</td><td colspan="2" rowspan="2">规格 / 部位</td><td>160/66A</td><td>165/68A</td><td>170/70A</td><td>档差</td><td>公差</td></tr>
<tr><td colspan="3" rowspan="6">款式图：</td><td>S</td><td>M</td><td>L</td><td></td><td></td></tr>
<tr><td>1</td><td>裤长</td><td>92</td><td>94</td><td>96</td><td>2</td><td>±1</td></tr>
<tr><td>2</td><td>腰围</td><td>68</td><td>70</td><td>72</td><td>2</td><td>±1</td></tr>
<tr><td>3</td><td>直裆</td><td>52</td><td>54</td><td>56</td><td>2</td><td>0</td></tr>
<tr><td>4</td><td>脚口</td><td>23</td><td>24</td><td>25</td><td>1</td><td>0</td></tr>
<tr><td>5</td><td>腰头宽</td><td>3</td><td>3</td><td>3</td><td>0</td><td>0</td></tr>
<tr><td colspan="3">款式概述：
装松紧带腰，前、后裤片腰口为自由褶裥，侧缝有直插袋左右各1只，脚口装克夫</td><td colspan="7" rowspan="2">工艺要求：
1. 针迹：明线12～14针/3cm，三角针3cm 不少于4 针，三线包缝3cm不少于9针
2. 腰头：面、里松紧适宜
3. 裤袋：袋位高低、前后一致，各部位互差不大于0.3 cm
4. 下裆：圆顺、平服
5. 商标：号型标志、成分标志、洗涤标志位置端正，清晰准确
6. 整烫：臀部圆顺，裤脚克夫平直</td></tr>
<tr><td>面料：真丝
成分：100%真丝
组织：平纹
幅宽：144cm</td><td colspan="2">辅料：袋布、黏合衬、配色线、商标、洗水唛</td></tr>
</table>

工艺编制：　　　　　　　　工艺审核：　　　　　　　　审核日期：

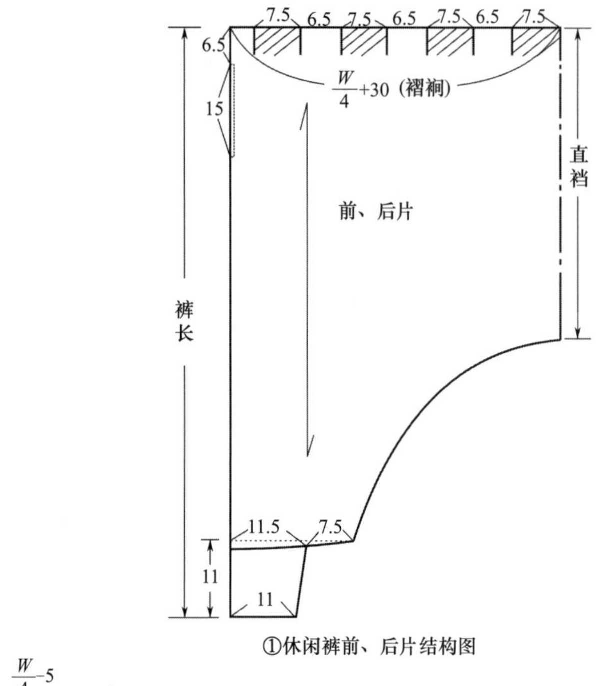

①休闲裤前、后片结构图

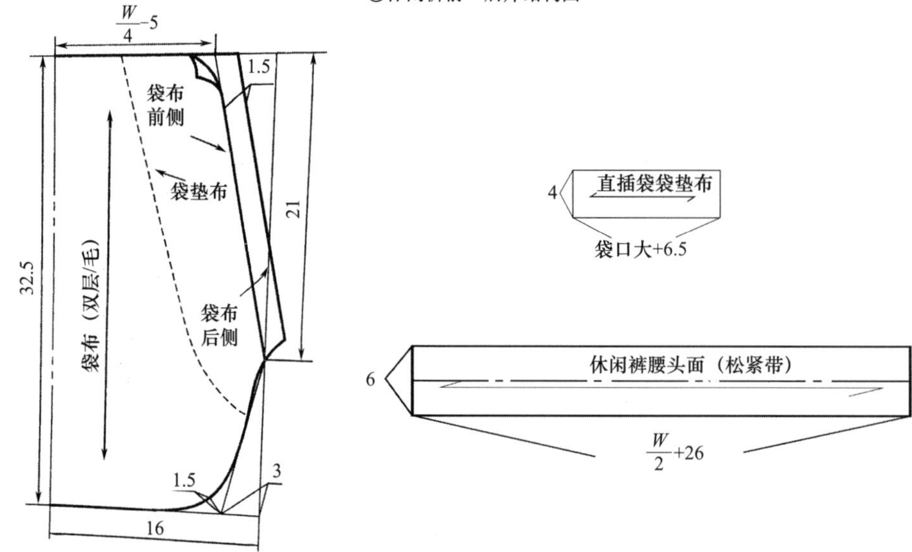

②休闲裤零部件结构图

图3-116　休闲裤结构图

②休闲裤辅料裁片（图3-118）。

（2）裁片放缝：所有部位放缝为1cm（图3-119）。

（3）排料图，幅宽144cm的面料对折，按先大后小进行排料（图3-120）。

4．缝制工艺

（1）锁边：裤片侧缝锁边，锁边时裁片正面朝上、放平，注意手以免被切伤（图3-121）。

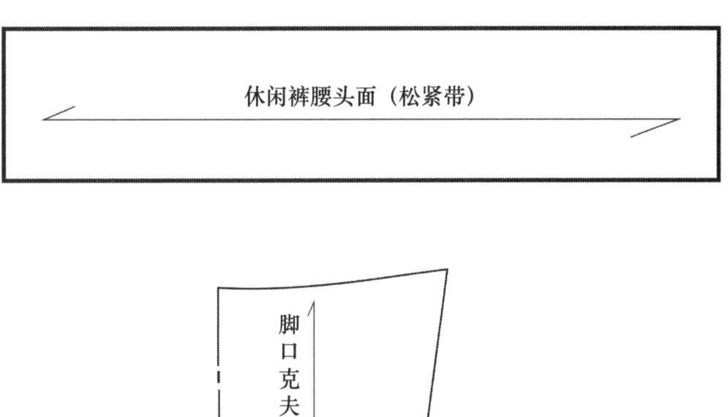

图3-117　休闲裤主要裁片

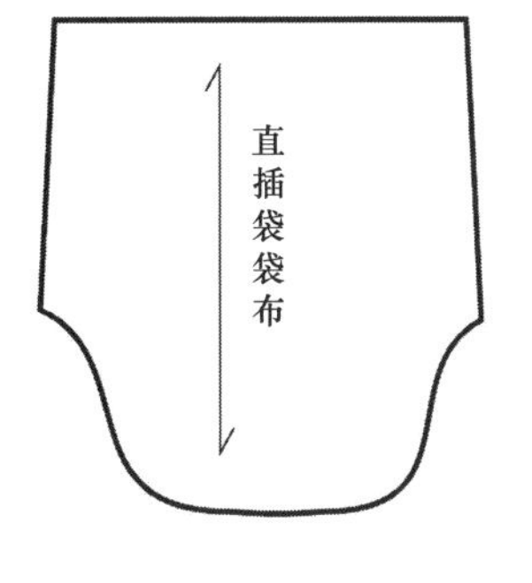

图3-118　休闲裤辅料裁片

（2）做直插袋：

①缉直插袋袋垫布：袋垫布上烫黏合衬，将袋垫布正面与大袋口边缘正面对齐，距边缘0.6cm缉线，注意强调左右袋布对称缉，缉好翻转沿锁边线压缉0.1cm（图3-122）。

②做袋底：袋布袋底采用来去缝，先距小袋片袋口1.5cm缉线0.3cm，翻转后缉线0.5cm，缉到离袋口1.5cm处，把小袋片布拉开，大袋布折光缉到头（图3-123）。

③直插袋成品图（图3-124）。

（3）缝合侧缝：预留直插袋位置，用平缝的方法缝合侧缝，且分开缝份烫平（图3-125）。

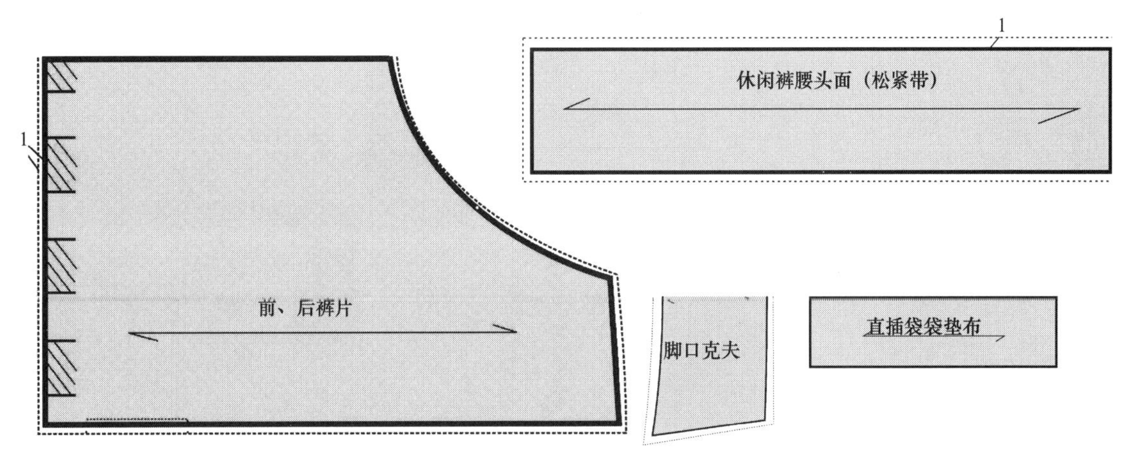

图3-119　裁片放缝

脚口克夫

直插袋袋垫布

72×2

前、后裤片

休闲裤腰头面（松紧带）

裤长+10

图3-120　休闲裤排料图

图3-121　锁边

（4）装直插袋：将小片袋口与裤前片对齐，袋布放在前裤片与缝份中间，缉0.6cm线，袋口下端转角要垂直（图3-126）。

（5）直插袋明线：将裤片翻转到正面，在后裤片正面腰口到袋口底部0.1cm缉线，袋口上封口与下封口要求来回三道（图3-127）。

（6）装脚口克夫。

①裤片脚口抽褶：自由褶的制作方法是将面线放松、针距调长，食指按住压脚后面，注意要压紧不能放松，在裤片脚口自然形成抽褶，抽至与脚口克夫长度一致（图3-128）。

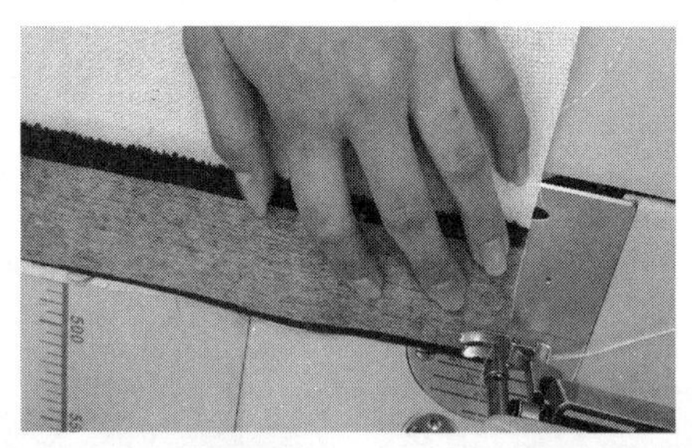

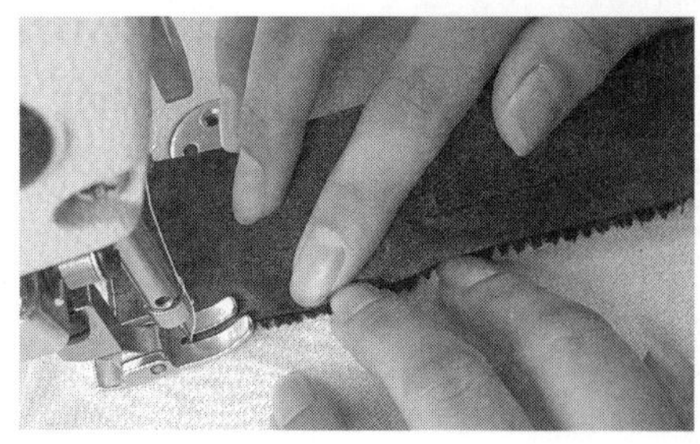

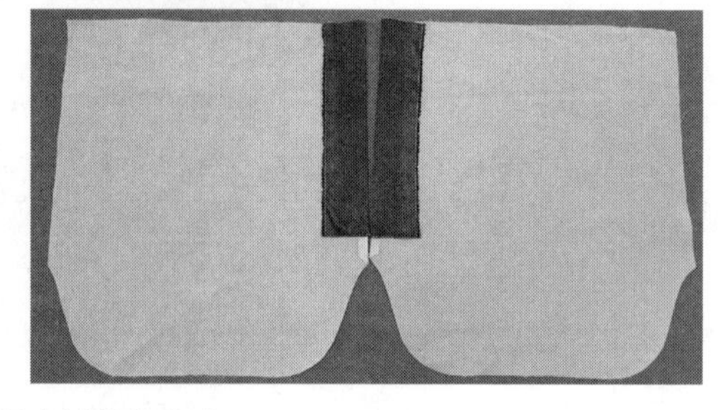

图3-122　缉直插袋袋垫布

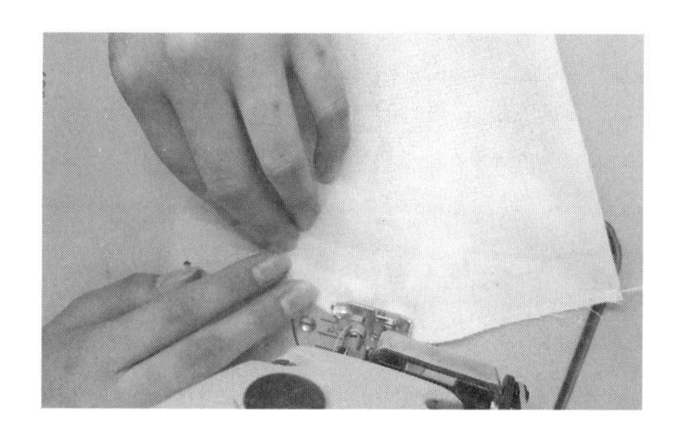
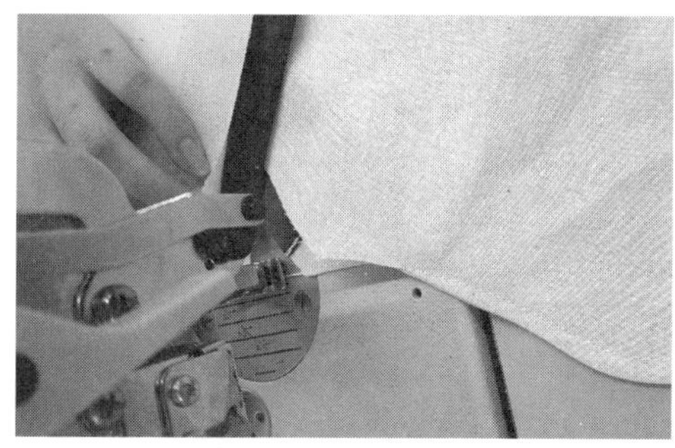

图3-123　做袋底

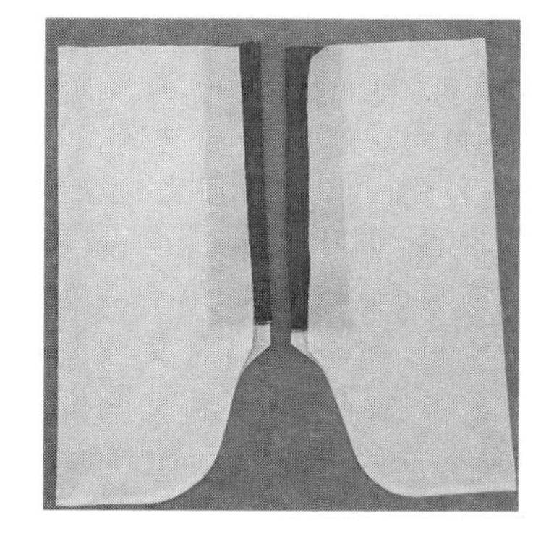

图3-124　直插袋成品图

②装脚口克夫：脚口克夫放在下面进行平缝，这样可以预防抽褶的线外露。锁缝时脚口克夫在上面（图3-129）。

（7）缝合下裆缝：前裤片正面与后裤片正面相对，对齐后用平缝方法缝合，缝合后，前片在上进行锁边（图3-130）。

（8）卷脚口克夫：脚口克夫卷边0.6cm进行平缝（图3-131）。

（9）做腰头。

①做腰头面：腰头面烫上黏合衬，缝合两片腰头面，缝份为1cm（图3-132）。

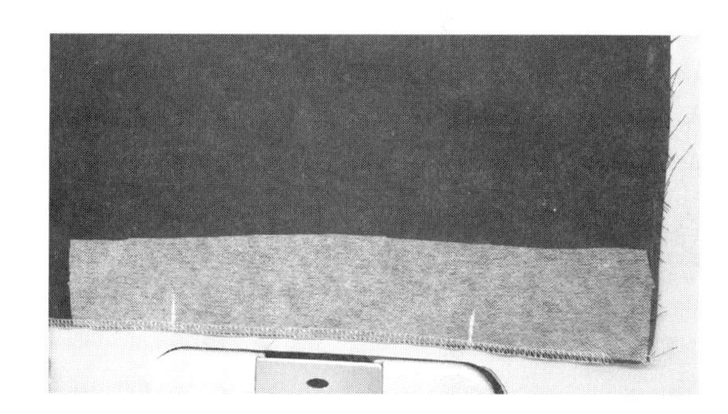
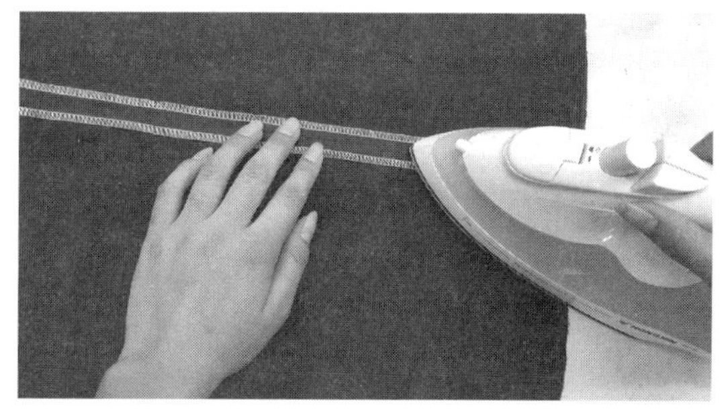

图3-125　缝合侧缝

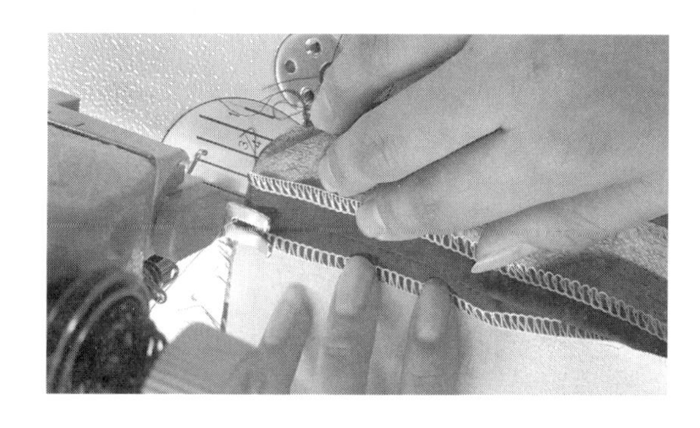
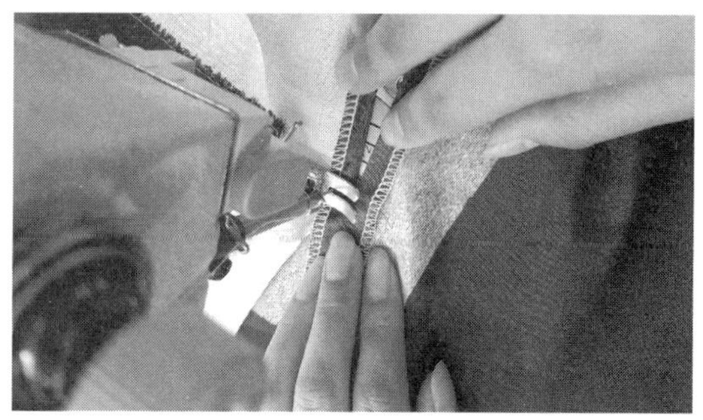

图3-126　装直插袋

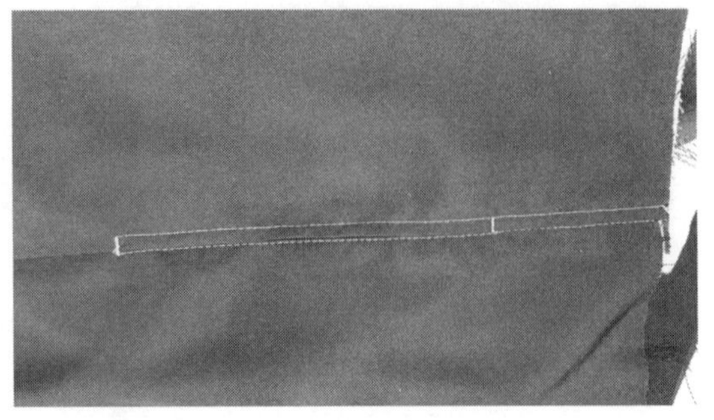

图3-127　直插袋明线

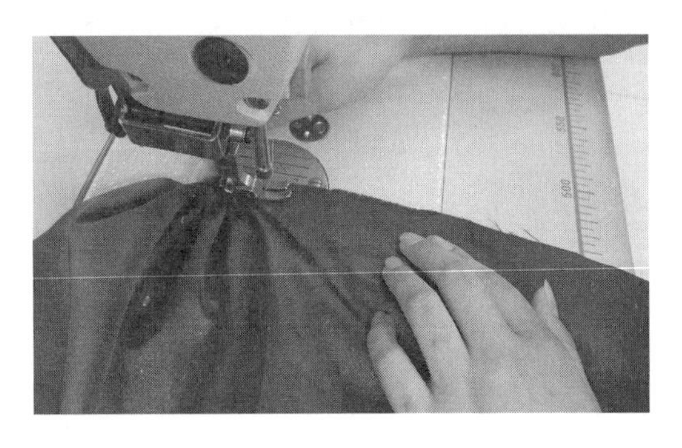
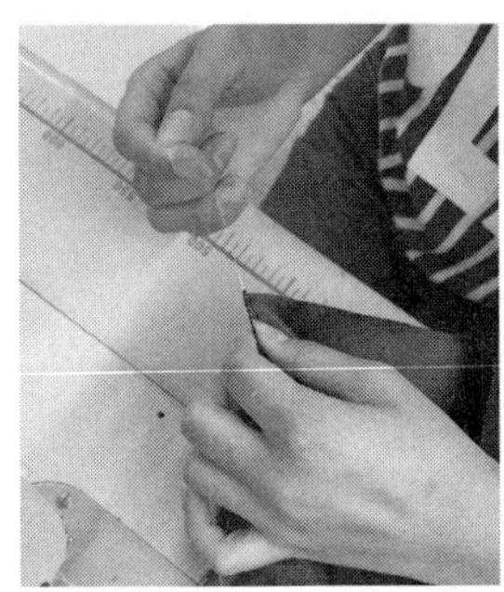

图3-128　裤片脚口抽褶

图3-129　装脚口克夫

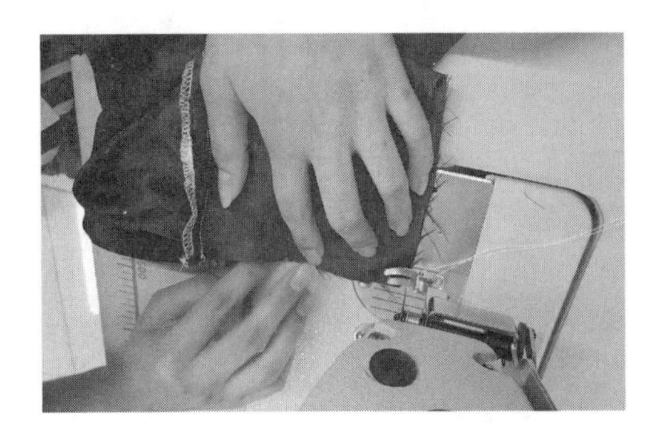
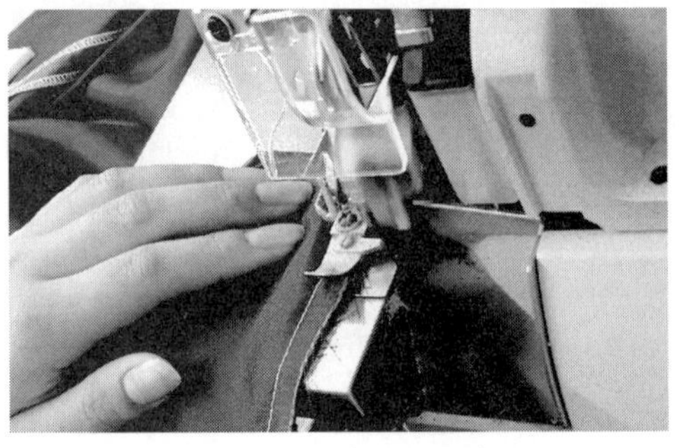

图3-130　缝合下裆缝

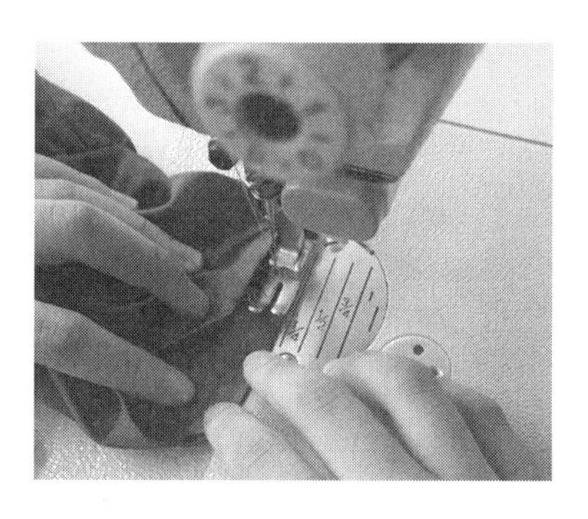
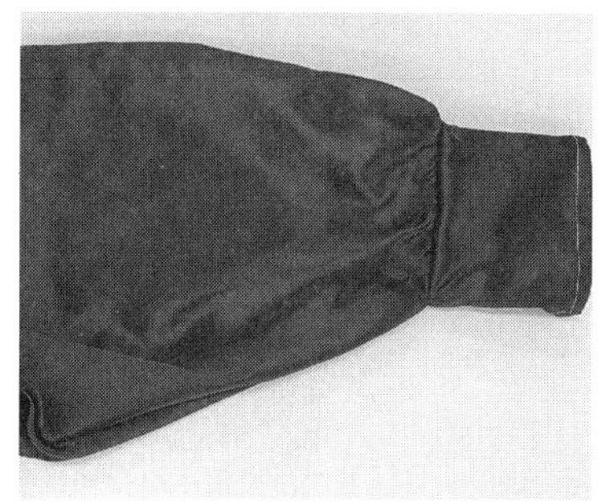

图3-131　卷脚口克夫

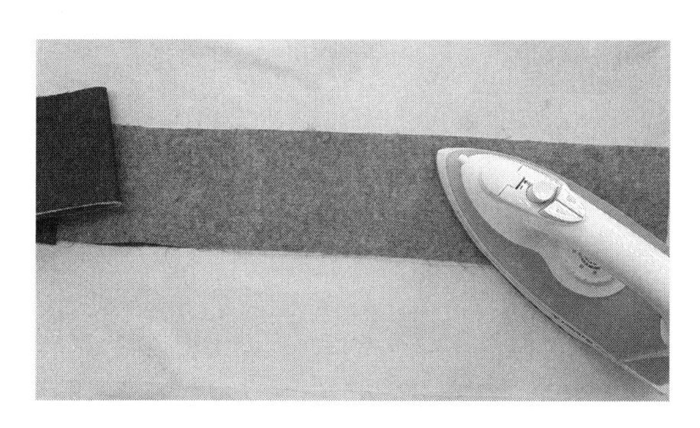
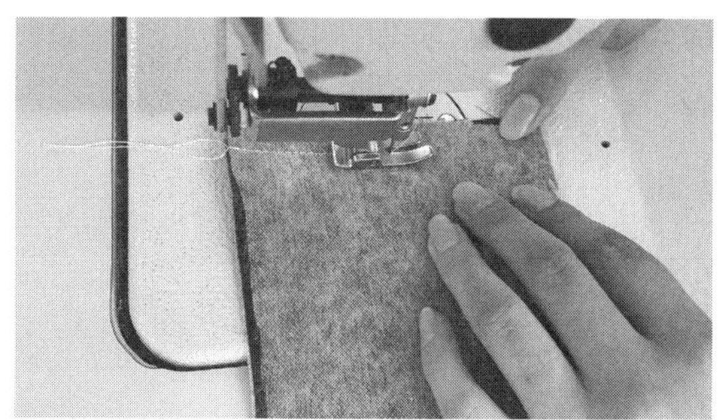

图3-132　做腰头面

②腰头面装松紧带：将松紧带两头用搭缝缝合，并将松紧带放入腰头面的中间，注意腰头面的拼接缝份对齐。为了使整条腰头面平服，必须在腰头面上做对点记号以防止装松紧带时错位、起涟（图3-133）。

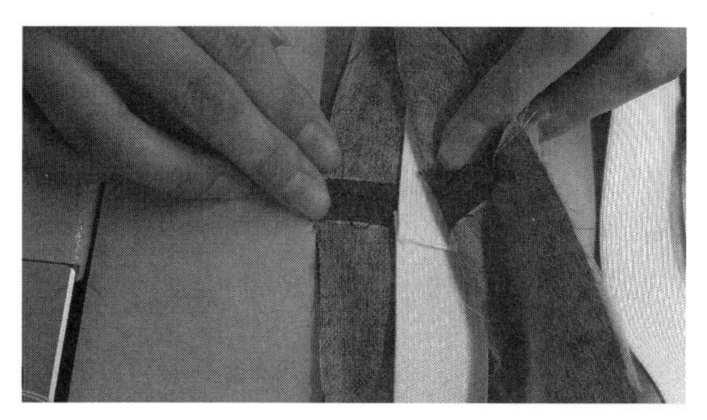

图3-133　腰头面装松紧带

（10）装腰头。

①腰口抽自然褶：裤腰口抽自由褶裥，方法同抽裤片脚口自然褶（图3-134）。

②装腰头：将做好的腰头和抽完褶的裤片腰口按对位标记对准，用平缝缝合（图3-135）。

③腰口锁边：将装好腰头的腰口锁边（图3-136）。

（11）休闲裤成品图（图3-137）。

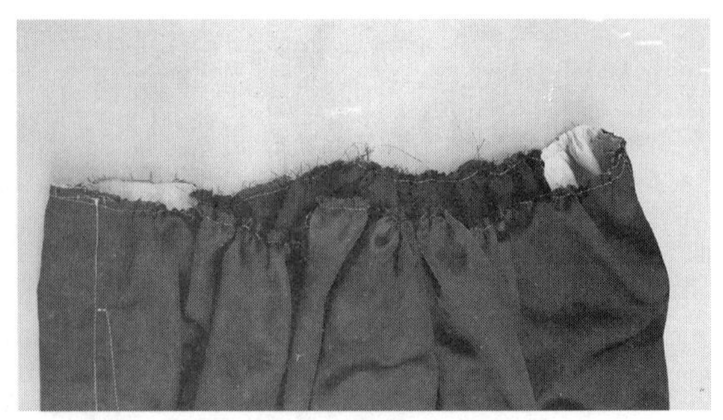

图3-134　腰口抽褶裥

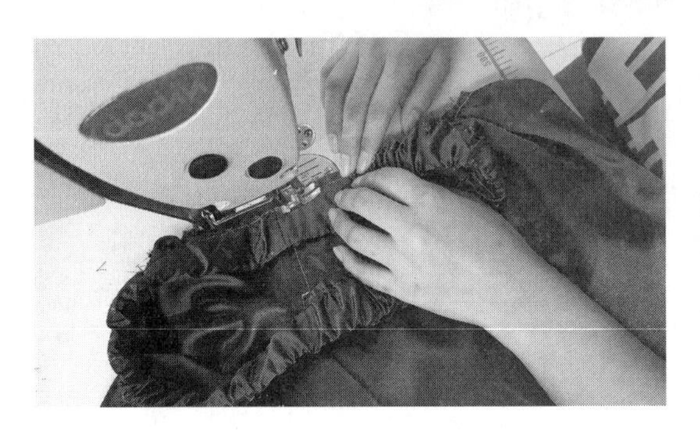
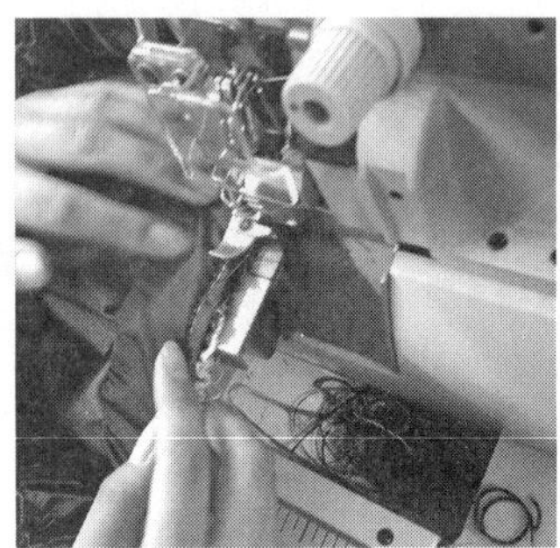

图3-135　装腰头

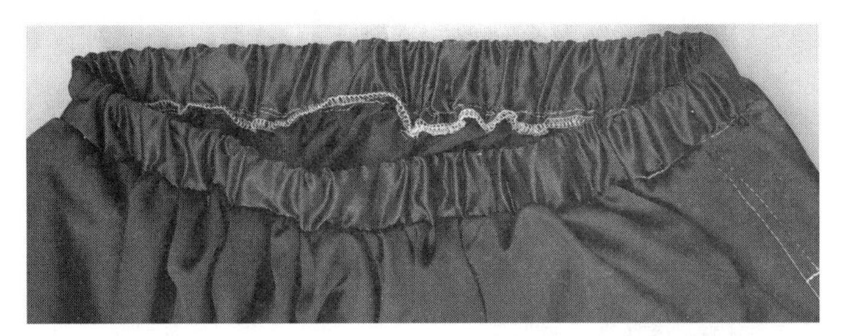

图3-136　腰口锁边

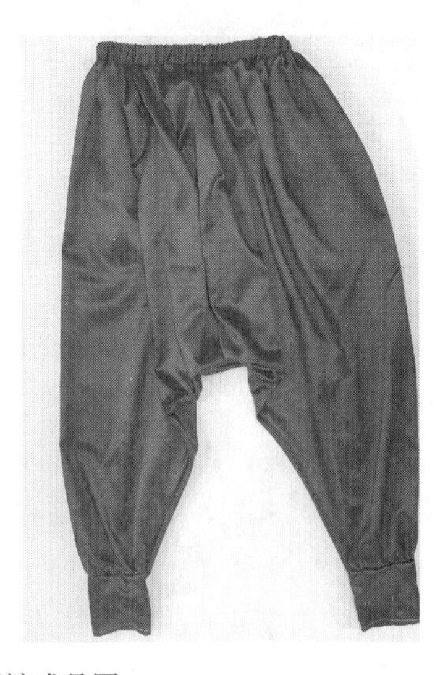

图3-137　休闲裤成品图

三、任务实施

1.实践准备

材料准备如图3-138所示。

（1）面料裁片：前裤片2片；
后裤片2片；
腰头面（里）2片；
直插袋袋垫布2片。

（2）辅料准备：直插袋袋布2片；
松紧带1根；
配色线若干；
黏合衬若干。

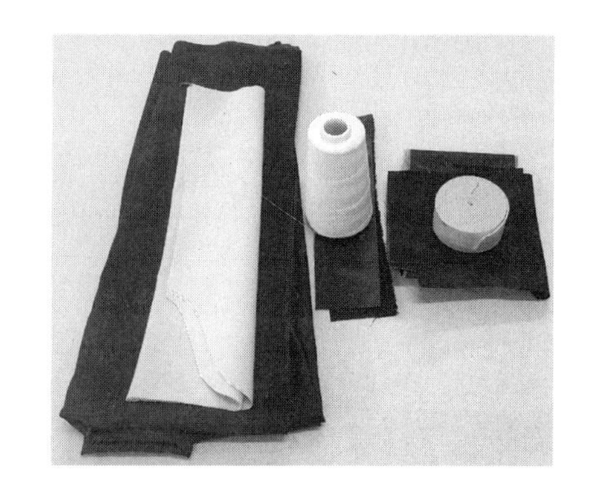

图3-138　休闲裤材料图

2. 操作实施

（1）根据休闲裤结构制图进行放缝，检查裁剪样板数量。

（2）整理面料，识别面料正、反面，将面料正面与正面相叠，反面朝上，丝缕顺直。

（3）将裁剪样板根据丝缕要求，正确的铺放在面料上，做到紧密、合理的排料。

（4）先剪主件、后裁部件，再配黏合衬。检查所需的裁片、辅料是否完整。

（5）根据裁片制作休闲裤，其操作步骤：锁边→做直插袋→缝合侧缝→装直插袋→直插袋缉明线→装脚口克夫→缝合下裆缝→卷脚口克夫→做腰头→装腰头→整烫。

【特别提示】

（1）不同面料质地产生的服装效果截然不同，对于这类服装，要求面料的垂感性强，美观且舒适。

（2）直插袋工艺要求做袋布时，注意左右对称，不要做成“一顺儿”，不然无法绱口袋布。

（3）休闲裤腰头抽松带紧工艺，在服装生产过程中有相应的拉橡筋机器，这样既增加美观、提高速度，又保证了质量。

（4）裤子的腰头允许面、里拼接1次，高档产品腰头的接缝必须在侧缝和后中缝处。

四、学习拓展

褶裥的制作方法

（1）确定褶裥大小：在裁片上画出褶裥大小、位置以及褶裥之间的间距。注意布边的锁边是为了不易毛漏（图3-139）。

（2）打褶裥：根据所画的位置进行有规则的折叠倒向，（前）后都可以（图3-140）。

（3）褶裥效果图（图3-141）。

五、任务评价

休闲裤评价表（表3-9）。

图3-139　确定褶裥大小

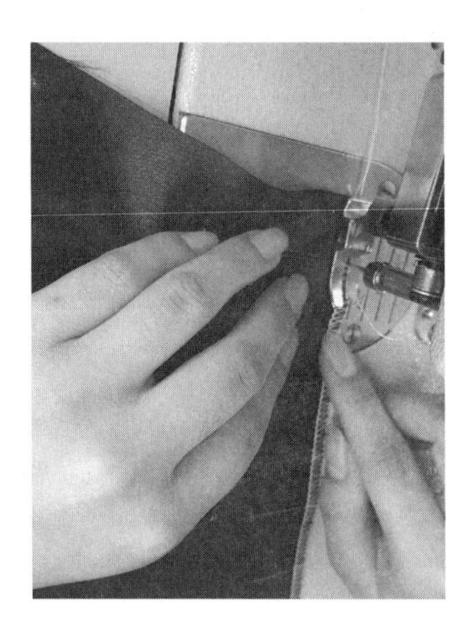

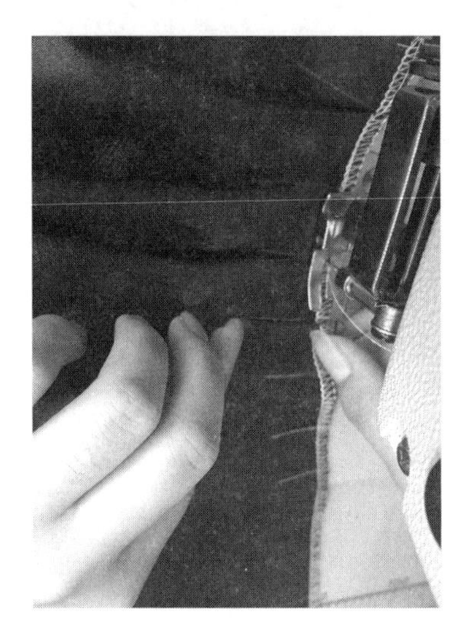

图3-140　打褶裥

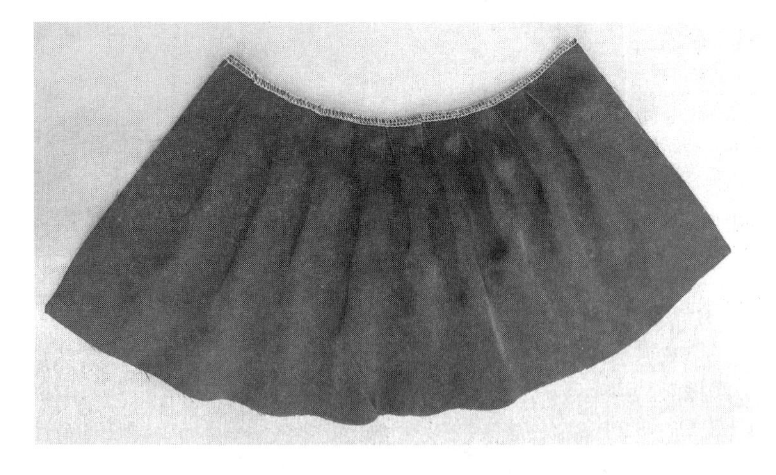

图3-141　褶裥效果图

表3-9　休闲裤评价表

序号	部位	具体指标	分值	自评	小组互评	教师评价
1	规格	裤长、腰围、脚口规格正确	10			
2	腰头	腰头正面松紧均匀，缉线顺直，无跳针	30			
3	袋位	直插袋顺直，平服，不还口，不起涟 袋口封结牢固、位置正确 袋布平服，缉线圆顺，无毛出，无洞	30			
4	侧缝、裆缝	线条顺直、平服	10			
5	脚口克夫	平服，克夫大小一致	10			
6	整洁 牢固	整件产品无跳针、浮线、粉印 各部位无毛、脱、漏 整件产品无明暗线头 针迹明线3cm14～16针	10			
合计			100			

模块小结

本模块选取了三款代表不同风格的裤装，作为最经典的裤子——男西裤，其工艺设计严谨、款式庄重，成为正式场合与西装上衣配套穿着的服装，由于它具有后袋双嵌线、侧缝斜插袋、精品西裤绱腰工艺等特点，其款式的固定性使之成为服装中级制作工的技能考核工艺内容。而具有穿着贴身、舒适等特点的牛仔裤，其后贴袋、拼育克、弧形腰，前中装铜拉链，外加对面料水洗、素酵、石磨、褪色等处理的独特工艺，使之成为休闲时尚的佳品。而无拘无束的休闲裤具有抽装松紧腰，腰口为自由褶裥，侧缝直插袋的缝制工艺等特点。在产品学做过程中，我们又拓展单嵌线挖袋、变化款月亮袋，基本完成了所有裤子上面运用的部件工艺。

思考与练习

（1）男西裤、牛仔裤都采用前中装门、里襟拉链，都有做腰头、绱腰头工艺，但是在操作时采用不同的工艺及材质来表现，通过学习，能说出它们的区别吗？

（2）男西裤后挖袋工艺有单嵌线、双嵌线两种方法。通过学习，能说出它们有哪些共同点？哪些不同点？工艺流程中有哪些需要注意的工艺环节？动动脑筋，想一想有没有更好的操作方式来完成男西裤后挖袋工艺。

（3）袋的工艺在男西裤、牛仔裤里主要包括后挖袋、插袋、贴袋三种不同形式，其中贴袋是最简单、最方便的操作工艺。结合图案设计，能否在贴袋上变化出各种不同的贴袋造型吗？试试看，将会有更大的收获。

（4）男西裤、牛仔裤有很多特种设备来协助完成产品工艺，特种设备的使用不但能提高生产效率，还能确保产品品质。同学们有机会去专门生产裤子的基地参观学习，从中了解其服装生产的整个过程。

（5）亲自动手为自己从量体、设计规格尺寸、打板、裁剪，到制作完成一条裤子。穿着自己亲手打造的裤子，享受成功的喜悦。

模块四　衬衫制作工艺

技能目标:

（1）能按照女衬衫款式图进行款式分析，运用结构制图进行制板、裁剪、工艺制作。

（2）能按照立领、泡袖女衬衫款式图进行款式分析，运用结构制图进行制板、裁剪、工艺制作。

（3）能按照男衬衫款式图进行款式分析，运用结构制图进行制板、裁剪、工艺制作。

（4）能分析同类衬衫的工艺流程，编写工艺单和评价衬衫品质的好坏，学会对整件衬衫制作工艺的控制能力。

知识目标:

（1）了解衬衫的外形特点，并能描述其款式特点。

（2）了解面料的幅宽，根据衬衫的结构图进行样板制作、放缝、排料、划样、裁剪。

（3）掌握衬衫制作工艺。

（4）熟悉衬衫工艺单的编写。

（5）了解锁眼、钉扣、后整理、包装操作的工艺要求。

（6）了解衬衫质量要求。

模块导读:

衬衫是一种有领、有袖、前开襟并且袖口有纽扣的内上衣，常贴身穿。衬衫的基本结构由前、后衣片，袖片，领片等组合而成。衬衫的款式变化主要表现在衣片、衣袖、衣领等部位，还表现在运用各种装饰性的点缀，如贴袋、纽扣、缉线针迹和花边等。衬衫制作工艺有基本款式男、女衬衫缝制工艺和质量标准；变化款立领、泡袖女衬衫缝制工艺和质量标准。

女衬衫主要采用翻领、绱袖、开门襟、收省等工艺。女衬衫的款式既简洁又大方，但是作为上衣，装领、绱袖是最基本的缝制工艺。

立领、泡袖女衬衫作为变化款女衬衫，在立领基础上装花边，丰富了领型。前中V型翻门襟和泡袖是增色门襟和袖子的另一种工艺。

男衬衫款式相对稳定，主要采用有胸贴袋、宝剑头袖衩、上下硬领等工艺，这些部件工艺在整件男衬衫制作工艺中起着举足轻重的作用。因此男衬衫工艺也是服装初级制作工的技能考核内容。

本单元的重点是男衬衫袖衩、上下硬领工艺。

工作任务4.1　女衬衫制作工艺

技能目标	知识目标
1. 能按照女衬衫款式图进行款式分析 2. 能根据面料特点、款式规格，运用结构制图进行裁剪、工艺制作 3. 能分析同类衬衫的工艺流程，编写工艺单 4. 能根据其质量要求评价衬衫品质的好坏，树立服装品质概念	1. 了解女衬衫的外形特点，并能描述其款式特点 2. 了解面料的幅宽，能根据女衬衫样板进行放缝、排料划样、裁剪 3. 掌握女衬衫制作工艺 4. 熟悉女衬衫工艺单的编写 5. 了解锁眼、钉扣、后整理、包装操作的工艺要求 6. 了解女衬衫质量要求

一、任务描述

根据女衬衫样衣通知单，按照款式图明确的款式要求，使用M号规格尺寸进行结构制图（1：1），并在结构图基础上放缝、制作样板，选择合适的面料进行排料、裁剪、制作，要求完成一件女衬衫。

女衬衫样衣工艺通知单如表4-1所示。

二、必备知识

1. 款式描述

女式小尖角衬衫领，前中开襟钉纽扣5粒，前片腋下及腰胸收省，后片收腰背省。袖型为一片长袖，袖口处收不规则细褶，装袖克夫，袖口开衩，袖克夫钉纽扣1粒。款式如图4-1所示。

2. 结构图

（1）规格尺寸，号型160/84A（M号）女衬衫规格尺寸（表4-2）。

表4-2　女衬衫M号规格尺寸表　　单位：cm

部位	后中心长	后背长	胸围（B）	肩宽（S）	领围（N）	袖长
规格	62	38	92	37	38	56

（2）结构图（图4-2）。

3. 裁剪

（1）裁片名称（图4-3）。

女衬衫的主要裁片：前衣片、后衣片、袖片、领面、领里、袖克夫面（里）、袖衩条。

女衬衫的辅料：领衬、袖克夫衬。

（2）裁片放缝（图4-4）。

表4-1　女衬衫服装样衣工艺通知单

品牌：RHH　款号：DL1123　名称：女衬衫

纸样编号：T1416　下单日期：　完成日期：

款式图：

系列规格表（5·4）　单位：cm

序号	部位＼规格	155/80A S	160/84A M	165/88A L	档差	公差
1	后中心长	60	62	64	2	±1
2	后背长	37	38	39	1	0
3	胸围	88	92	96	4	±2
4	肩宽	36	37	38	1	±0.8
5	领围	37	38	39	1	±0.6
6	袖长	54.5	56	57.5	1.5	±0.8

款式概述：

女式小尖角衬衫领，前中开襟钉纽扣5粒，前片腋下及腰胸收省，后片收腰背省。袖型为一片长袖，袖口处收不规则细褶，袖口开衩，袖克夫上钉纽扣1粒

面料：涤棉
成分：65%涤、35%棉
组织：平纹
幅宽：144cm

辅料：黏合衬、纽扣、配色线、商标、洗水唛

工艺要求：

1.领子：小尖角衬衫领，领后中宽7.5cm，领角长7cm，要求领面、里松紧一致，领角长短一致，装领左右对称，压缉领面要求离领里脚0.1cm下炕

2.收省：左右对称，长短一致，省尖处不缉回针

3.装袖：两袖层势均匀，前后准确，袖口开衩，抽细褶均匀，用袖克夫固定

4.下摆：底边宽窄一致，缉线顺直

5.针迹：明线14～16针/3cm，缉线顺直，无跳针、断线现象

6.商标：位置端正，号型标志清晰，号型钉在商标下沿

7.整烫：各部位熨烫到位、平服，无亮光、水花、污迹

工艺编制：　工艺审核：　审核日期：

图4-1　款式图

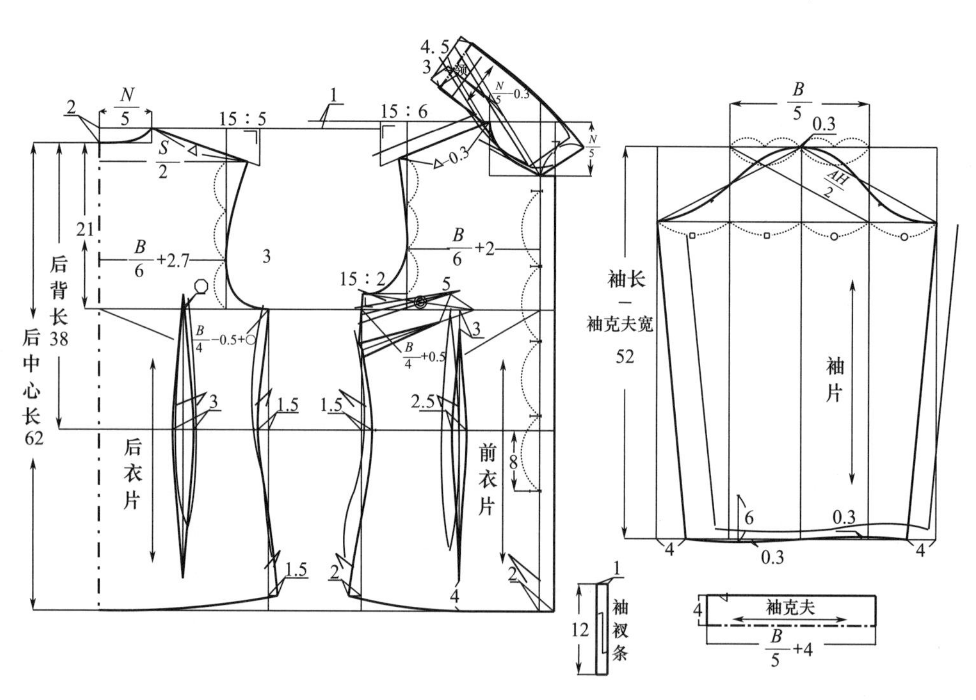

注：AH为袖窿弧长

图4-2　女衬衫的结构图

①前、后衣片贴边放缝2cm，其余放缝1cm。

②袖片四周放缝1cm。

③领面连口，四周各放缝1cm。领里后中线放缝1cm，其余三周各放缝0.8cm。

④袖克夫四周放缝1cm。

⑤袖衩条四周放缝1cm。

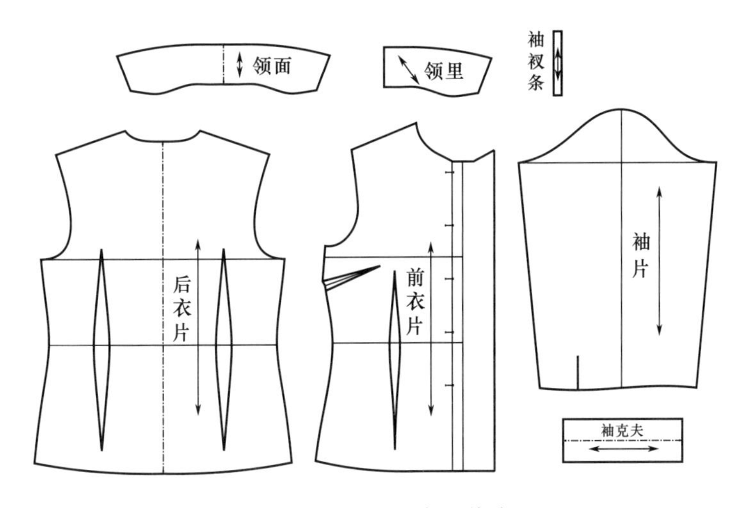

图4-3　女衬衫的主要裁片

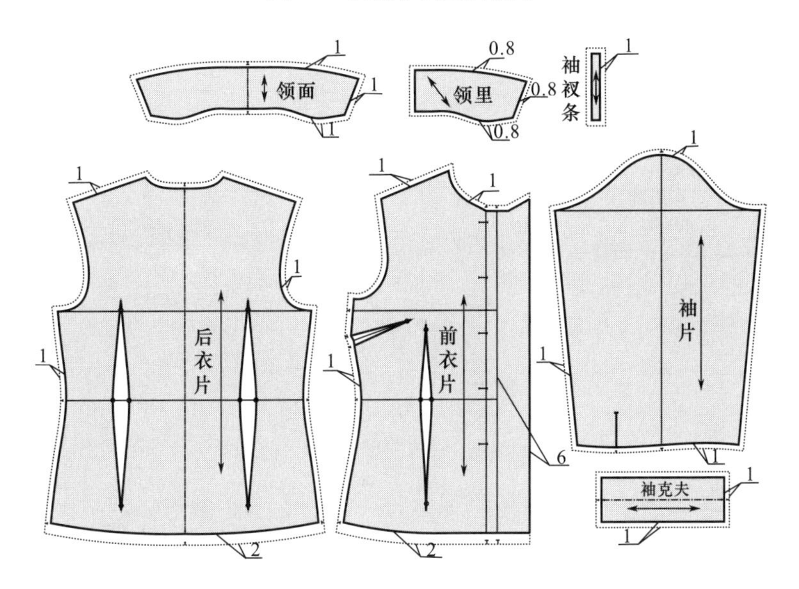

图4-4　女衬衫裁片放缝图

（3）裁片做标记。

女衬衫打刀眼、钻眼部位：

①女衬衫底边量放缝2cm处。

②前、后腰节，装领，袖山顶点做对位记号。

③腋下省根打刀眼，省尖做钻眼；胸腰省、腰背省距省尖0.3cm的位置做钻眼记号。

（4）排料

①在门幅90cm宽的面料上进行女衬衫排料（图4-5）。

②在门幅114cm宽的面料上进行女衬衫排料（图4-6）。

4. 缝制工艺

（1）画省位、做标记：在省位处用剪刀眼、画粉线做好缝制标记（图4-7）。

（2）收省。

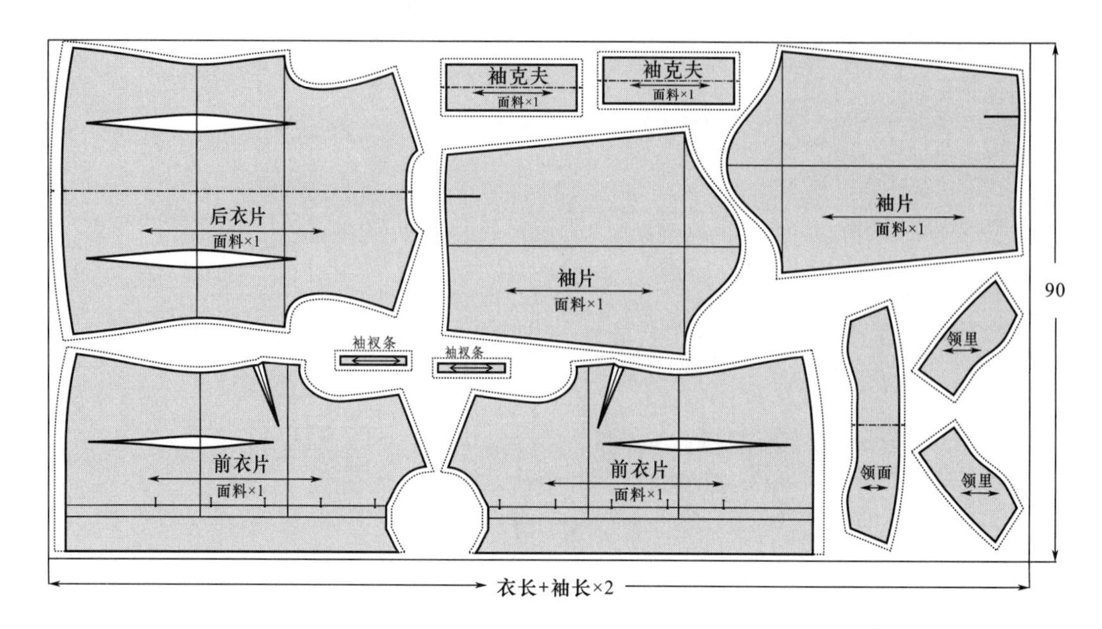

图4-5　女衬衫90cm幅宽排料图

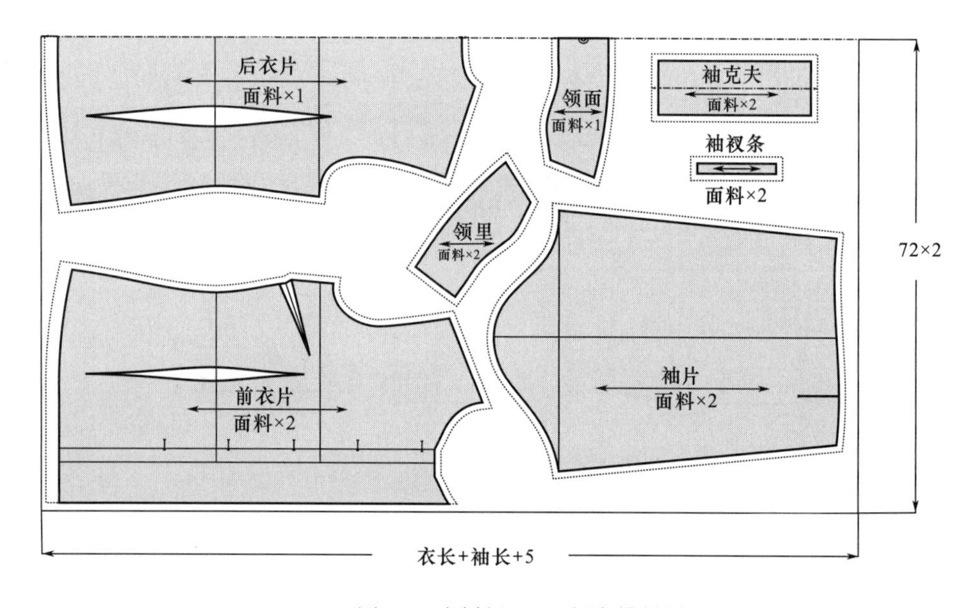

图4-6　女衬衫114cm幅宽排料图

①缉省：前、后衣片正面叠合并按省中线对折，对准上、下标记。注意腋下省根要回针，其余都不回针，留2cm线头打结（图4-8）。

②烫省：将衣片反面朝上，熨烫时腰省分别倒向前中线、后中线，由上至下熨烫，不可有褶皱现象（图4-9）。

③烫门襟、里襟过面：将门襟、里襟过面折转，止口烫平（图4-10）。

（3）合肩缝：前、后衣片正面相对。前衣片放上面，后衣片肩缝中段略归拢，沿肩缝1cm缉线后锁边（图4-11）。

（4）做领

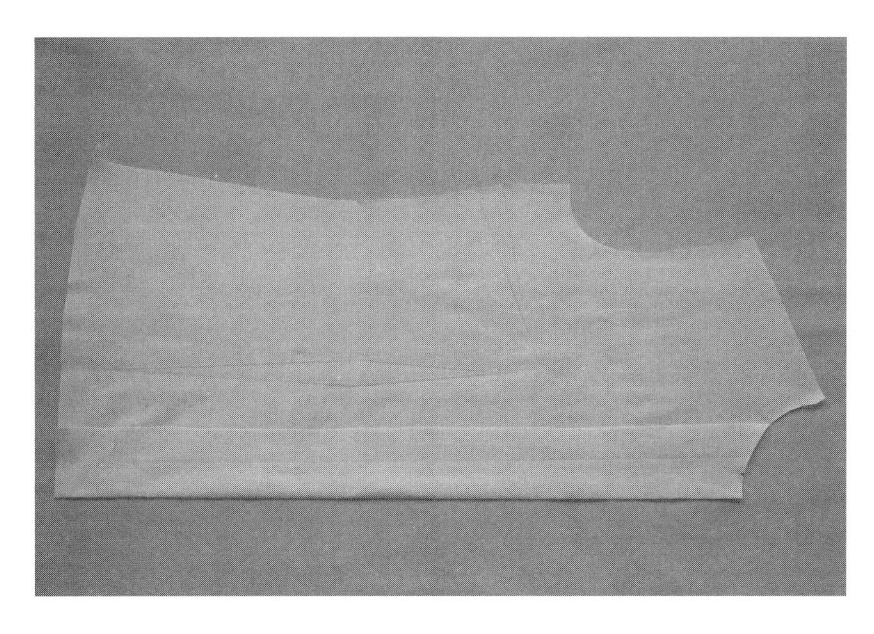

图4-7　做标记

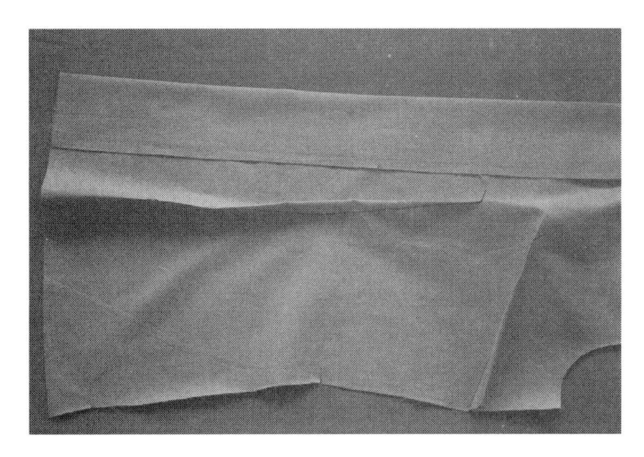

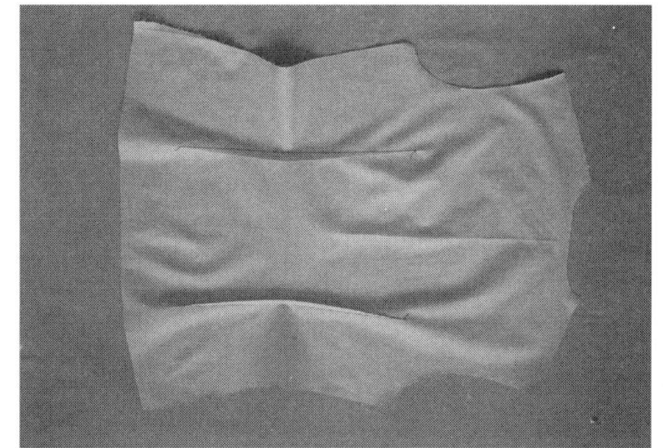

图4-8　收省

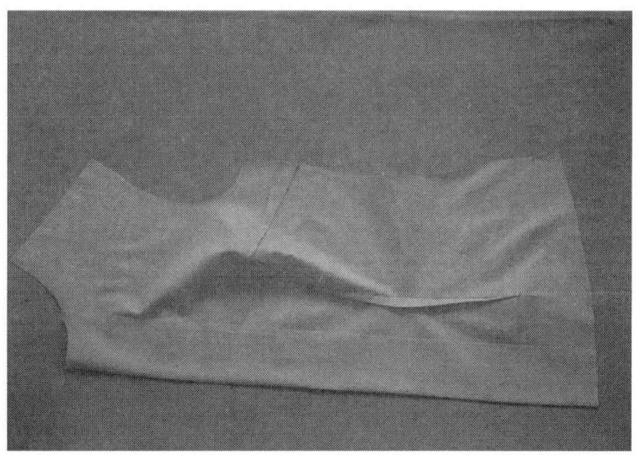

图4-9　烫省

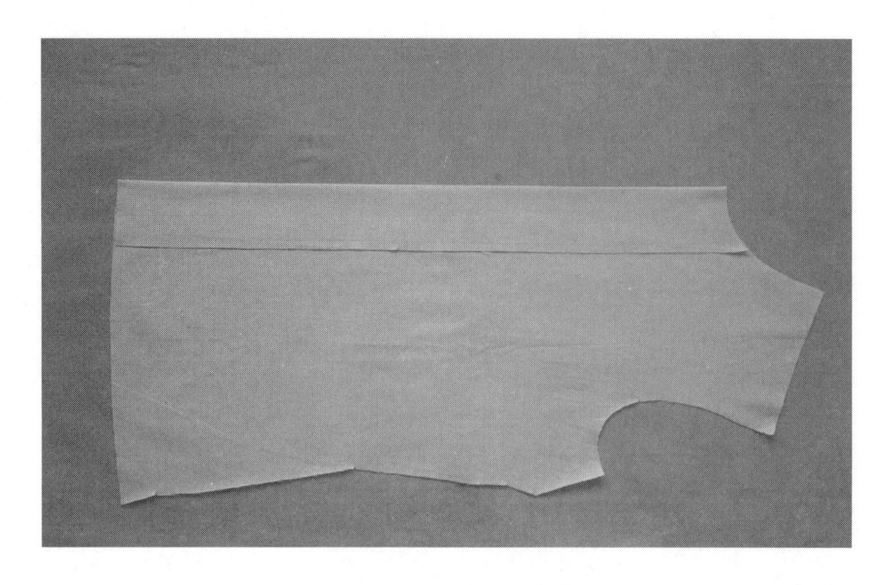

图4-10 烫门襟、里襟过面

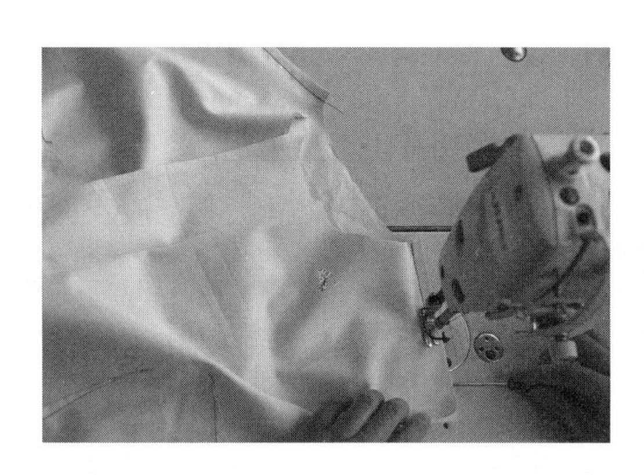

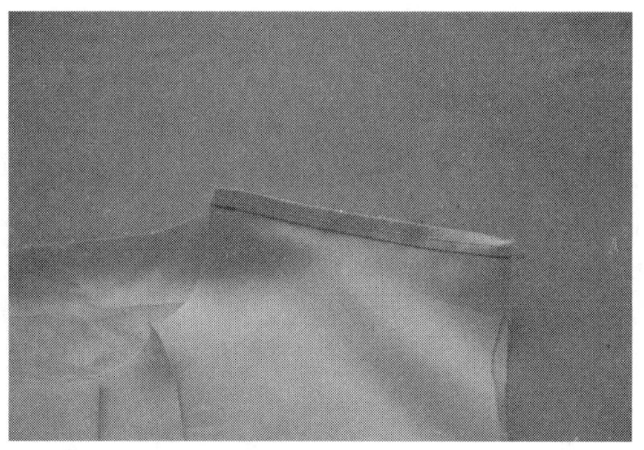

图4-11 合肩缝

①拼领里：两片领里正面相对，后中缝按净线拼合，烫分开缝（图4-12）。

②绱领：领面、领里正面相对，按净线缝合，领角处不可缺针或过针。绱好后，面松里紧，使领角有窝势，自然向里卷曲（图4-13）。

③翻烫领：缝伤修剪，领尖角处缝份修剪成0.3cm，其余缝份0.5cm。领子翻到正面，领止口烫出里外匀，领里不可外露，领角烫出窝势（图4-14）。

（5）装领

①夹绱领角：过面按止口折转，从止口开始绱线至叠门宽2cm处，将衣领夹在中间，对准叠门刀眼，下领弧线与领圈缝份平齐，从左襟开始绱至距离过面里口1cm处，绱线0.8cm（图4-15）。

②剪刀眼：过面、衣领上下四层剪刀眼，刀眼深度不超过0.8cm，不要剪断线（图4-16）。

③绱领里和领圈：把过面和领面翻起，领里和领圈对齐，按净线绱缝。后领中缝与后片

背中线对准，左、右肩缝向后片折倒，左、右刀眼相一致（图4–17）。

④翻正领面：在后领弧线上剪几个刀眼，有利于压线平服，然后领面翻向正面（图4–18）。

⑤压缉领面：距过面边1cm放平，领面下口扣转0.6cm，扣光后的领面盖过第一道上领缉线。从刀眼部位开始缉线，领面要有里外匀窝势，不要缉到领里，左、右肩缝和背中线对点位不能偏离（图4–19）。

⑥完成后的装领效果图（图4–20）。

（6）做袖衩：

①剪袖开衩：按制图规格8cm剪开袖开衩位置，将袖衩一边缝份扣转0.8cm（图4–21）。

②缉袖衩：将袖衩的另一边正面与袖子衩口反面相叠、放齐，缉线0.8cm，开衩转弯处缝份0.3cm。注意转弯处不可有褶皱或毛出（图4–22）。

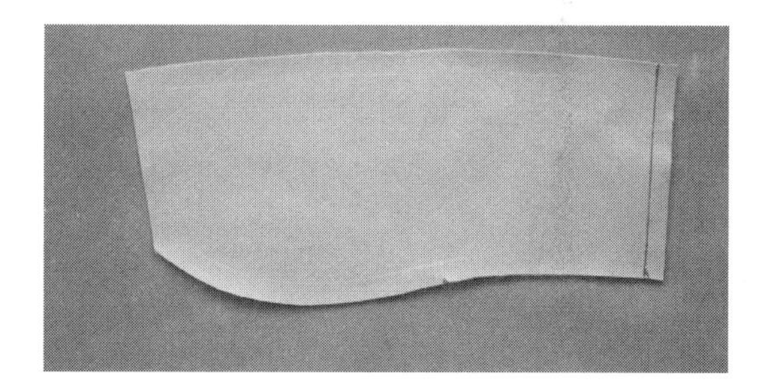
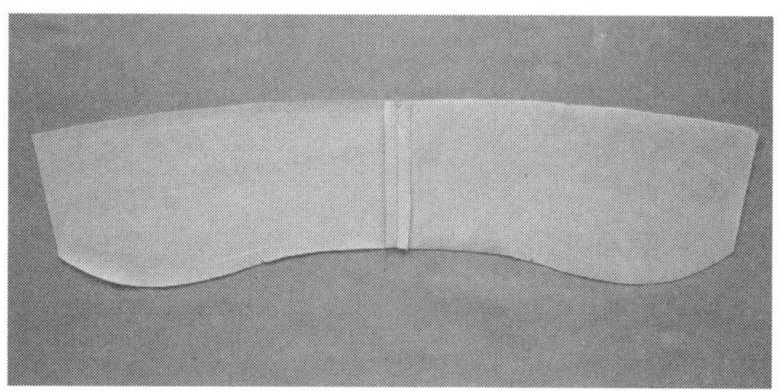

图4–12 拼领里

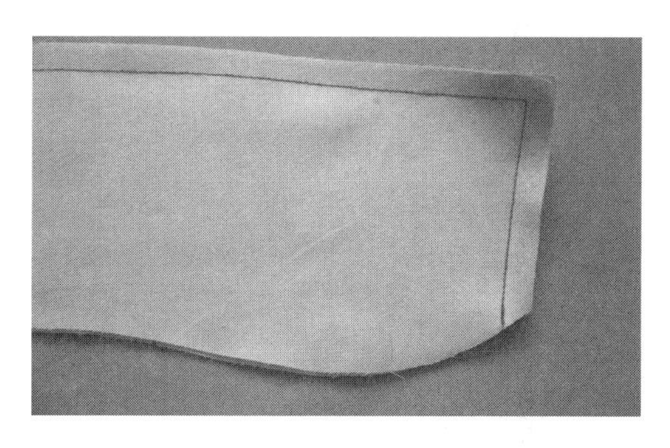
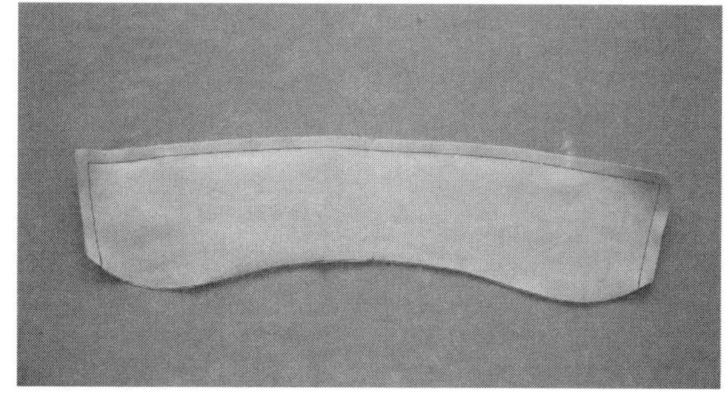

图4–13 缉领

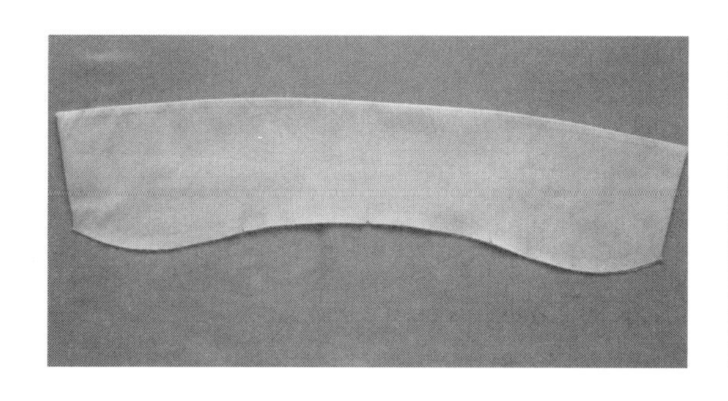
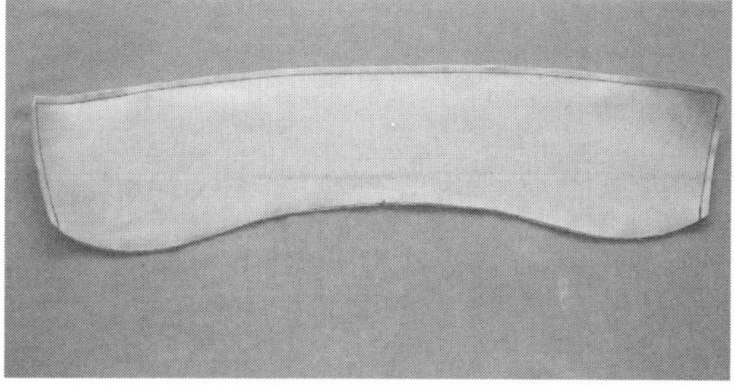

图4–14 翻烫领

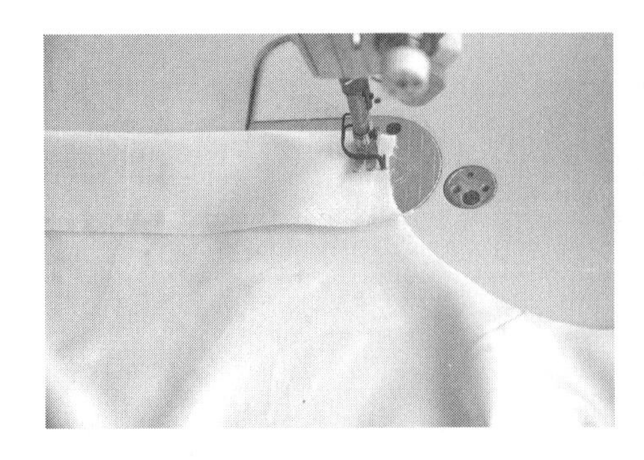

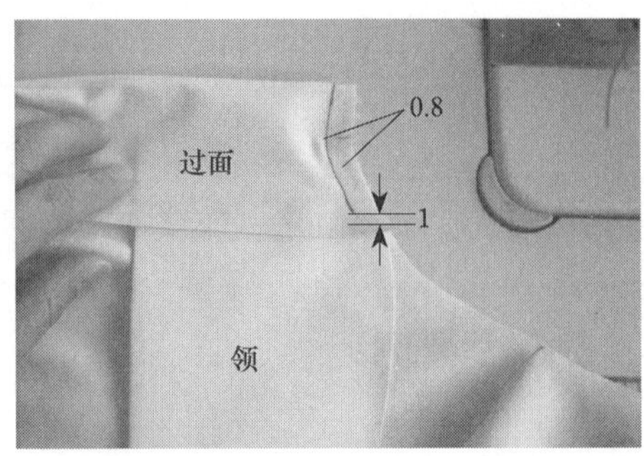

图4-15　夹绱领角

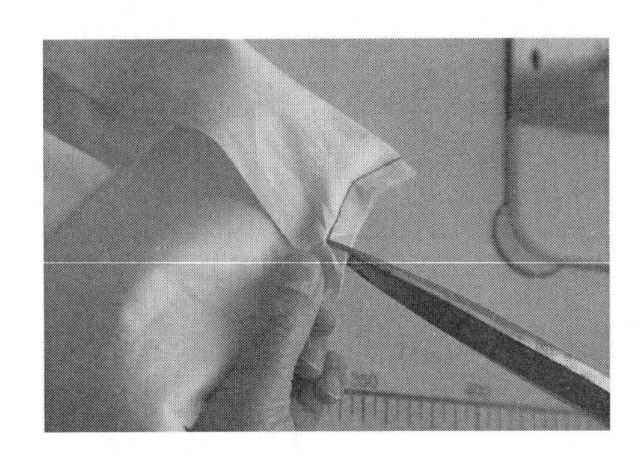

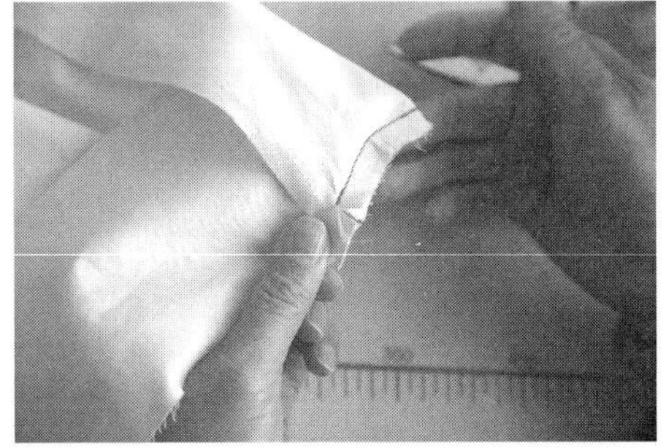

图4-16　剪刀眼

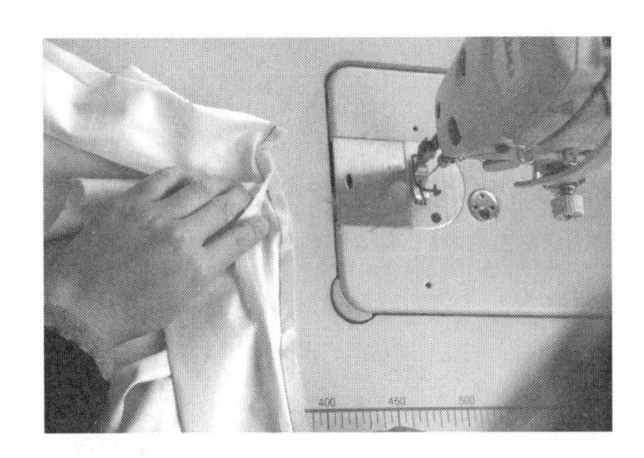

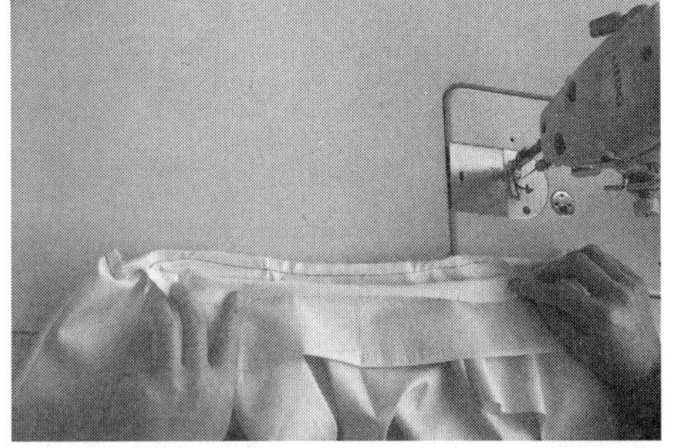

图4-17　绱领里和领圈

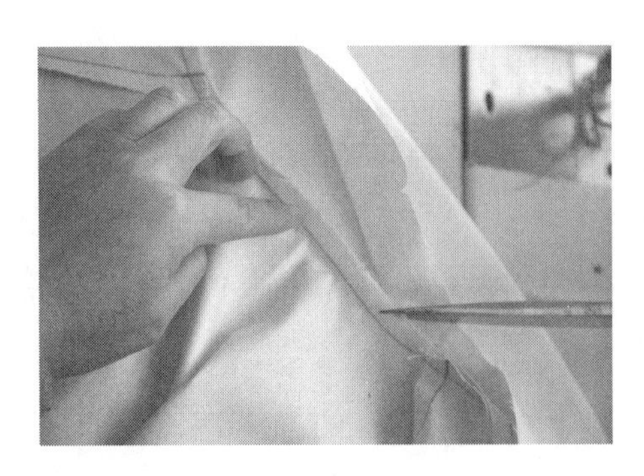

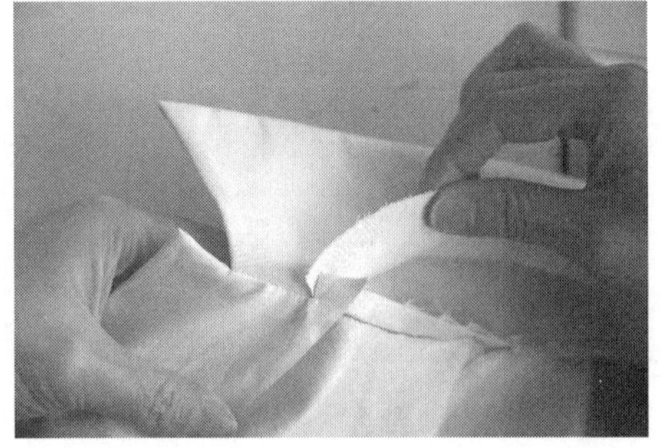

图4-18　翻正领面

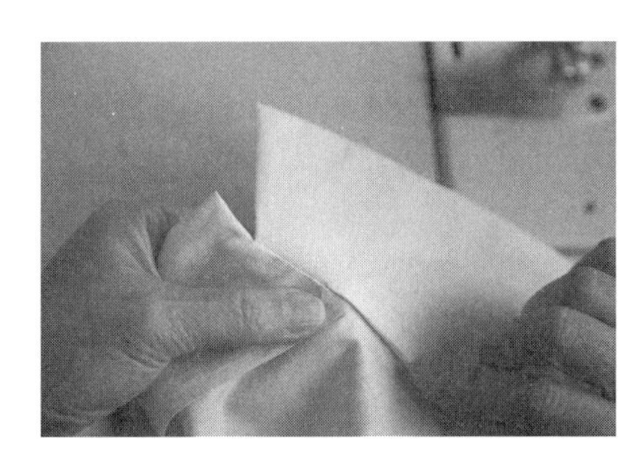
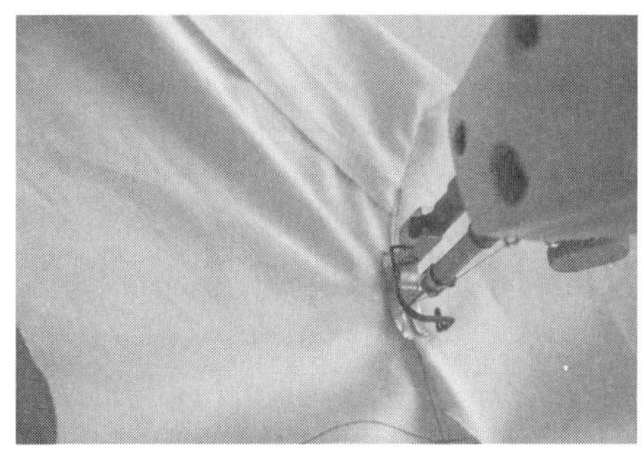

图4-19　压缉领面

图4-20　完成后的装领效果图

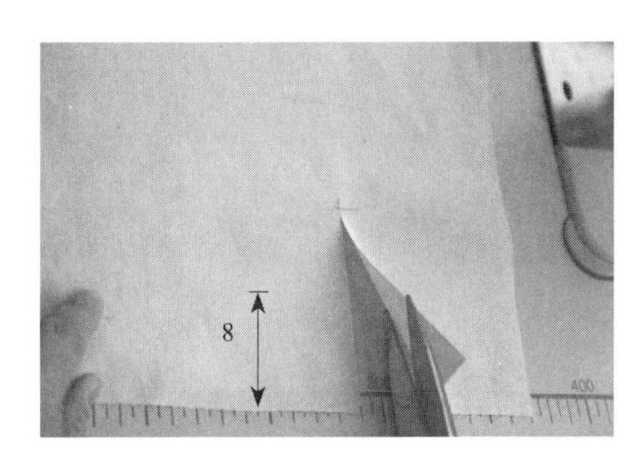

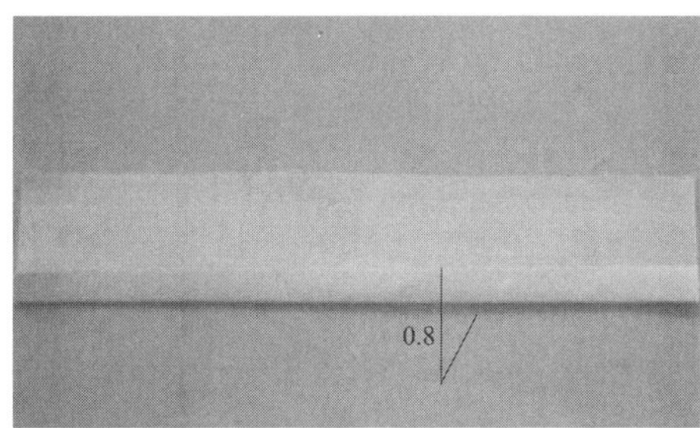

图4-21　剪袖开衩

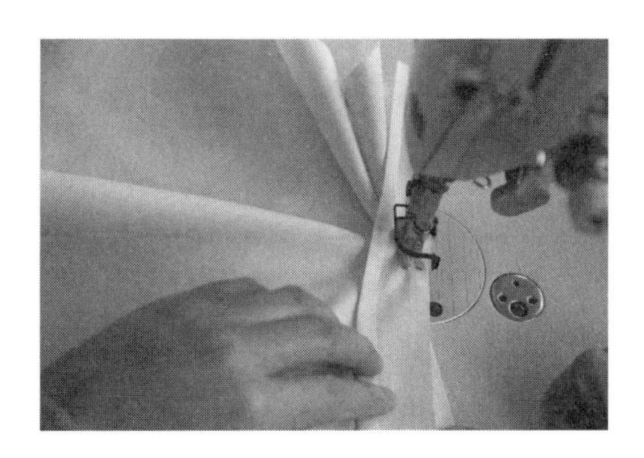
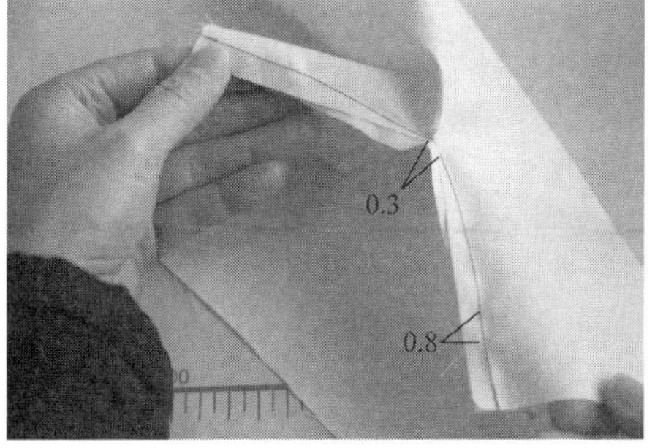

图4-22　缉袖衩

③压缉袖衩：将袖衩翻转，在袖子正面将扣光毛缝的袖衩一边盖过第一道缉线，缉袖衩止口0.1cm。注意不能缉住反面袖衩，袖衩不能有涟形（图4–23）。

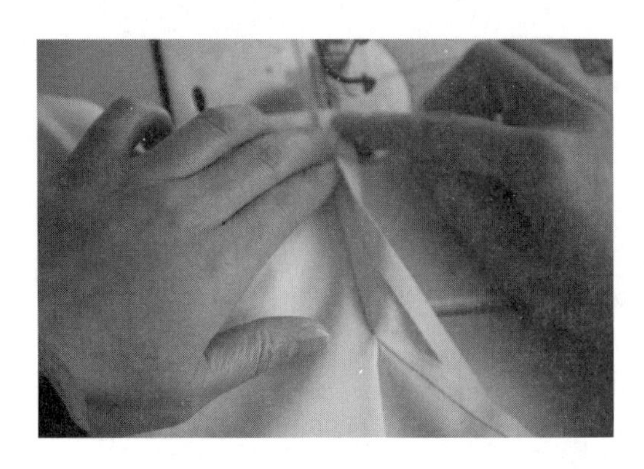

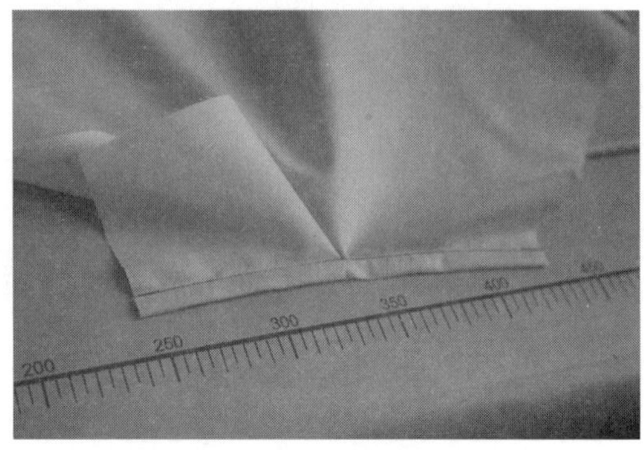

图4–23 压缉袖衩

④封袖衩：袖子沿衩口正面对折，袖口平齐，袖衩摆平，袖衩转弯处向袖衩外口斜下1cm缉来回针三道（图4–24）。

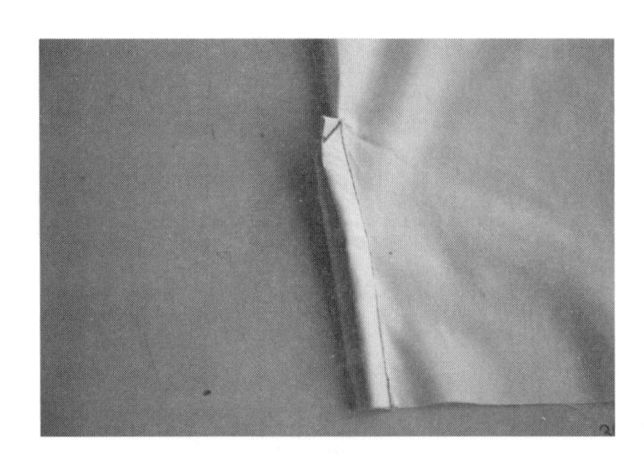

图4–24 封袖衩

（7）做袖克夫：在袖克夫反面烫黏合衬，袖克夫面扣转1cm缝份，两边分别缉线。袖克夫翻向正面后烫平，袖克夫里下口留出0.8cm缝份（图4–25）。

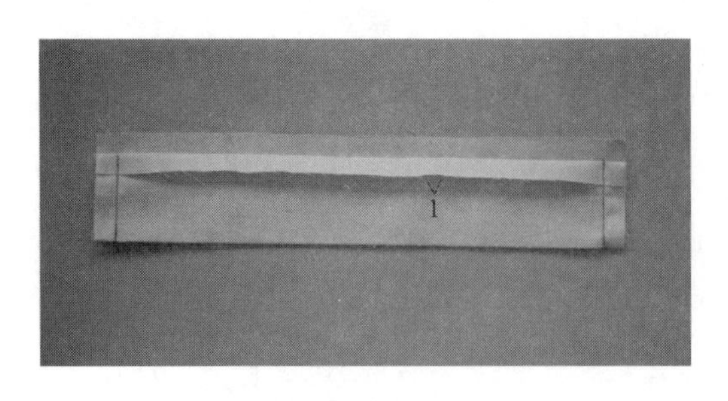

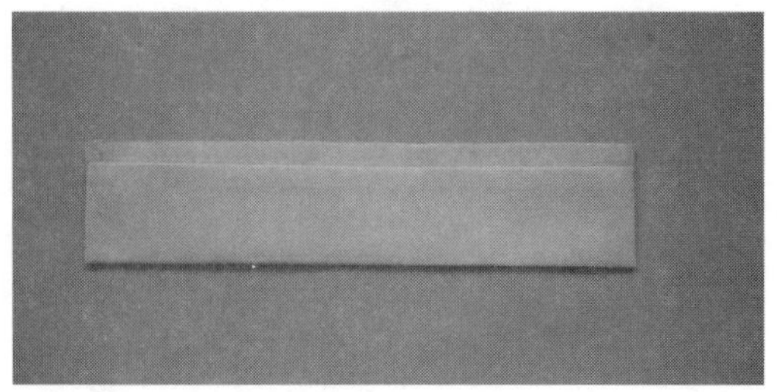

图4–25 做袖克夫

（8）装袖：袖片放在衣片下面，袖山与袖窿正面相对，在反面压缉1cm的缝份，注意两片对齐对位记号，袖片在下略有吃势，袖绱好后进行锁边（图4-26）。

（9）合侧缝和袖底缝：前衣片放上面，侧缝压缉1cm缝份，注意袖底缝对齐，缝份均匀、缉线长短一致，完成后再锁边（图4-27）。

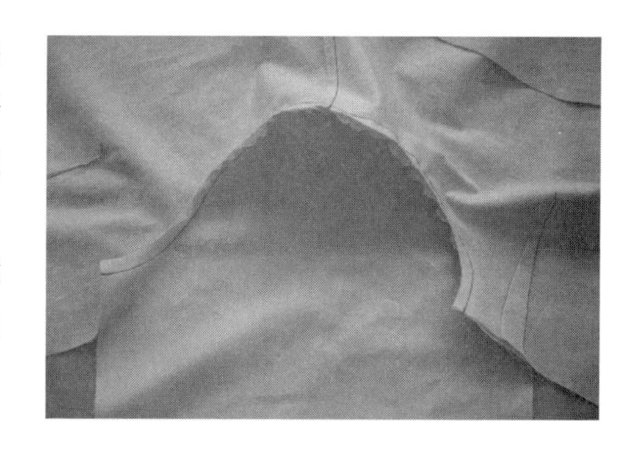

图4-26　装袖

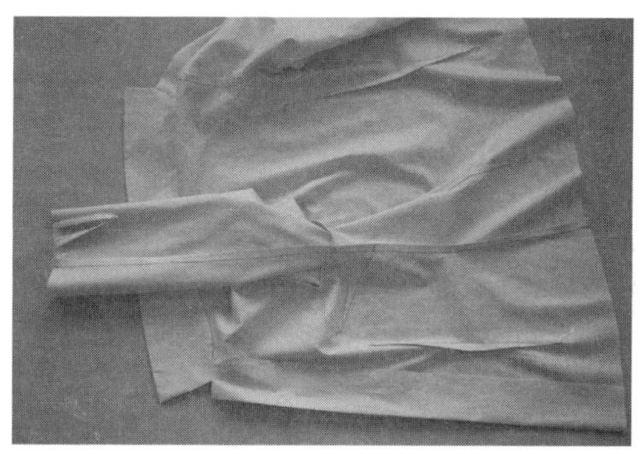

图4-27　合侧缝和袖底缝

（10）装袖克夫。

①袖口抽细裥：袖衩门襟要折转，抽细裥要求均匀，袖片的袖口大小与袖克夫长短一致（图4-28）。

②缉袖克夫：袖克夫里正面与袖片反面相对，袖口放齐，缉线0.9cm。注意袖衩两端必须与袖克夫两端放齐。袖克夫翻正，两边夹里不能反吐，袖衩两端塞到头，正面缉0.1cm止口（图4-29）。

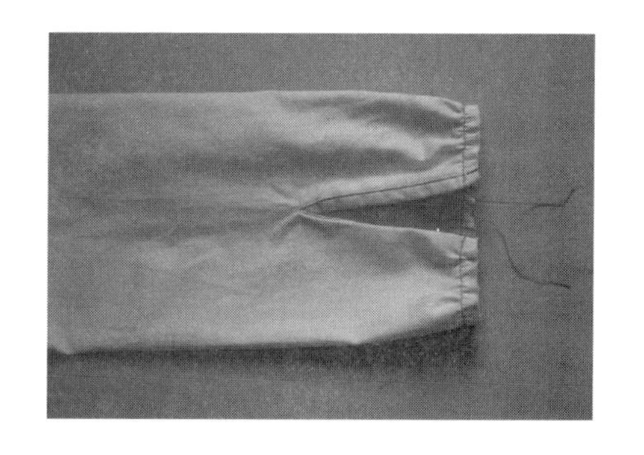

图4-28　袖口抽细裥

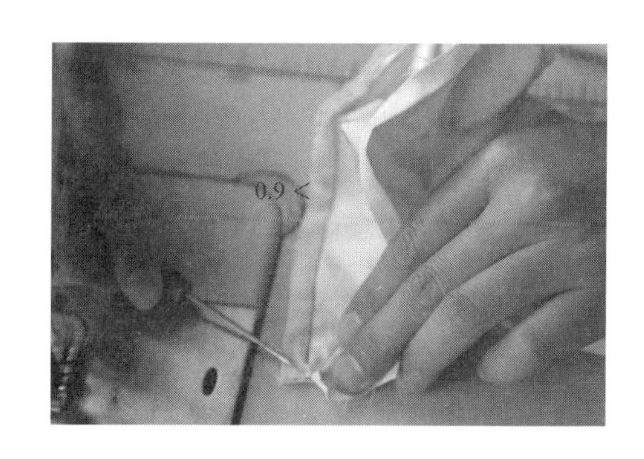

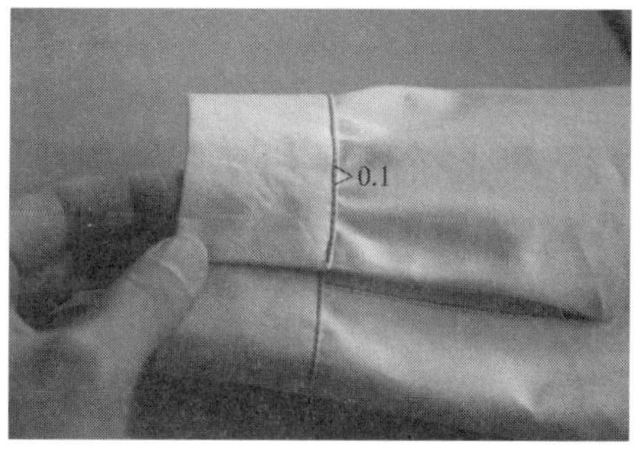

图4-29　缉袖克夫

（11）卷底边、缉线：过面向正面折转，沿底边净缝缉线一道。过面翻出，折转底边贴边，贴边扣转毛缝，从过面底边处开始距贴边边缘线0.1cm缉止口线。注意缉线不毛出，不漏落针，不起涟（图4-30）。

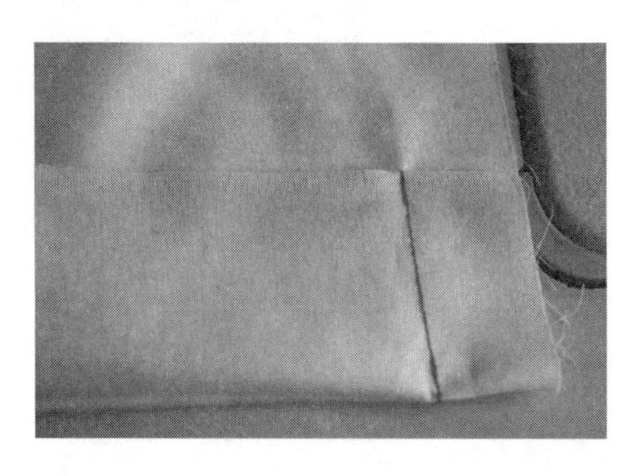
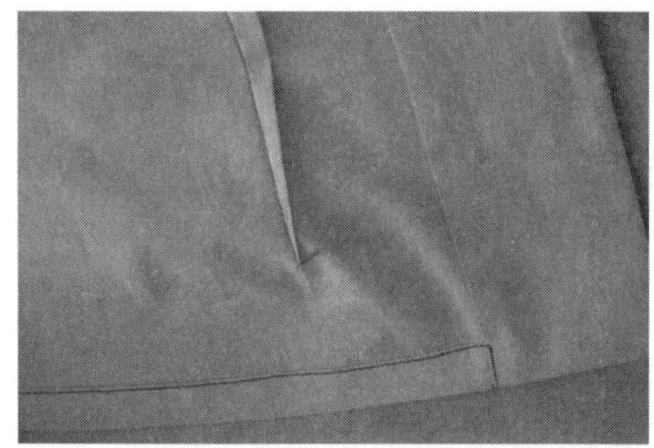

图4-30　卷底边、缉线

（12）锁眼、钉扣：门襟锁横扣眼5个，袖克夫左右各锁眼1个。在对应的里襟位置和袖口位置上钉扣（图4-31）。

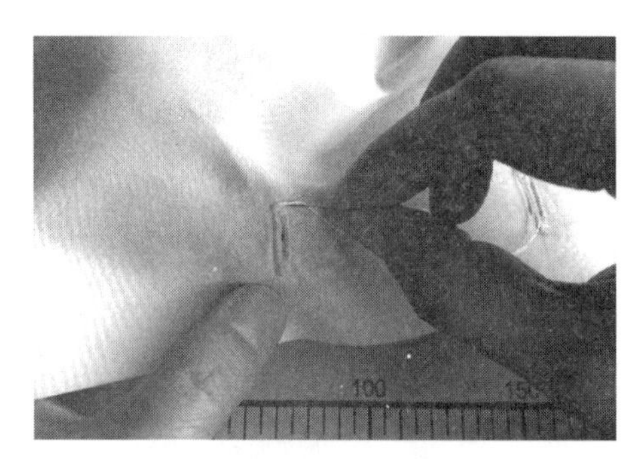

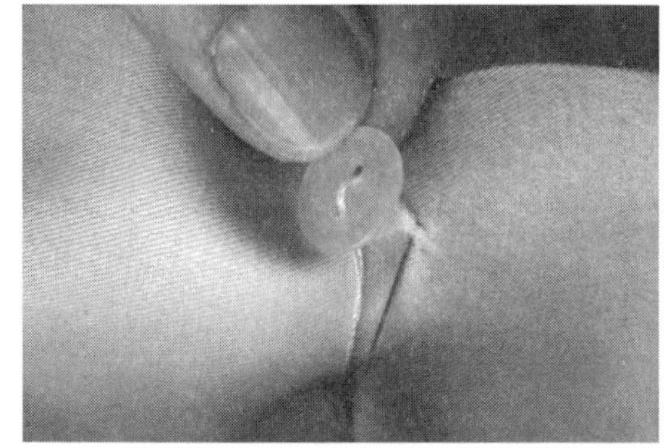

图4-31　锁眼、钉扣

（13）整烫：先熨烫前片过面、肩部、衣领、袖克夫、再烫下摆（图4-32）。

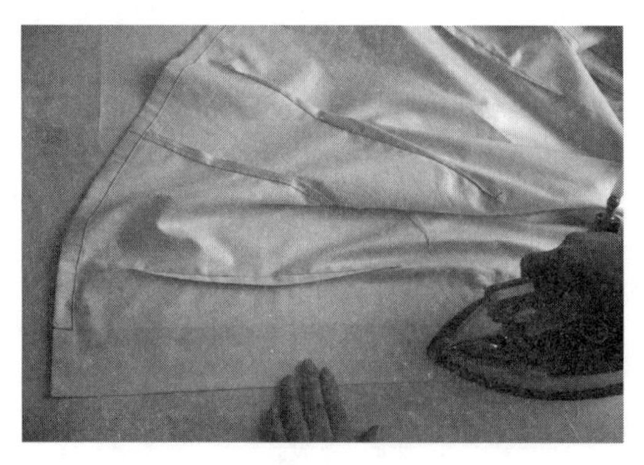

烫前片过面

烫肩部

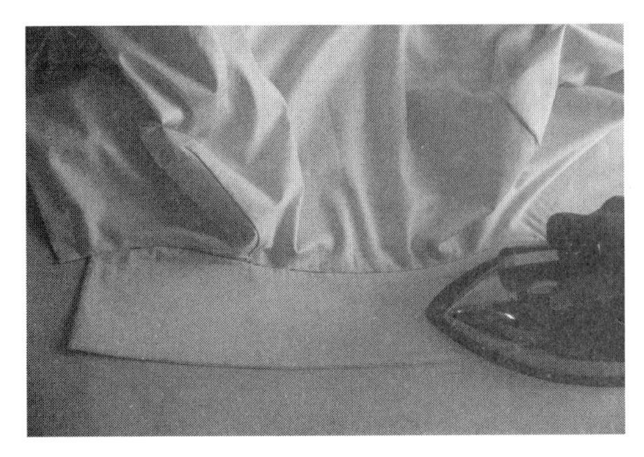

烫领里

烫领面

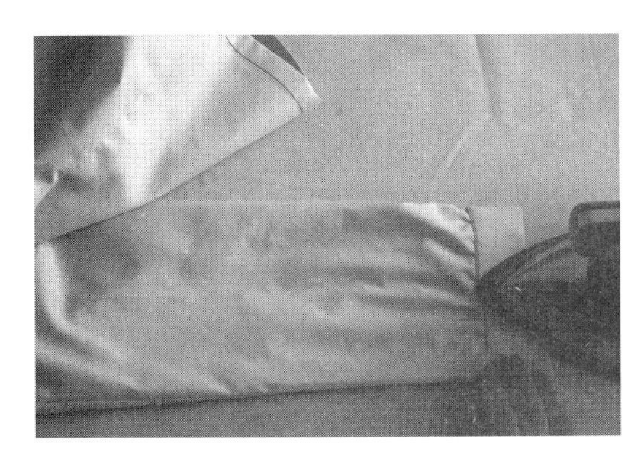

烫袖口

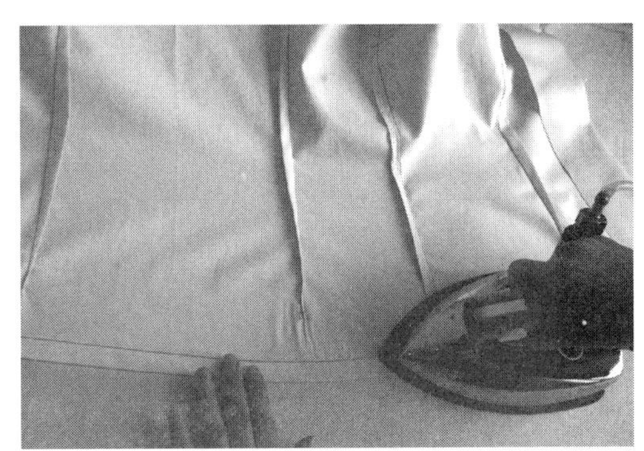

烫下摆

图4-32　整烫

（14）女衬衫成品效果图（图4-33）。

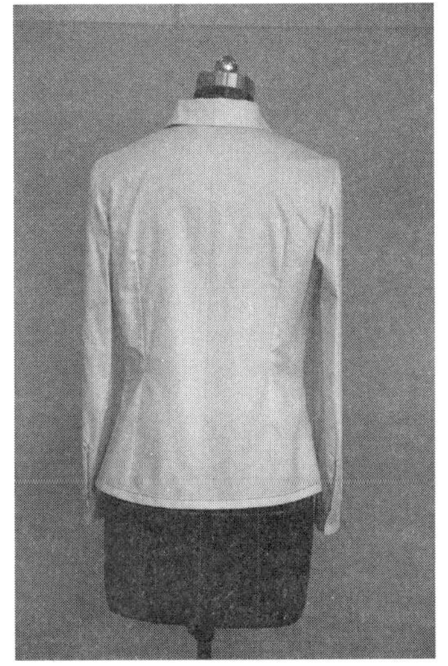

图4-33　女衬衫成品效果图

【特别提示】

（1）女衬衫的选料受流行趋势影响很大，一般采用柔软、轻薄型面料，所以工艺上采用边做边锁边的形式，这样做出来的服装漂亮、干净。

（2）袖克夫抽细褶，要把针脚调至最大针码，在需要抽细褶的部位沿边缉线，缉线不宜超过缝份，因为此线一般不用拆线。缉好后，抽紧面线，抽至大小与袖克夫长度一致，做好中点标记有利于绱袖克夫。

（3）绱袖，绱袖前必须检查袖山弧线与袖窿弧线的长度，袖窿弧线多余的量服装上称为“吃势量”，吃势量的大小根据面料的性能和款式的要求而不同。绱袖时，一般衣片放上层，袖片放下层，袖山中点对准肩缝线。因为下层有送布牙向前推送，会把吃势量自然的“吃”进去，从而使袖型饱满、圆顺。

（4）衣片之间的缝合标记很重要，绱领时，要求“三眼刀”对齐，即衣领和两肩缝处的对点标记对齐，这样操作不会使领绱弯，也不会产生绱领“大出来、小下去”的问题。

三、任务实施

1. 实践准备

材料准备如图4–34所示。

（1）面料裁片：前衣片2片；
后衣片1片；
袖片2片；
领面1片；
领里2片；
袖克夫2片；
袖衩条2片。

（2）辅料准备：配色线；
纽扣7粒；
黏合衬若干。

（3）实物样衣一件。

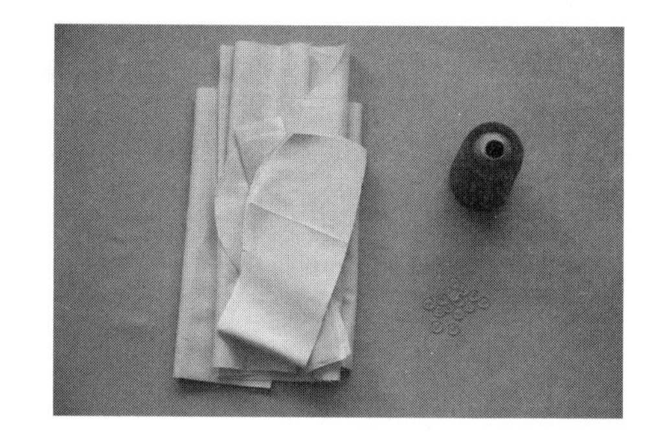

图4–34　女衬衫材料图

2. 操作实施

（1）根据女衬衫结构制图进行放缝，检查裁剪样板数量。

（2）整理面料，识别面料正、反面，将面料正面与正面相叠，反面朝上，丝缕顺直。

（3）将裁剪样板根据丝缕要求，正确的铺放在面料上，做到紧密、合理的排料。

（4）先裁剪主件、后裁部件，再配黏合衬。检查所需的裁片、辅料是否完整。

（5）制作女衬衫，其操作步骤：画省位、做标记 → 收省→ 合肩缝 → 做领 → 装领 → 做袖衩 → 做袖克夫 → 装袖 → 合侧缝和袖底缝 → 装袖克夫 → 卷底边 → 锁眼、钉扣 → 整烫。

四、学习拓展

女衬衫领角的翻领技巧 —— 拉线

衬衫的领角很容易翻毛或者翻的不到位，拉线工艺技巧使得学生能够比较轻松地完成工艺内容，而且成品质量也有保证（图4-35～37）在缉领至转角时，将线放至领角位置，线头朝领里，将线缉住。缉线完成后，翻正领子拉线，领角就可快速翻正。

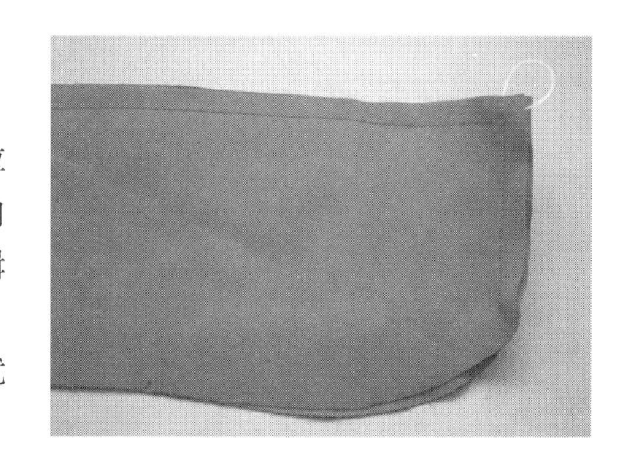

图4-35　夹线 缉线

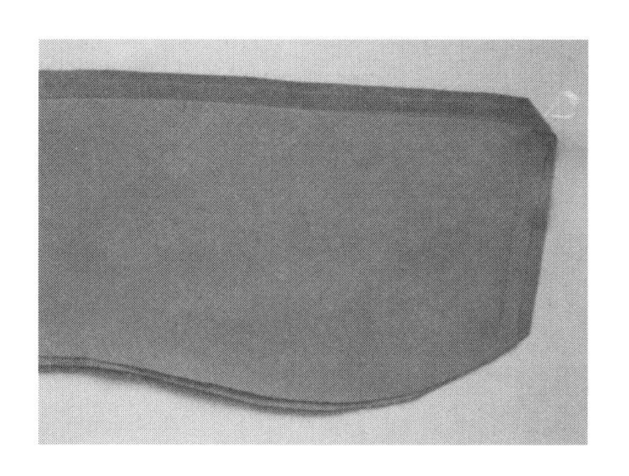

图4-36　修缝

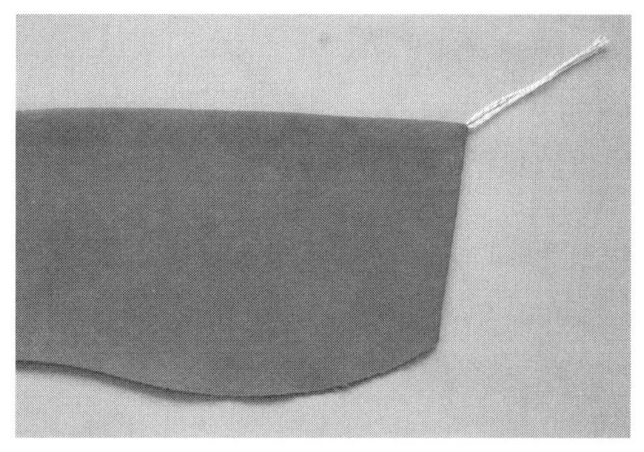

图4-37　翻转拉线

五、任务评价

女衬衫评价表（表4-3）。

表4-3　女衬衫评价表

序号	部位	具体指标	分值	自评	小组互评	教师评价
1	规格	衣长、胸围、肩宽、领围、袖长规格正确	10			
2	领子	领面、里平服，松紧适宜，不起皱 领止口缉线顺直，不反吐 领尖左右对称、长短一致 绱领无偏斜，缉线顺直无上炕	20			
3	门里襟	门里襟平直，长短一致	4			
4	绱袖	绱袖吃势均匀，圆顺、平服 绱袖缉线顺直，宽窄一致	16			

续表

序号	部位	具体指标	分值	自评	小组互评	教师评价
5	袖克夫	袖克夫方正、左右对称 袖克夫缉线顺直无探头、不反吐	6			
6	袖衩	袖衩平服、长短一致 袖衩无毛、漏，缉线顺直 袖细褶左右对称，倒向正确	20			
7	侧缝、袖底缝	线条顺直、平服 袖底十字裆平齐，互差不超0.3cm	10			
8	底边	平服，折边宽窄一致	4			
9	整洁牢固	整件产品无跳针、浮线、粉印 各部位无毛、脱、漏 整件产品无明暗线头 针迹明线3cm14～16针	10			
合计			100			

工作任务4.2 立领、泡袖女衬衫制作工艺

技能目标	知识目标
1．能按照立领、泡袖女衬衫款式图进行款式分析 2．能根据面料特点、款式规格，运用结构制图进行裁剪、工艺制作 3．能分析同类衬衫的工艺流程，编写工艺单 4．能根据质量要求评价衬衫品质的好坏，树立服装品质概念	1．了解立领、泡袖女衬衫的外形特点，并能描述其款式特点 2．了解面料的幅宽，能根据立领、泡袖女衬衫样板进行放缝、排料、划样、裁剪 3．掌握立领、泡袖女衬衫制作工艺 4．熟悉立领、泡袖女衬衫变化款工艺单的编写 5．了解锁眼、钉扣、后整理、包装操作的工艺要求 6．了解立领、泡袖女衬衫变化款质量要求

一、任务描述

根据立领、泡袖女衬衫样衣通知单，按照款式图明确的款式要求，使用M号规格尺寸进行结构制图（1∶1），并在结构图基础上放缝、制作样板，选择合适的面料进行排料、裁剪、制作，要求完成一件立领、泡袖女衬衫。

立领、泡袖女衬衫样衣工艺通知单如表4-4所示。

表4-4　立领、泡袖女衬衫服装样衣工艺通知单

品牌：RHH	款号：DL1123	名称：立领、泡袖女衬衫
纸样编号：T1416	下单日期：	完成日期：

款式图：

款式概述：

领型为立领装花边。前中V型翻门襟、4粒扣，前衣片腰胸收省，后中线分割、收腰背省。袖型为一片短泡袖，袖口处开衩、收不规则细褶，袖克夫钉纽扣1粒

面料：涤棉
成分：65%涤、35%棉
组织：平纹
幅宽：144cm

辅料：黏合衬、纽扣、配色线、商标、洗水唛

系列规格表（5·4）　　单位：cm

部位 \ 规格		155/80A	160/84A	165/88A	档差	公差
		S	M	L		
1	后中线长	50	52	54	2	±1
2	后背长	37	38	39	1	0
3	胸围	88	92	96	4	±2
4	肩宽	37	38	39	1	±0.8
5	领围	36	37	38	1	±0.6
6	短袖长	21	22	23	1	±0.6
7	袖口	13	14	15	1	0

工艺要求：
1.领子：立领后领中宽3cm，左右对称一致，领面、里松紧一致，花边均匀
2.装袖：泡袖量均匀，两袖前后准确、对称，袖口开衩、抽细褶均匀
3.绢门、里襟：翻门襟平整、宽窄一致，压线整齐
4.下摆：底边宽窄一致，缉线顺直
5.针迹：明线14～16针/3cm，缉线顺直，无跳针、断线现象
6.商标：位置端正，号型标志清晰，号型钉在商标下沿
7.整烫：各部位熨烫到位、平服，无亮光、水花、污迹

工艺编制：　　　　工艺审核：　　　　审核日期：

二、必备知识

1. 款式描述

款式如图4-38所示。领型为立领装花边。前中V型翻门襟、4粒扣，前衣片腰胸收省，后中线设分割线、收腰背省。袖型为一片短泡袖，袖口处开衩、收不规则细褶，袖克夫上钉纽扣1粒。

图4-38 款式图

2. 结构图

（1）规格尺寸，号型160/84A（M号）立领、泡袖女衬衫规格尺寸（表4-5）。

表4-5 女衬衫M号规格尺寸表 单位：cm

部位	后中线长	后背长	胸围（B）	领围（N）	肩宽（S）	短袖长	袖口
规格	52	38	92	37	38	22	14

（2）结构图（图4-39）。

3. 裁剪

（1）裁片名称（图4-40）。

立领、泡袖女衬衫的主要裁片：前衣片、后衣片、袖片、领面（里）、门襟贴边、花边条、袖克夫、袖衩条。

立领、泡袖女衬衫辅料：领衬、袖克夫衬。

（2）裁片放缝（图4-41）。

①前、后衣片贴边放缝分别为1.4cm、0.6cm，其余放缝1cm。

②袖片、袖克夫、袖衩条四周放缝1cm。

③领面、里四周各1cm。

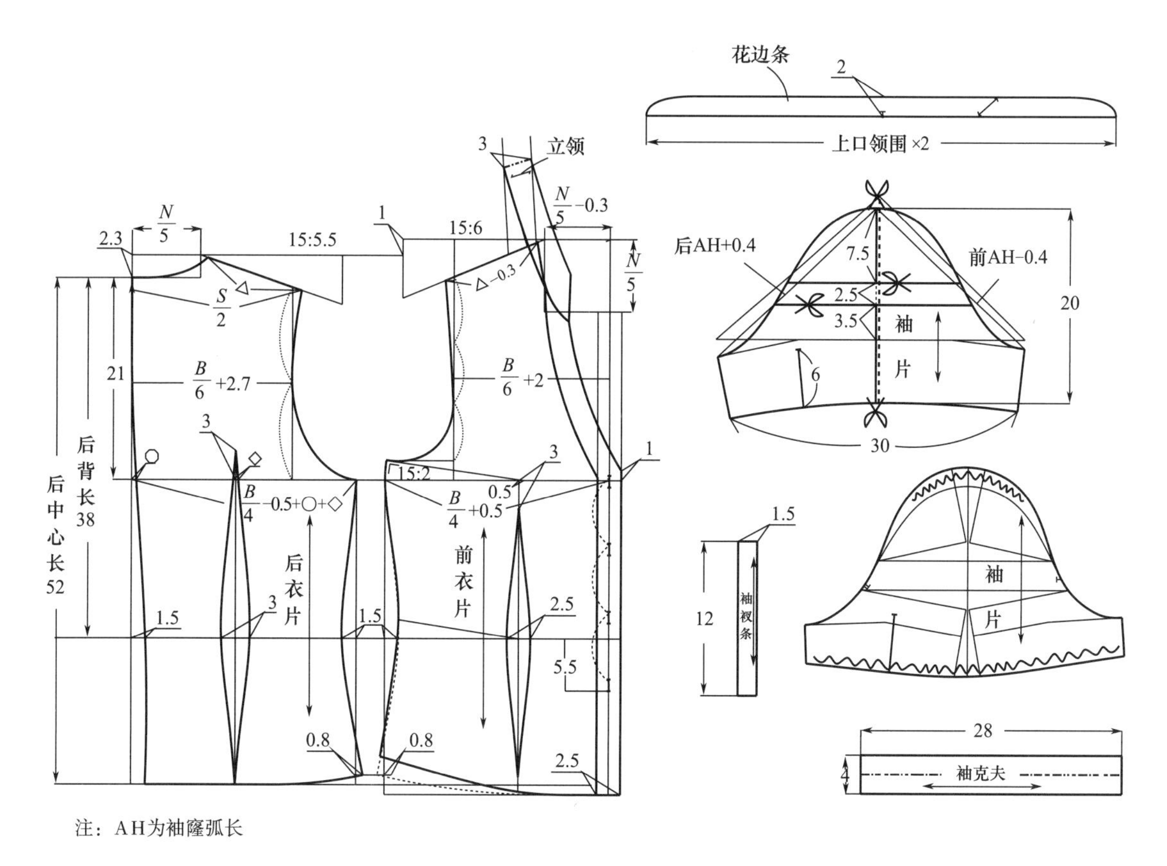

注：AH为袖窿弧长

图4-39　结构图

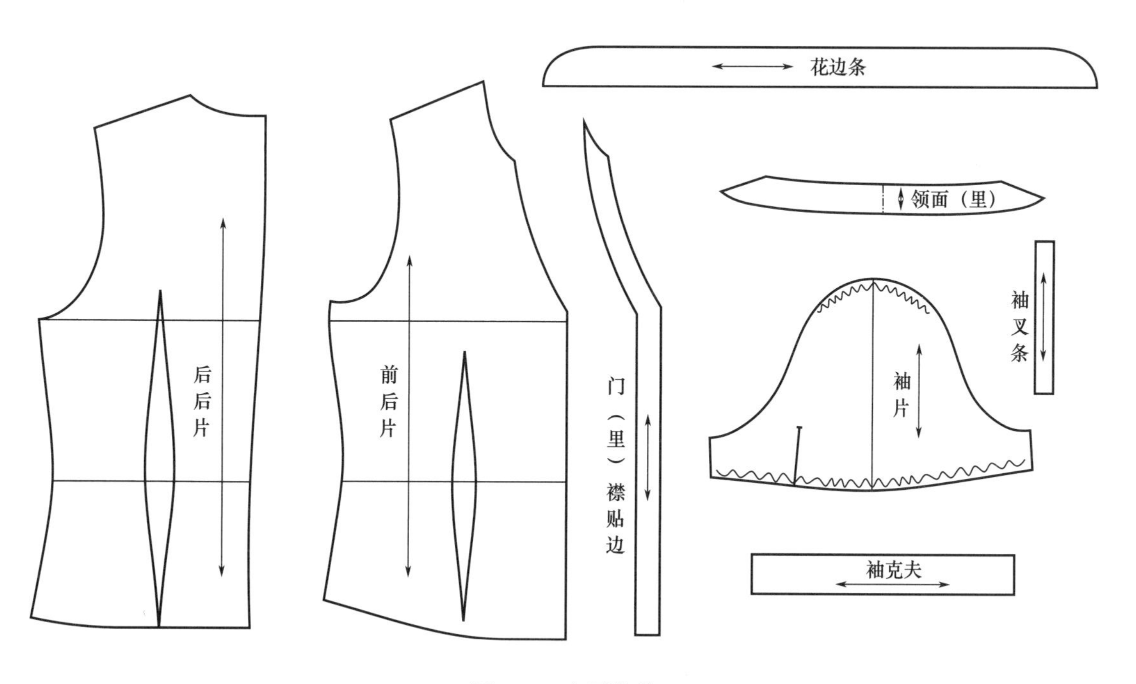

图4-40　主要裁片

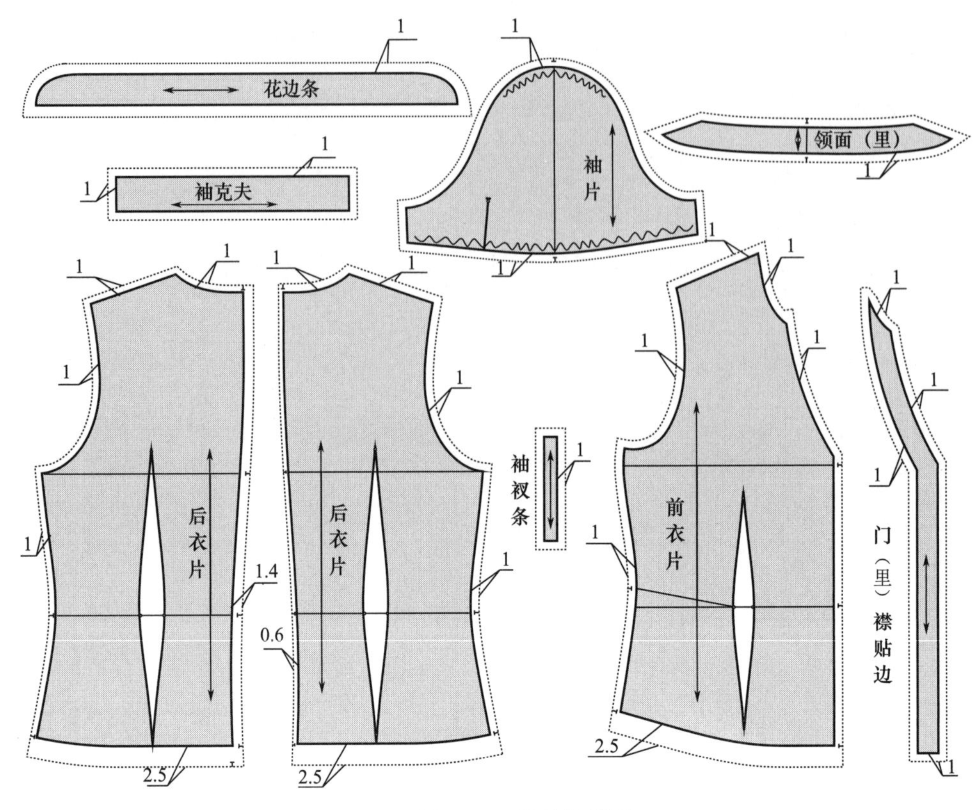

图4-41 裁片放缝图

④门襟贴边条、花边条四周放缝1cm。

（3）裁片做标记。

立领、泡袖女衬衫做标记部位：

①衬衫底边量放缝2.5cm处。

②前、后腰节点做对位记号。

③省根打刀眼，距省尖0.3cm的位置做钻眼定位记号。

④袖山顶点、装领打刀眼。

（4）排料（图4-42）。

4. 缝制工艺

（1）做标记：根据需要在省位处用剪刀眼、画粉线做好缝制标记（图4-43）。

（2）收省。

①缉省：将衣片正面叠合并按省中线对折，要对准上、下层刀眼标记。注意两头都不回针，留2cm长的线头打结（图4-44）。

②烫省：将衣片反面朝上，熨烫时腰省分别倒向前中、后中，由上至下熨烫，不可有褶皱现象（图4-45）。

（3）合后中缝：后中缝采用单包缝工艺，两层衣片正面相叠，下层缝头放出0.6cm包转，再把包缝向上层衣片坐倒，在后衣片正面压缉0.5cm；将后片省在正面压缉0.1cm（图4-46）。

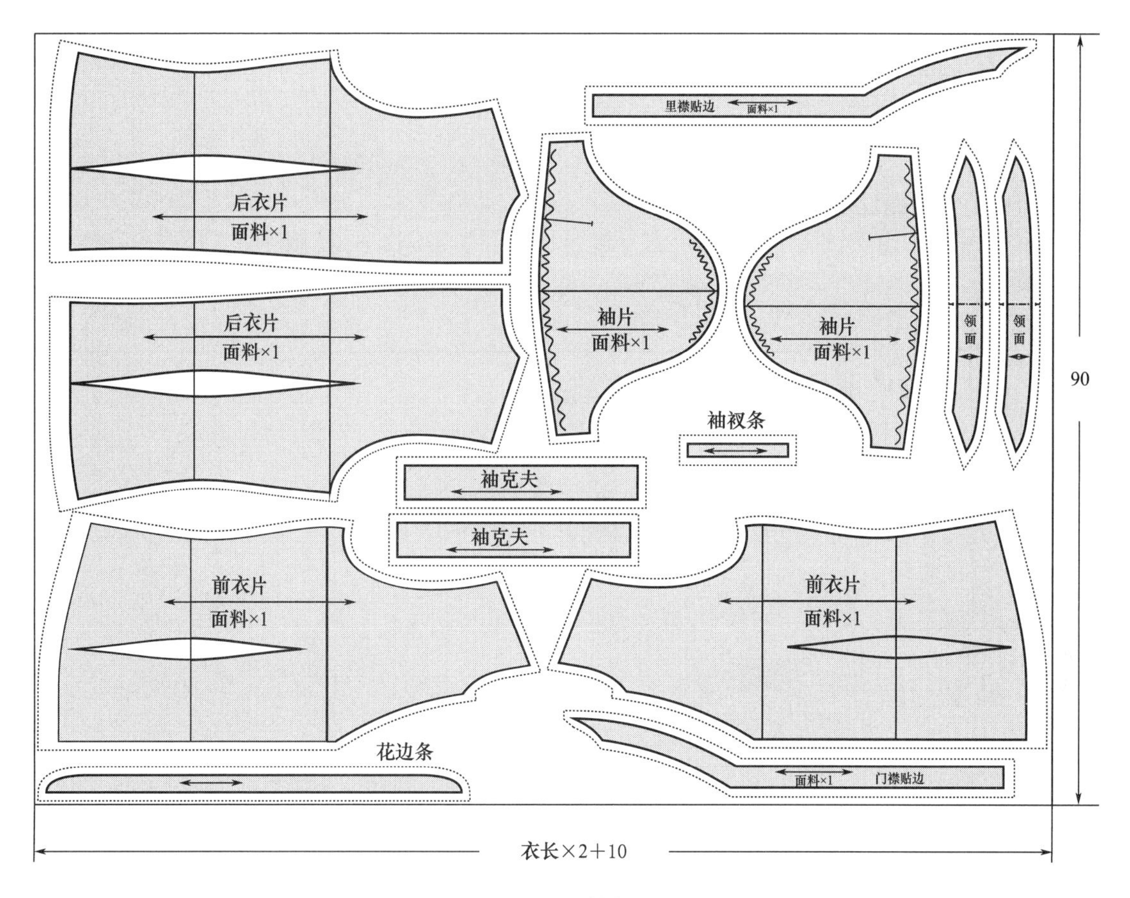

图4-42　排料图

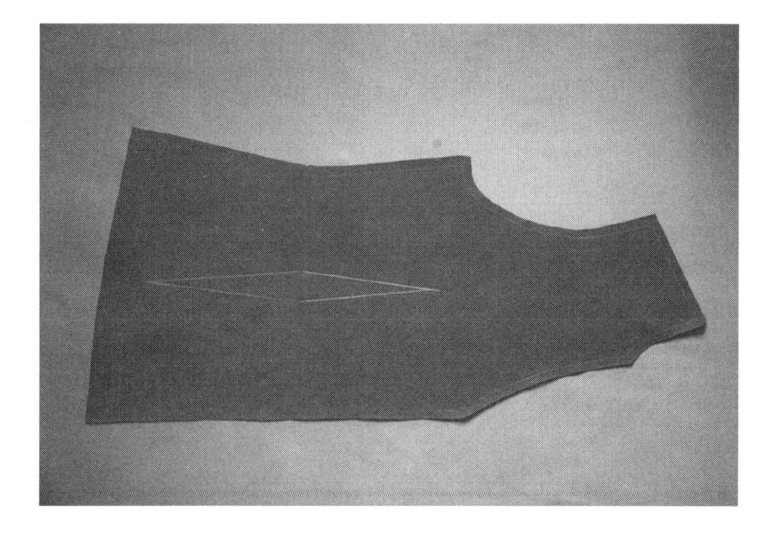

图4-43　做标记

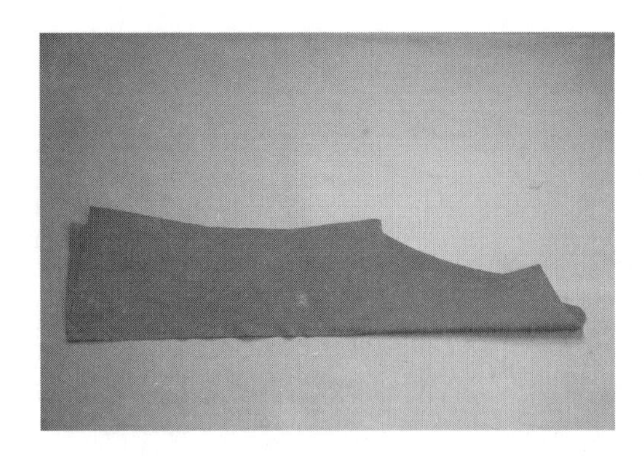
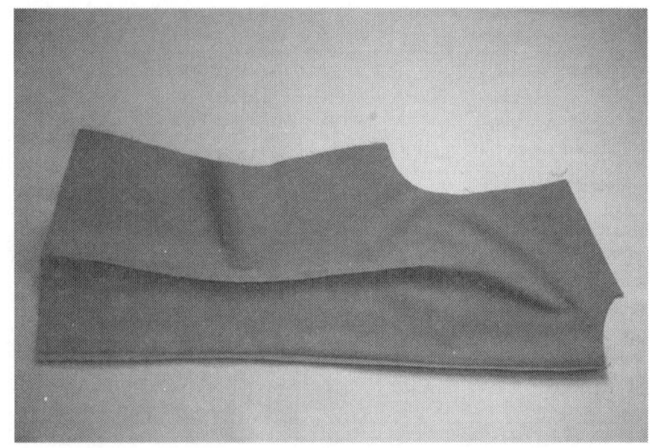

图4-44 收省

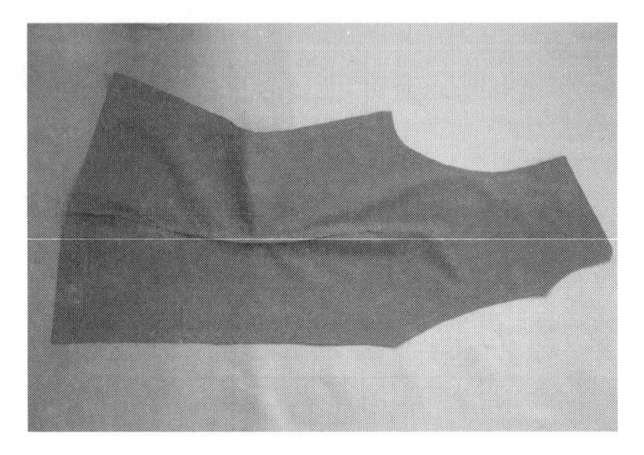

图4-45 烫省

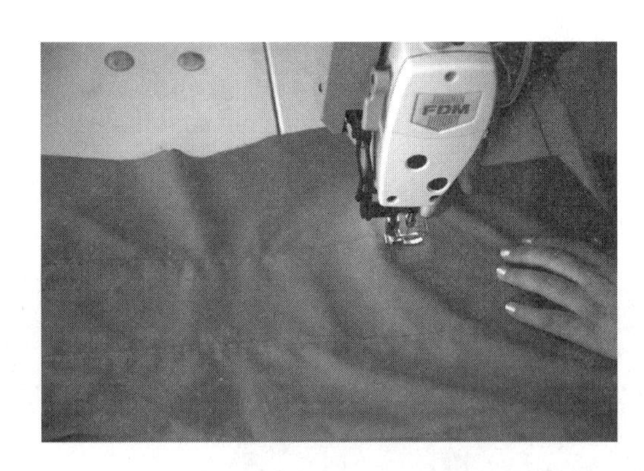

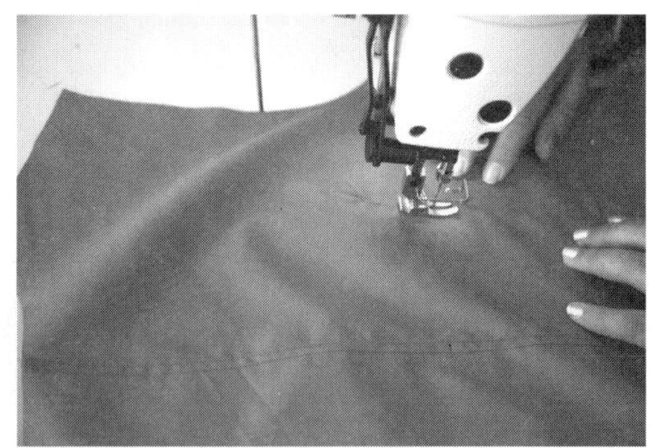

图4-46 合后中缝

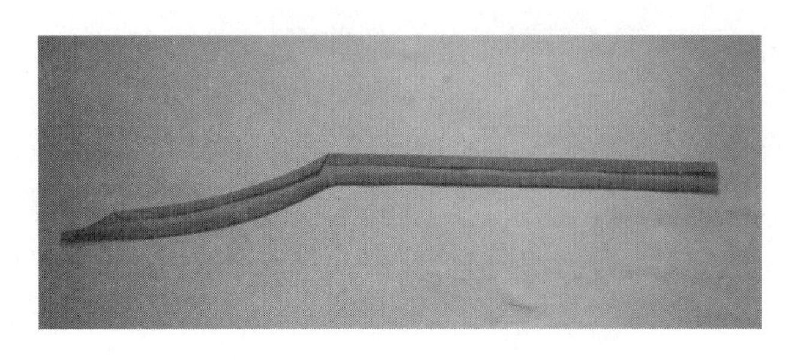

图4-47 扣烫门、里襟条

（4）做门、里襟。

①扣烫门、里襟条：先将门里里襟贴条衬烫上黏合衬，按样板扣烫门里襟条，转弯处剪一刀眼（图4-47）。

②绢门、里襟贴边条：门襟贴边

放在左、右前衣片止口处，将门、里襟贴边条的底边与前衣片底边、贴边的折转处对齐并缉线（图4–48）。

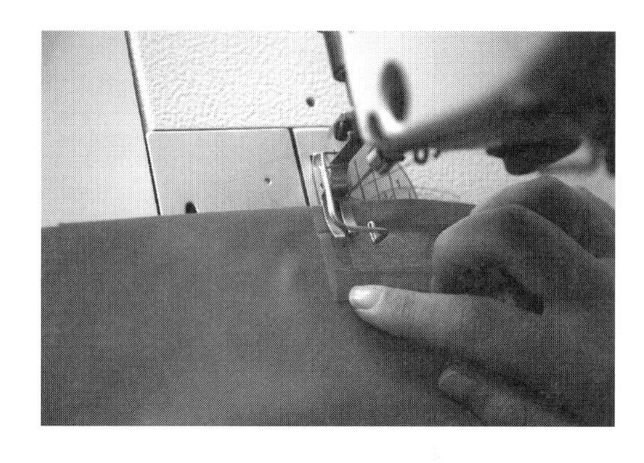

图4–48　缉门、里襟贴边条

（5）合侧缝：前、后衣片正面相对，按净线缝合侧缝后并锁边（图4–49）。

（6）卷底边：按贴边量扣转衣片底边、折光，从右侧底边止口处开始缉贴边宽，要求宽窄一致。注意不起涟，反面不漏落针（图4–50）。

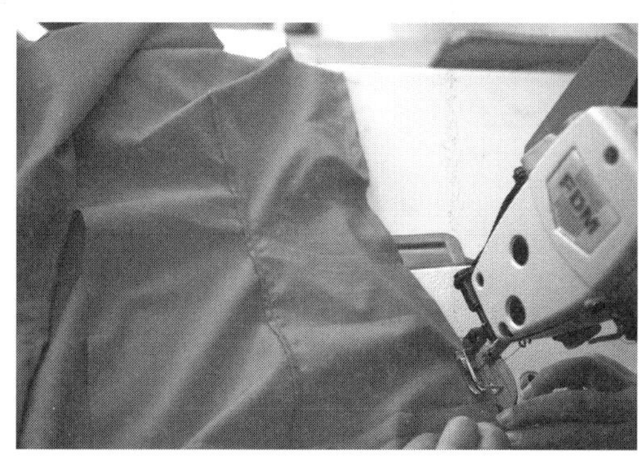

图4–49　合侧缝

图4–50　卷底边

（7）绱门、里襟。

①缉门、里襟贴条：将门襟贴条与衣片正面相对缉线，翻转贴边并缉明止口0.1cm（图4–51）。

②缉明线：在门、里襟贴边正面缉0.15cm明线（图4–52）。

（8）合肩缝：后衣片肩缝中段要归拢，前、后衣片肩头正面相叠。前片放上面，缉线1cm后锁边，缝份向后片倒（图4–53）。

（9）做领。

①烫领衬：将黏合衬按净样剪裁并烫在领面的反面，做好对位记号（图4–54）。

②缉领花边条、抽花边：领花边条的单侧边缘向反面扣折0.2cm，再折转0.1cm缉明线；将针码调大，沿一侧距边0.3cm左右缉线一道，抽细褶（图4–55）。

③固定花边：将花边固定在领里上，注意两端的花边要逐渐变窄（图4–56）。

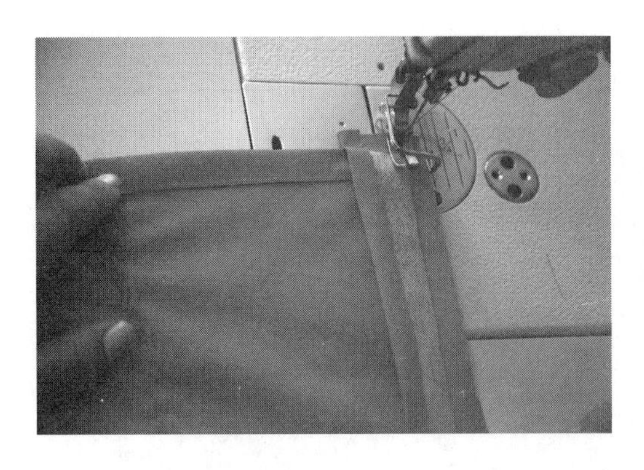

图4-51　缉门里襟贴条

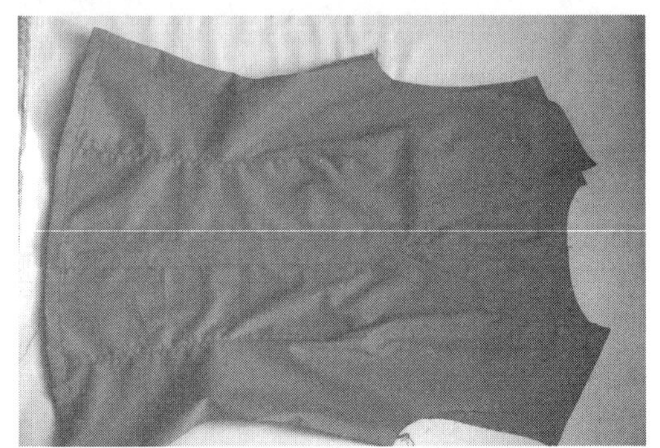

图4-52　缉明线

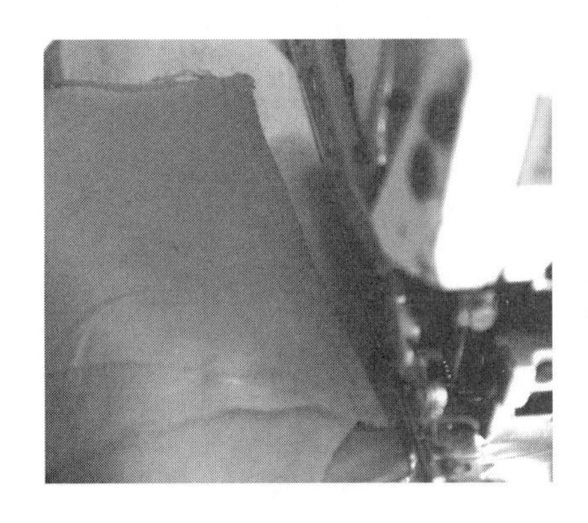

图4-53　合肩缝

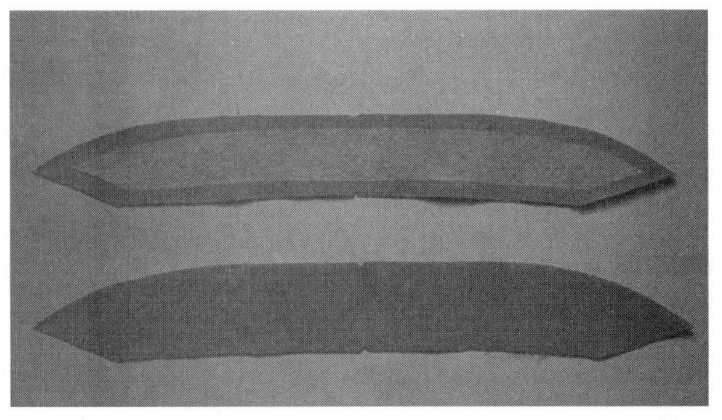

图4-54　烫领衬

④缝合领面与领里：领面与领里正面相对，领里在上、领面在下，修剪领子，烫领，领面下口扣转0.6cm（图4-57）。

（10）装领。

①缉领里：将领里正面与衣身的反面相对，从右前身开始缉0.8cm缝份，领子的后中点与衣身的后中点要对齐，缉至左前身，要求左右对称（图4-58）。

②缉领面：压缉领面一圈，要求上炕0.1cm（图4-59）。

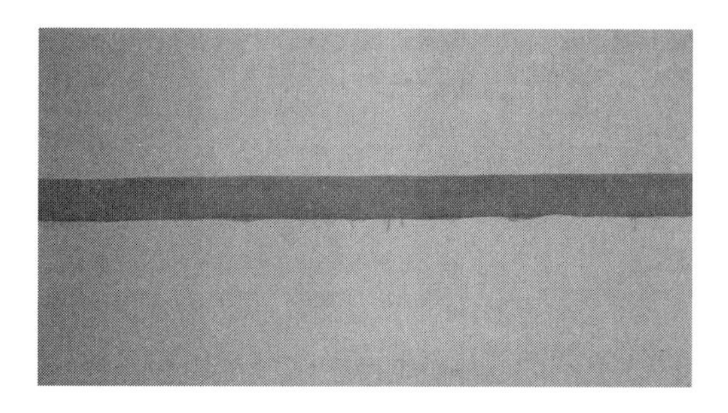 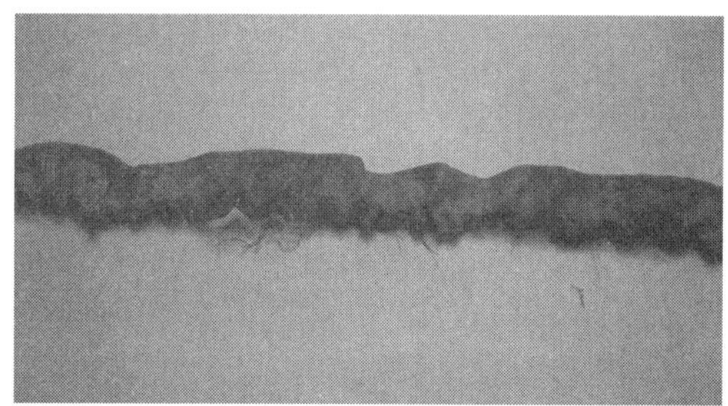

图4-55　缉花边条、抽花边

 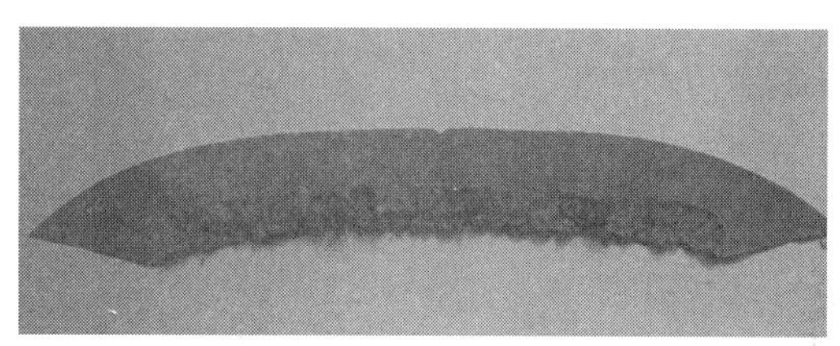

图4-56　固定花边

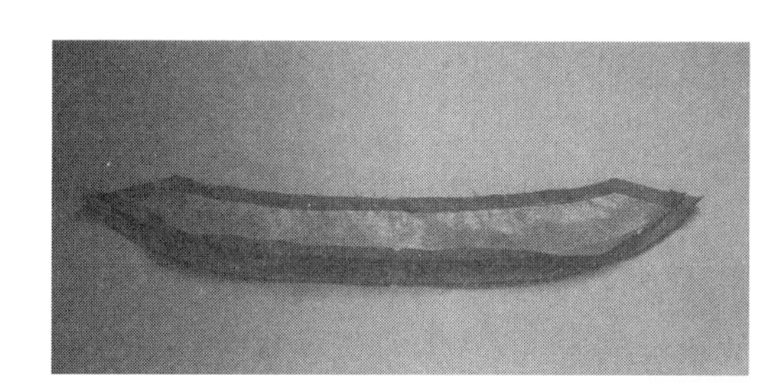 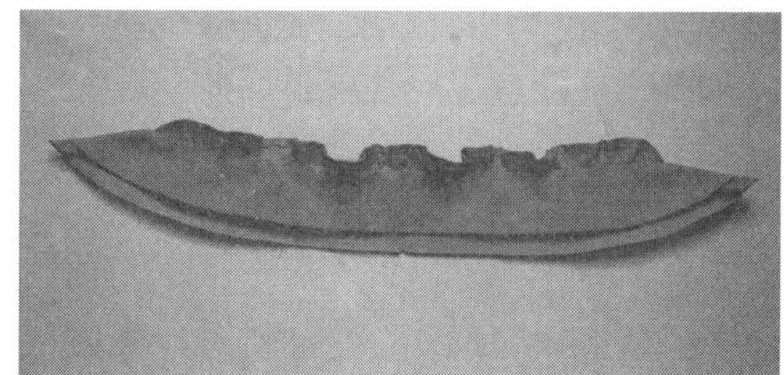

图4-57　缝合领面与领里

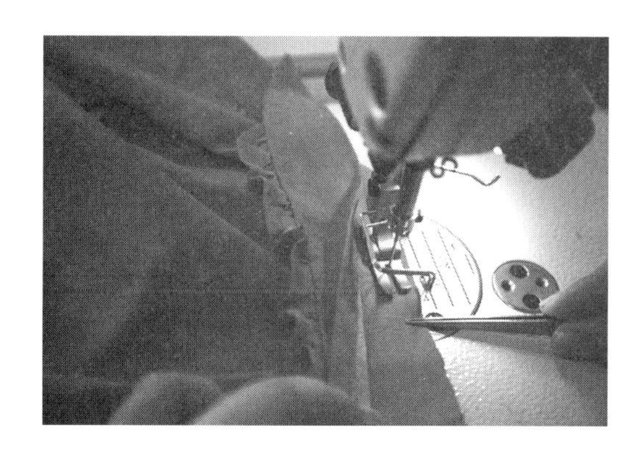 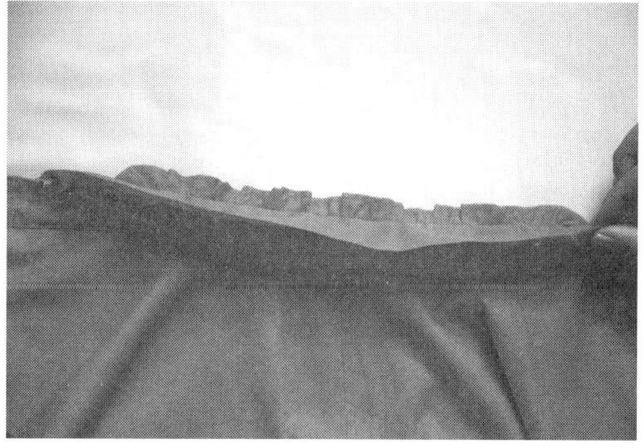

图4-58　缉领里

图4-59　缉领面

（11）做袖。

①扣烫袖衩条：将袖衩条的两边的缝份分别扣转熨烫好。缉袖衩：将袖衩条折光烫好，宽0.8cm，袖片按制图规格距袖口7cm剪一个开口，用夹缉法在袖衩条的边缘缉 0.1cm宽的明止线（图4-60）。

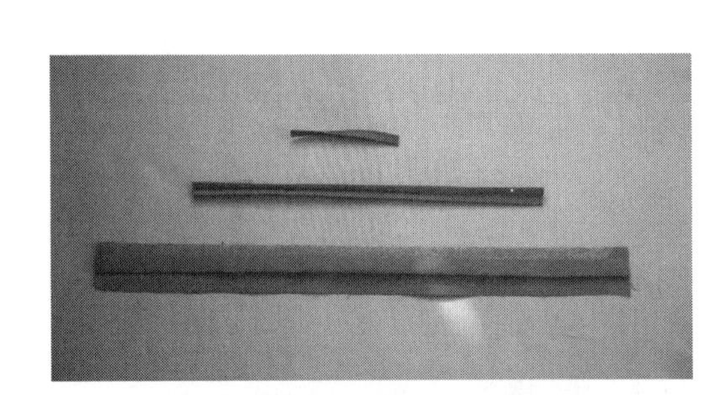
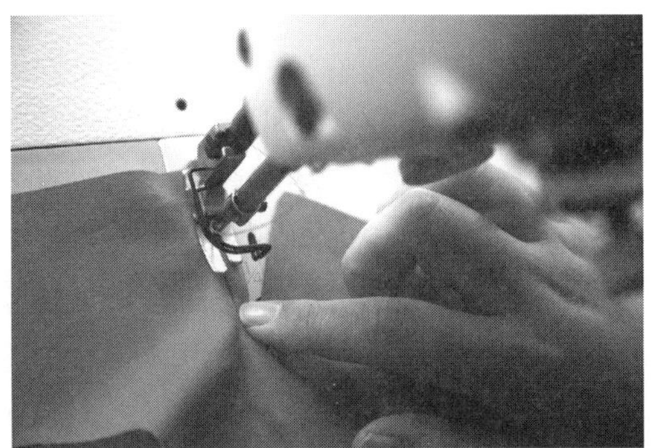
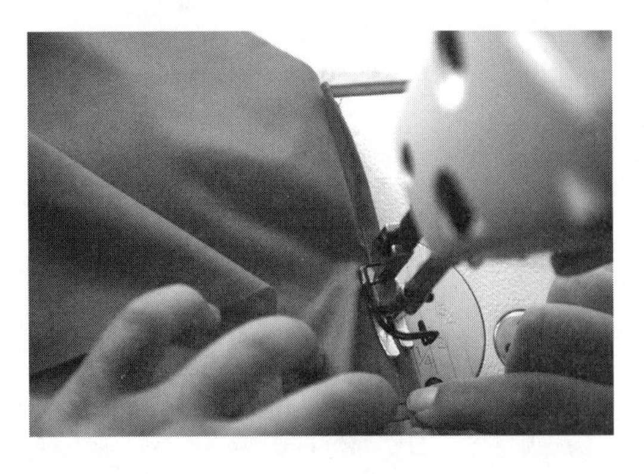
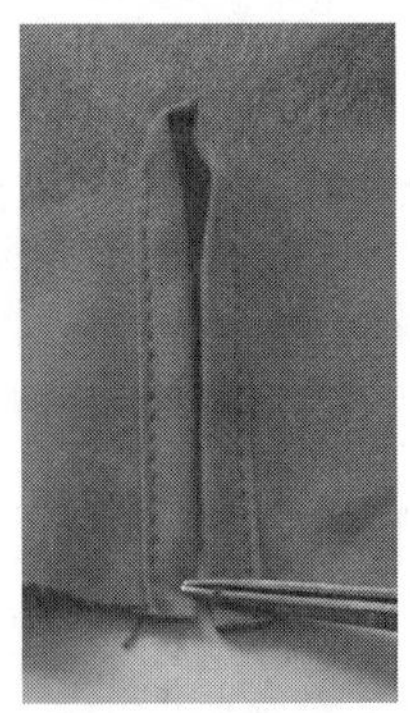

图4-60　扣烫袖衩条缉袖衩

②抽袖山褶和袖口褶：将机针的针距调到最大，按抽摺位置距袖山和袖口边缘0.3cm缉线，起针处留一段缝纫线以便抽摺。合袖底缝后，袖口细裥抽均匀，袖衩门襟要折转，袖片的袖口大小与袖克夫长短一致（图4-61）。

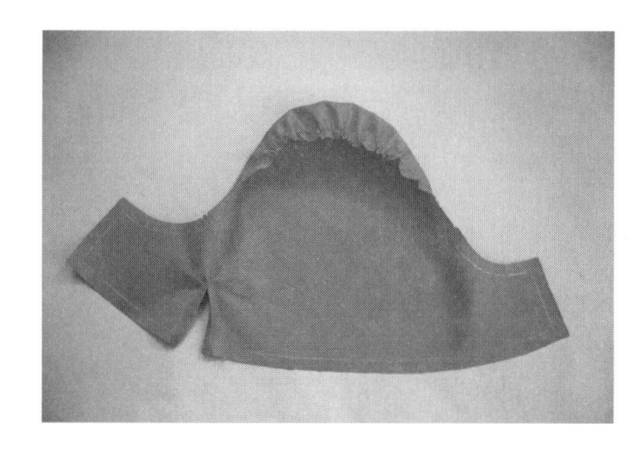

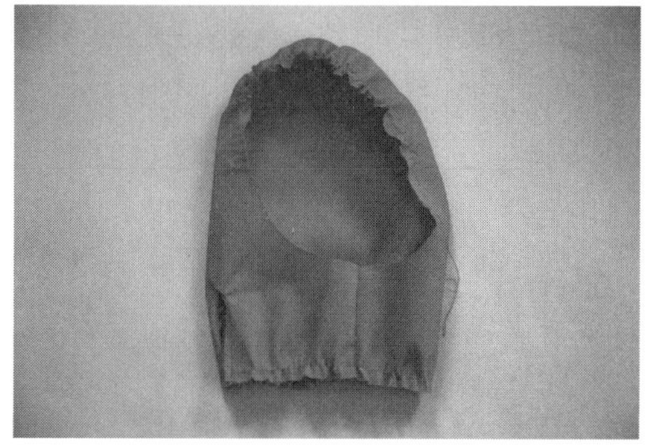

图4-61　抽袖山褶和袖口褶

（12）装袖。

①装袖克夫：先将袖克夫做好，再将袖克夫正面与袖片反面相对，袖口对齐，缉线0.8cm。注意袖衩两端必须与袖克夫两端对齐（图4-62）。

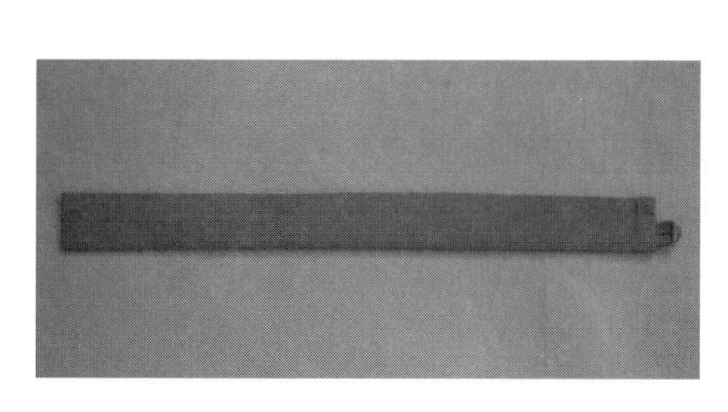

图4-62　装袖克夫

②压袖克夫：袖克夫翻正，袖克夫两边夹里不能倒吐，袖衩两端塞齐，正面缉0.1cm止口（图4-63）。

③装袖：大身正面与袖正面相叠，对齐，注意袖前后不要弄错，缉1cm缝份，要求左右对称（图4-64）。

（13）锁眼、钉扣（图4-65）。

①锁眼：门襟锁竖扣眼4个。扣眼进出位置根据制图要求，扣眼大小同于纽扣直径尺寸。袖克夫在袖衩放平的一边钉纽1粒，进出离袖克夫边1cm，高低居中袖克夫宽。

②钉扣：按锁眼位置相对应的部位钉纽扣。

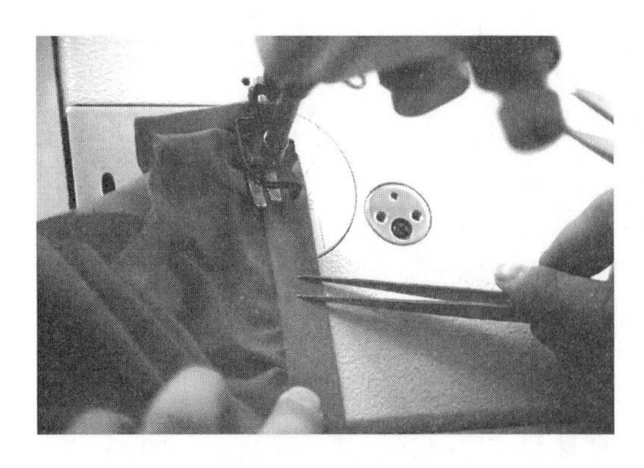

图4-63 压袖克夫

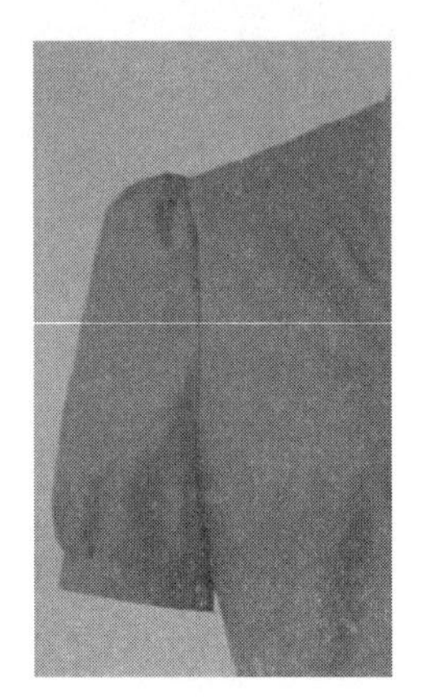
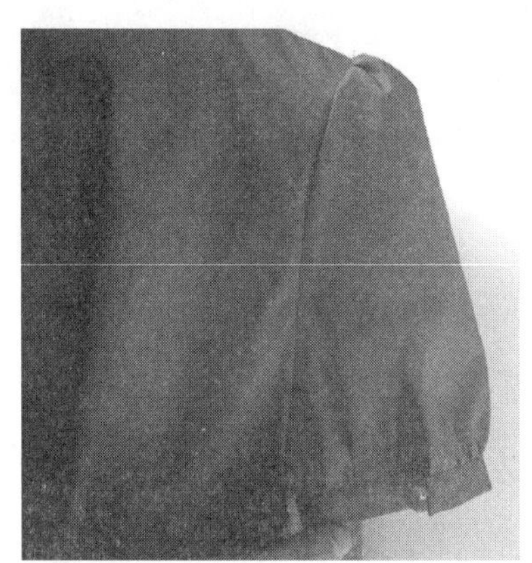

图4-64 装袖

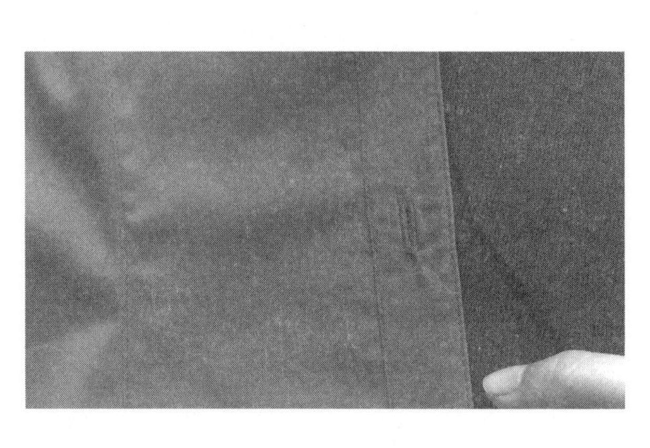
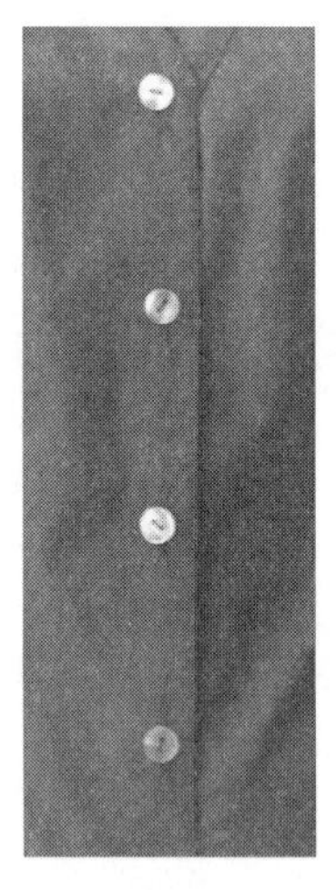

图4-65 锁眼、钉纽

（14）整烫：将制作完的立领、泡袖女衬衫检查一遍，清剪线头，将衣领、衣身、底摆、衣袖等熨烫平整（图4-66）。

（15）立领、泡袖女衬衫成品效果图（图4-67）。

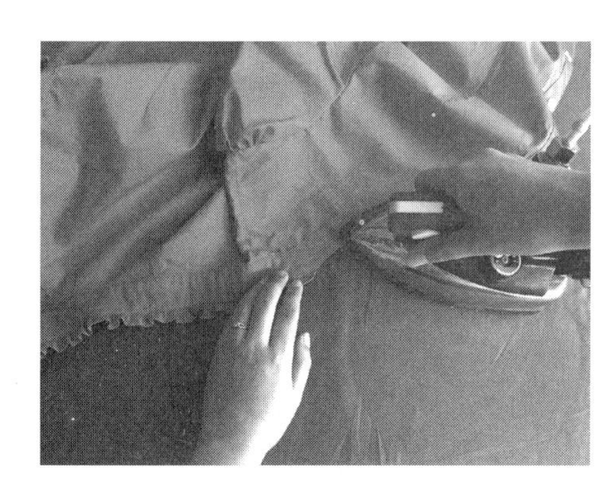
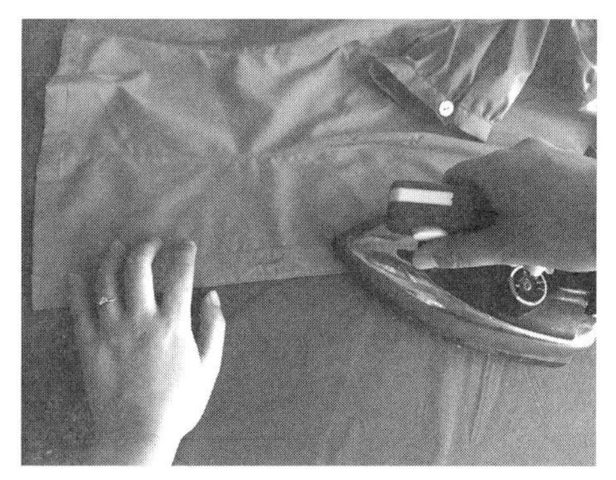

图4-66　整烫

图4-67　成品效果图

【特别提示】

（1）在衬衫面料、板型、设备确定的前提下，衣片之间的缝合对位标记在缝合中的作用必须重视。如绱领处的“三眼刀”，绱袖处的袖山点等。

（2）女衬衫受流行因素影响很大，款式变化更为多样。本款式选取立领装花边、泡袖都是在基本款领、袖的基础上做了一点变化，丰富了款式的内容，配合技能大赛，让学生学会举一反三。

（3）衬衫的缝制重点是装领、绱袖。领、袖工艺是一件衬衫的重要工艺，领头左右对称、宽窄一致、止口平服至关重要。袖衩缝合时一定注意门、里襟上、下层松紧一致，绱袖吃势均匀，缉线圆顺是一件衬衫质量的保证。

（4）面料跟黏合衬的缩率不一致，很容易导致熨烫时黏合衬起泡现象，不同材质的面料应采用相应的熨烫温度，不能太高也不能太低，熨烫温度适当压烫后才能有较好的定型效果。

三、任务实施

1. 实践准备（图4-68）

图4-68 立领、泡袖女衬衫材料图

（1）面料裁片：前衣片2片；
后衣片2片；
袖片2片；
领面1片；
领里1片；
袖克夫2片；
袖衩条2片；
门襟贴边2片；
花边条1片。

（2）辅料准备：配色线；
纽扣6粒；
黏合衬若干。

（3）实物样衣一件。

2. 操作实施

（1）根据立领、泡袖女衬衫结构制图进行放缝，检查裁剪样板数量。

（2）整理面料，识别面料正、反面，将面料正面与正面相叠，反面朝上，丝缕顺直。

（3）将裁剪样板根据丝缕要求，正确铺放在面料上，做到紧密、合理的排料。

（4）先裁主件、后裁部件，再配黏合衬。检查所需的裁片、辅料是否完整。

（5）根据裁片制作立领、泡袖女衬衫，其操作步骤：做标记 → 收省 → 合后中缝 → 做门、里襟 → 合侧缝 → 卷底边 → 绱门、里襟 → 合肩缝→ 做领 → 装领 → 做袖 → 装袖 → 锁眼、钉扣 → 整烫。

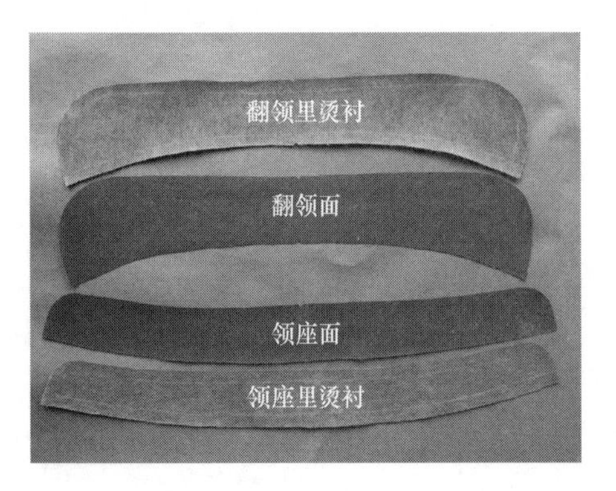

图4-69 烫衬

四、学习拓展

女衬衫圆领的缝制

（1）烫衬（图4-69）。

（2）缉翻领（图4-70）、烫翻领（图4-71）。

（3）缝合翻领与领座、缉底领上口线：在底领夹里一面，沿底领上口线，离开止口0.15cm左右缉线，起落针均在领口里侧，使接线不外露（图4-72、图4-73）。

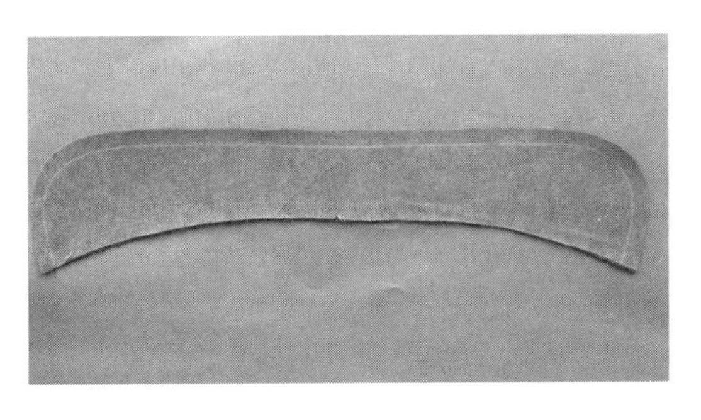

图4-70　缉翻领

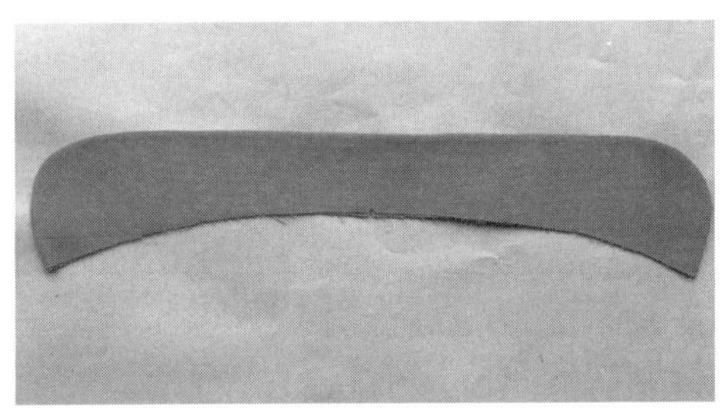

图4-71　烫翻领

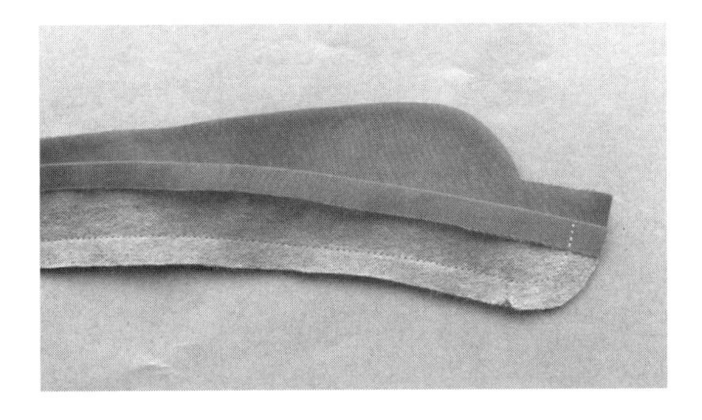

图4-72　缝合翻领与领座

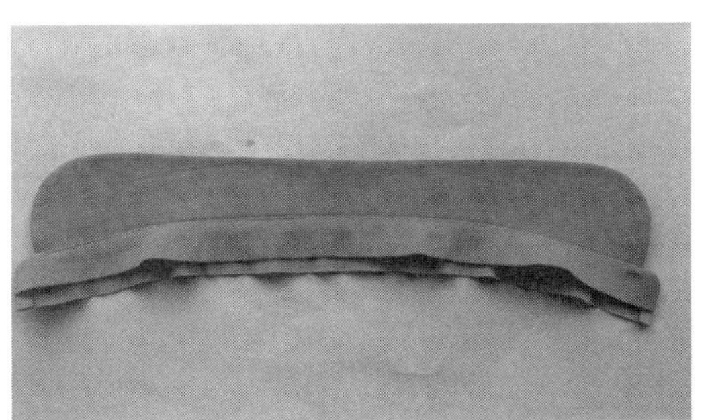

图4-73　缉底领上口线

（4）女衬衫圆领效果图（图4-74）。

图4-74　女衬衫圆领效果图

五、任务评价

立领、泡袖女衬衫评价表（表4-6）。

表4-6 立领、泡袖女衬衫评价表

序号	部位	具体指标	分值	自评	小组互评	教师评价
1	规格	衣长、胸围、肩宽、领围、短袖长规格正确	10			
2	领子	领面、里平服，松紧适宜，不起皱 领止口缉线顺直，不反吐 花边抽摺要均匀 绱领无偏斜，缉线顺直无止炕	20			
3	门、里襟	门里襟平直，长短一致	4			
4	绱袖	泡泡袖的抽摺要匀称、美观、圆顺、平服 绱袖缉线顺直，宽窄一致	16			
5	袖克夫	袖克夫方正、左右对称 袖克夫缉线顺直无探头、不反吐	6			
6	袖衩	袖衩平服、长短一致 袖衩无毛、漏，缉线顺直 袖褶左右对称，倒向正确	20			
7	侧缝、袖底缝	线条顺直、平服 袖底十字裆平齐，互差不超0.3cm	10			
8	底边	平服，折边大小一致	4			
9	整洁牢固	整件产品无跳针、浮线、粉印 各部位无毛、脱、漏 整件产品无明暗线头 针迹明线3cm14～16针	10			
合计			100			

工作任务4.3　男衬衫制作工艺

技能目标	知识目标
1．能按照男衬衫款式图进行款式分析 2．能根据面料特点、款式规格，运用结构制图进行裁剪、工艺制作 3．能分析同类衬衫的工艺流程，编写工艺单 4．能根据质量要求评价衬衫品质的好坏，树立服装品质概念	1．了解男衬衫的外形特点，并能描述其款式特点 2．了解面料的幅宽，能根据男衬衫样板进行放缝、排料划样、裁剪 3．掌握男衬衫制作工艺 4．熟悉男衬衫工艺单的编写 5．了解锁眼、钉扣、后整理、包装操作的工艺要求 6．了解男衬衫质量要求

一、任务描述

根据男衬衫样衣通知单，按照款式图明确的款式要求，使用M号规格尺寸进行结构制图（1：1），并在结构图基础上放缝、制作样板，选择合适的面料进行排料、裁剪、制作，要求完成一件男衬衫。

男衬衫服装样衣工艺通知单，如表4–7所示。

二、必备知识

1．款式描述

款式如图4–75所示。领型为翻立领。前中开襟、单排扣，钉纽扣6粒，左前衣片设一胸袋，后衣片装双层过肩，平下摆，侧缝直腰型。袖型为一片式平装袖，袖口收褶裥3个，装圆角袖克夫，袖克夫上钉纽扣2粒。

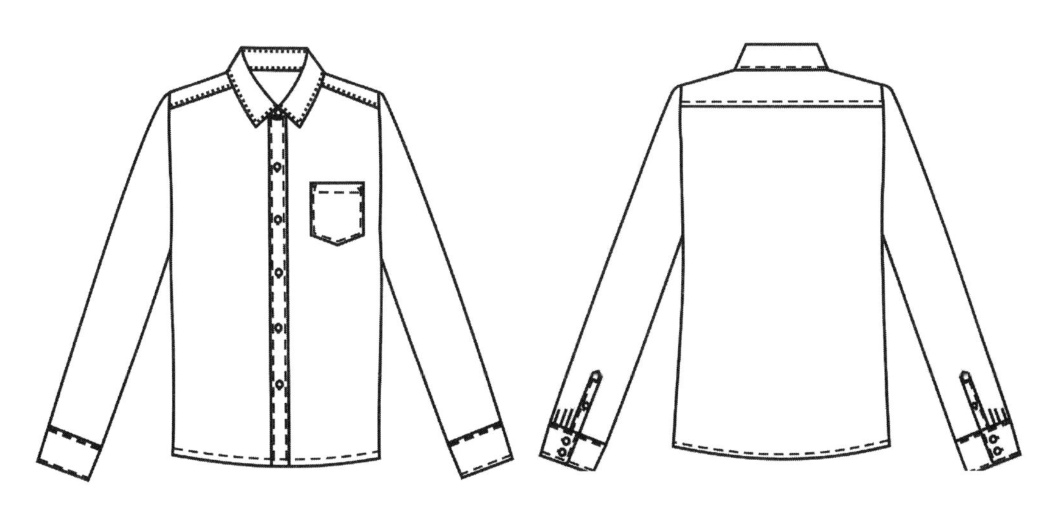

图4–75　款式图

表4-7　男衬衫服装样衣工艺通知单

品牌：RHH	款号：DL1123	名称：男衬衫
纸样编号：T1416	下单日期：	完成日期：

款式图：

系列规格表（5·4）　　单位：cm

部位 \ 规格		165/84A	170/88A	175/92A	档差	公差
		S	M	L		
1	后中心长	72	74	76	2	±1
2	胸围	102	106	110	4	±2
3	肩宽	44.4	45.6	46.8	1.2	±0.8
4	领围	39	40	41	1	±0.6
5	袖长	58	59.5	61	1.5	±0.8

款式概述：

领型为翻立领。前中开襟、单排扣，钉纽扣6粒，左前片设一胸袋，后片装双层过肩，平下摆，侧缝直腰型。袖型为一片式平装袖，袖口收褶裥3个，装圆角袖克夫，袖克夫上钉纽扣2粒

面料：涤棉
成分：65%涤、35%棉
组织：平纹
幅宽：144cm

辅料：黏合衬、纽扣、配色线、商标、洗水唛

工艺要求：

1.衣领：领座中宽3cm，前宽2.5cm，翻领中宽4cm，领面缉明线0.4cm，领座缉0.15cm明线
2.左胸贴袋：袋口两折后净宽2.5cm，其余三边扣光缉0.1cm，袋口封直三角形
3.门、里襟：左为翻门襟，缉0.4cm明线。右为里襟与大身相连
4.后衣片：装双层过肩
5.袖、侧缝：采用内包逢，在大身部位缉0.6cm宽明线
6.下摆：底边缉1.5cm宽明线。折边要求宽窄一致，顺直
7.针迹：明线14～16针/3cm，缉线顺直，无跳针、断线现象
8.商标：位置端正，号型标志清晰，号型钉在商标下沿
9.整烫：各部位熨烫到位、平服，无亮光、水花、污迹，底边平直

工艺编制：　　　　工艺审核：　　　　审核日期：

2. **结构图**

（1）规格尺寸，号型170/88A（M号）男衬衫规格尺寸（表4-8）。

表4-8　男衬衫M号规格表　单位：cm

部位	衣长	胸围（B）	领围（N）	肩宽（S）	袖长
规格	74	106	40	45.6	59.5

（2）男衬衫结构制图（图4-76）。

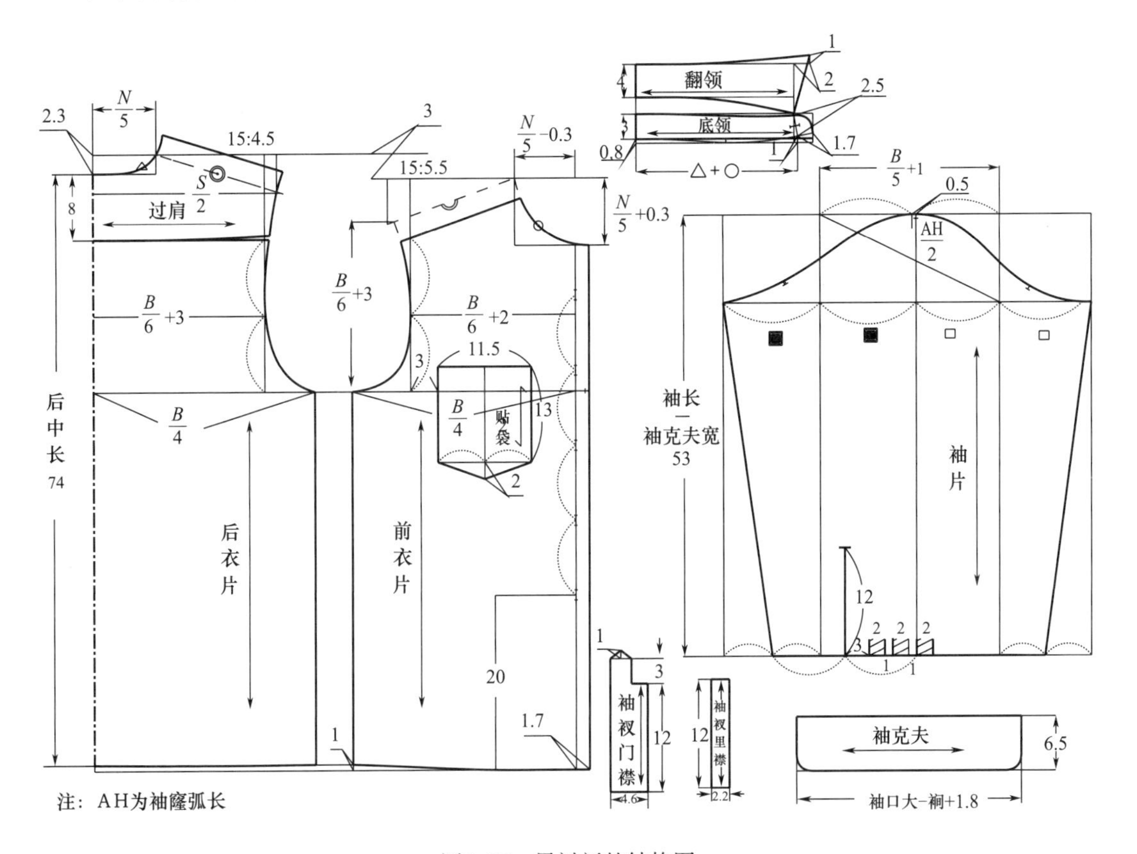

图4-76　男衬衫的结构图

3. **裁剪**

（1）裁片名称。

男衬衫的主要裁片：前衣片、后衣片、贴袋、门襟贴边、过肩、翻领、底领、袖片、袖克夫、袖衩门襟、袖衩里襟（图4-77）。

（2）裁片放缝（图4-78）。

①前、后衣片底边贴边放缝2cm。后中对折不放缝，其余放缝1cm。

②袖子，翻领里、面，后领里、面四周各放缝1cm。

③袖克夫、袖衩里襟、袖衩门襟四周各放缝1cm。

④胸贴袋上口放缝5.9cm，其余三边放缝1cm。

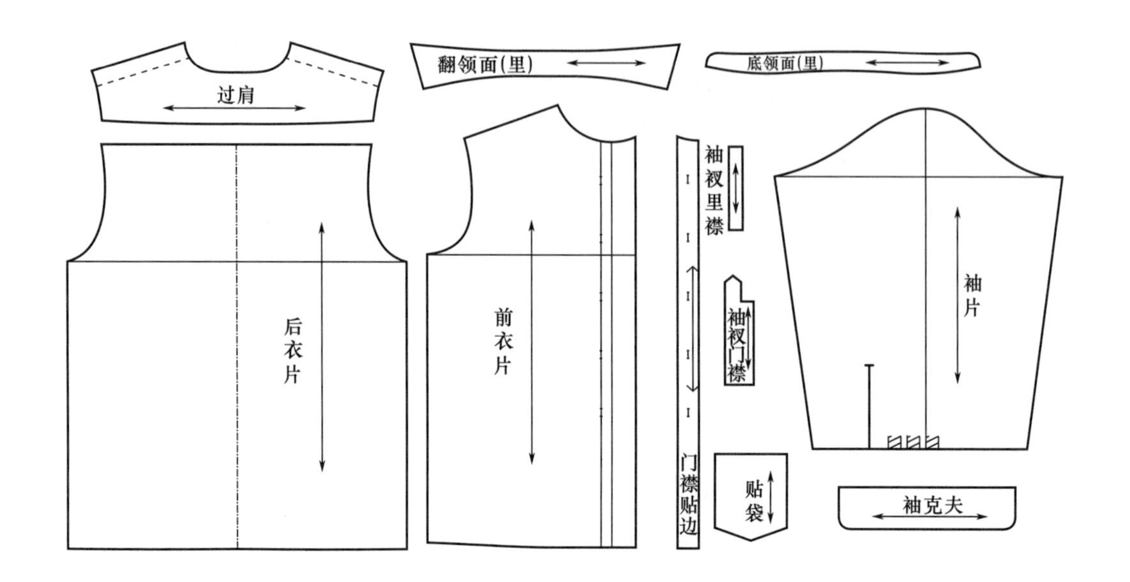

图4-77 男衬衫的主要裁片

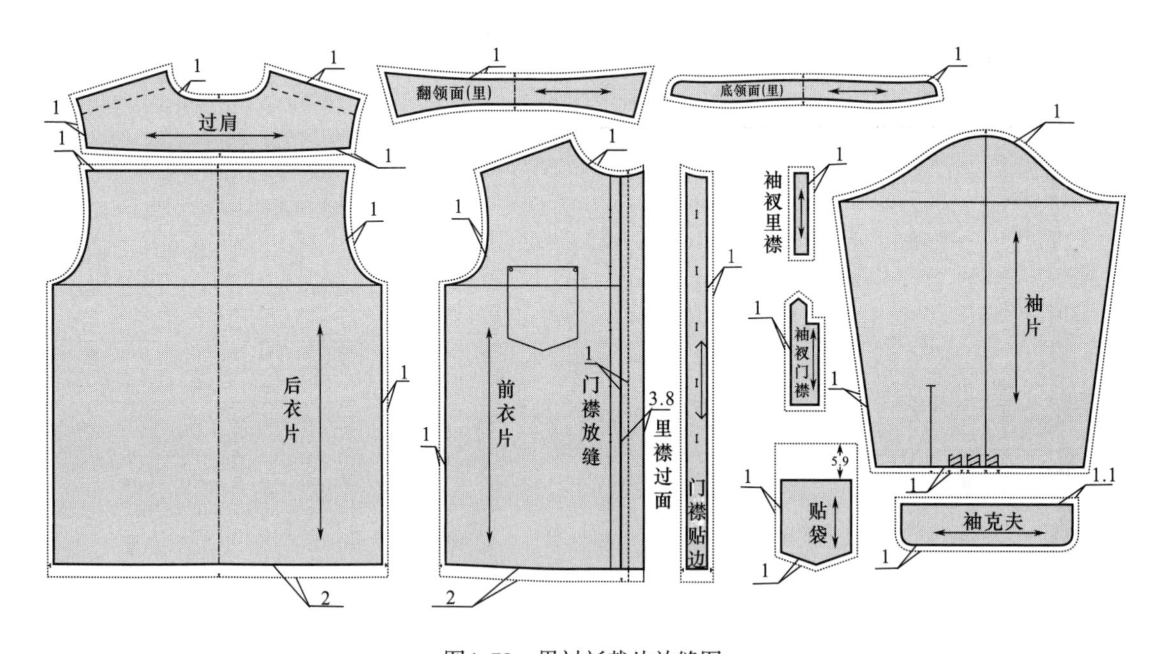

图4-78 男衬衫裁片放缝图

（3）裁片做标记。

男衬衫打刀眼、钻眼部位：

①前衣片：门襟宽、胸袋位、底边贴边宽。

②后片： 后背中线。

③袖片：对肩眼刀、袖口打裥位。

④后过肩面：后领圈中心、后背中心。

（4）排料。

①男衬衫在90cm幅宽的面料上进行排料（图4-79）。

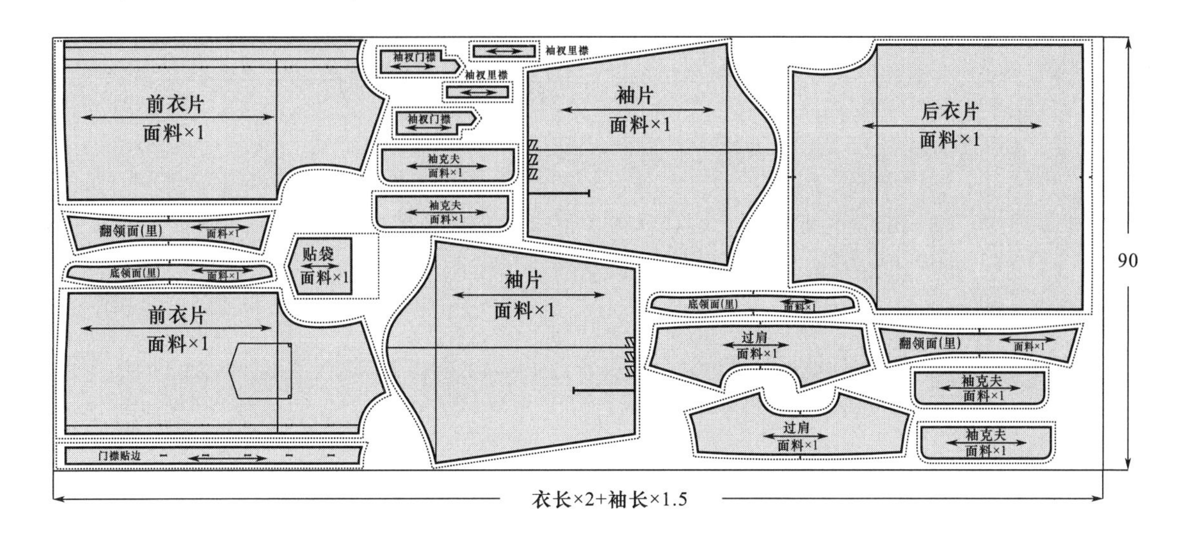

图4-79　男衬衫90cm幅宽排料图

②男衬衫在114cm幅宽的面料上进行排料（图4-80）。

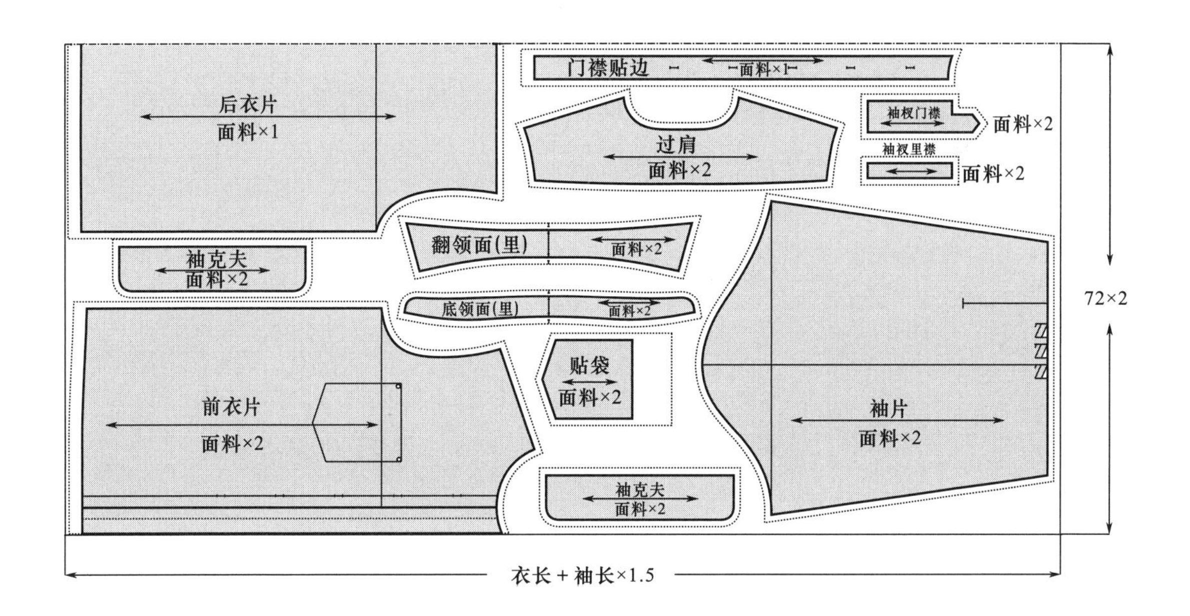

图4-80　男衬衫114cm幅宽排料图

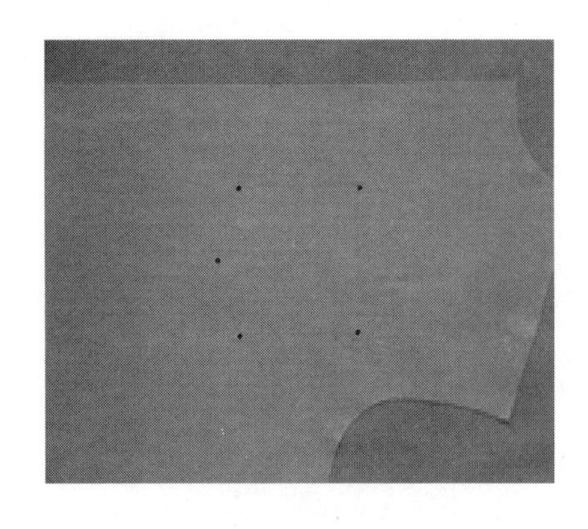

图4-81 做标记

4. **缝制工艺**

（1）做标记：根据需要在男衬衫袋位等处，用钻眼或画粉做好缝制标记（图4-81）。

（2）做贴袋。

①扣烫贴袋：贴袋的袋口按2.5cm的宽度扣烫两次，其他三边按1cm缝份扣烫（图4-82）。

②缉贴袋：根据左片贴袋定位标记将扣烫好的贴袋缉在衣片袋位上，注意袋口要封直角三角形，条格面料注意要对条对格（图4-83）。

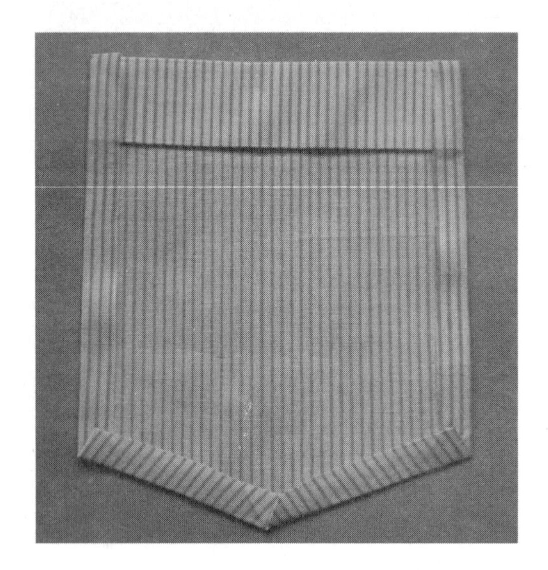

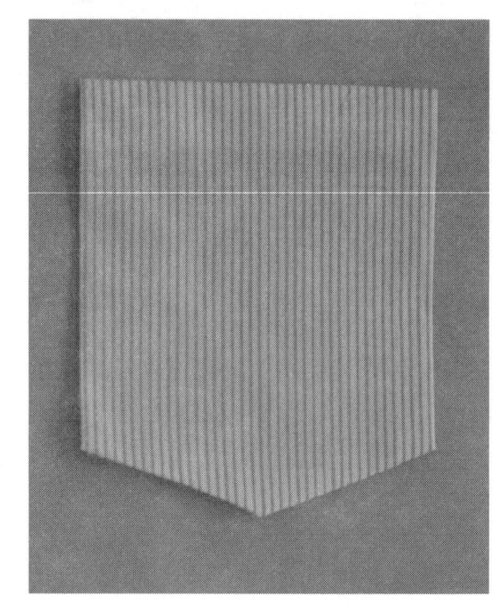

图4-82 扣烫贴袋

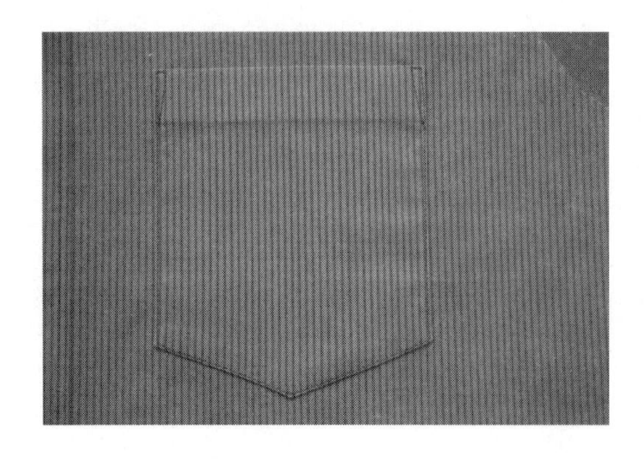

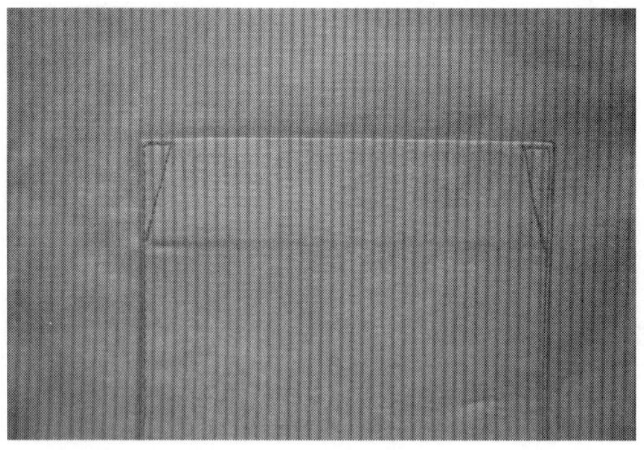

图4-83 缉贴袋

（3）做门襟。

①烫门襟贴边：将门襟贴边与门襟贴边衬烫合在一起，两边按净样板先扣烫1cm缝份，再烫出3.4cm折边宽度（图4-84）。

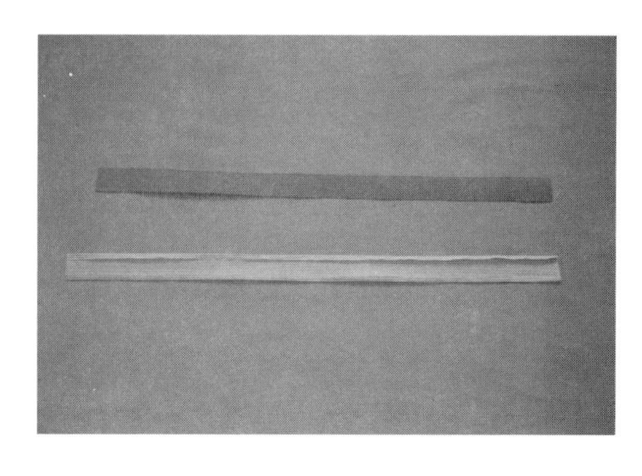

图4-84 烫门襟贴边

②缉门襟贴边：门襟贴边的正面与左前片的反面相对，沿门襟止口净线缝合。再将门襟贴边翻向正面烫好，在门襟贴边正面两边各缉0.4cm宽的明线（图4-85）。

③右片里襟缉明线：沿扣烫好的折边边缘0.1cm缉明线（图4-86）。

（4）装过肩。

①缝合后片与过肩：两层过肩正面相对将后片夹在两层过肩之间，三层一起缝合（图4-87）。

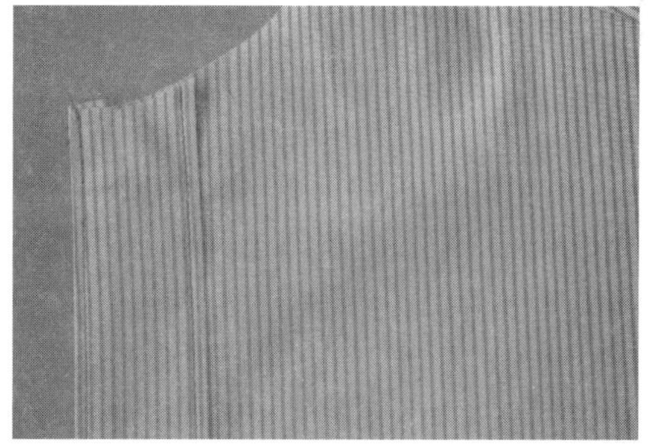

图4-85 缉门襟贴边

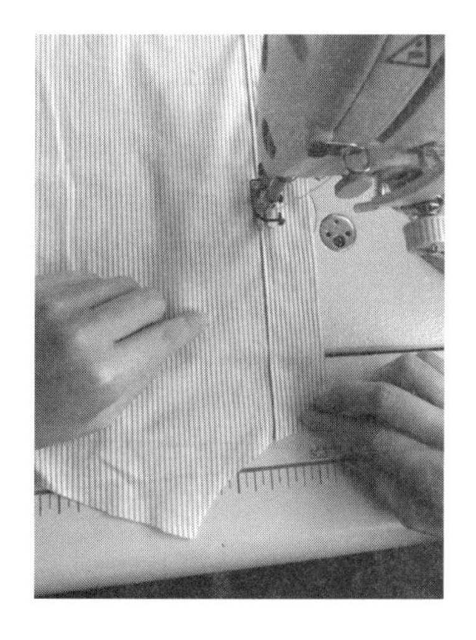

图4-86 右片里襟缉明线

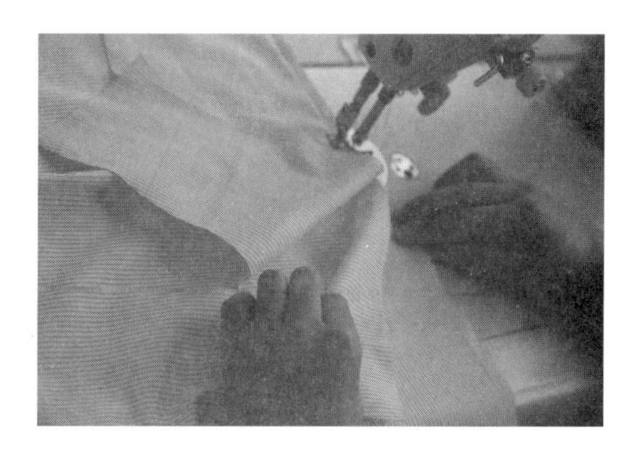

图4-87 缝合后片与过肩

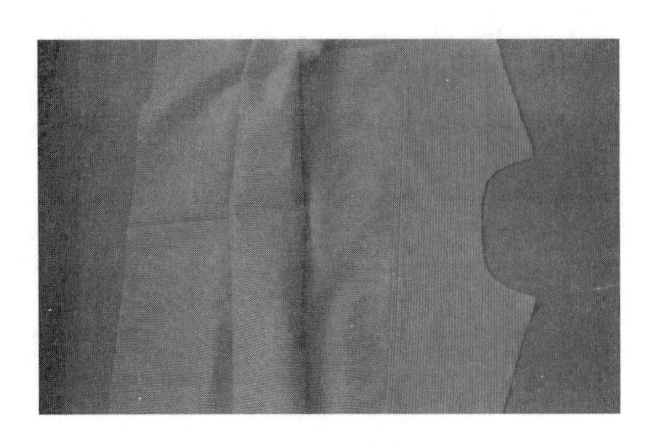

图4-88　缉过肩明线

②缉过肩明线：将过肩的两层向上翻，正面在上，缉0.6cm宽的明线（图4-88）。

（5）合肩缝。

把前片夹在两层过肩之间，三层缝合在一起；再缝合另一侧，之后在正面缉0.6cm宽的明线（图4-89）。

（6）做领。

①黏领衬：在翻领面的反面按领子净样黏一层树脂衬，在领座面的反面按净样黏一层树脂衬（图4-90）。

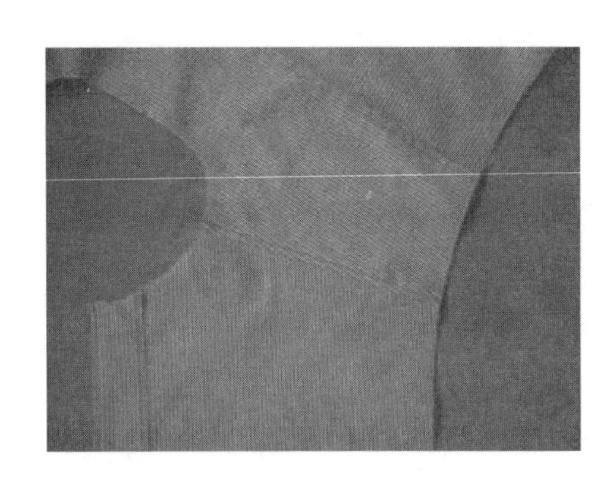

图4-89　合肩逢

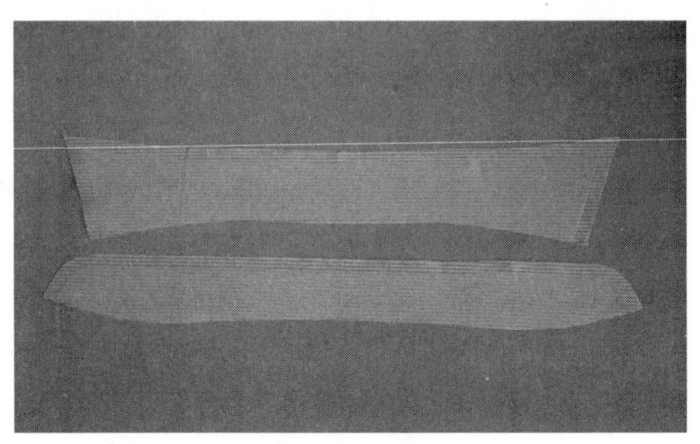

图4-90　黏领衬

②缉翻领：翻领面在上，翻领里在下，正面相对，翻领里四周比翻领面四周缝份少0.2cm，沿领衬边缘0.1cm缉线。适当修剪领外口缝份，扣烫缝份，将领角插片放置在领角处（图4-91）。

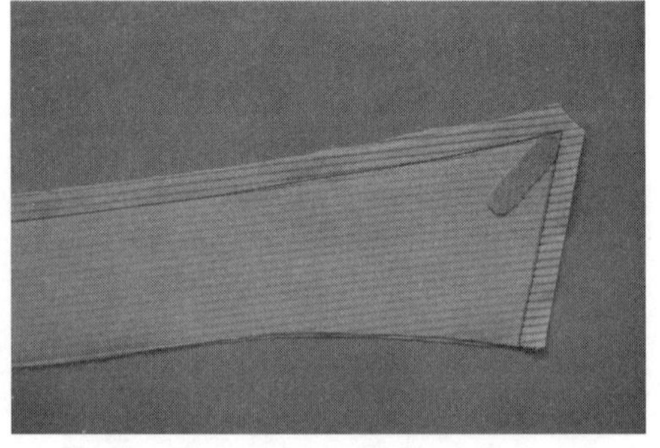

图4-91　缉翻领

③翻领缉明线：翻出领面熨烫，领里不能反吐。在正面距边缘0.6cm缉明线。固定翻领，领面在外卷折翻领，使领面留有松量，离开翻领衬0.2cm缉线固定（图4–92）。

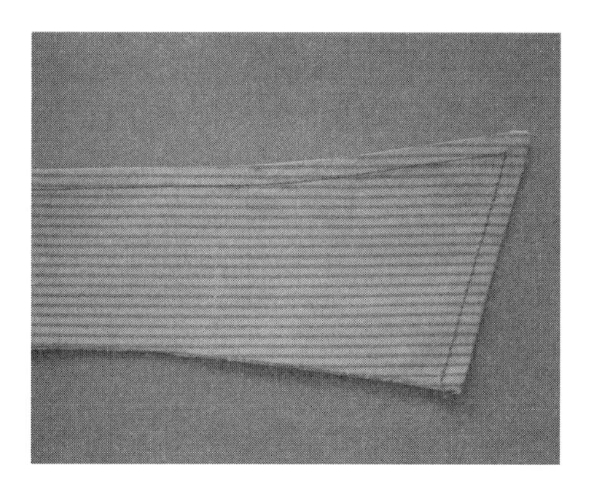
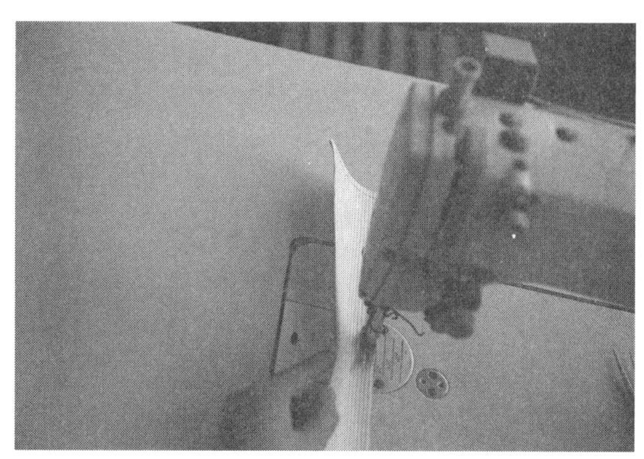

图4–92　翻领缉明线

④缉领座面：在领座面的反面黏上衬，扣烫领座下口缝份并在缝份上缉0.6cm宽的明线（图4–93）。

⑤合翻领与领座：把翻领夹在两层领座之间，翻领面的正面要与领座面的正面相对，三层缝合在一起，离开衬0.1cm缉线（图4–94）。

⑥修剪缝份：修剪翻领与领座的缝份，翻转后底领上口线缉0.15cm压线，领座下口修剩1cm缝份至正面后的效果（图4–95）。

图4–93　缉领座面

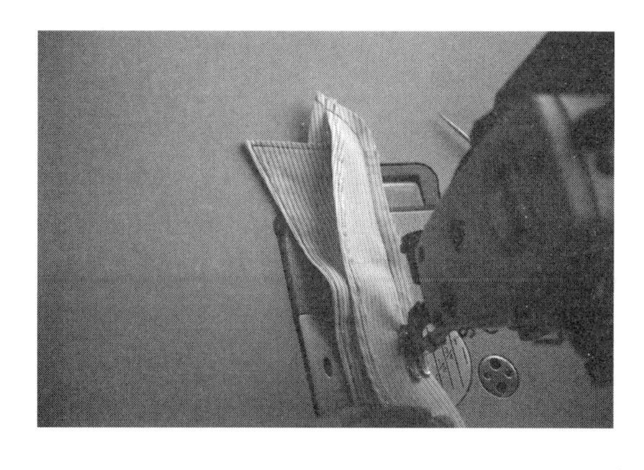
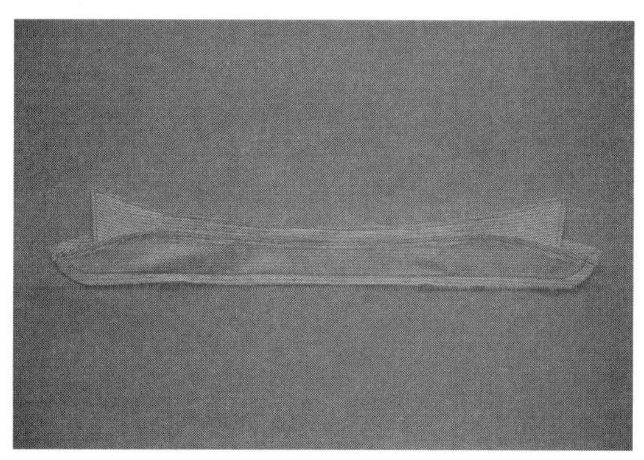

图4–94　合翻领与领座

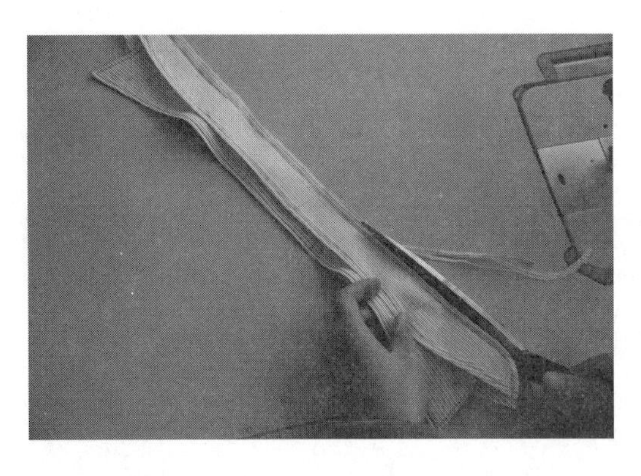
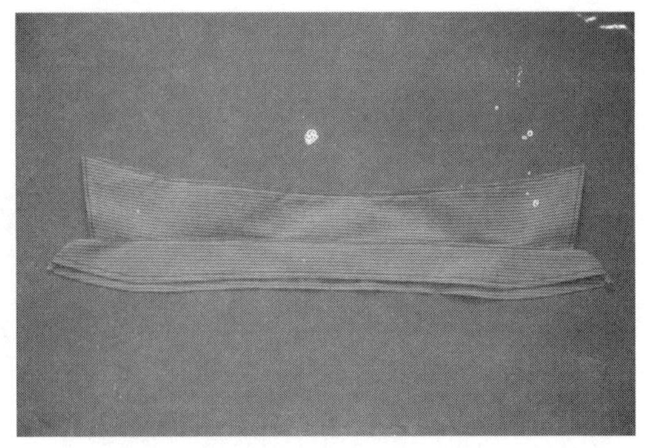

图4-95　修剪缝份

（7）装领。

①合领圈与领座面：将衬衫大身领圈与领座面下口缝合，缝合后的效果（图4-96）。

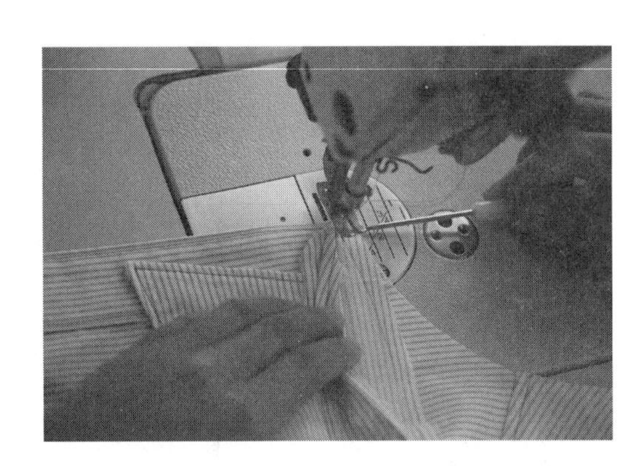
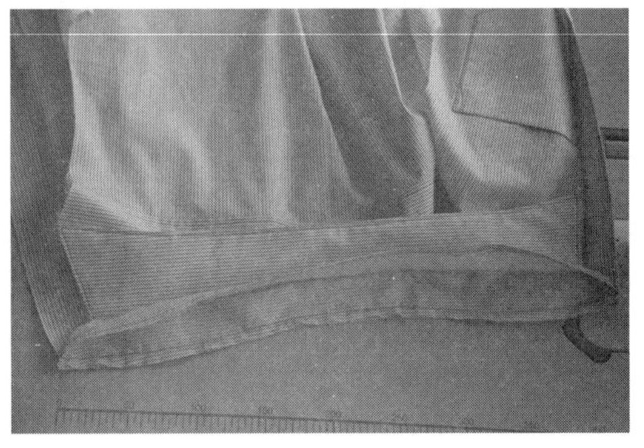

图4-96　合领圈与领座面

②压领：将领口缝份折好，从里襟底领里上口线断线处交接一段接着缉线，经过圆头，缉0.15cm宽的明止口（图4-97）。

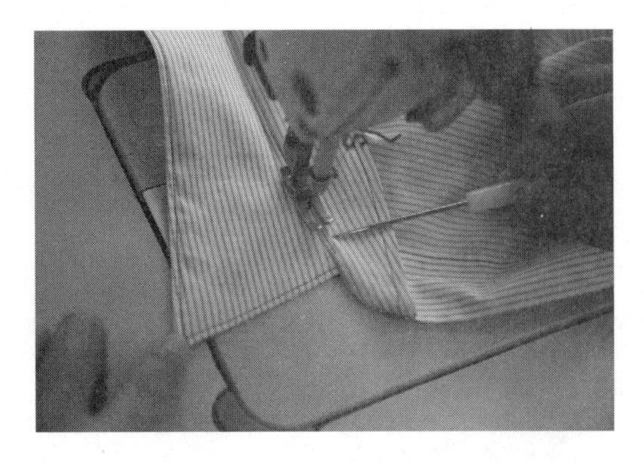
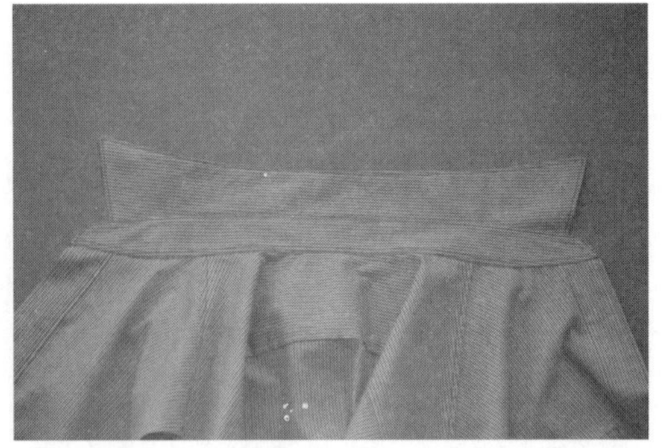

图4-97　压领

（8）做袖衩。

①扣烫袖衩条门、里襟：按净样板将袖衩条门襟、里襟扣烫好，在袖片上定好衩位（图4–98）。

②缉袖衩里襟：将里襟袖衩放在袖片开衩处，朝袖片一边多摆放，净线与袖片上的袖衩长重叠，袖衩里襟放在后袖一侧，缉缝（图4–99）。

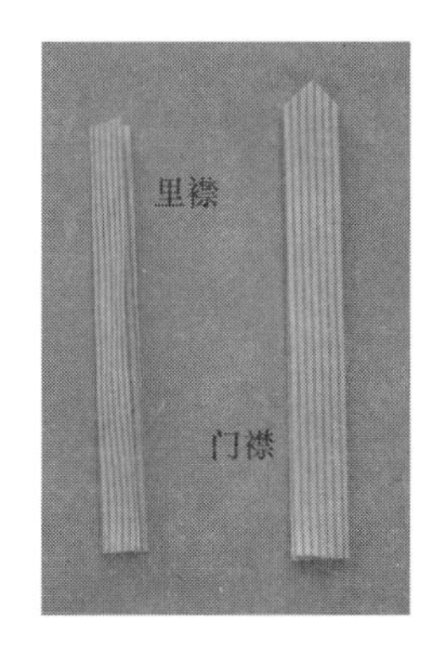

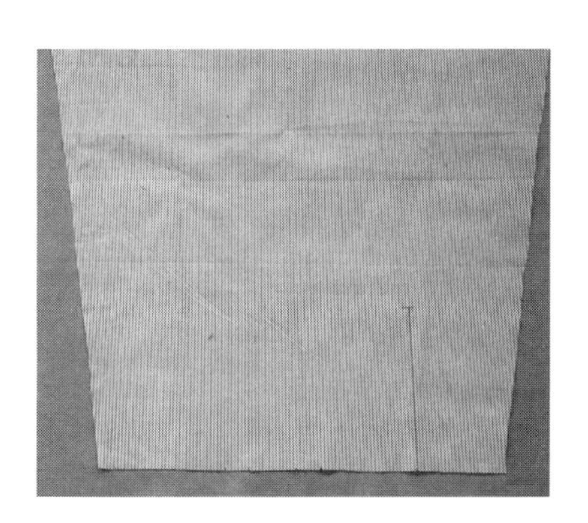

图4–98　扣烫袖衩条门、里襟

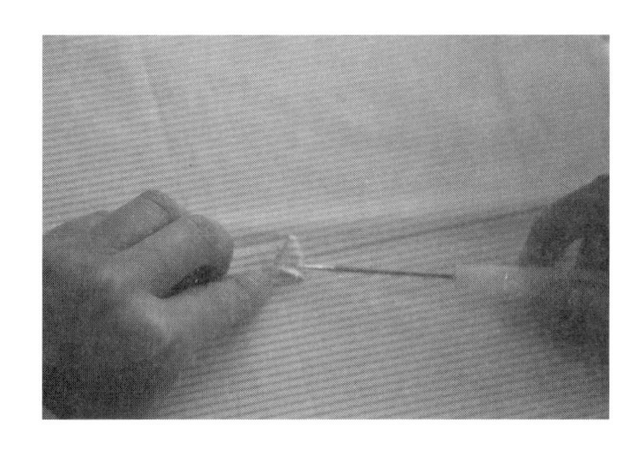
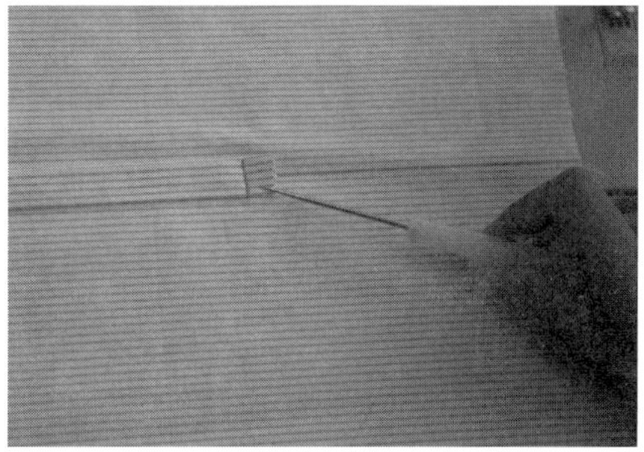

图4–99　缉袖衩里襟

③剪袖衩上端：将袖衩里襟上端剪三角，呈Y字型（图4–100）。

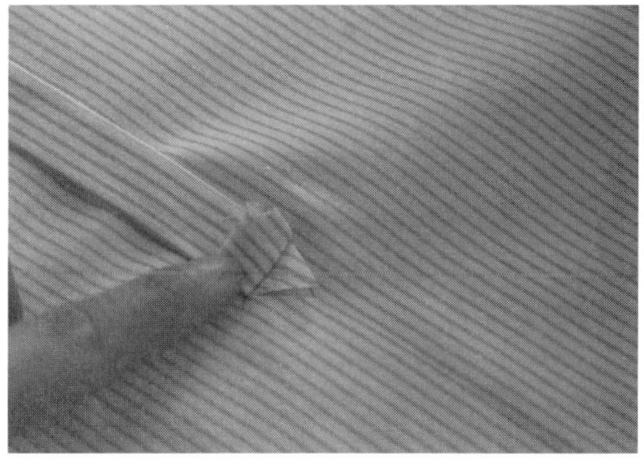

图4–100　剪袖衩里襟上端

④缉袖衩里襟：将袖衩里襟折转包住袖片缝份，距边0.1cm缉明线（图4–101）。

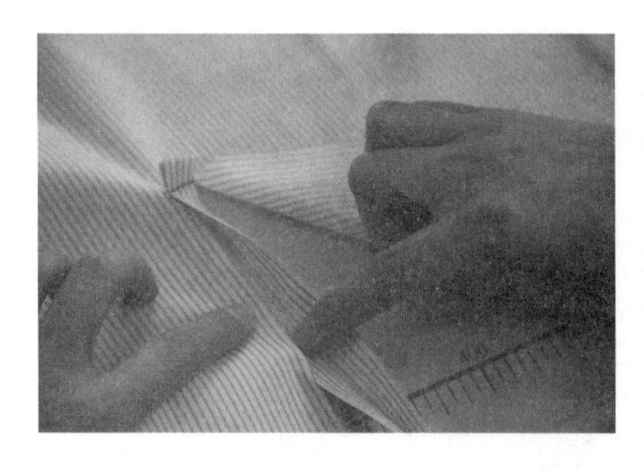
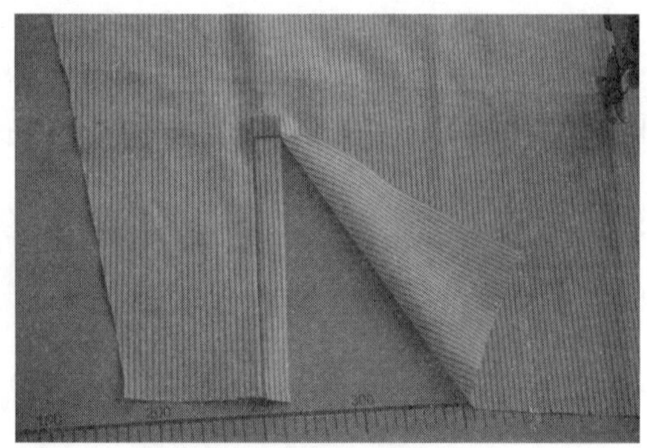

图4–101　缉袖衩里襟

⑤缉袖衩门襟：将袖衩门襟与袖衩位置袖口处放平齐，再将袖衩处缝份夹入，掀开袖衩里襟，在袖衩门襟边缘上缉0.1cm宽的明线（图4–102）。

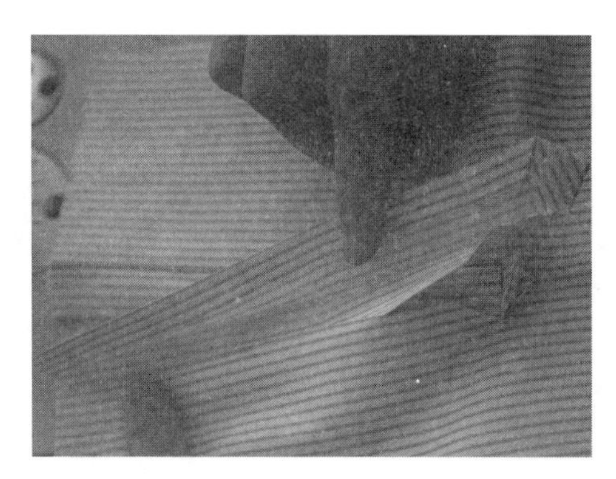
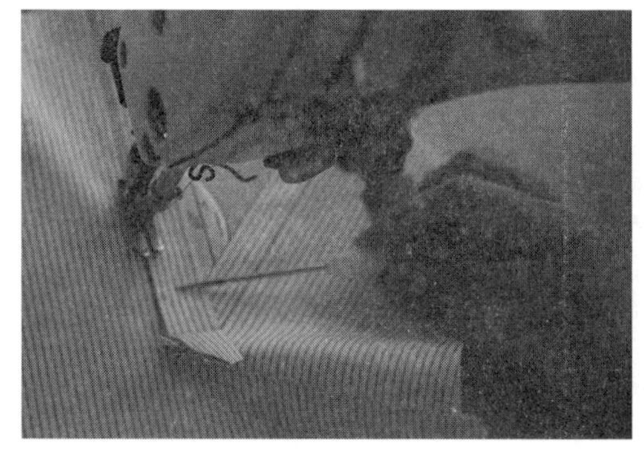

图4–102　缉袖衩门襟

⑥封口：按制图规格封口，从袖子正面看到的效果（图4–103）。

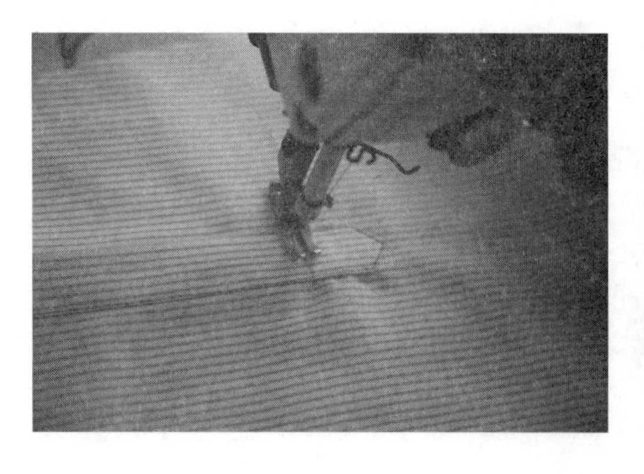
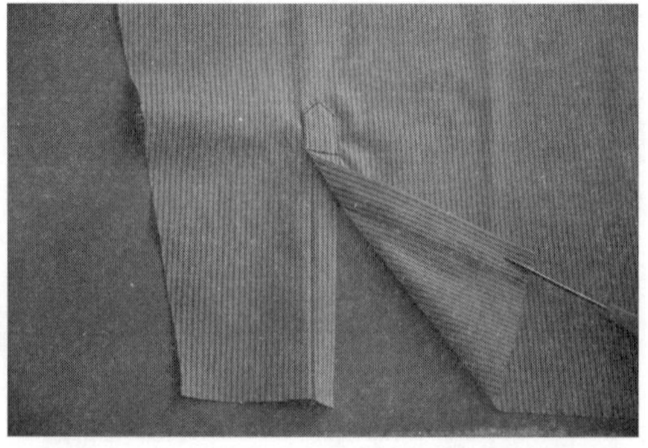

图4–103　封口

（9）绱袖：将衣身与袖片正面相对，衣身放在上层，袖片放下层，缝合衣身与袖片，用内包缝。然后翻转衣身与袖片正面朝外，在衣身正面沿袖窿缉0.6cm宽的明线（图4-104）。

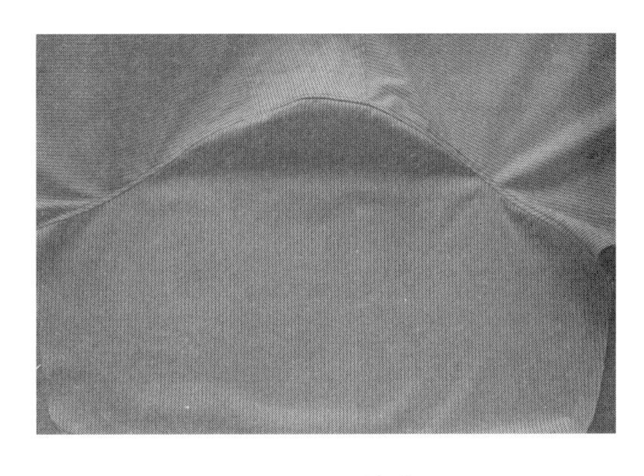

图4-104　绱袖

（10）合摆缝和袖底缝：用内包缝的方法缝合衣身的侧缝及袖子的袖缝，缝合后右身从袖口向下摆方向缝合，左身从下摆向袖口方向缝合，袖底十字缝要对齐。将袖口上的三个褶裥折叠、倒向袖开衩门襟，缉缝固定（图4-105）。

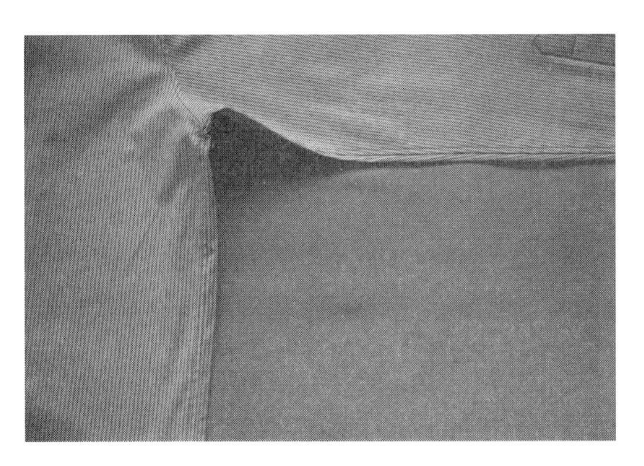

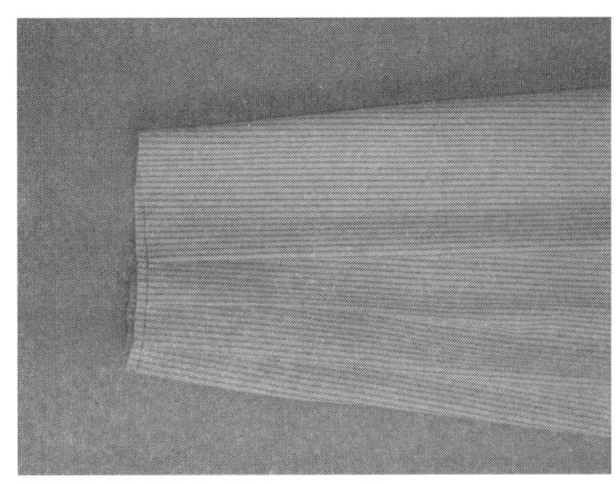

图4-105　合摆缝和袖底缝

（11）做袖克夫。

①缉袖克夫：在袖克夫反面黏一层较硬的无纺衬，用袖克夫净板画线，沿袖口净线扣烫缝份，在缝份上缉0.6cm宽的明线。袖克夫面与袖克夫里正面相对，袖克夫面比袖克夫里缝份多出0.2cm；沿净缝线缉缝，缉缝时要将袖克夫面多出的量吃进去（图4-106）。

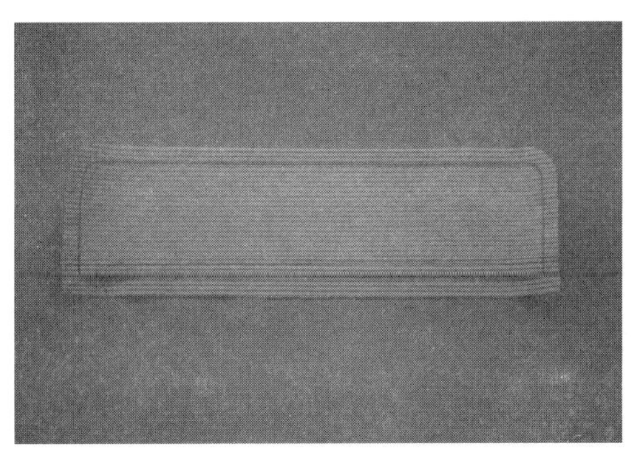

图4-106　缉袖克夫

②烫袖克夫：袖克夫翻向正面，先熨烫周围，注意袖克夫里不能反吐，再沿袖克夫面扣烫袖克夫里的缝份（图4-107）。

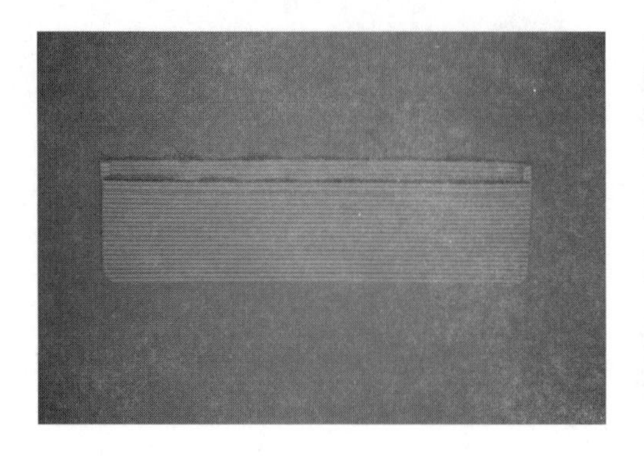

图4-107 烫袖克夫

（12）装袖克夫。

①缉袖克夫：袖克夫里正面与袖片反面相叠，袖口对齐，缉线。袖克夫翻正，袖克夫里两边不能反吐，袖衩两端塞齐，正面缉0.15cm止口线，再沿袖克夫外周缉0.4cm宽的明线（图4-108）。

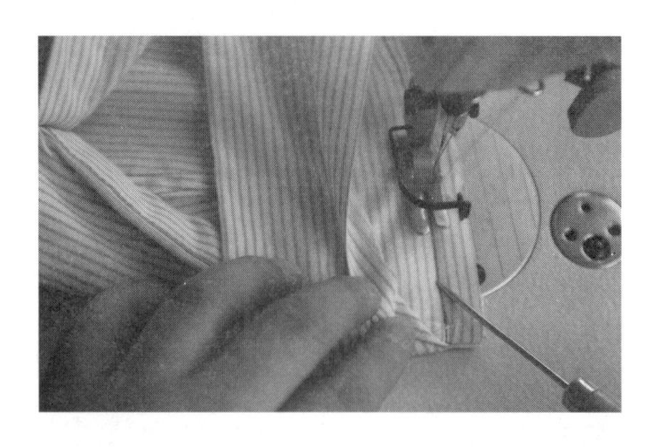
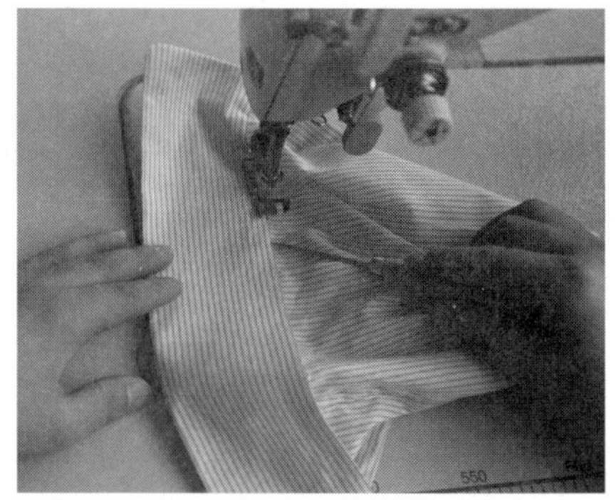

图4-108 缉袖克夫

②袖衩与袖克夫的效果图（图4-109）。

（13）卷底边：沿衣长净缝线卷底边，先折0.5cm，再折1.5cm，缉0.1cm宽的明线（图4-110）。

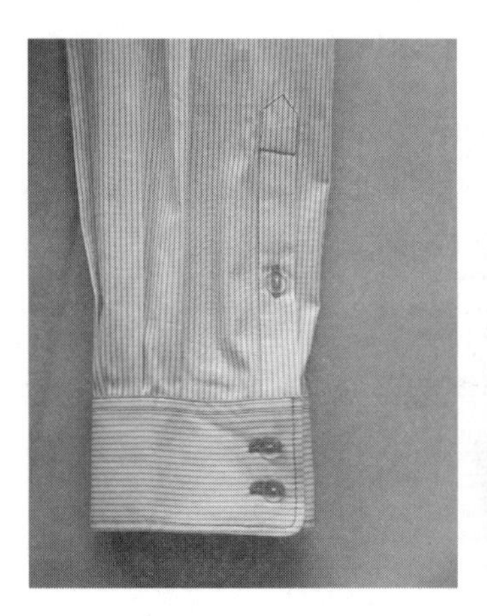

图4-109 袖衩与袖克夫的效果图

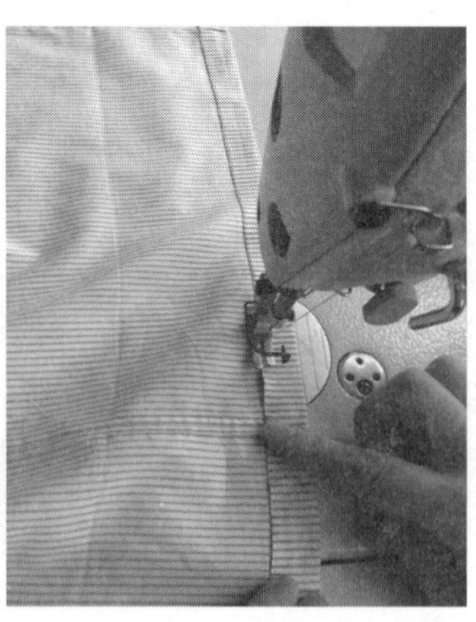

图4-110 卷底边

（14）锁眼、钉扣：按扣眼位置，在左前身领子上锁一个横向扣眼，在门襟上锁五个竖向扣眼，右前身对应位置钉扣（图4–111）。

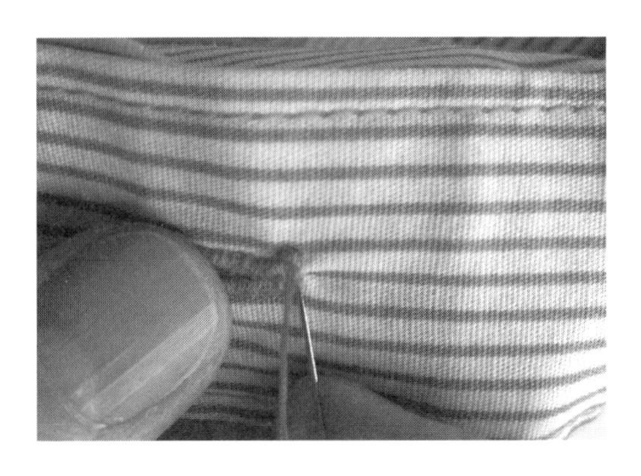

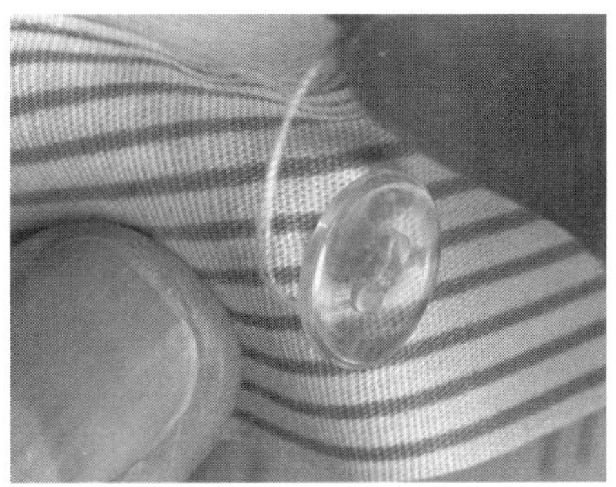

图4–111　锁眼、钉扣

（15）整烫：将制作完成的男衬衫检查一遍，清剪线头。将领子、衣身、底边、袖子、袖克夫等部位熨烫平整（图4–112）。

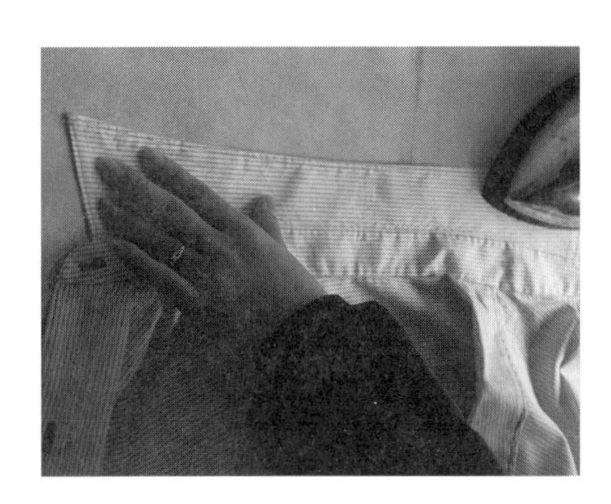

烫领

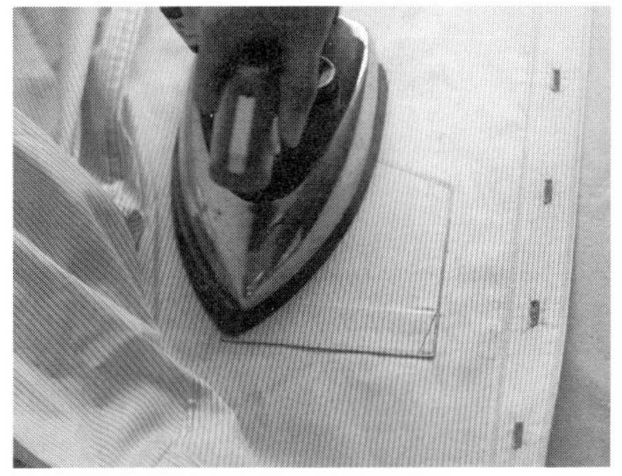

烫贴袋

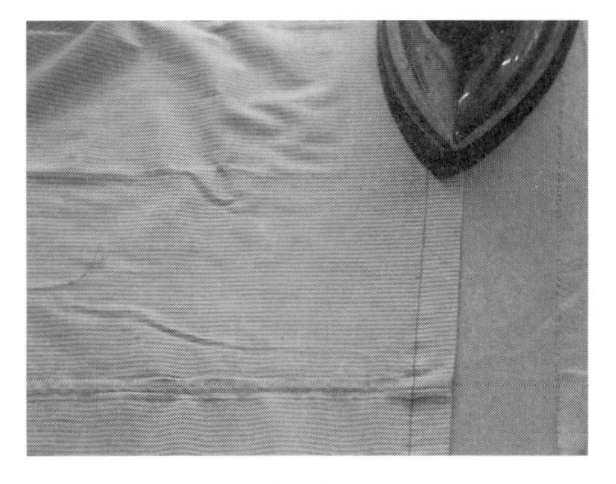

烫下摆

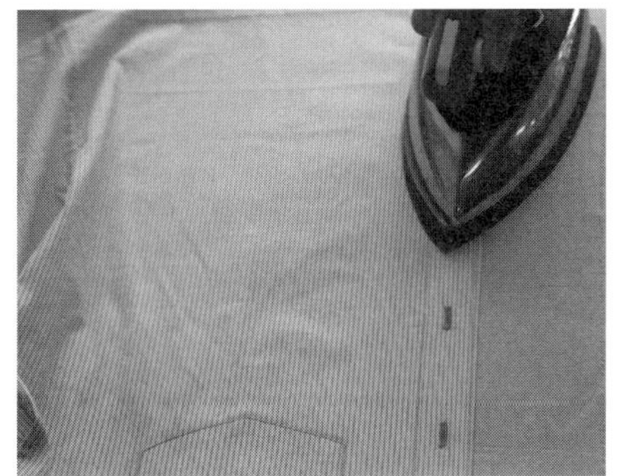

烫门襟止口

图4–112

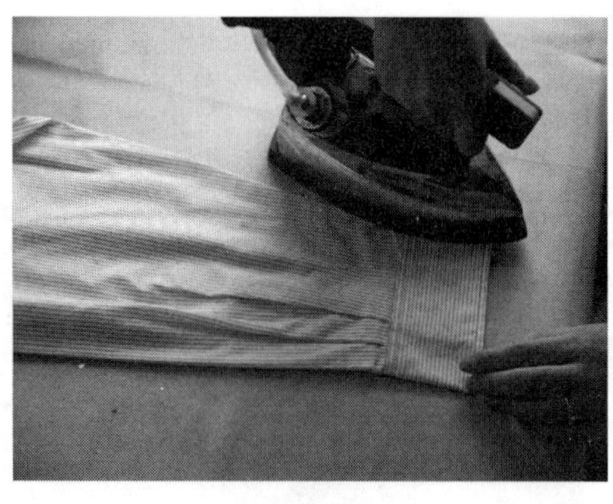

烫袖克夫

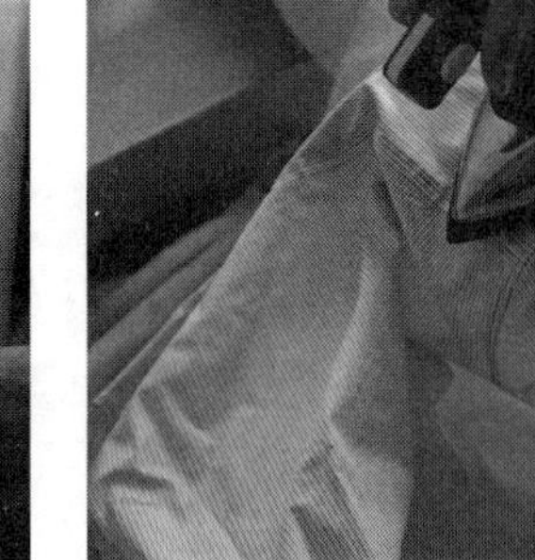

烫肩部

图4–112　整烫

（16）男衬衫成品效果图（图4–113）。

图4–113　男衬衫成品效果图

【特别提示】

（1）男衬衫的硬领在工艺上要求比较高。所以在制作上要注意各工艺要求和操作手势，翻领要求无皱、无泡、不反吐、有窝势；领座要求圆头左右对称、高低一致；绱领无歪斜，确保左右门、里襟长短一致。

（2）男衬衫的袖衩是工艺制作的重点。要求扣烫正确，夹缉袖衩无毛露，宝剑头0.1cm止口顺直，宝剑头封口来回三次线迹重叠无双轨。

（3）衣片的缝合对位标记在缝制工艺中必须重视。绱领的“三眼刀”及绱袖的袖山刀眼是男衬衫领、袖不歪斜的保证。

（4）烫黏合衬时，不同材质的面料应采用相应的温度，不能太高也不能太低，掌握好温度、压力、时间等要素，压烫后黏合衬不起泡、不起皱，才能获得较好的定型效果。

三、任务实施

1. 实践准备（图4–114）

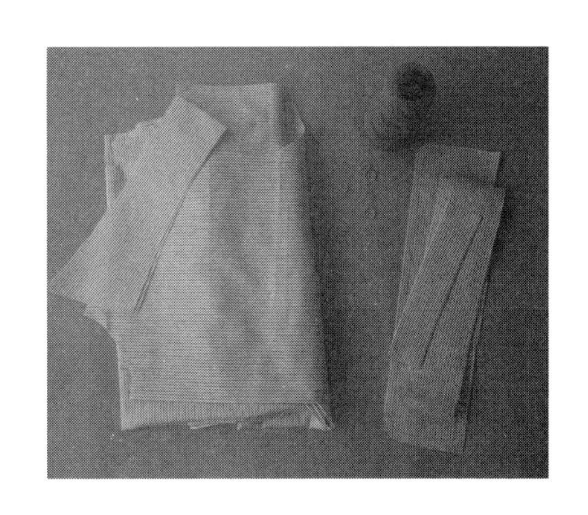

图4–114　男衬衫材料图

（1）面料裁片：前衣片2片；
后衣片1片；
后过肩2片；
袖片2片；
袖克夫4片；
袖衩门襟2片；
袖衩里襟2片；
翻领2片；
领座2片；
胸贴袋1片。

（2）辅料准备：配色线；
纽扣12粒；
树脂无纺衬若干；
黏合衬若干。

（3）实物样衣一件。

2. 操作实施

（1）根据男衬衫结构制图进行放缝，检查裁剪样板数量。

（2）整理面料，识别面料正、反面，将面料正面与正面相叠，反面朝上，丝缕顺直。

（3）将裁剪样板根据丝缕要求，正确的铺放在面料上，做到紧密、合理的排料。

（4）先裁主件、后裁零部件，再配黏合衬。检查所需的裁片、辅料是否完整。

（5）根据裁片制作男衬衫，其操作步骤：做标记→做贴袋→做门襟→装过肩→合肩缝→做领→装领→做袖衩→绱袖→合摆缝和袖底缝→做袖克夫→装袖克夫→卷底边→锁眼、钉扣→整烫。

四、学习拓展

袖开衩条工艺

（1）扣烫袖衩条：按净样板将烫好的袖衩条在袖片袖衩处正确摆放（图4–115）。

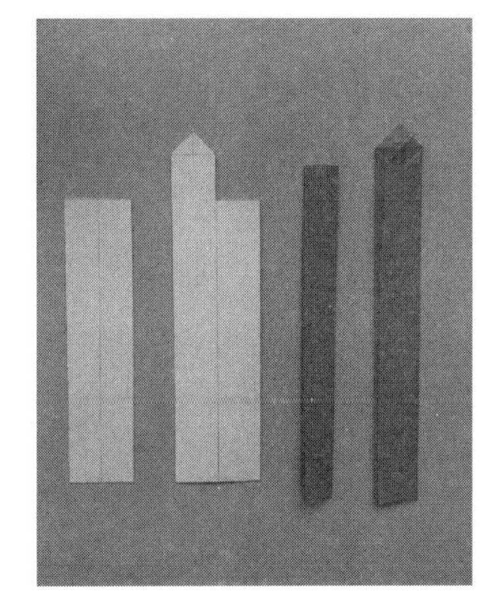

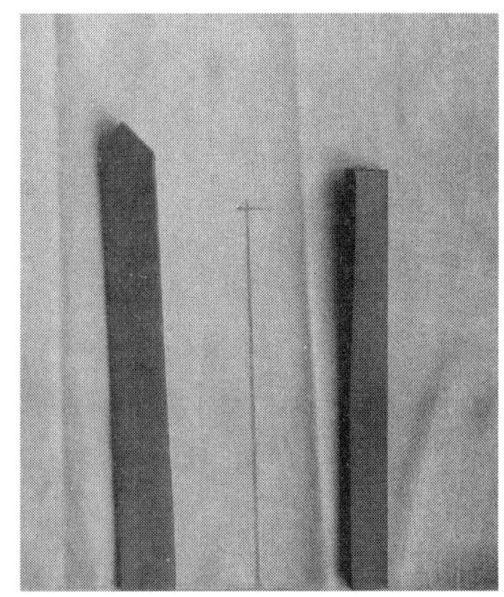

图4–115　扣烫袖衩条

（2）缉门襟：对齐开

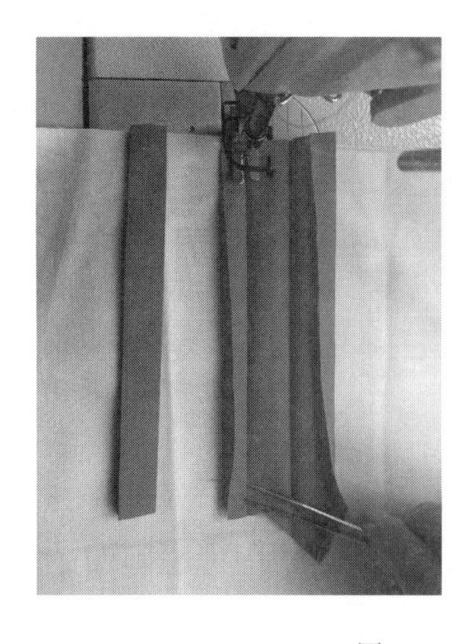
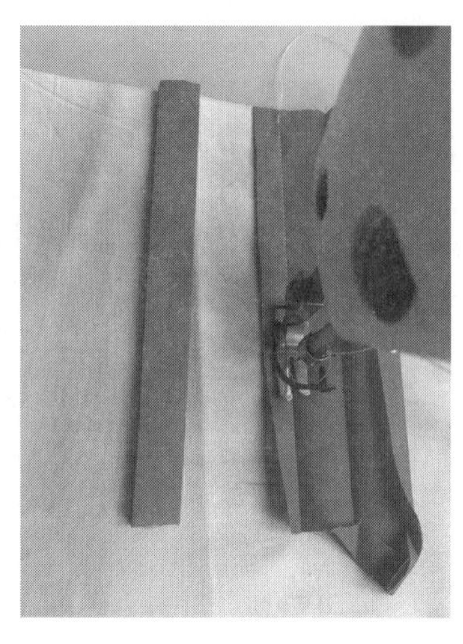

图4-116　缉门襟

衩位，在袖片反面沿扣烫缝份缉门襟（图4-116）。

（3）缉里襟：缉好门襟，袖衩里襟正面与袖片反面缉里襟（图4-117）。

（4）剪衩口：将缉好门襟、里襟的袖片，沿开衩位剪开（图4-118）。

（5）剪三角：按图示在袖片开衩位剪三角，将里襟衩条翻至正面（图4-119）。

（6）缉里襟：在正面缉里襟0.15cm（图4-120）。

（7）封三角：将三角用镊子钳翻至正面封三角（图4-121）。

（8）做封口标记：将门襟翻至袖片正面做封口标记（图4-122）。

（9）封袖衩：在正面缉门襟明线0.15cm，封转角封袖衩（图4-123）。

（10）完成后的袖开衩（图4-124）。

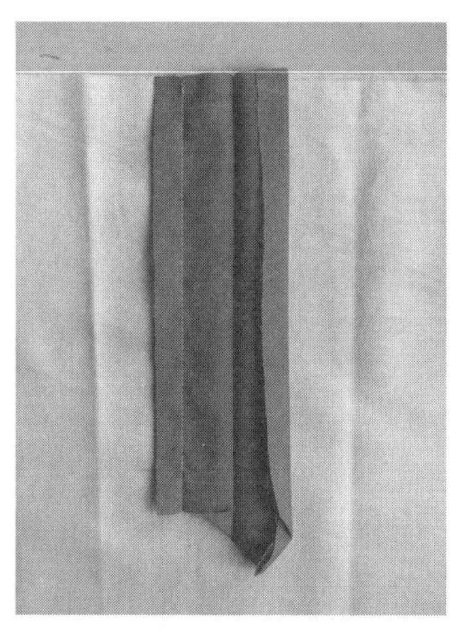

图4-117　缉里襟

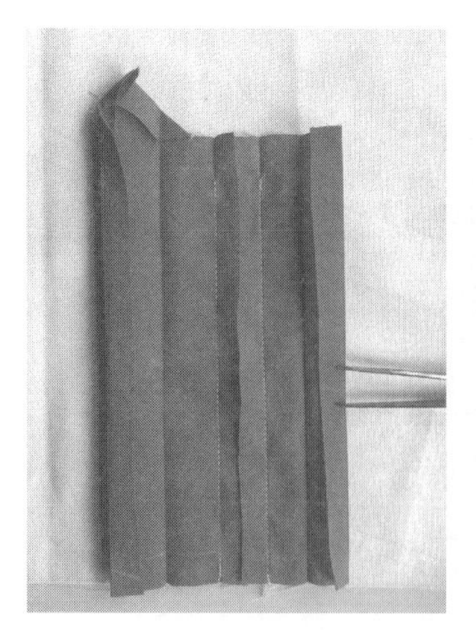
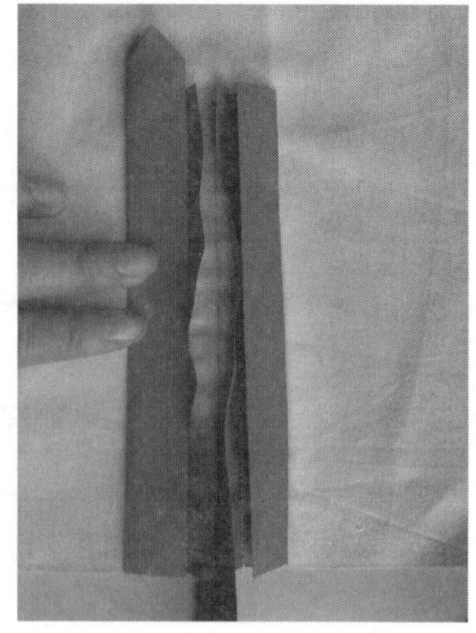

图4-118　剪衩口

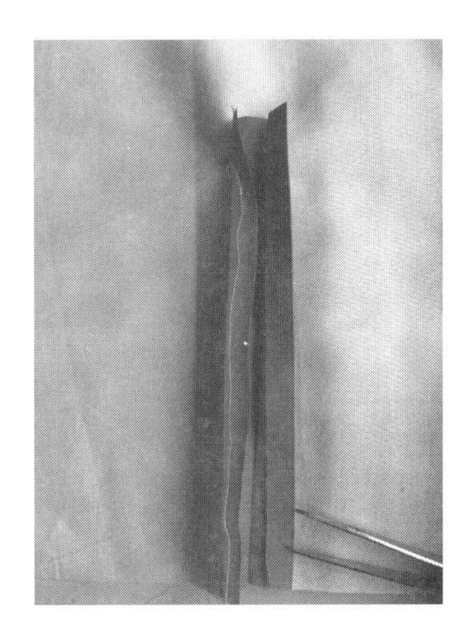

图4-119 剪三角

图4-120　缉里襟

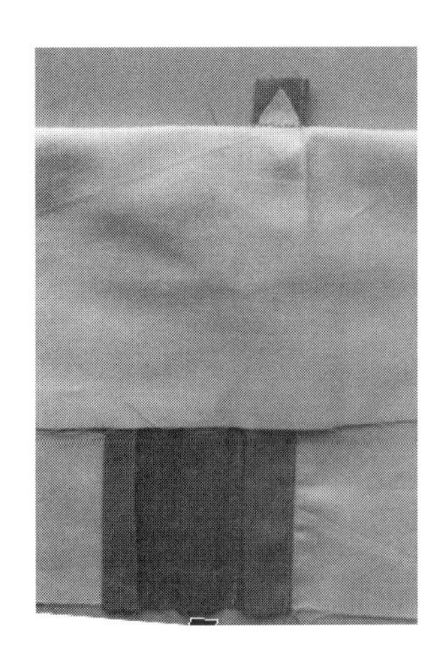
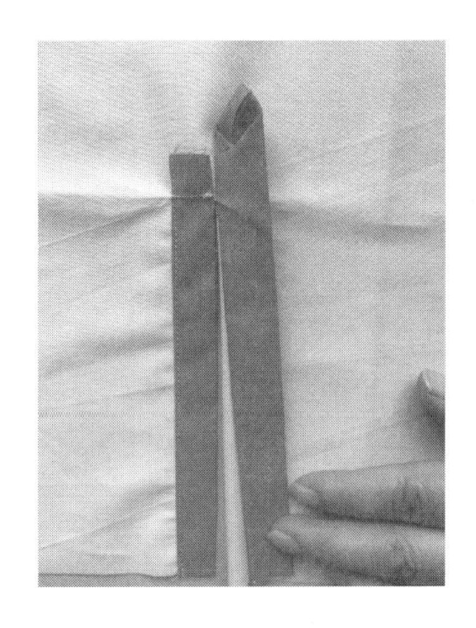

图4-121　封三角

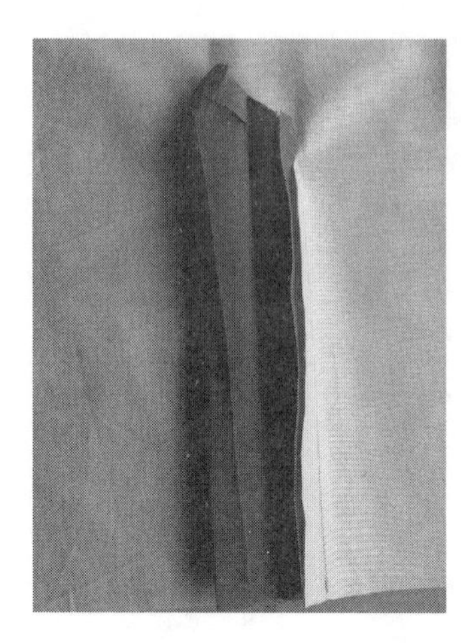

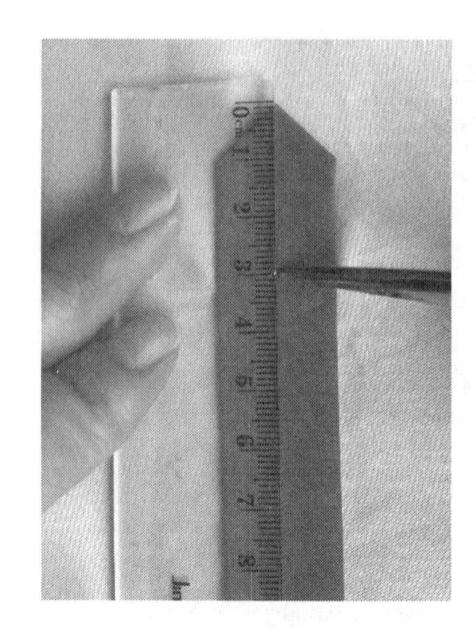

图4-122　做封口标记

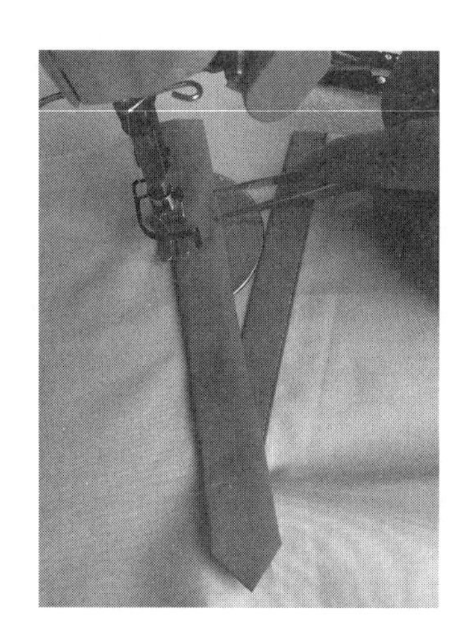

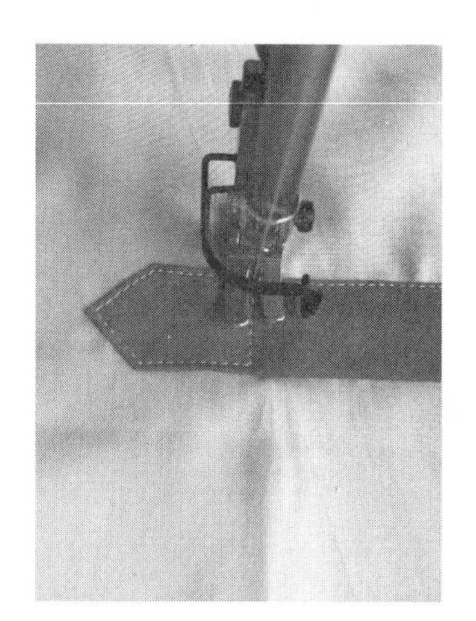

图4-123　封袖衩

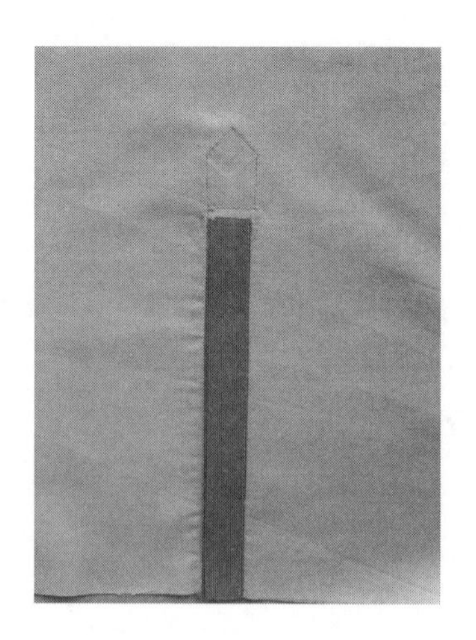

图4-124　完成后的袖开衩

五、任务评价

男衬衫评价表（表4-9）。

表4-9 男衬衫评价表

序号	部位	具体指标	分值	自评	小组互评	教师评价
1	规格	衣长、胸围、肩宽、领围、袖长规格正确	10			
2	领子	领面、里平服，松紧适宜，不起皱 领止口缉线顺直，不反吐 领尖左右对称、长短一致 绱领无偏斜，缉线顺直无上炕	20			
3	门、里襟	门、里襟平直，长短一致	4			
4	绱袖	绱袖包缝缉线圆顺、平服，无毛漏	16			
5	袖克夫	袖克夫方正、左右对称 袖克夫缉线顺直无探头、不反吐	6			
6	袖衩	袖衩平服、长短一致 袖衩无毛、漏，缉线顺直 袖褶裥左右对称，倒向正确	10			
7	过肩	肩缝顺直，平服对称，不起涟	4			
8	贴袋	袋位正确，袋封口大小一致，缉线顺直	8			
9	侧缝、袖底缝	包缝顺直、平服 袖底十字裆平齐，互差不超0.3cm	8			
10	底边	衣片底边折边缝平服，折边大小一致	4			
11	整洁牢固	整件产品无跳针、浮线、粉印 各部位无毛、脱、漏 整件产品无明暗线头 针迹明线3cm14～16针	10			
合计			100			

六、职业技能鉴定指导

1. 知识技能复习要点

（1）掌握量体知识，通过测量能得到男衬衫的成品尺寸规格，也能根据款式图或照片给出成品尺寸规格。

（2）能画出男衬衫1：1的结构图，在结构图基础上放缝、制作样板。

（3）选择合适的面料进行排料、裁剪。

（4）要求完成一件男衬衫，在男衬衫的制作过程中，需有序操作，独立按时完成。

（5）编写男衬衫的制作工艺流程。

2. 理论题（20分）

男衬衫理论试卷

（1）选择题（10题，每题1分，共10分）。

1	男衬衫袖为（　）。 A. 装袖　B. 连袖　C. 平装袖　D. 圆装袖
2	做领时，领角要注意放好层势，（　）。 A. 领面越多越好 B. 领面与领角一样多的层势 C. 领面放0.15cm层势才好 D. 领面放1.5cm层势才好
3	男衬衫的过肩所采用的材料方向为（　）。 A. 直料　B. 横料　C. 斜料　D. 任意面料
4	袖窿弧线不变袖肥增加则袖山高（　）。 A. 抬高　B. 降低　C. 不变　D. 降低或抬高
5	男衬衫做领过程中，缉翻领的手法是（　）拉紧。 A. 领面　B. 翻领　C. 领衬　D. 领里
6	衣片部件在缝制时（　）必须纱向一致。 A. 过肩与后身　B. 袖克夫与袖片　C. 袖片与大身　D. 前片与后片
7	一般衬衫国家标准针距密度明线3cm不少于（　）针。 A. 12　B. 13　C. 14　D. 15
8	做袖克夫用夹缉的方法，袖克夫里眼皮不能超过袖克夫面___ cm。 A. 0.1　B. 0.2　C. 0.3　D. 0.4
9	上衣前衣片锁眼一边叫（　）。 A. 里襟　B. 门襟　C. 过面　D. 贴边
10	肩部的特征决定了服装结构的肩部形状，肩端前倾，使服装的前肩斜度（　）后肩斜度。 A. 等于　B. 小于　C. 大于　D. 短于

（2）判断题（对的打√、错的打×、每题2分，共10分）。

①男衬衫的翻领应用横料。（　）

②男衬衫的过肩与后衣片应对条对格。（　）

③育克是指连接前、后衣片缝合的部位，也称过肩、复势。（　）

④锁眼的衣片叫里襟。　　　　（　）

⑤由于颈部上细下粗，因此衣领的尺寸是上领口小，下领口大。　　　　（　）

3．**实测题**（80分）

男衬衫制作工艺操作试卷

学校：__________　　姓名：__________　　学号：__________

一、试题名称：男衬衫

二、考试时间：210分钟

（一）男衬衫外形概述

领型为翻立领。前中开襟、单排扣，钉纽扣6粒，左前片设一胸袋，后片装双层过肩，平下摆，侧缝直腰型。袖型为一片式平装袖，袖口收褶裥3个，装圆角袖克夫，袖克夫上钉纽扣2粒。

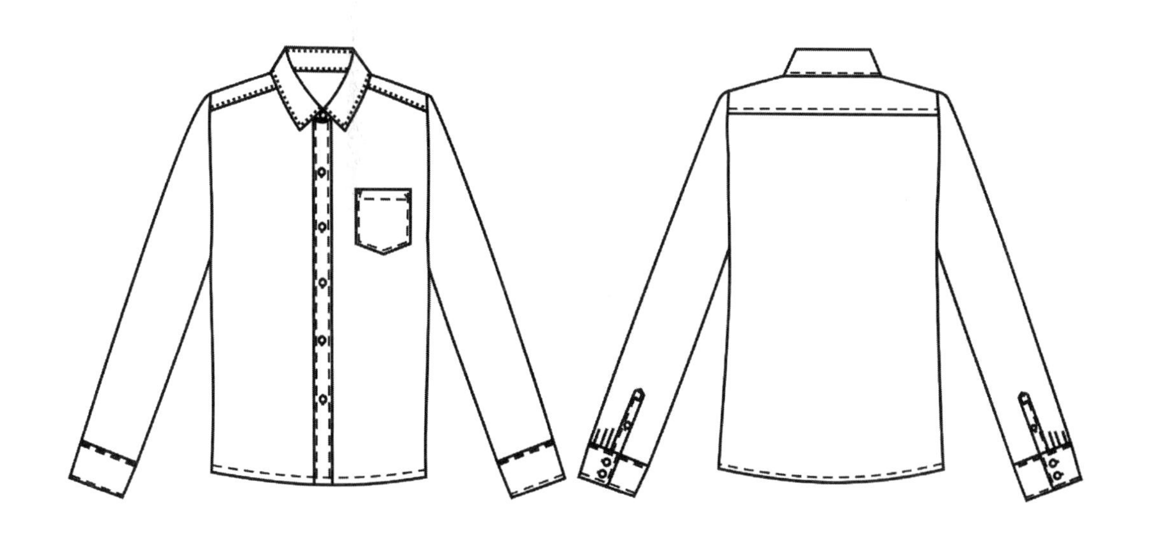

（二）规格

1．号型170/88A男衬衫成品规格尺寸

单位：cm

名称	衣长	胸围	领围	肩宽	袖长
规格	74	106	40	45.6	59.5

2．部位规格尺寸

单位：cm

部位名称	规格	部位名称	规格	部位名称	规格	部位名称	规格
翻门襟宽	3.4	里襟宽	3	袖克夫长	25	袖克夫宽	6
袖衩长	13	袖衩门襟宽	2.3	袖衩里襟宽	1	底边折边宽	1．5

续表

部位名称	规格	部位名称	规格	部位名称	规格	部位名称	规格
领座高	3	翻领宽	4	贴袋袋口大	11.5	贴袋袋长	13
领角大	7						

3. 男衬衫部件数量

单位：个

	前衣片	后衣片	袖片	过肩	翻门襟	袖衩门襟	袖衩里襟	翻领面、里	领座面、里	贴袋	袖克夫
数量	2	1	2	2	2	2	2	2	2	1	4

4. 男衬衫辅料（毛）数量

名称	翻领面硬衬	领座里硬衬	门里襟黏合衬	袖克夫黏合衬	纽扣	对色线
数量	1片	1片	2片	2片	8粒	1卷

（三）男衬衫质量要求

（1）各部位规格正确。

（2）外形整烫平挺，内外无线头。

（3）衣领领面、里平服，松紧适宜，领尖不反翘。

（4）贴袋和衣片的缝合部位均匀、平整，无歪斜。

（5）内包缝绱袖，缉线顺直，两袖前后一致，包缝不毛漏、不起皱、不起涟。

（6）袖开衩左右对称，压线整齐，回针不出现双轨。

（7）贴袋缉线顺直。封口高低一致，袋口大小一致。

（8）侧缝、袖底缝采用内包缝，顺直，松紧一致。

（9）各部位无脱线、漏线、毛出、极光等现象。

模块小结

本模块以基本款男、女衬衫，变化款立领、泡袖女衬衫为例，学习上装重要的工艺绱领、绱袖。 绱领有女式小尖角衬衫领、花边立领、男式硬领三款，绱袖有装袖、泡袖、包缝袖三种。在产品学做的过程中，又拓展衬衫领领角的翻领技巧、女衬衫圆领缝制、男式袖衩的不同工艺做法，从中可以发现女衬衫工艺千姿百态，而男衬衫工艺就相对稳定。胸贴袋、宝剑头袖衩、上下硬领等，男衬衫款式的固定性工艺也是成为服装初级制作工的技能考核内容的原因。

思考与练习

（1）你学会了女式小尖角衬衫领、花边立领、男式硬领三款不同的绱领工艺吗？仔细想一想，绱领的领面、领里工艺的组合关系、质量要求，你能自由组合设计其他款式的衬衫吗？

（2）你学会了平装袖、泡袖、包缝袖三种不同的绱袖工艺，有的用锁边机帮助产品做好，有的采用内包缝把袖窿做好，还有的在袖子上打褶裥做装饰，哪种工艺难度大？三种绱袖方式表达怎样的着装风格，把这三种不同绱袖的工艺操作运用到最恰当的款式中去。

（3）请你在基本款男、女衬衫的基础上，通过领、袖、门襟、下摆等工艺变化，创造出自己喜欢的衬衫款式。

（4）男衬衫的制作有很多特种设备来协助完成产品生产工序，如翻领机、压领机、包缝机等，特种设备的使用不但能提高生产效率，还能确保产品品质。有机会去专门生产男衬衫的服装基地参观学习，从中了解其衬衫生产的整个过程。

（5）亲自动手从量体、设计规格尺寸、打板、裁剪、到制作为自己做一件衬衫。穿着自己亲手打造的衬衫，享受成功的喜悦。

模块五　上衣制作工艺

技能目标：

（1）能按照女士春秋衫款式图进行款式分析，会运用结构制图进行裁剪、工艺制作。

（2）能按照时尚女上衣款式图进行款式分析，会运用结构制图进行裁剪、工艺制作。

（3）能按照男士夹克衫款式图进行款式分析，会运用结构制图进行裁剪、工艺制作。

（4）能按照男西服款式图进行款式分析，会运用结构制图进行裁剪、工艺制作。

（5）能分析同类上衣的工艺流程，编写工艺单和评价上衣品质的好坏，学会对整件上衣制作工艺的品控能力。

知识目标：

（1）了解上衣的外形特点，并能描述其款式特点。

（2）了解面料的幅宽、避疵，能根据裁剪样板进行合理的铺料、排料、划样、裁剪。

（3）掌握上衣的制作工艺。

（4）熟悉上衣工艺单的编写。

（5）了解锁眼、钉扣、后整理、包装操作的工艺要求。

（6）了解上衣成品测量方法和质量要求。

模块导读：

上衣是指穿于人体上身的常用服装。上衣是由领、袖、衣身、袋四部分构成，并由这四部分的造型变化形成不同款式。上衣制作工艺包括：女士春秋衫的缝制工艺和质量标准；变化款，时尚女上衣的缝制工艺和质量标准；基础款，男式夹克衫的缝制工艺和质量标准；经典款，男西服的缝制工艺和质量标准。

女士春秋衫，是一种衣领为关门领，长袖，前开门襟，收腋下省及腰省，两贴袋，款式简洁大方，为女性最基础的上衣着装。

时尚女上衣，是在基础女上衣上进行的款式变化，结合时尚的设计元素，如V字领、泡袖、分割线、斜下摆等，从基本款式跨越到爱美女士典范着装款，深受白领女性的喜爱。

男士夹克衫的造型以宽松为主，线条粗犷简练。本模块选取最基础的夹克衫款式：一片领，两片袖，四开身，门襟装拉链，直腰身，两单嵌线斜插袋，有夹里。本款夹克衫工艺内容是服装中级制作工的技能考核内容。

西服是服装工艺中最复杂、质量要求最高的品类。随着服装行业的发展，新工艺使西服具有轻、薄、软、挺等特点，掌握男西服的缝制工艺，可以基本达到服装高级制作工的技能考核要求。

本模块的重点工艺是装门襟拉链、装领、装袖、西服袖衩的机缝工艺。

工作任务5.1　女士春秋衫制作工艺

技能目标	知识目标
1. 能按照女士春秋衫款式图进行款式分析 2. 能根据面料特点、款式规格，运用结构制图进行裁剪、工艺制作 3. 能分析同类春秋衫的工艺流程，编写工艺单 4. 能根据质量要求评价春秋衫品质的好坏，树立服装品质概念	1. 了解女士春秋衫的外形特点，并能描述其款式特点 2. 了解面料的幅宽，能根据女士春秋衫样板进行放缝、排料、划样、裁剪 3. 掌握女士春秋衫制作工艺 4. 熟悉女士春秋衫工艺单的编写 5. 了解锁眼、钉扣、后整理、包装操作的工艺要求 6. 了解女士春秋衫质量要求

一、任务描述

根据女士春秋衫样衣生产通知单的要求，依据款式图，采用M号规格尺寸绘制裁剪结构图（1：1），并在结构图基础上进行放缝、制作出裁剪样板及工艺样板，在合适的面料上进行排料、裁剪并制作，要求完成一件女士春秋衫。

女士春秋衫服装样衣工艺通知单如表5-1所示。

二、必备知识

1. 款式描述

款式如图5-1所示，一片领，两片袖，门襟4粒扣，收腋下省及腰省，两贴袋，无夹里，衣长过臀。本款上衣为女士上衣的基本款，由于款式简洁明了，选用面料种类较多，因此由

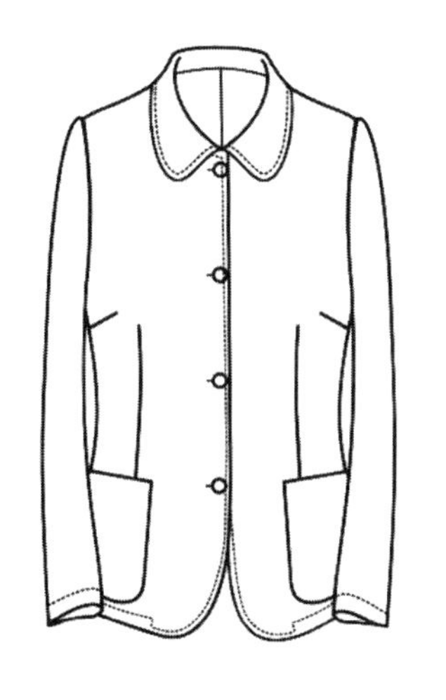
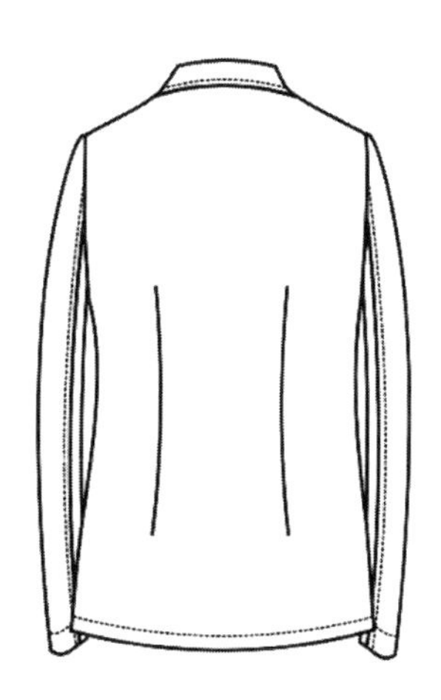

图5-1　女士春秋衫款式图

表5-1　女士春秋衫服装样衣工艺通知单

品牌：RHH	款号：DL1127	名称：女士春秋衫
纸样编号：T1435	下单日期：	完成日期：

款式图：

系列规格表（5·4）　　单位：cm

部位	规格	155/80A	160/84A	165/88A	档差	公差
		S	M	L		
1	后衣长	60	62	64	2	±1
2	背长	39	40	41	1	—
3	袖长	56.5	58	59.5	1.5	±0.7
4	领围	38	39	40	1	±0.6
5	肩宽	37	38	39	1	±0.6
6	胸围	88	92	96	4	±2
7	袖口	12.5	13.5	14.5	1	±0.5

款式概述：

收腰身，前片收腋下省与腰节省，后衣片收腰节省，门襟4粒扣，圆下摆，一片领，两片袖，两贴袋

面料：薄花呢
成分：毛80%、涤20%
组织：平纹组织
幅宽：144cm

辅料：黏合衬、牵带、滚条、纽扣、配色线、商标、洗水唛

工艺要求：
1. 省缝：前后省道位置正确，省长位置正确，倒向对称，省尖处平顺
2. 装袖：绱袖左右对称，袖山吃量匀称、饱满，距袖口2cm缉明线一道
3. 装领：领子匀称，领角左右对称，有窝势，外口松紧适宜，领圈无起皱现象
4. 贴袋：贴袋左右高低一致，距袋口2cm缉明线，四周0.1cm固定
5. 门襟下摆：门襟下摆左右对称，无起吊现象
6. 缉线：顺直，无跳针、断线现象
7. 商标：位置端正，号型标志清晰，号型钉在商标下沿
8. 整烫：各部位熨烫到位、平服，无亮光、水渍、污迹，底边平直无起浪现象
9. 针迹：明线每3cm12～14针

工艺编制：　　　　工艺审核：　　　　审核日期：

本款可演变出多种服装款式。

2. **结构图**

（1）规格尺寸，号型160/84A（M号）女士春秋衫规格尺寸（表5-2）。

表5-2　女士春秋衫M号规格尺寸表　　单位：cm

部位	后衣长	背长	袖长	领围	肩宽（S）	胸围（B）	袖口
规格	62	40	58	39	38	92	13.5

（2）结构图（图5-2）。

3. **裁剪**

（1）裁片名称。

女士春秋衫的主要裁片：前衣片、后衣片、大袖片、小袖片、过面、领面、领里、领贴、贴袋（图5-3）。

（2）裁片放缝（图5-4）。

①前、后衣片底边放缝3cm，其余各边放缝1cm。

②袖口放缝3cm，其余各边放缝1cm。

③贴袋口放缝2.5cm，其余各边放缝1cm。

④领面、领里、领贴、过面四周各放缝1cm。

（3）裁片做标记。

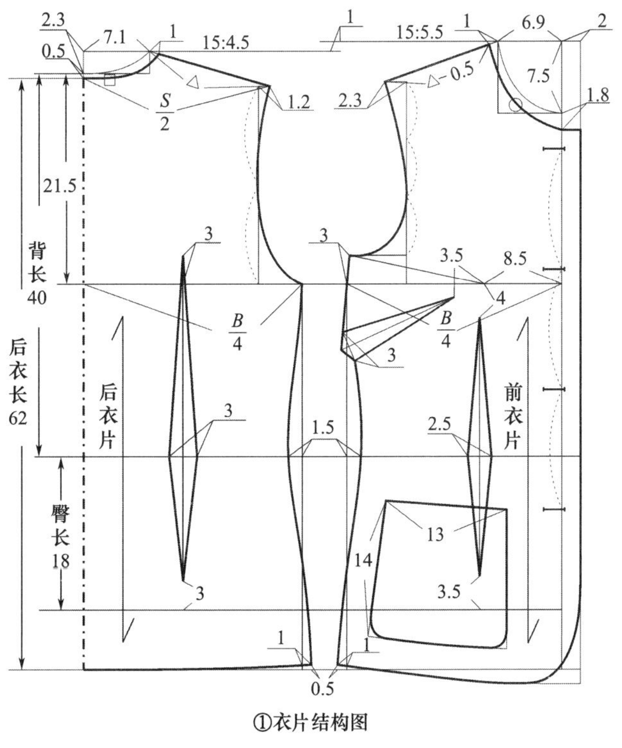

①衣片结构图

图5-2

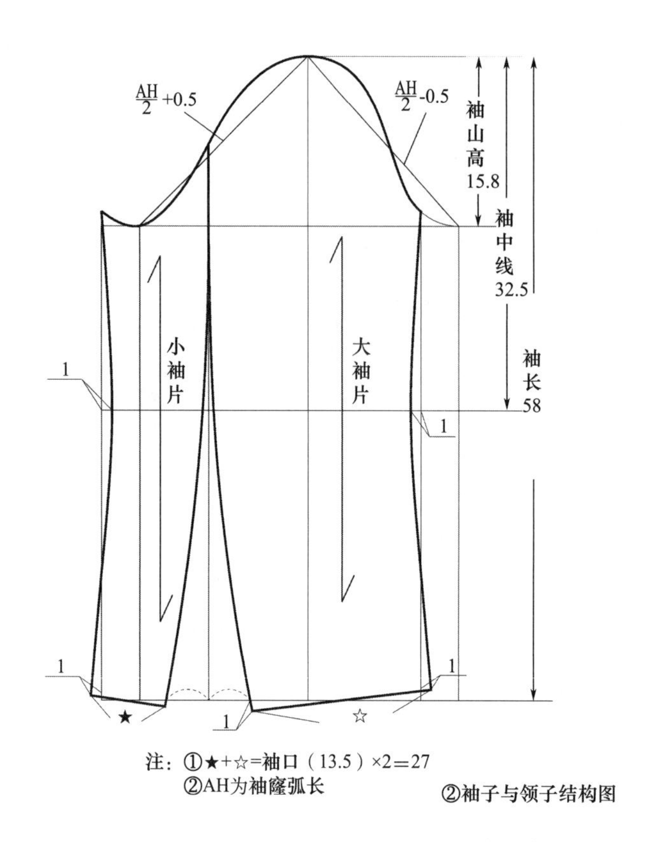

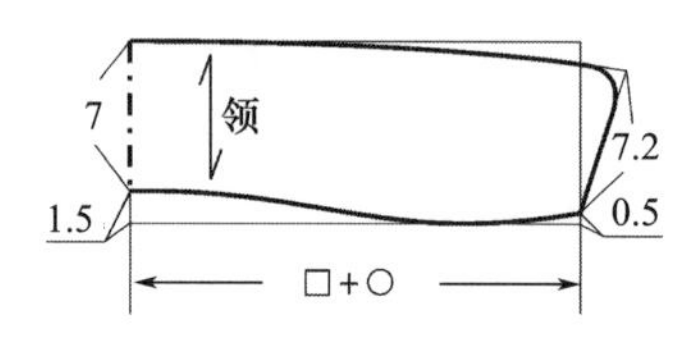

注：①★+☆=袖口（13.5）×2=27
②AH为袖窿弧长

②袖子与领子结构图

图5-2　女士春秋衫结构图

女士春秋衫打刀眼、钻眼部位：

①女士春秋衫底边、袖口边放缝3cm处做刀眼对位记号。

②装领、后中三眼刀对位记号；袖山顶点、袖窿绱袖做刀眼对位记号；前、后腰节做对

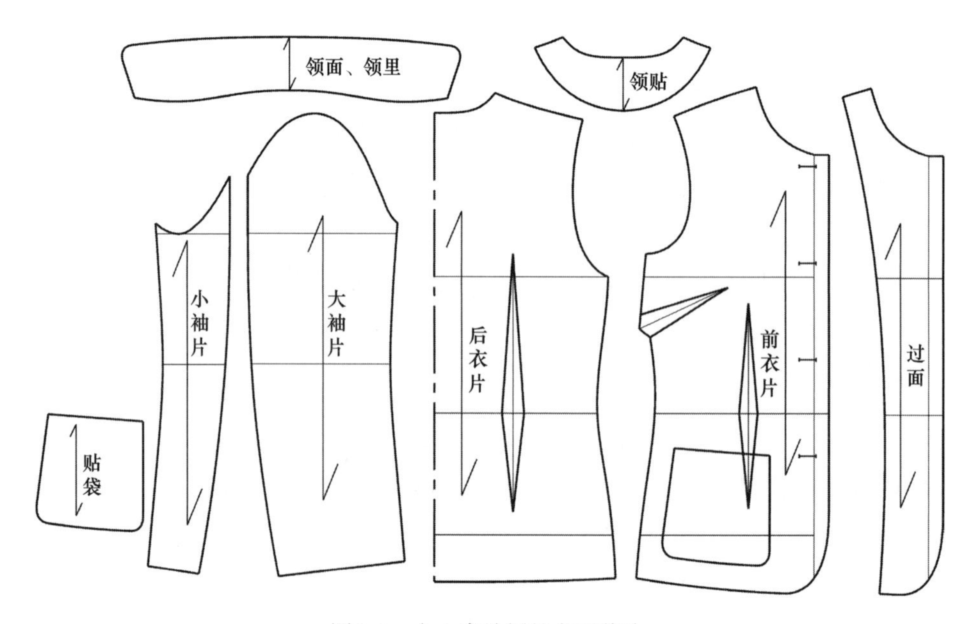

图5-3　女士春秋衫的主要裁片

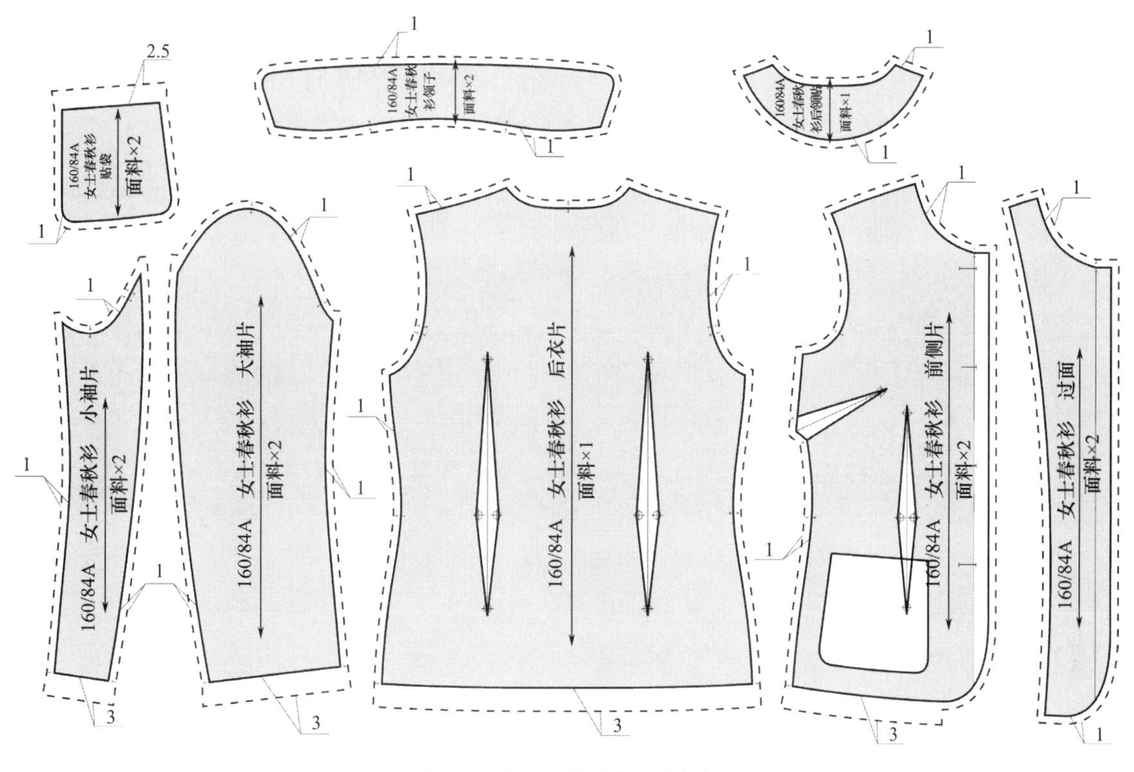

图5-4　女士春秋衫裁片放缝图

位记号。

③腋下省根打刀眼，省尖做钻眼；胸腰省、腰背省做钻眼记号。

（4）排料图（图5-5）。

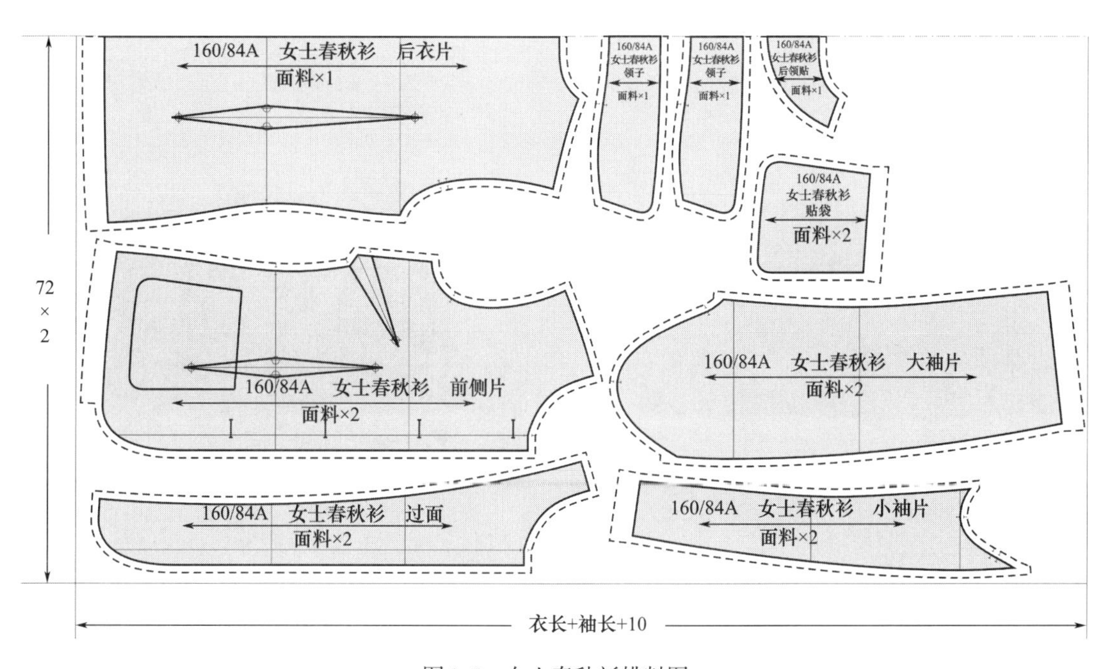

图5-5　女士春秋衫排料图

4．缝制工艺

（1）黏衬：将衣片大身、底边、过面、领面、领里、领贴及袖口黏衬（图5-6）。

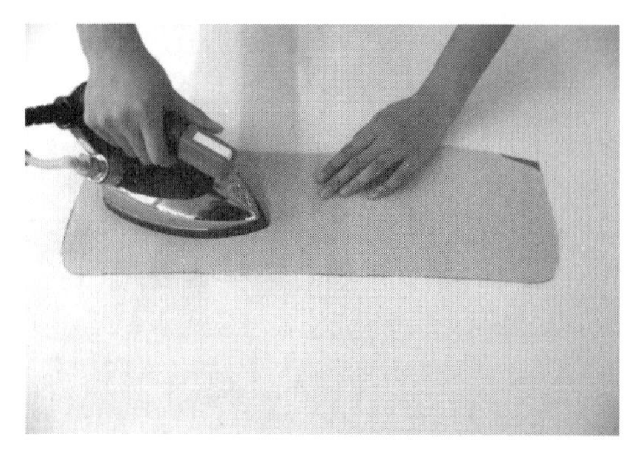

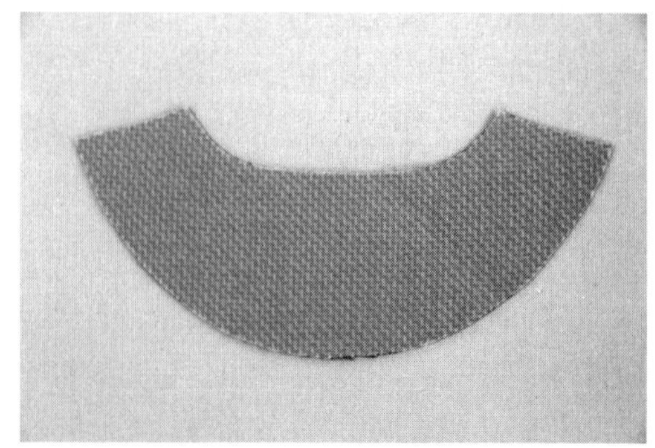

图5-6 黏衬

图5-7 锁边

（2）锁边：将衣片锁边（图5-7）。

（3）拉牵带：将前片门襟沿衣身净样拉牵带，肩缝、前后片袖窿沿毛样拉牵条（图5-8）。

（4）做标记：将前、后衣片的省道画出，并画好装袖对位记号（图5-9）。

（5）收省：将画出的省道，在面料反面车缝，之后按款式需要选择省道倒向（图5-10）。

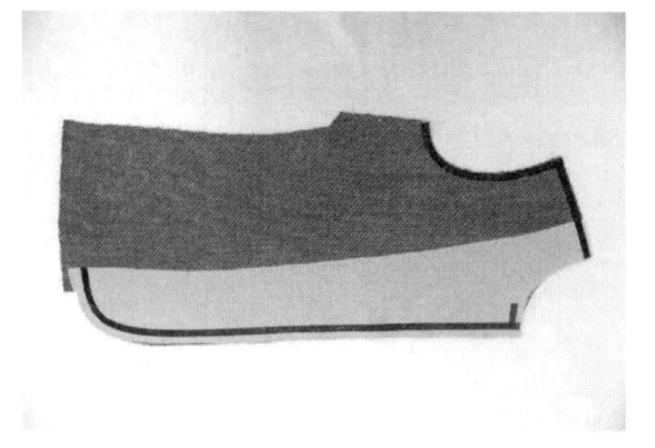

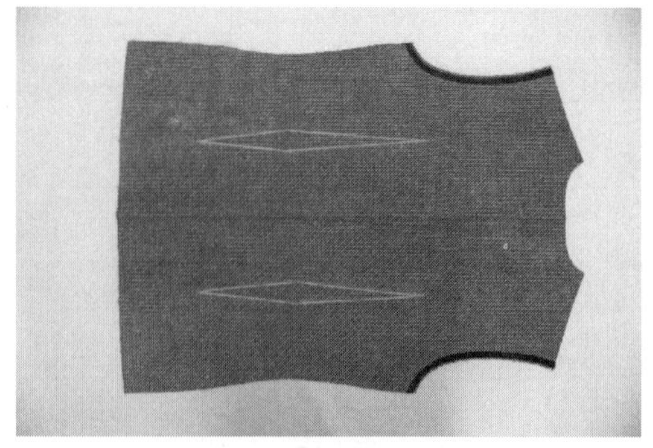

图5-8 拉牵带

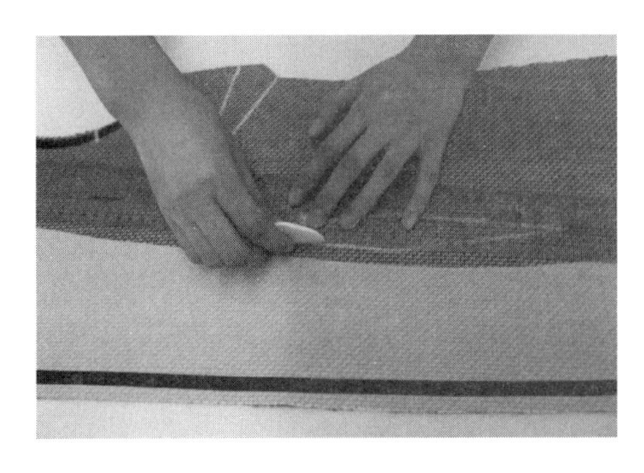

图5-9　做标记

图5-10　收省

（6）做贴袋：将袋口先折0.5cm，再折2cm折烫，其余各边按贴袋净样板扣烫，之后沿烫好的袋上口2cm车缝明线一道（图5-11）。

（7）定袋位：按照口袋位置，将贴袋位画出（图5-12）。

（8）钉贴袋：将烫好的贴袋按照袋位钉缝，三边车缝0.1cm，袋口要留有0.3cm左右松量，以便保证避免着装时袋口紧绷而造成衣片袋口起绺（图5-13）。

（9）合过面：将前衣片与过面正面相对，且前衣片在上过面在下，沿牵带1cm处车缝，过面略紧（图5-14）。

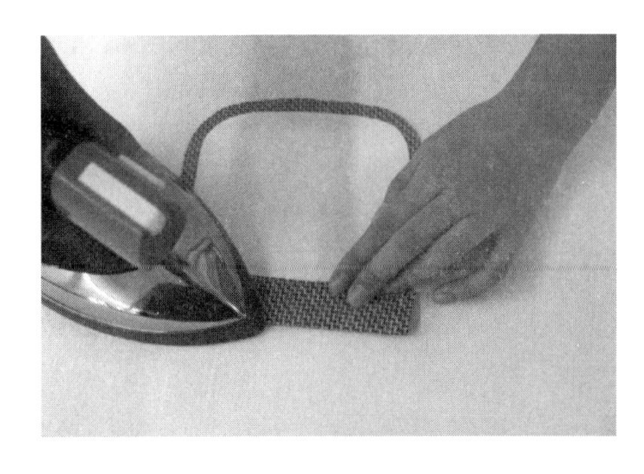
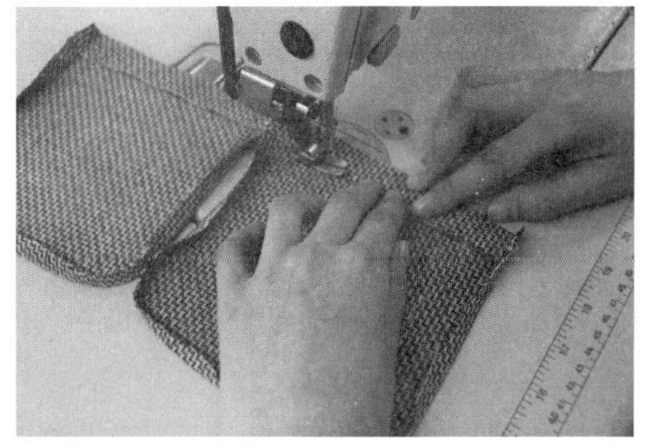

图5-11　做贴袋

图5-12 定袋位

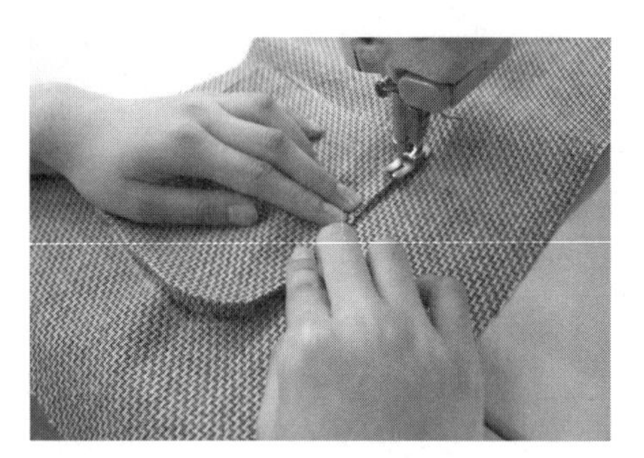

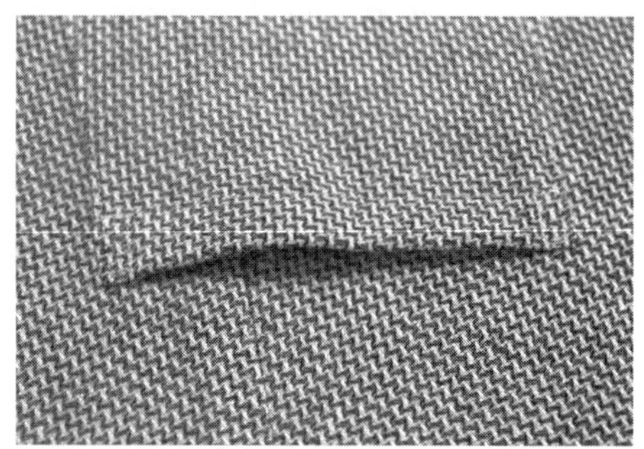

图5-13 钉贴袋

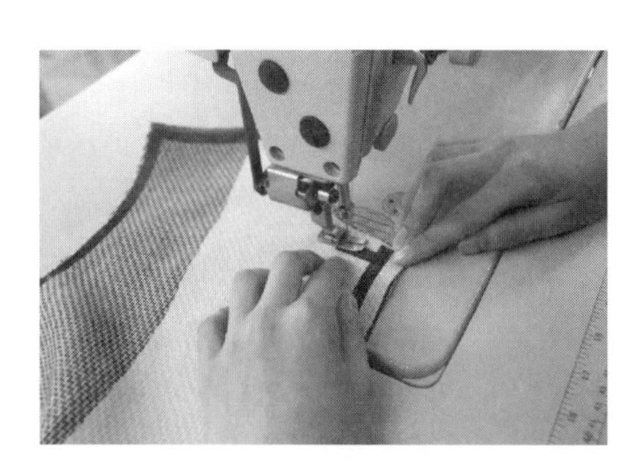

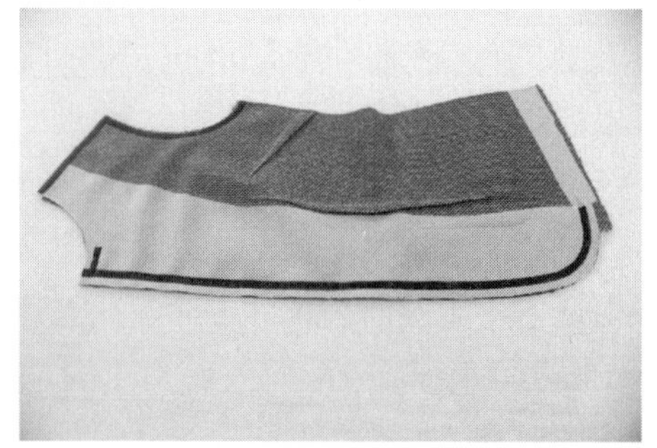

图5-14 合挂面

（10）扣烫门襟止口：将门襟止口缝头修成高低缝份，翻转烫出里外匀0.1cm，左右大小一致（图5-15）。

（11）合肩缝：前、后衣片正面相对，从领圈至袖窿距边缘1cm车缝，肩缝中段前片吃进后片，之后缝份分烫（图5-16）。

（12）拼领贴：将过面与领贴正面相对，从领圈至外侧边缘距肩缝1cm车缝，并分烫缝份（图5-17）。

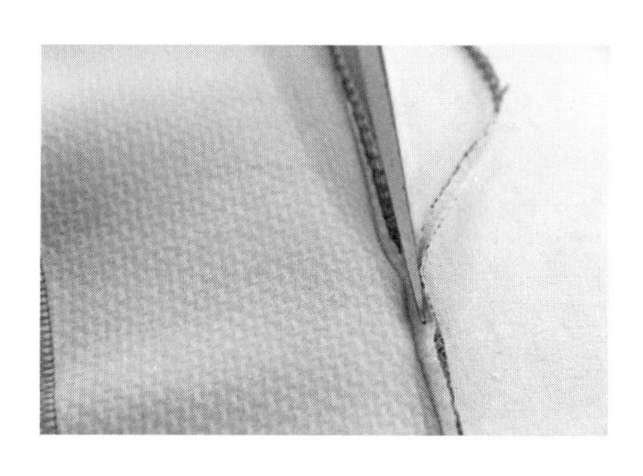
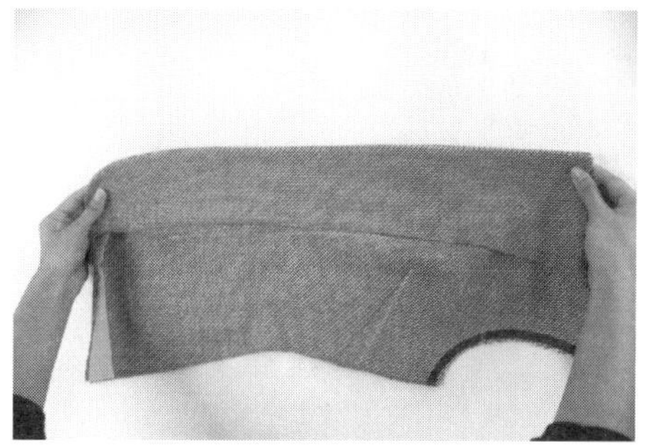

图5-15　扣烫门襟止口

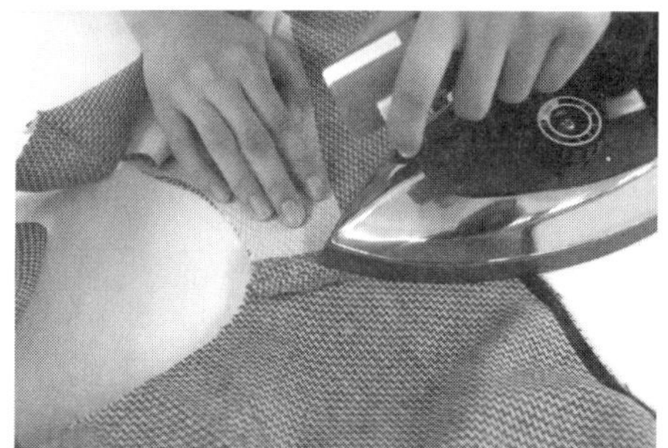

图5-16　合肩缝

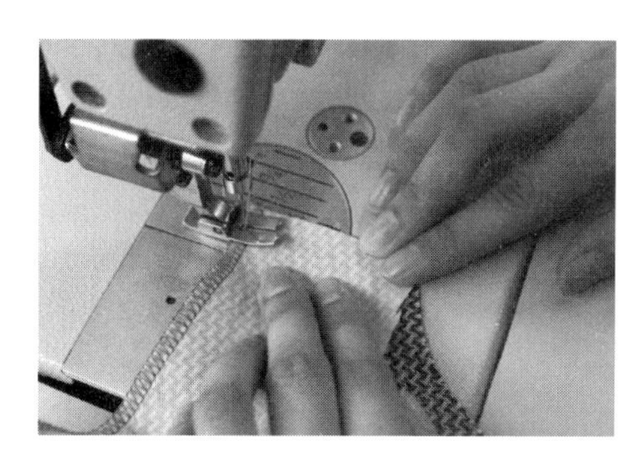
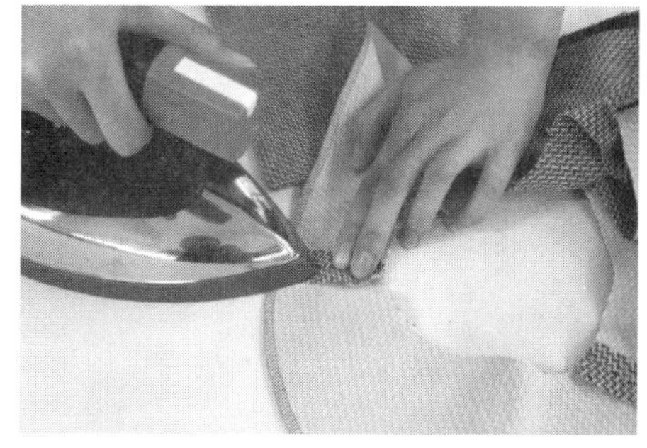

图5-17　拼领贴

（13）合侧缝：将前、后衣片正面相对，距侧缝边缘1cm车缝侧缝，并分烫缝份（图5-18）。

（14）画领面净样：按净样板画出领面净样，并点出装领对位点，即左右肩颈点和后领窝点（图5-19）。

（15）做领子：领面、领里正面相对，领面在上，沿画好的净样与领里车缝固定，在领角处要融进领面吃量，做好领角窝势，左右对称（图5-20）。

（16）翻烫领子：将做好的领子缝份修成高低缝份，并翻转熨烫，领里、领面烫出0.1cm里外匀，并将领下口缝份修剪成1cm，沿领外口0.6cm车缝明线（图5-21）。

图5-18 合侧缝

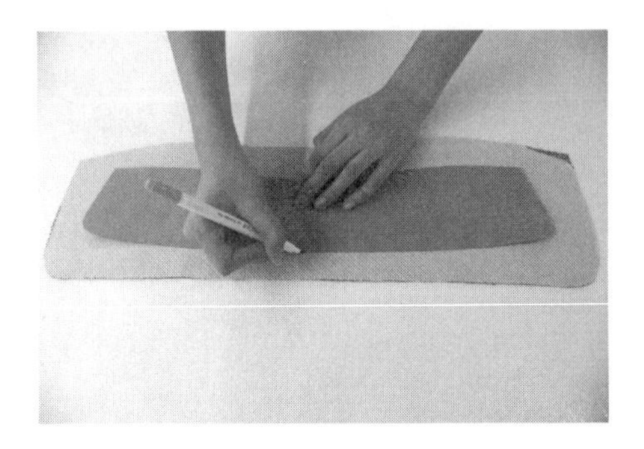

图5-19 画领面净样

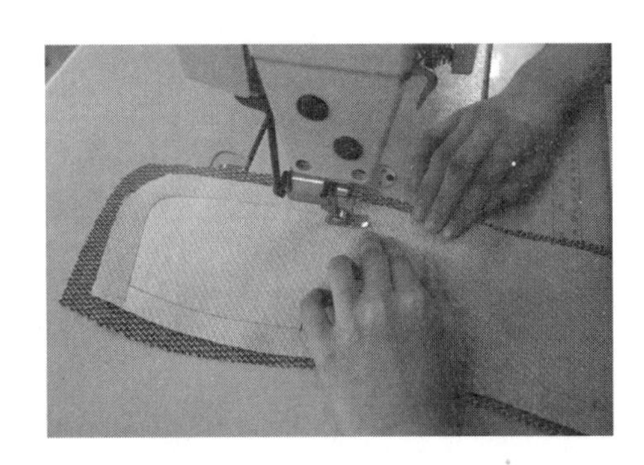
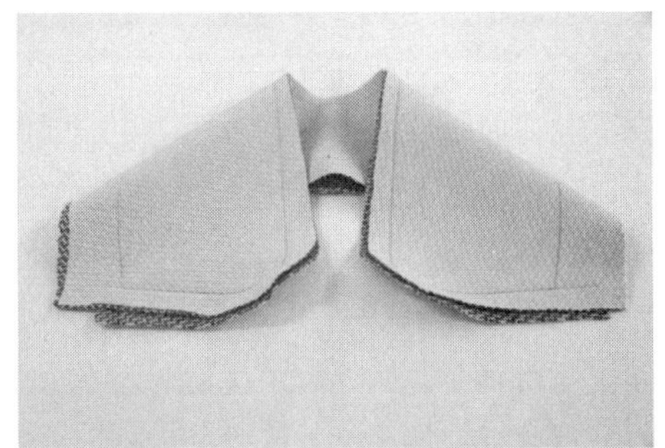

图5-20 做领子

图5-21 翻烫领子

（17）装领：将领子的下口与领圈相合，摆放顺序自上而下为领贴、领子（领面上领里下）、衣身，距边缘1cm夹装领子，注意装领对位点与衣身对位点对准，注意领子不能装反（图5-22）。

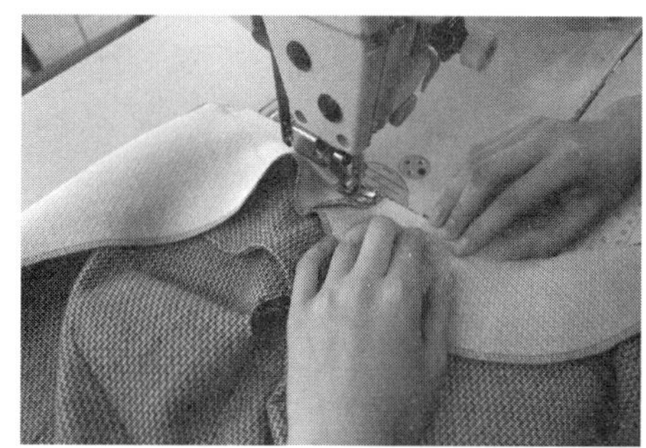

图5-22　装领

（18）领圈开剪口：装好领子的领圈斜向开几个剪口，以防止领圈放缝内弧长度过短而导致成衣领圈起皱（图5-23）。

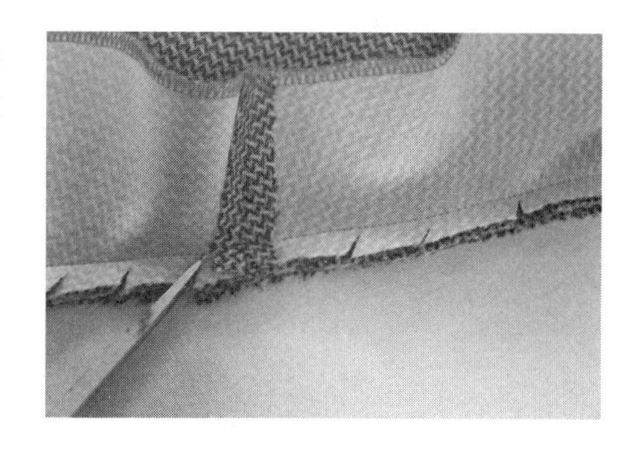

图5-23　领圈开剪口

（19）车缝后袖缝：将大、小袖片正面相对，小袖片在上、大袖片在下，距边缘1cm车缝后袖缝，在袖肘处融进大袖片吃量，之后缝份倒向大袖片并在大袖片正面压一道0.6cm明线（图5-24）。

（20）车缝前袖缝：将大、小袖片正面相对，距边缘1cm车缝前袖缝，并分烫缝份（图5-25）。

（21）袖口卷边：袖口按款式先折1cm，后2cm折烫，距袖口0.1cm缉线（图5-26）。

（22）门襟缉明线、卷底边：将底边按款式所需，先折1cm，后折2cm熨烫，之后从装领点起针，距门襟止口0.6cm车缝明线并在衣身底边处按款式转成2cm车缝底边（图5-27）。

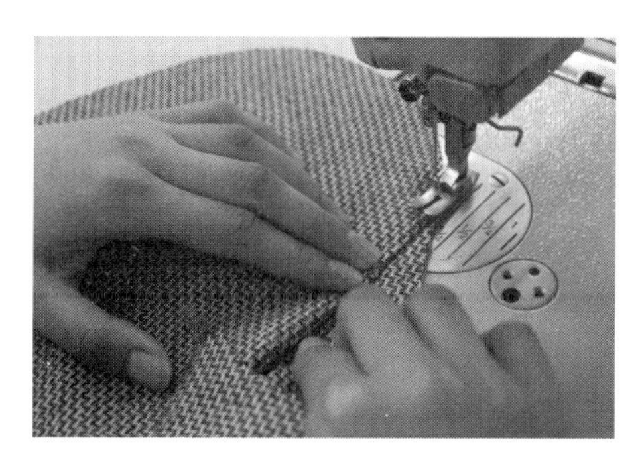

图5-24　车缝后袖缝

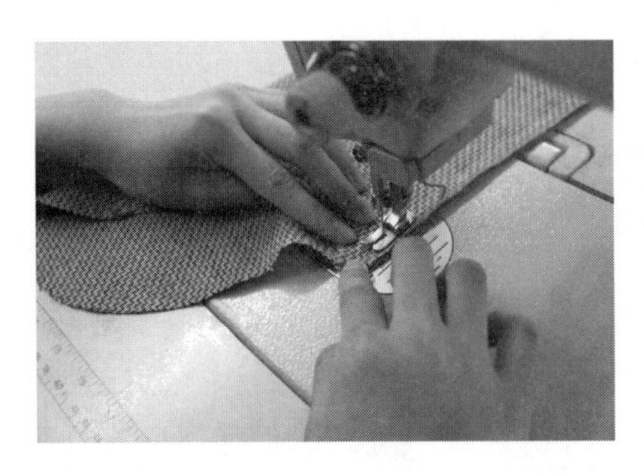
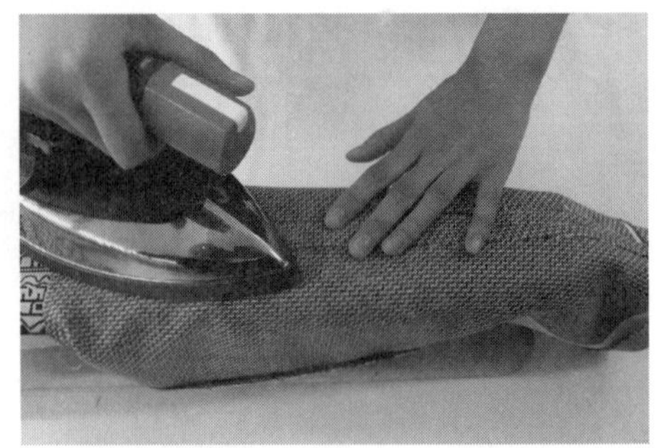

图5-25　拼前袖缝

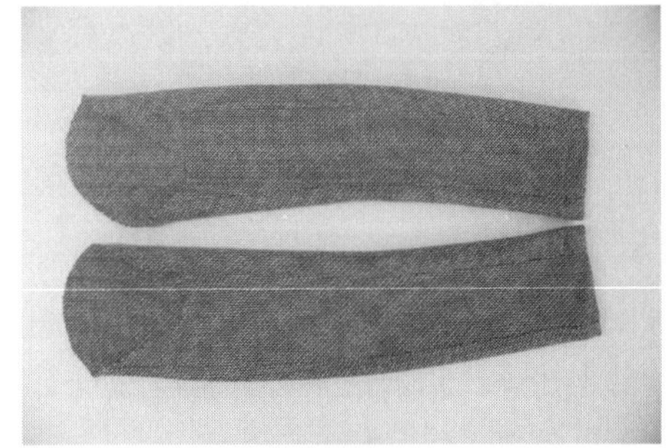

图5-26　袖口卷边

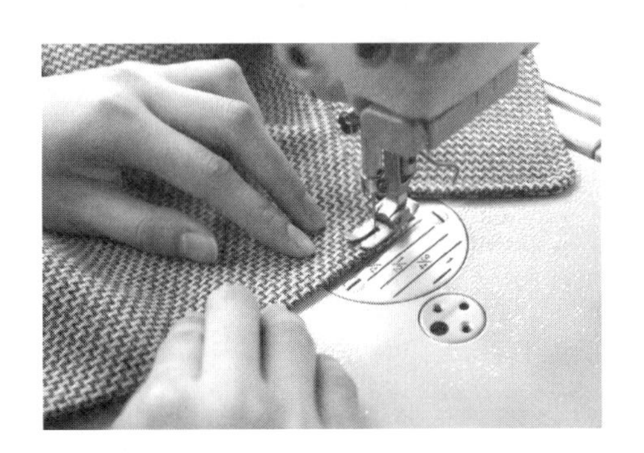

图5-27　门襟缉明线、卷底边

（23）抽袖山：沿袖山毛缝0.5cm处，以0.3cm针距，用手缝针平缝一圈，将袖山抽圆（图5-28）。

（24）装袖：将袖山与袖窿相合，袖窿在下、袖山在上，袖与衣身装袖对位点对准之后，距边缘1cm车缝，并将袖窿毛边用斜丝滚条滚边，宽度为0.6cm（图5-29）。

（25）锁眼、钉扣：按照款式要求进行锁眼、钉扣（图5-30）。

（26）整烫：将做好的成衣整烫平整，不能烫黄、烫出极光（图5-31）。

（27）女士春秋衫成品图（图5-32）。

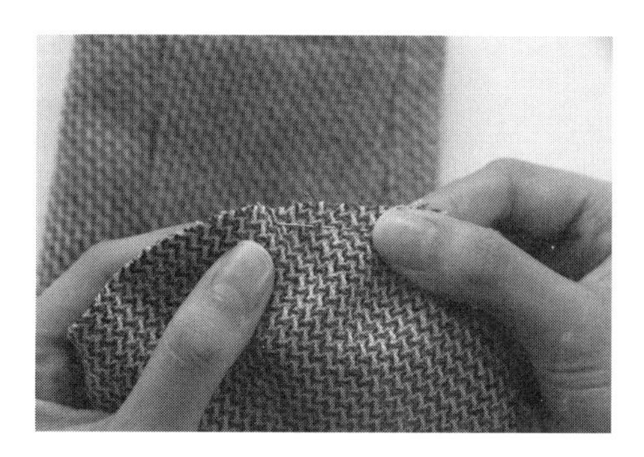
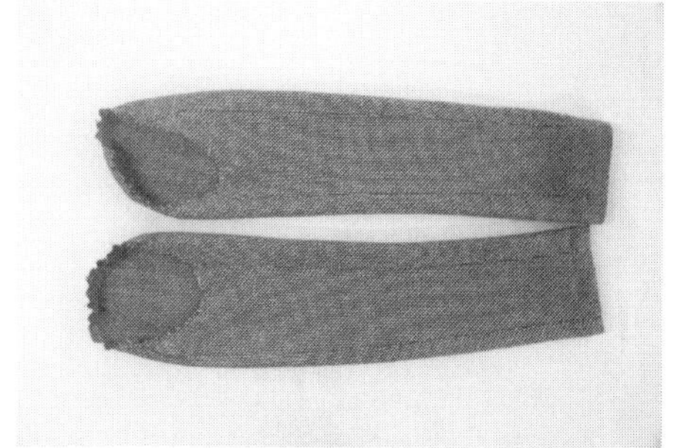

图5-28　抽袖山

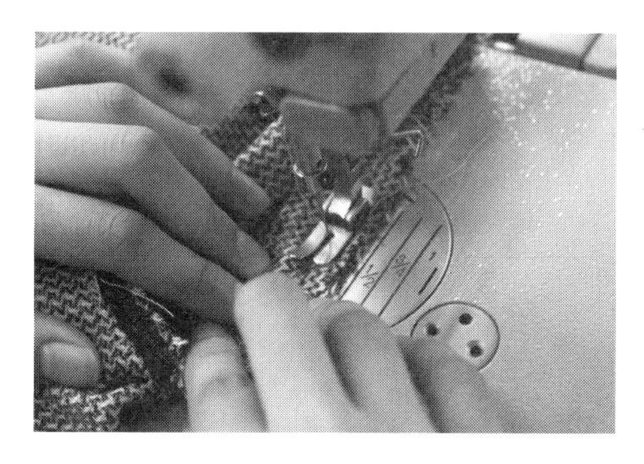

图5-29　装袖

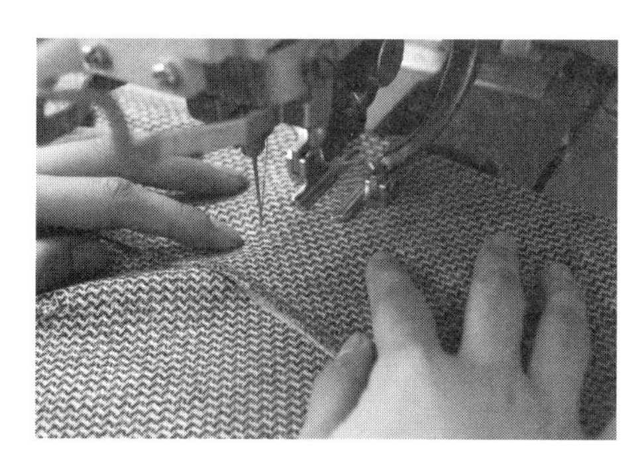

图5-30　锁眼、钉扣

图5-31　整烫

图5-32　女士春秋衫成品图

【特别提示】

（1）门襟止口是衣服的门面之一，要做到缝份顺直、止口平服、松紧有度、左右对称。

（2）贴袋的位置要左右对称一致，袋口预留0.3cm松量。

（3）领角要有窝势，左右长度相等、形状一致。

（4）装领时装领对位点要对准，领圈不能起皱。

（5）袖子缝制前，大袖片在前袖缝处应做拔开处理，在后袖缝处做归进处理，保证袖型符合人体手臂的弯势。

（6）装袖车缝要圆，对位点要对准，袖山要饱满，吃量作准，左右装袖角度一致，不能一前一后。

（7）产品要求整洁，无线头、无极光。

三、任务实施

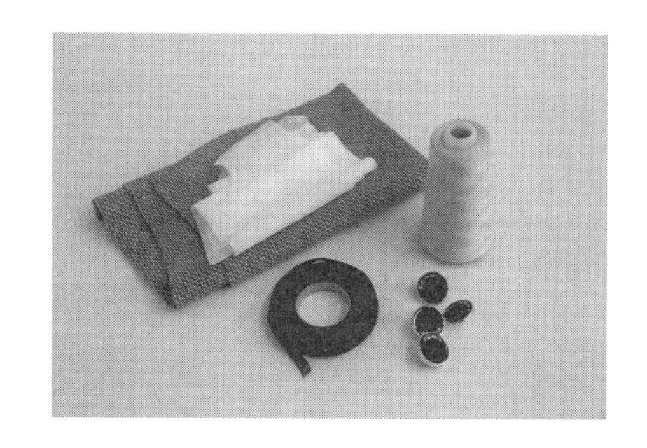

图5-33　女士春秋衫材料图

1. **实践准备**（图5-33）

（1）面料裁片：前衣片2片；
后衣片1片；
贴袋2片 ；
大袖片2片；
小袖片2片；
领面1片；
过面2片；
领里1片；
领贴1片。

（2）辅料准备：配色线；
牵带；
滚条；
纽扣4粒；
黏合衬若干。

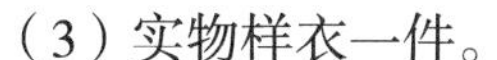

（3）实物样衣一件。

2. **操作实施**

（1）根据结构制图进行放缝，检查裁剪样板数量。

（2）整理面料，识别面料正、反面，将面料正面与正面相叠，反面朝上，丝缕顺直。

（3）将裁剪样板根据丝缕要求，正确的铺放在面料上，做到紧密、合理的排料。

（4）先裁主件、后裁部件，再配黏合衬。

（5）检查所需的裁片、辅料是否完整。

（6）根据裁片制作女士春秋衫，其操作步骤：黏衬 → 锁边 → 拉牵带 → 做标记 → 收省 → 做贴袋 → 定袋位 → 钉贴袋 → 合过面 → 扣烫门襟止口 → 合肩缝 → 拼领贴 → 合侧缝→画领面净样 → 做领子→翻烫领子 → 装领 → 领圈开剪口 → 车缝后袖缝 → 车缝前袖缝 → 袖口卷边 → 门襟缉明线 → 卷底边 → 抽袖山 →装袖 → 锁眼、钉扣 → 整烫。

四、学习拓展

立体袋制作

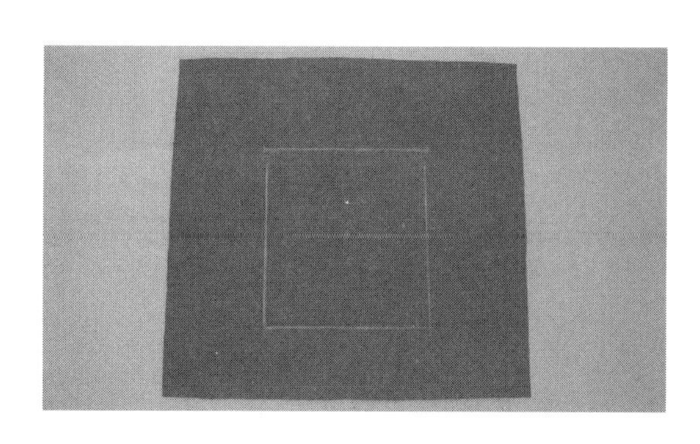

图5-34　划袋位

口袋是服装中不可缺少的内容之一，根据工艺做法一般分为贴袋、挖袋两类。贴袋根据成品形态可分为平贴袋与立体贴袋。立体贴袋也叫风琴袋，其制作方法如下：

（1）划袋位：按设计将袋盖位与贴袋位划出，袋盖位距袋口位1.5cm（图5-34）。

（2）袋盖黏衬：在袋盖面反面黏衬（图

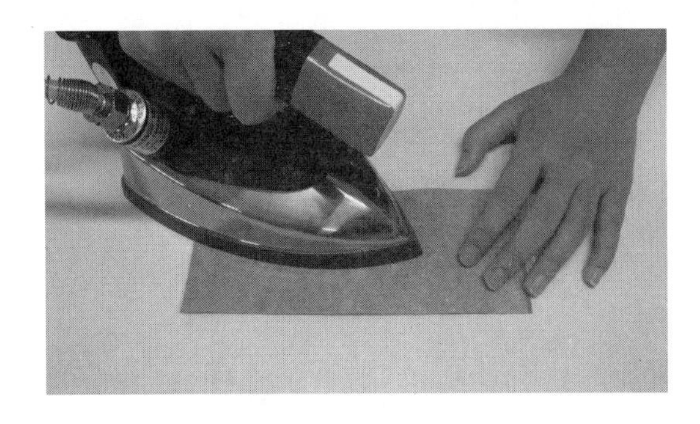

图5-35　袋盖黏衬

5-35）。

（3）做袋盖：在袋盖反面沿净样车缝，之后翻向正面压一道0.6cm装饰明线（图5-36）。

（4）钉袋盖：将做好的袋盖沿衣片定位线钉缝在袋盖位上，之后将多余缝头清剪，并在正面压缝一道0.6cm明线（图5-37）。

（5）做袋布：将袋布面与袋布边拼合缝份1cm，袋布边宽度根据设计而定（图5-38）。

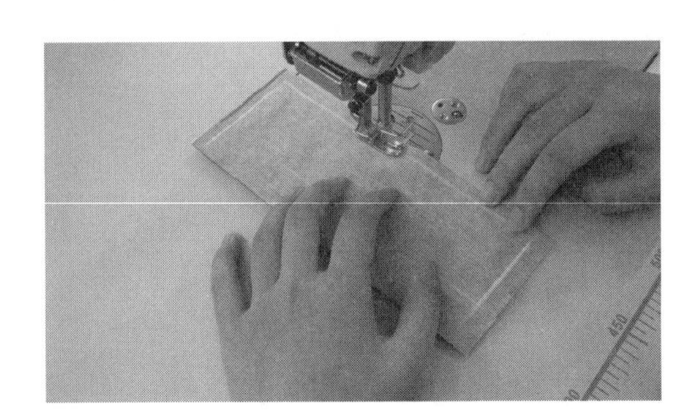

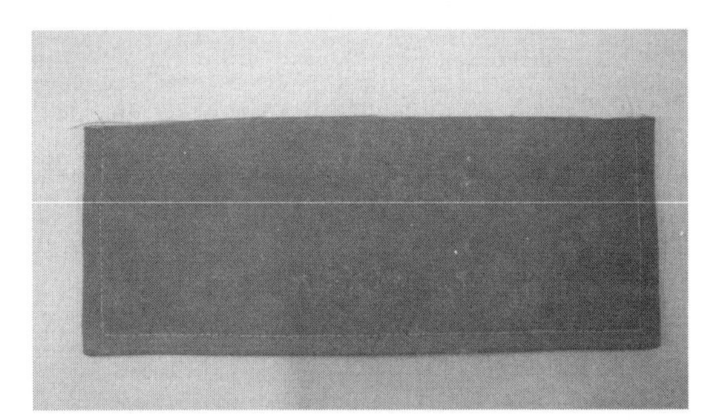

图5-36　做袋盖

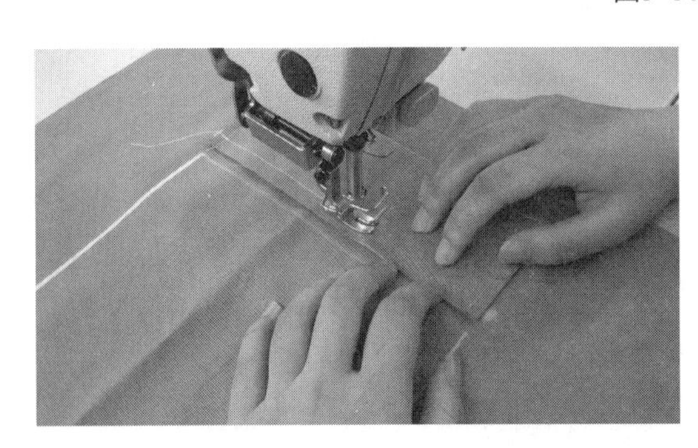

图5-37　钉袋盖

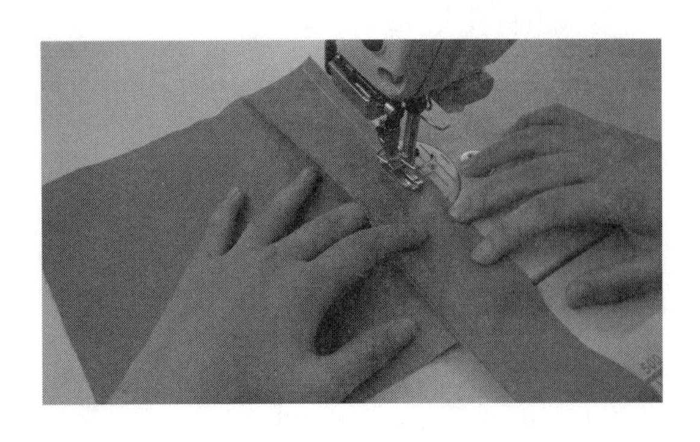

图5-38　做袋布

（6）钉袋布：将做好的袋布上口卷边缝，之后再将袋布边向反面折光，车缝在袋布位上，缝份0.1cm（图5-39）。

（7）袋口、袋盖封结加固：将袋口与袋盖明线处封结固定，可用套结机封结固定（图5-40）。

（8）立体袋成品（图5-41）。

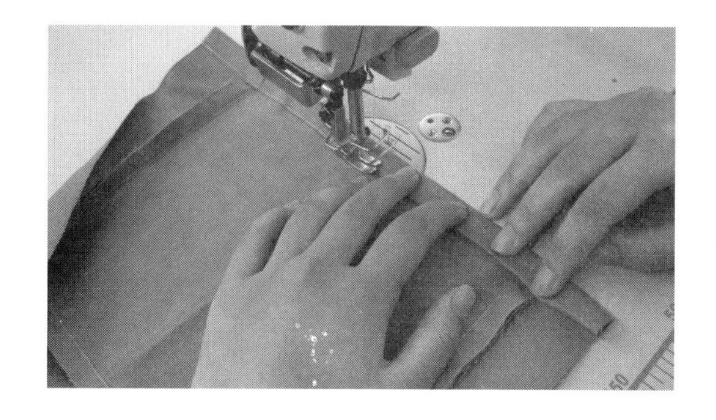
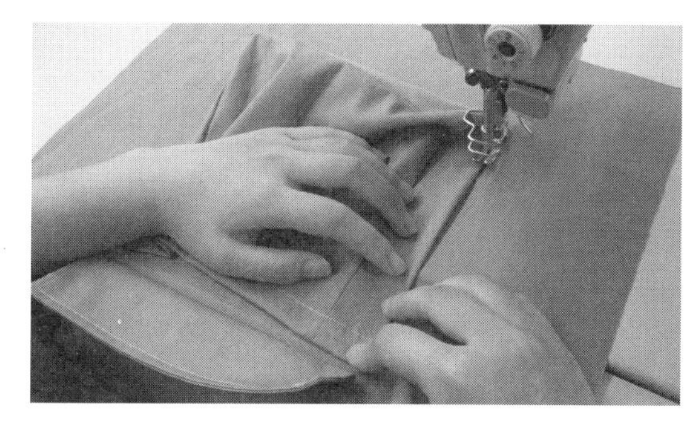

图5-39　钉袋布

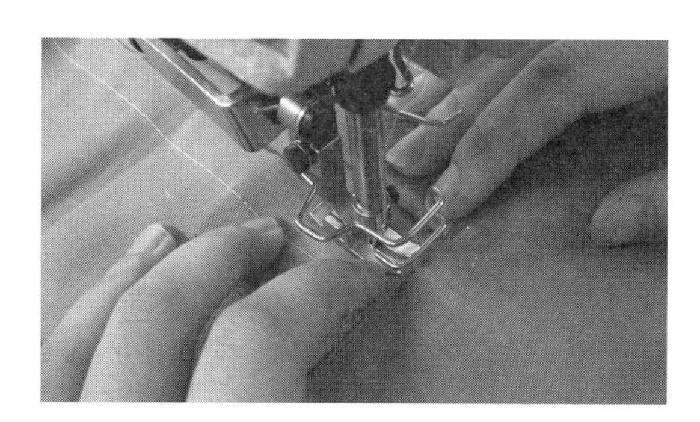

图5-40　袋口、袋盖封结加固

图5-41　立体袋成品

五、任务评价

女士春秋衫评价表（表5-3）。

表5-3　女士春秋衫评价表

序号	部位	具体指标	分值	自评	小组互评	教师评价
1	规格	衣长、胸围、肩宽、领围、袖长规格正确	10			
2	领子	领面、里平服，松紧适宜，不起皱 领止口缉线顺直，不反吐 领角左右对称、圆顺 绱领无偏斜，缉线顺直无上炕	20			
3	门、里襟	门、里襟平直，止口不反吐，下摆圆顺，左右对称	10			

续表

序号	部位	具体指标	分值	自评	小组互评	教师评价
4	省	胸腰省、腋下省、背腰省位置适宜，左右对称	8			
5	贴袋	贴袋平服，袋位高低一致，缉线圆顺	10			
6	袖子	两袖不翻不吊，袖缝线顺直、平服 绱袖圆顺，吃势均匀，前后适宜	24			
7	底边	平服，折边宽窄一致	8			
8	整洁牢固	整件产品无跳针、浮线、粉印 各部位无毛、脱、漏 整件产品无明暗线头 针迹明线3cm12～14针	10			
合计			100			

工作任务5.2　时尚女上衣制作工艺

技能目标	知识目标
1. 能按照时尚女上衣款式图进行款式分析 2. 能根据面料特点、款式规格，运用结构制图进行裁剪、工艺制作 3. 能分析同类女上衣的工艺流程，编写工艺单 4. 能根据质量要求评价女上衣品质的好坏，树立服装品质概念	1. 了解时尚女上衣的外形特点，并能描述其款式特点 2. 了解面料的幅宽，能根据时尚女上衣样板进行放缝、排料、划样、裁剪 3. 掌握时尚女上衣制作工艺 4. 熟悉时尚女上衣工艺单的编写 5. 了解锁眼、钉扣、后整理、包装操作的工艺要求 6. 了解时尚女上衣质量要求

一、任务描述

根据时尚女上衣的服装样衣生产通知单的要求，依据款式图特点，采用M号规格尺寸绘制裁剪结构图（1∶1），并在结构图基础上进行放缝、制作出裁剪样板，在面料上进行排料、裁剪并制作，要求完成一件时尚款女上衣。

时尚款女上衣服装样衣工艺通知单如表5-4所示。

二、必备知识

1. 款式描述

款式如图5-42所示，无领，双嵌线假袋，6粒扣（1粒实用，5粒装饰），泡泡袖，有夹里。衣身常用棉麻面料，里布采用棉里布。

表5-4　时尚女上衣服装样衣工艺通知单

品牌：RHH	款号：DL1137	名称：时尚女上衣
纸样编号：T1465	下单日期：	完成日期：

款式图：

系列规格表（5·4）　　单位：cm

部位 \ 规格		155/80A	160/84A	165/88A	档差	公差
		S	M	L		
1	后衣长	44	45	46	1	±0.5
2	背长	37	38	39	1	—
3	袖长	19	20	21	1	±0.5
4	肩宽	35	36	37	1	±0.6
5	胸围	84	88	92	4	±2
6	袖口	12.5	13.5	14.5	1	±0.5

款式概述：

收腰身，前、后片设计刀背缝，泡泡袖，袖口抽松紧，门襟6粒扣，斜下摆，无领，两双嵌线假袋，有里布

面料：麻棉混纺
成分：麻55%、棉45%
组织：平纹组织
幅宽：144cm

辅料：黏合衬、牵带、纽扣、配色线、商标、洗水唛、松紧带

工艺要求：

1. 刀背缝：前、后身刀背缝吃势准确，左右对称
2. 装袖：绱袖左右对称，泡泡量左右对称，形态一致
3. 门襟：门襟无还口现象
4. 开袋：双嵌线假袋左右位置高低一致，嵌线0.5cm宽窄一致
5. 门襟下摆：斜下摆，无起吊现象，第一粒扣眼开口，其余扣眼为装饰
6. 缉线：顺直、无跳针、断线现象
7. 商标：位置端正，号型标志清晰，号型钉在商标下沿
8. 整烫：各部位熨烫到位、平服，无亮光、水渍、污迹，底边平直无起浪现象
9. 针迹：明线每3cm14～16针

工艺编制：　　　　工艺审核：　　　　审核日期：

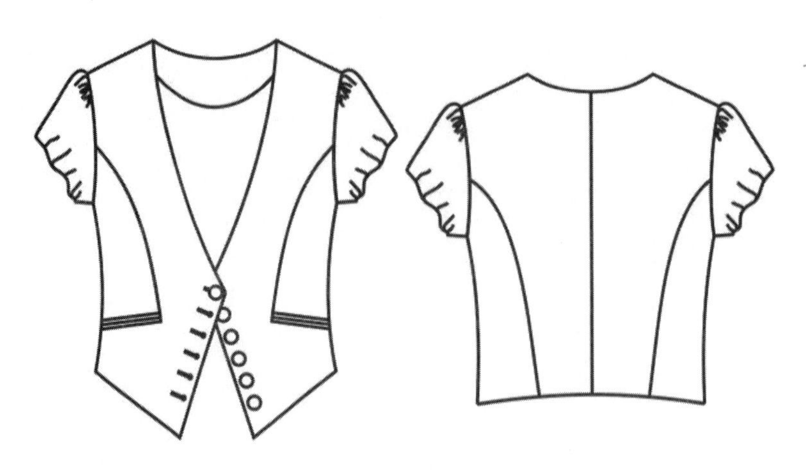

图5-42　时尚女上衣款式图

2. **结构图**

（1）规格尺寸，号型160/84A（M号）时尚女上衣规格尺寸（表5-5）。

表5-5　时尚女上衣M号规格尺寸表　　单位：cm

部位	后衣长	背长	袖长	肩宽（S）	胸围（B）	袖口
规格	45	38	20	36	88	13.5

（2）结构图（图5-43）。

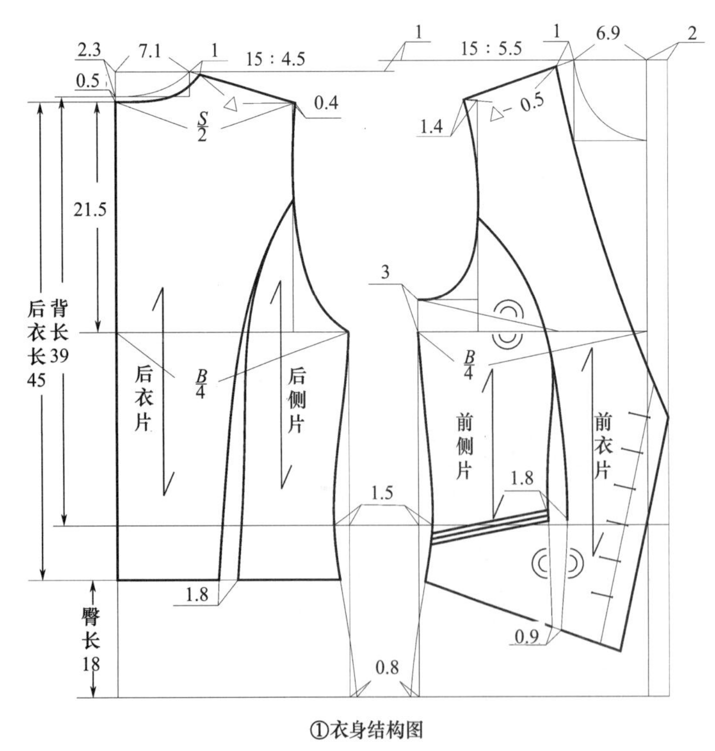

①衣身结构图

图5-43　时尚女上衣结构图

3. **裁剪**

（1）裁片名称。

时尚女上衣面料主要裁片（图5-44）：前衣片、前侧片、后衣片、后侧片、袖片、过面、领贴、挖袋嵌线、挖袋袋垫布；里布主要裁片：前侧片、后衣片、袖片。

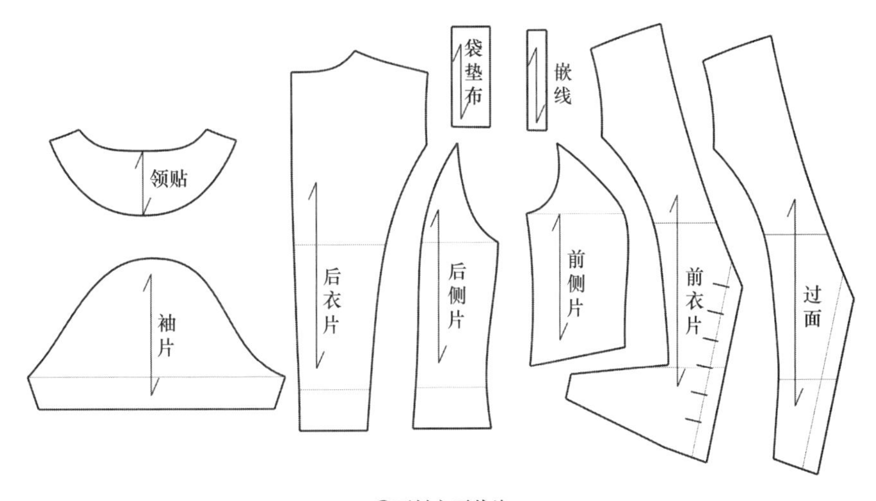

①面料主要裁片

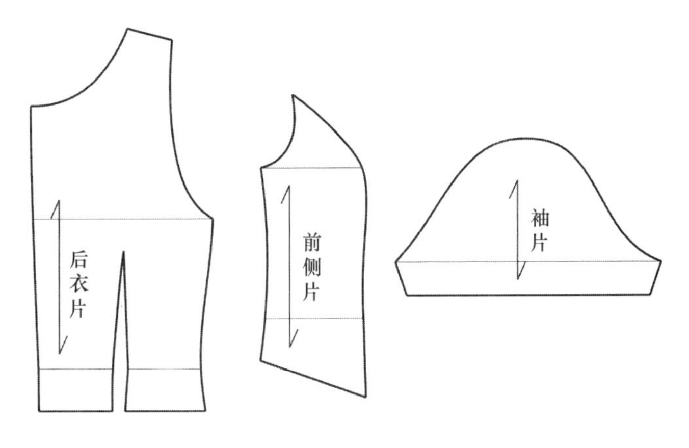

②里布主要裁片

图5-44　时尚女上衣主要裁片

（2）裁片放缝（图5-45）。

①前、后衣片底边放缝3cm，其余各边放缝1cm。

②袖口各边放缝1cm。

③领贴、过面四周各放缝1cm。

④里布放缝1cm。

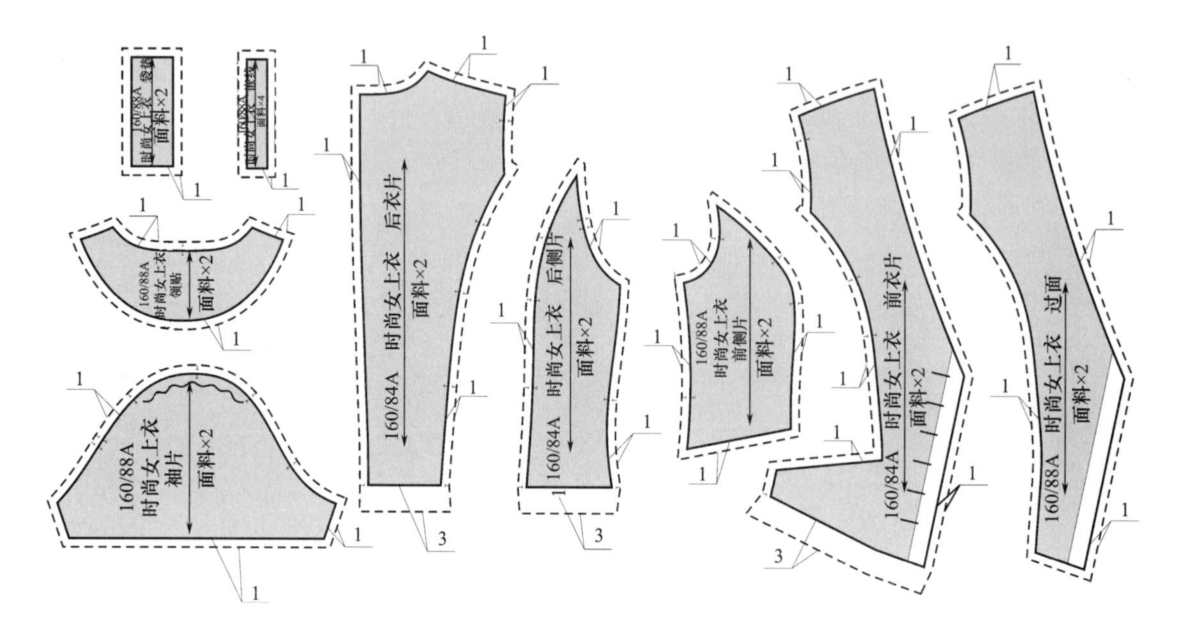

①面料裁片放缝图

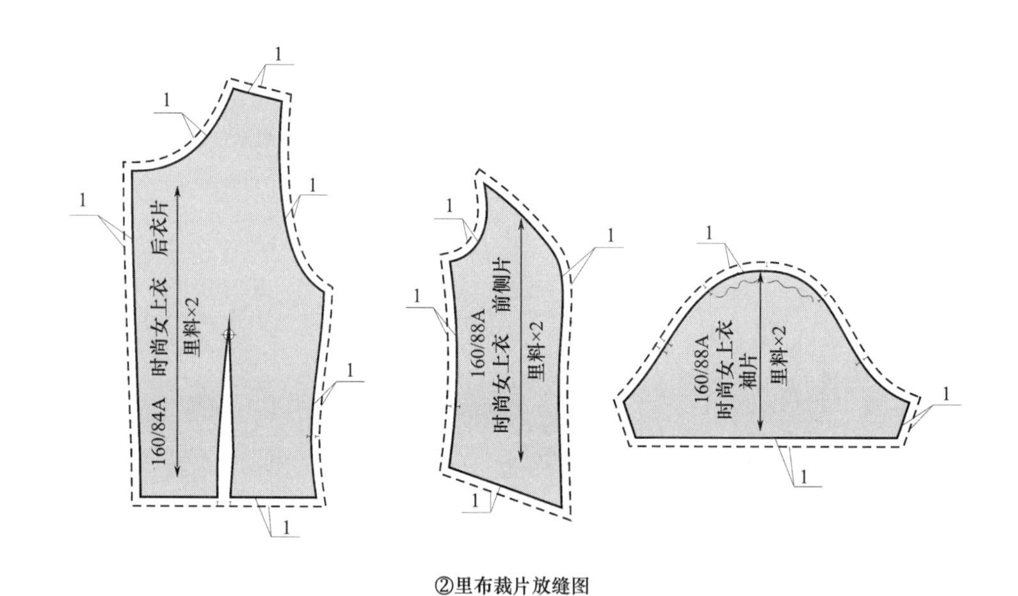

②里布裁片放缝图

图5-45 时尚女上衣裁片放缝

（3）裁片做标记。

时尚女上衣打刀眼、钻眼部位：

①底边放缝3cm处做刀眼对位记号。

②后领贴中点与后片中缝做刀眼对位记号；袖山顶点、袖窿绱袖做刀眼对位记号；前、后腰节做对位记号。

（4）排料图（图5-46）。

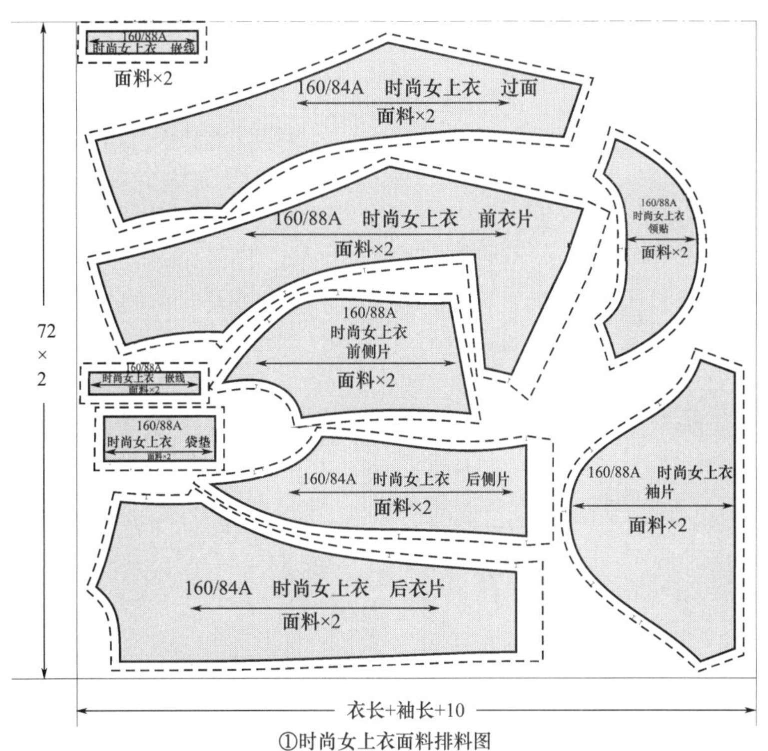

①时尚女上衣面料排料图

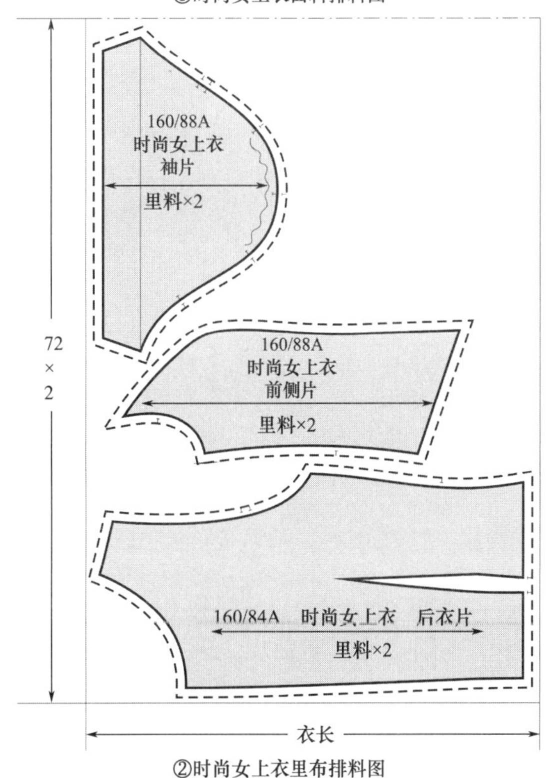

②时尚女上衣里布排料图

图5-46　时尚女上衣排料图

图5-47 黏衬

4. **缝制工艺**

（1）黏衬：将衣片大身、过面、后片大身及后领贴黏衬（图5-47）。

（2）做袋嵌线：将上、下嵌线对折熨烫，并将嵌线钉缝在袋垫布上，上、下嵌线缝线宽度各为0.5cm（图5-48）。

（3）钉下嵌线：将做好的下嵌线与前衣片袋口位拼缝，缝份1cm，在转角处开剪口以便折转与侧片拼缝（图5-49）。

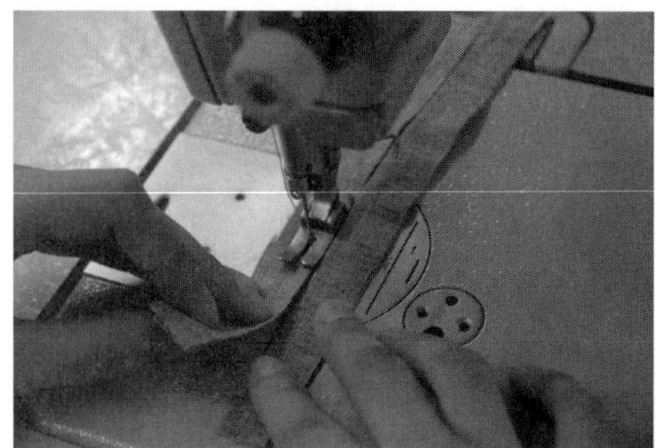

图5-48 做袋嵌线

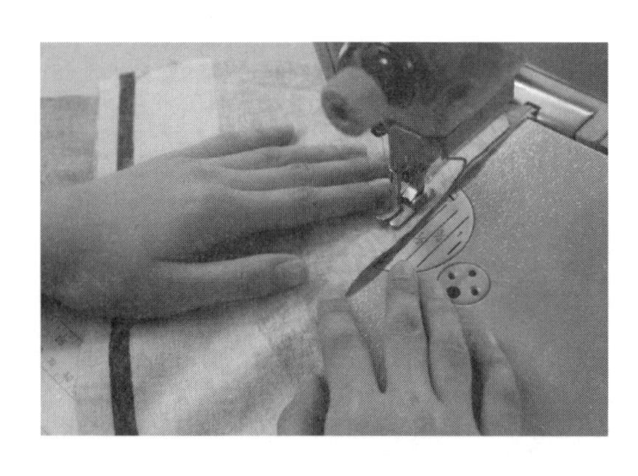

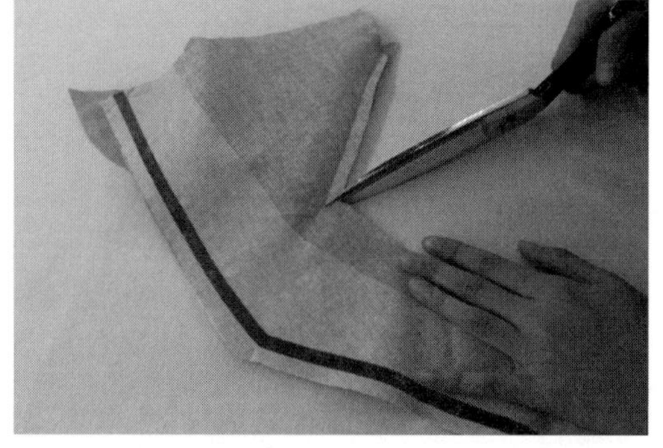

图5-49 钉下嵌线

（4）钉上嵌线：上嵌线与前侧片袋口位拼缝，缝份1cm（图5-50）。

钉袋垫：将钉好上、下嵌线的前衣片与前侧片，在上、下嵌线部位反面钉好袋垫，袋垫正面与衣身正面同向，成品要求衣片翻正后上、下嵌线闭合无空隙。

（5）拼缝前衣片：将前衣片袋口处剪开后，前衣片在上前侧片在下，正面相对，按1cm缝份拼缝前衣片与前侧片（图5-51）。

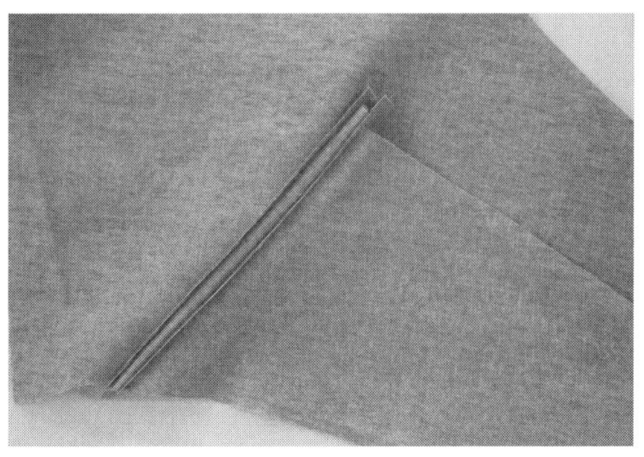

图5–50　钉上嵌线

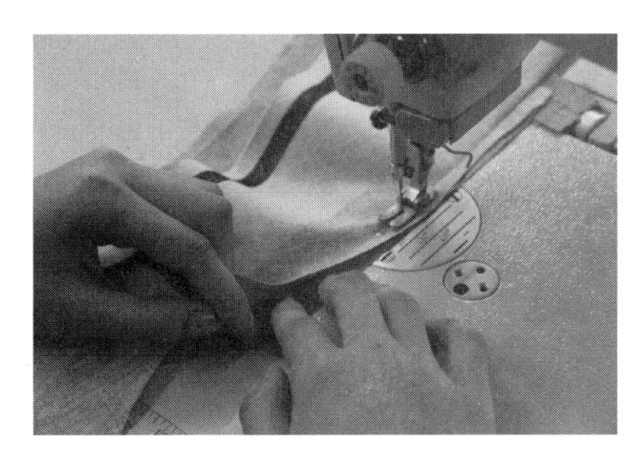
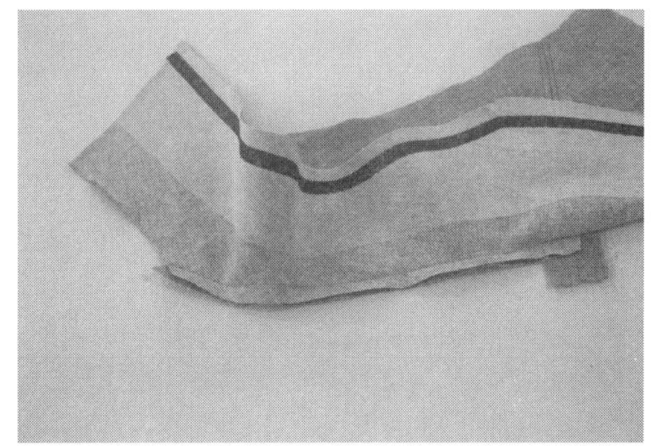

图5–51　拼缝前衣片

（6）拼缝后衣片：将后衣片与后侧片正面相对，后衣片在上后侧片在下，按1cm缝份拼缝，缝份倒向侧缝并熨烫（图5–52）。

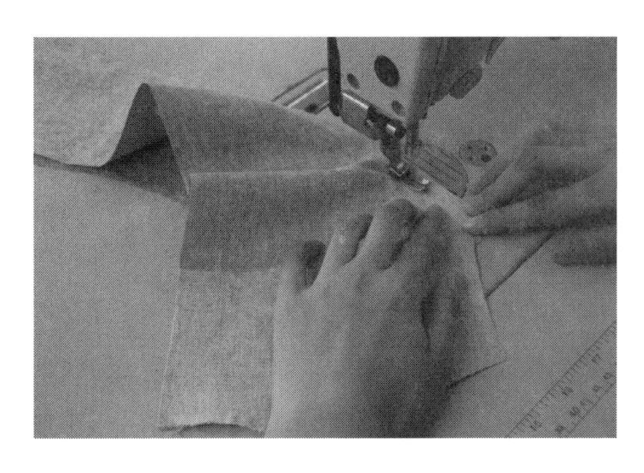
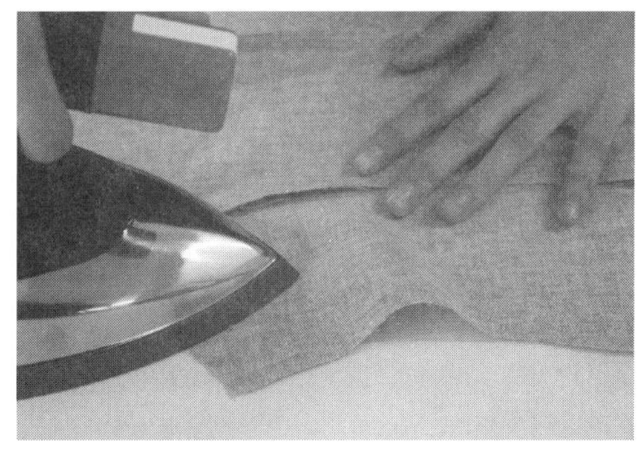

图5–52　拼缝后衣片

（7）拼后衣片中缝：将后衣片正面相对，在后中线按1cm缝份拼缝，并将缝份烫倒（图5–53）。

（8）拉牵带：在前衣片门襟止口、前衣片袖窿、后衣片袖窿、后衣片领圈拉牵带（图5-54）。

（9）拼肩缝：前、后衣片正面相对，按1cm缝份拼缝肩缝，并将缝份分开熨烫（图5-55）。

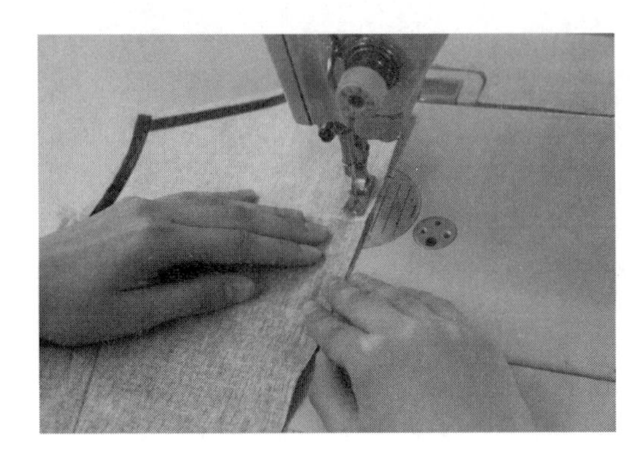
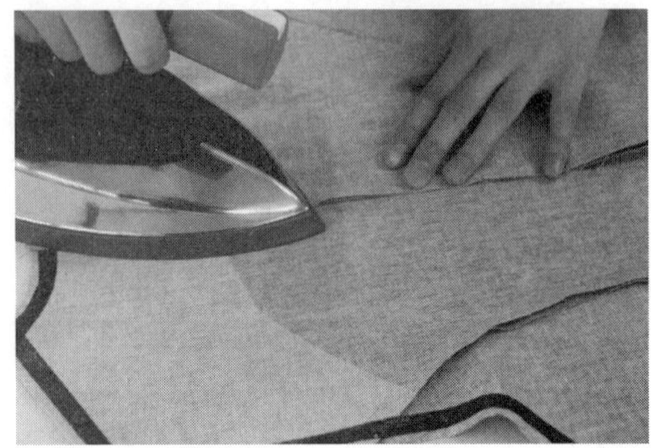

图5-53　拼后衣片中缝

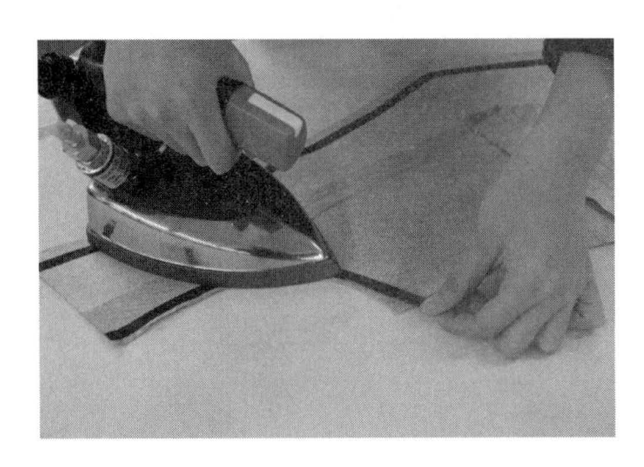
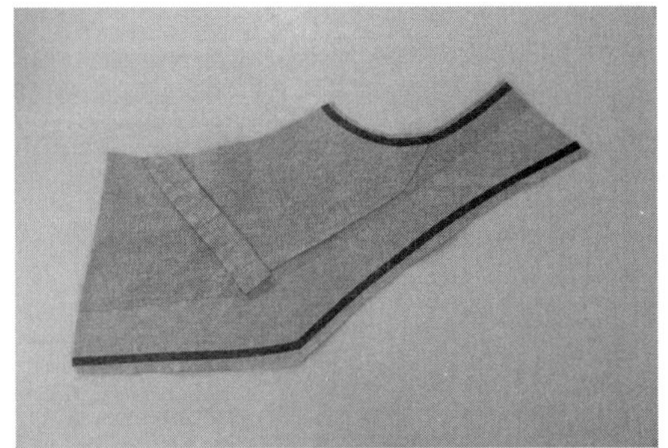

图5-54　拉牵带

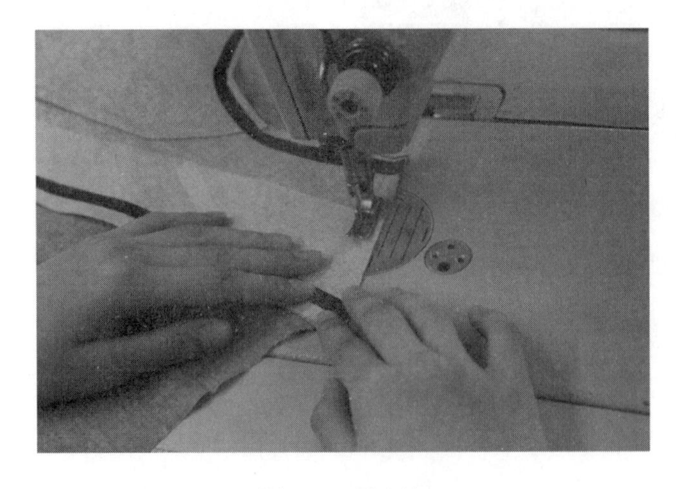

图5-55　拼肩缝

（10）缝袖口松紧带：将0.5cm宽的松紧带钉缝在袖口净样线处（图5-56）。

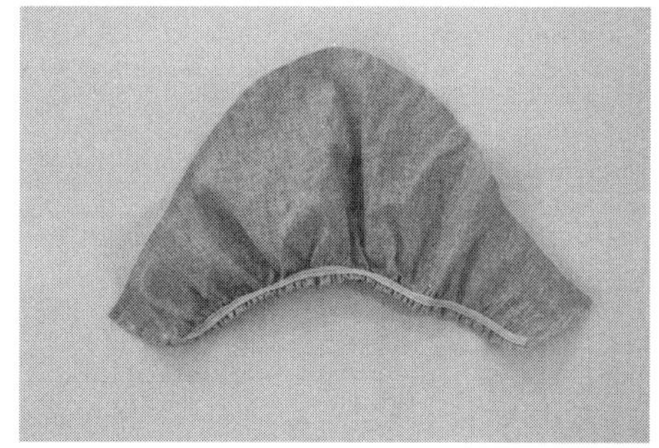

图5-56　缝袖口松紧带

（11）装袖：将袖片放在衣身上，袖片与衣身正面相对，按1cm缝份拼缝，并将袖山的对位点与袖窿对位点对准，在袖山处捏出碎褶形成泡泡袖（图5-57）。

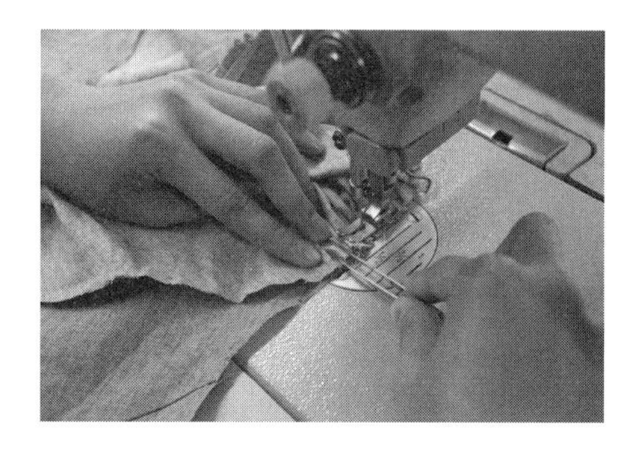

图5-57　装袖

（12）合侧缝：将前、后衣片正面相对，按1cm缝份合侧缝并将缝份分开熨烫（图5-58）。

（13）后衣片里布收省道：画出后衣片里布省道，按画线收省，并根据需要选择熨烫倒向（图5-59）。

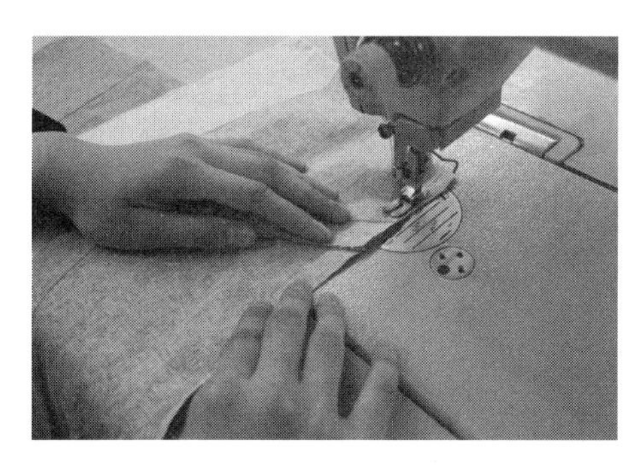
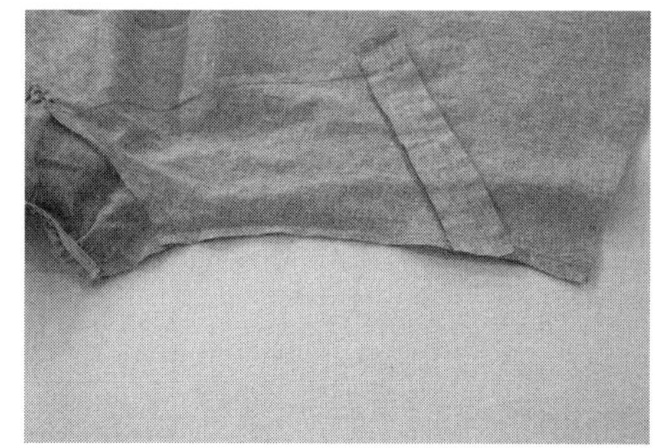

图5-58　合侧缝

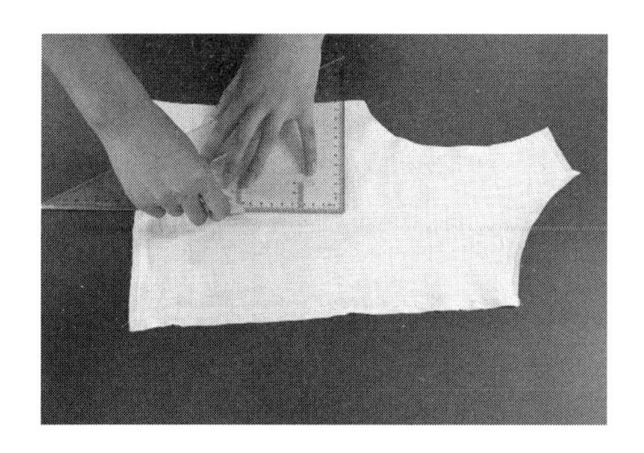
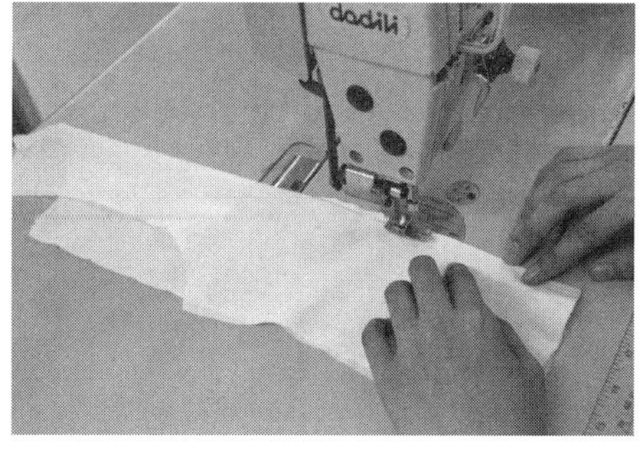

图5-59　后衣片里布收省道

（14）拼里布后中缝：将后衣片里布正面相对，在后中缝按1cm缝份拼缝，并根据需要选择缝份熨烫倒向（图5-60）。

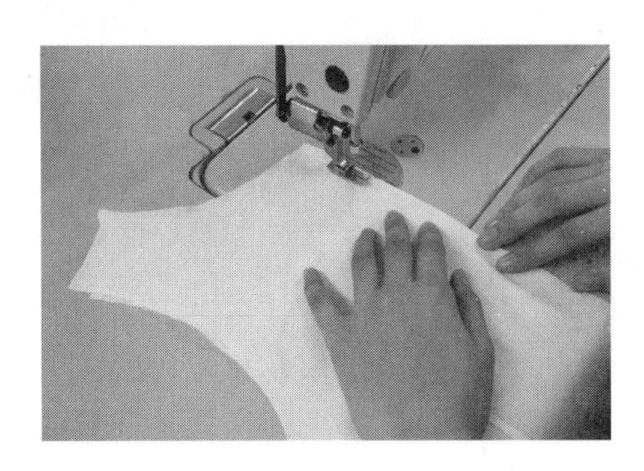
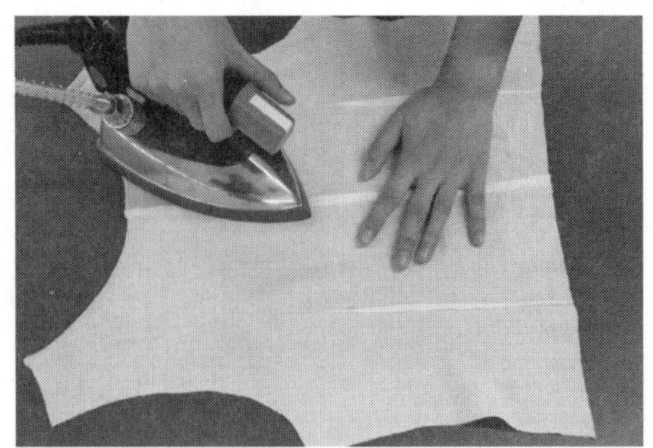

图5-60　拼里布后中缝

（15）拼领贴：将领贴正面与后片里布正面相对，沿装领贴线按1cm缝份拼缝（图5-61）。

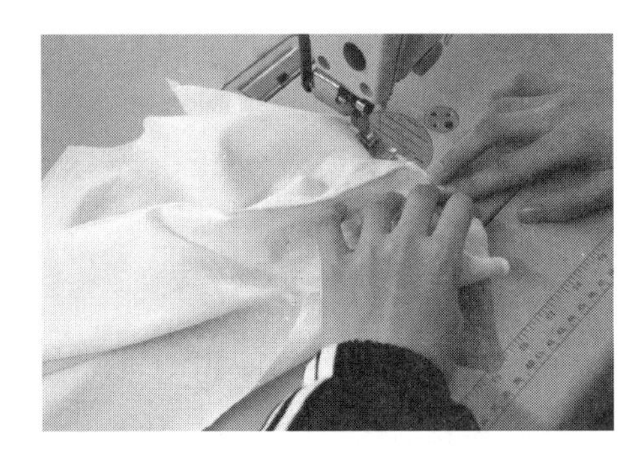
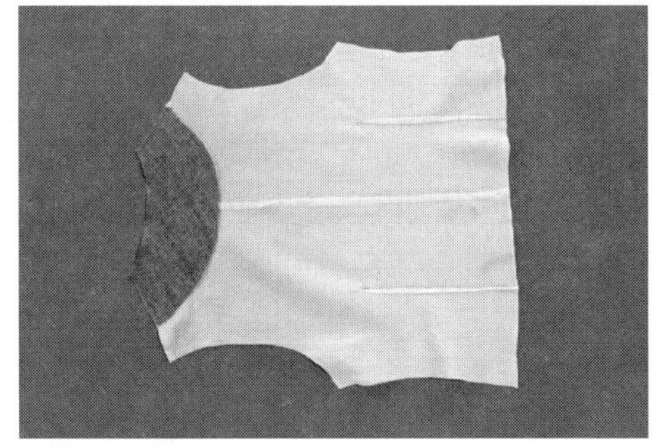

图5-61　拼领贴

（16）拼前衣片里布：将过面与前衣片里布正面相对，按1cm缝份拼合，缝份倒向里布一侧熨烫（图5-62）。

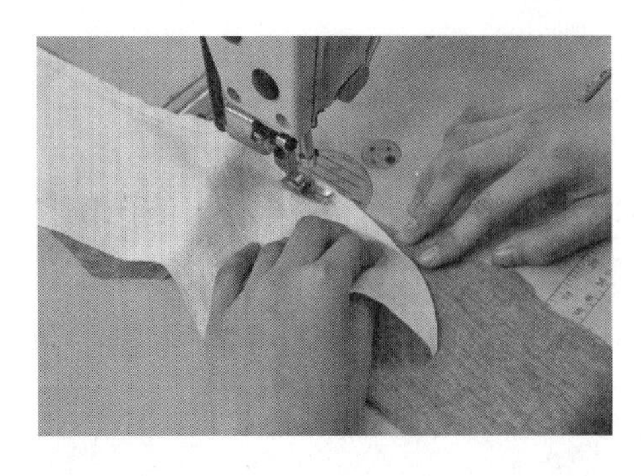
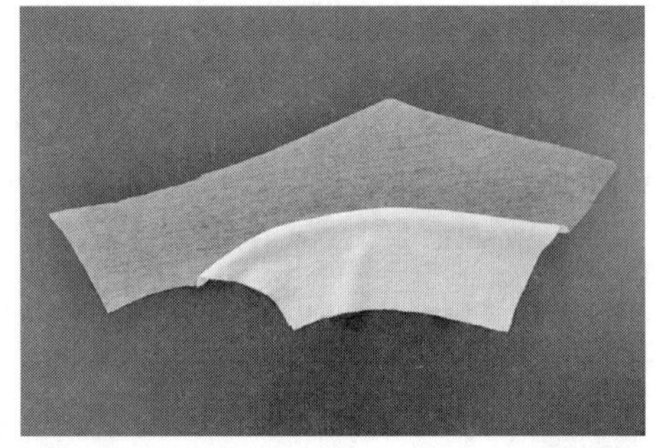

图5-62　拼前衣片里布

（17）拼里布肩缝：前、后衣片里布正面相对，按1cm缝份拼缝肩缝，过面处缝份分开熨烫，里布处缝份倒向后片一侧熨烫（图5-63）。

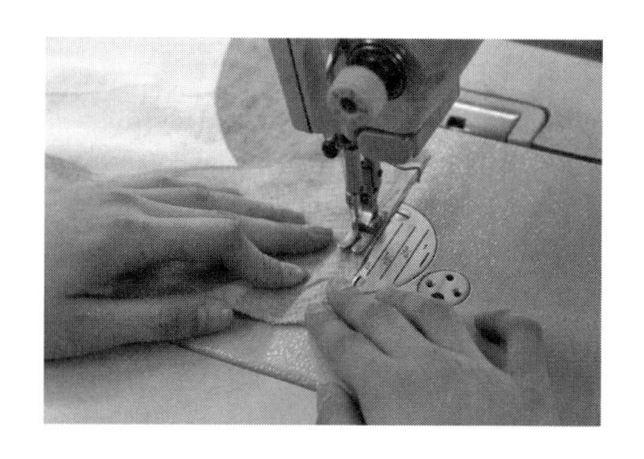

图5-63　拼里布肩缝

（18）装袖里布：将袖里布正面与衣身里布正面相对，在袖窿处按1cm缝份拼缝，袖山处和面料一样，抽碎褶（图5-64）。

（19）合里布侧缝：将前、后身里布正面相对，从袖口起针按1cm缝份拼缝里布侧缝（图5-65）。

（20）合门襟止口：将里布与衣身正面相对，按1cm缝份拼缝门襟止口，缝份倒向过面，并在过面正面压一道0.1cm明线（图5-66）。

（21）合袖口：将袖口里布与面布按1cm缝份车缝，并在里布袖山与面布袖山固定一道缝线（图5-67）。

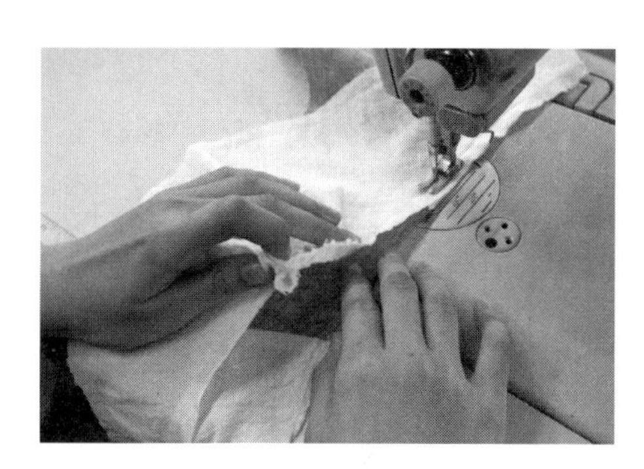

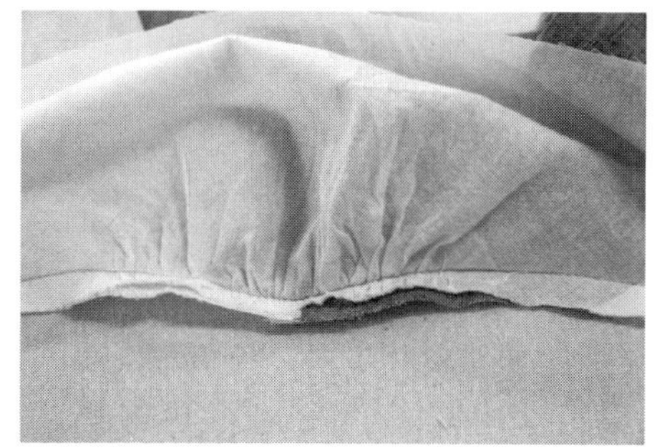

图5-64　装袖里布

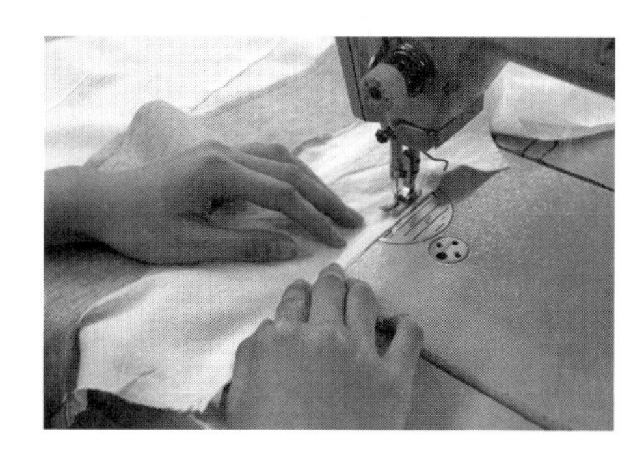

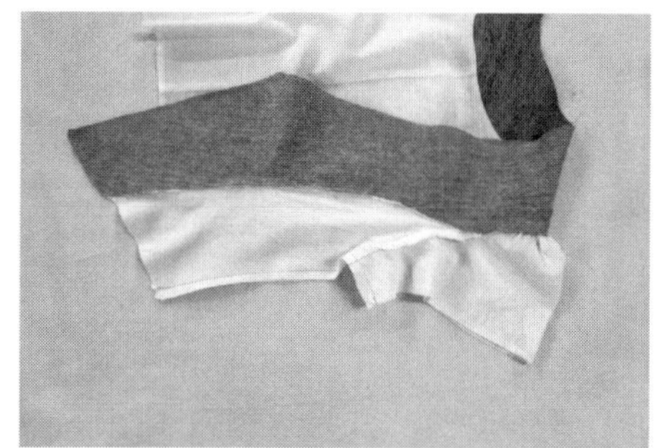

图5-65　合里布侧缝

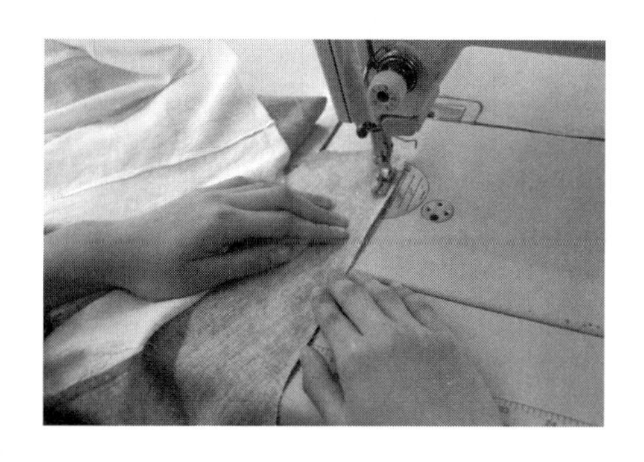

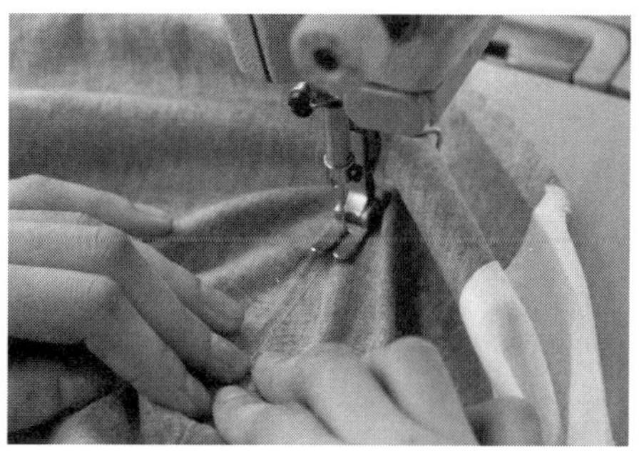

图5-66　合门襟止口

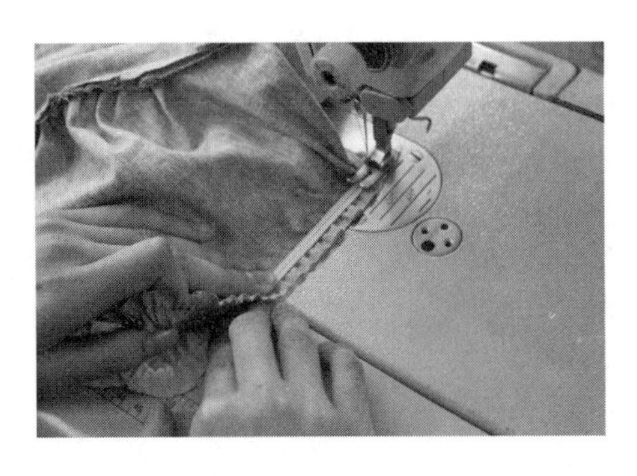

图5-67　合袖口

（22）合底边：将衣身里布底边与衣身面布底边按1cm缝份合，中间留10cm口子，并用手缝三角针固定（图5-68）。

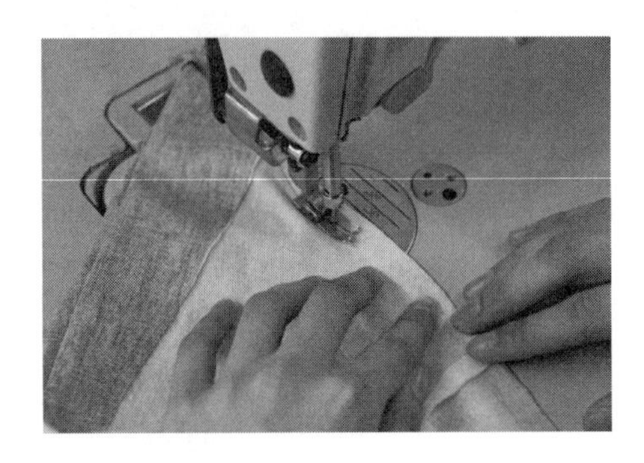
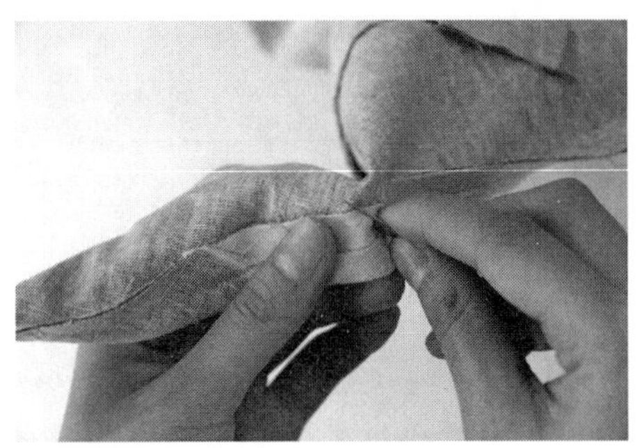

图5-68　合底边

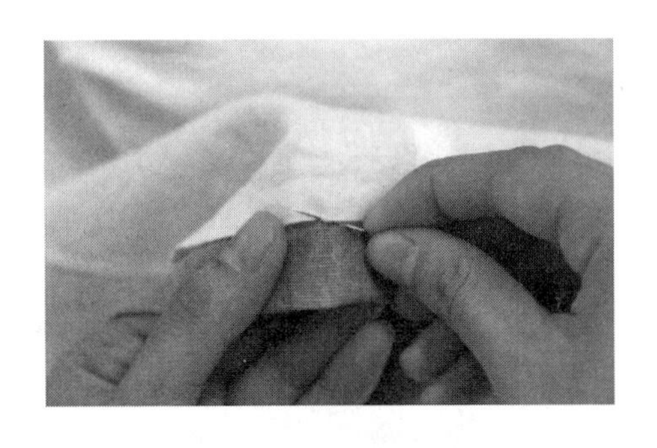

图5-69　底边封口

（23）底边封口：将衣身从留的口子翻向正面，手缝暗缲针将10cm口子封口（图5-69）。

（24）锁眼、钉扣：按照款式要求进行锁眼、钉扣（图5-70）。

（25）整烫：将做好的成衣整烫平整（图5-71）。

（26）时尚女上衣成品图（图5-72）。

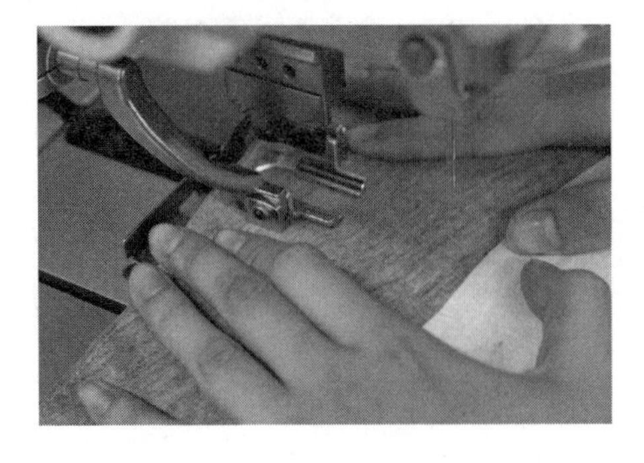

图5-70　锁眼、钉扣

图5-71　整烫

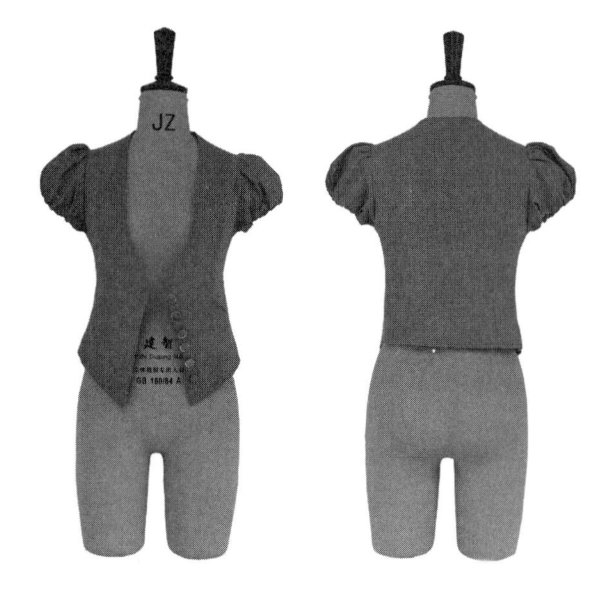

图5-72　时尚女上衣成品图

【特别提示】

（1）门襟止口要做到缝份顺直，止口平服，松紧有度，左右对称。

（2）双嵌线袋的位置要左右对称一致。

（3）泡泡袖左右对称。

（4）产品要求整洁，无线头、无极光。

三、任务实施

1. 实践准备（图5-73）

（1）面料、里料裁片：前衣片2片；
前侧片2片；
后衣片2片；
后侧片2片；
袖片2片；
嵌线4；
袋垫布2片；
过面2片；
领贴1片；
前片里布2片；
后片里布2片。

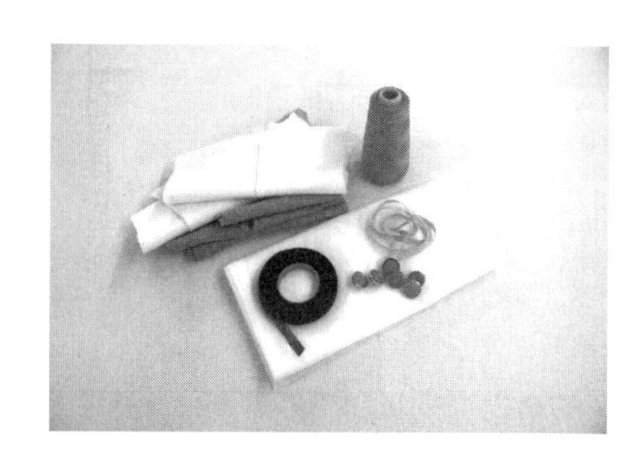

图5-73　时尚女上衣材料图

（2）辅料准备：配色线；
牵带；
纽扣6粒；
黏合衬若干；

袖口松紧带2根。

（3）实物样衣一件。

2. **操作实施**

（1）根据结构制图进行放缝，检查裁剪样板数量。

（2）整理裁片，识别裁片正、反面，将裁片正面与正面相叠，反面朝上，丝缕顺直。

（3）将裁剪样板根据丝缕要求，正确的铺放在面料上，做到紧密、合理的排料。

（4）先裁主件、后裁部件，再配黏合衬。

（5）检查所需的裁片、辅料是否完整。

（6）根据裁片制作时尚女上衣，其操作步骤：黏衬→做袋嵌线→钉下嵌线→钉上嵌线→拼缝前衣片→拼缝后衣片→拼后衣片中缝→拉牵带→拼肩缝→缝袖口松紧带→装袖→合侧缝→后衣片里布收省道→拼里布后中缝→拼领贴→拼前衣片里布→拼里布肩缝→装袖里布→合里布侧缝→合门襟止口→合袖口→合底边→底边封口→锁眼、钉扣→整烫。

四、学习拓展

袋爿袋制作

袋爿袋是外套类服装经常使用的挖袋类的一种口袋，常用于大衣、风衣的口袋制作，其制作方法如下：

（1）画袋位：在衣片上画出袋爿袋的袋位，并在反面黏衬（图5-74）。

（2）袋爿黏衬：将袋爿黏衬，并按净样板扣烫（图5-75）。

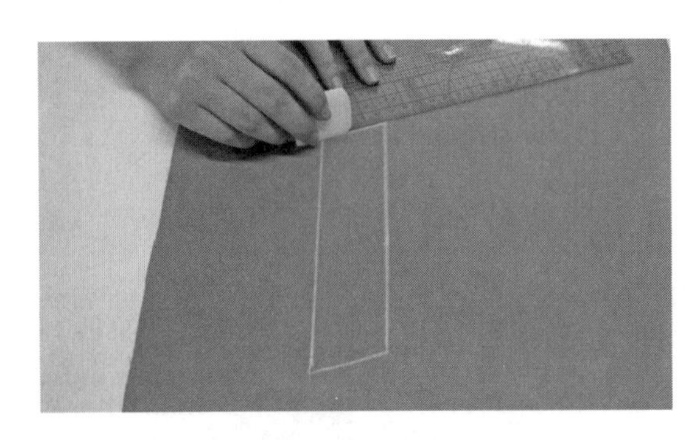

图5-74 画袋位

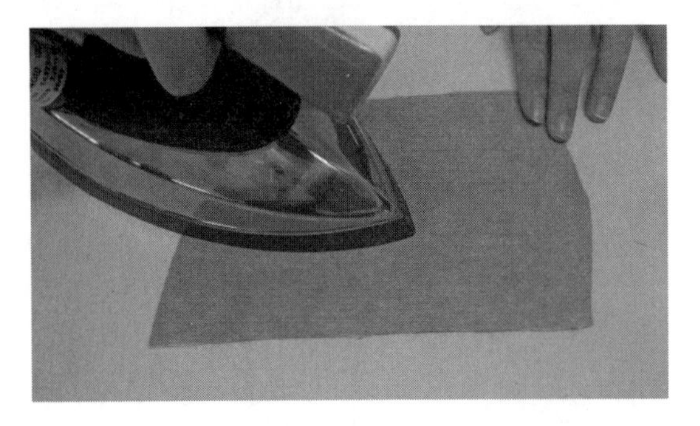

图5-75 袋爿黏衬

（3）钉袋爿：将袋爿打开正面与衣片正面袋口位对齐，将袋爿钉缝在袋口位上，并距离袋爿边缘1cm处钉缝袋布（图5-76）。

图5-76　钉袋爿

（4）袋口剪开：将袋口剪开，两端剪“Y”型剪口，并将缝份分烫（图5-77）。

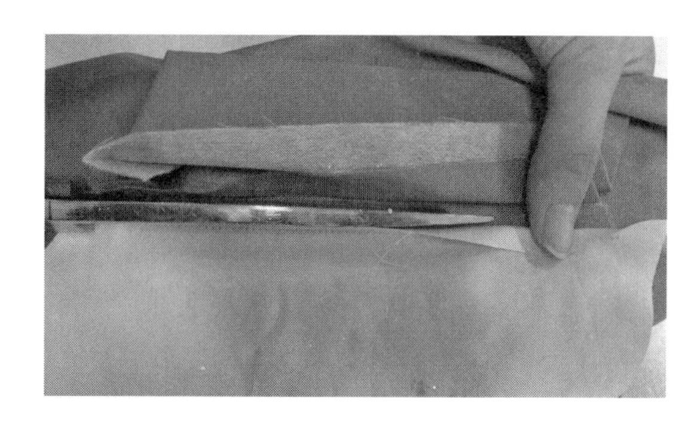 

图5-77　袋口剪开

（5）固定袋爿：将袋爿对折后沿袋口线做落漏缝固定袋爿（图5-78）。

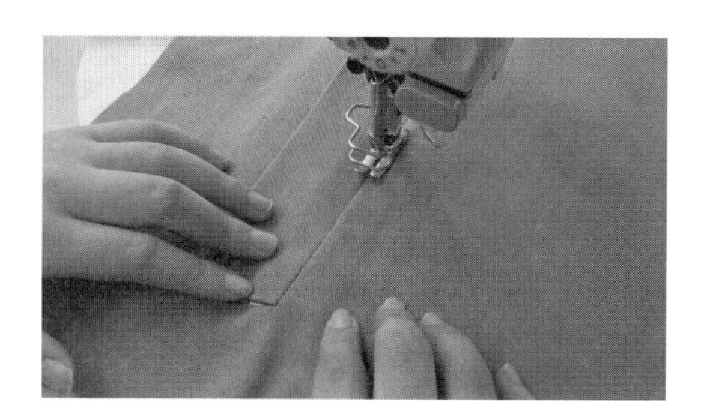

图5-78　固定袋爿

（6）做袋布：在衣片反面将另一片袋布与袋爿边缘1cm钉缝，之后将两层袋布对合，沿边缘1cm圈缉（图5-79）。

（7）袋爿封结：正衣片面将剪开的三角平摆，之后在袋爿两端按设计线迹车缝固定（图5-80）。

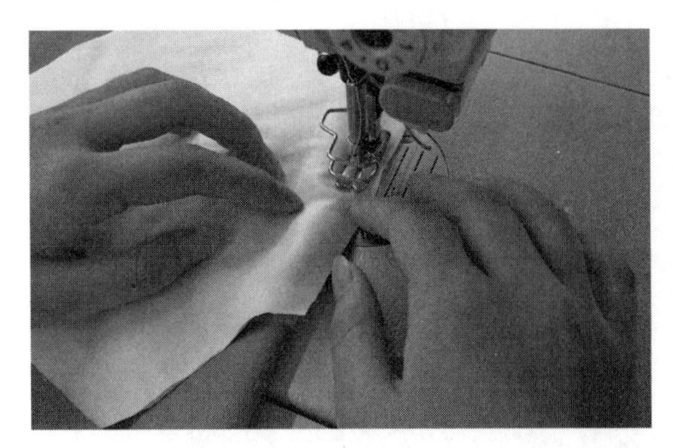

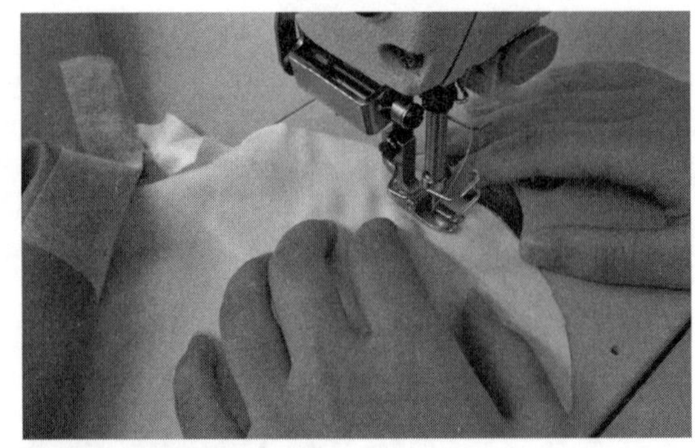

图5-79　做袋布

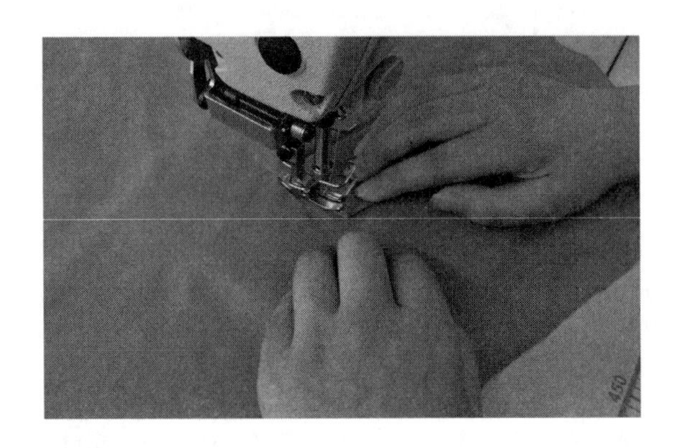

图5-80　袋爿封结

（8）袋爿袋成品（图5-81）。

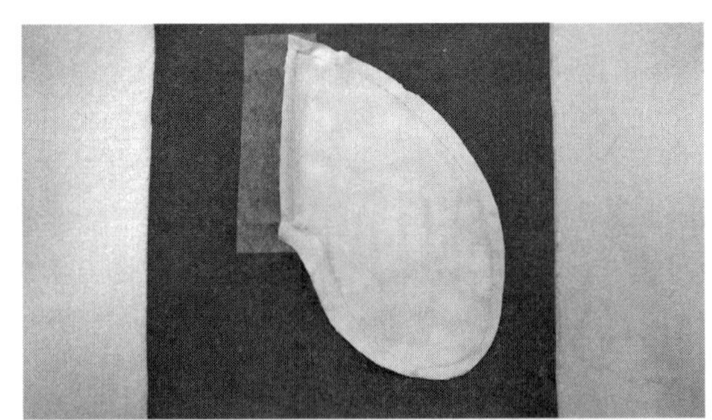

图5-81　袋爿袋成品

五、任务评价

时尚女上衣评价表（表5-6）。

表5-6　时尚女上衣评价表

序号	部位	具体指标	分值	自评	小组互评	教师评价
1	规格	衣长、胸围、肩宽、领围、袖长规格正确	10			
2	领子	领止口缉线顺直，不反吐	10			
3	衣身	衣身线顺直，无不良皱褶，无极光、烫黄	10			
4	分割线	刀背缝平服、顺直，左右对称	10			
5	双嵌袋	袋口松紧适宜，左右位置对称，缉线顺直	10			
6	袖子	泡袖袖口，抽褶均匀 绱袖圆顺，前后适宜	20			
7	底边	平服，折边宽窄一致	10			
8	里布	面、里无起吊现象，松紧适度，无烫黄	10			
9	整洁牢固	整件产品无跳针、浮线、粉印 各部位无毛、脱、漏 整件产品无明暗线头 针迹明线3cm14～16针	10			
合计			100			

工作任务5.3　男士夹克衫制作工艺

技能目标	知识目标
1. 能按照夹克衫款式图进行款式分析 2. 能根据面料特点、款式规格，运用结构制图进行裁剪、工艺制作 3. 能分析同类夹克衫的工艺流程，编写工艺单 4. 能根据质量要求评价夹克衫品质的好坏，树立服装品质概念	1. 了解夹克衫的外形特点，并能描述其款式特点 2. 了解面料的幅宽，能根据夹克衫样板进行放缝、排料、划样、裁剪 3. 掌握夹克衫制作工艺 4. 熟悉夹克衫工艺单的编写 5. 了解锁眼、钉扣、后整理、包装操作的工艺要求 6. 了解夹克衫质量要求

一、任务描述

在本任务中，要根据工艺单要求，采用M号男装规格尺寸绘制裁剪结构图（1∶1），并在结构图基础上合理进行放缝、制作裁剪样板及工艺样板，最后选择合适的面料进行合理铺料、排料、裁剪并试制样衣。

男士夹克衫服装样衣工艺通知单如表5-7所示。

表5-7　男士夹克衫服装样衣工艺通知单

品牌：RHH	款号：DL1167	名称：男士夹克衫
纸样编号：T1437	下单日期：	完成日期：

款式图：

系列规格表（5·4）　　单位：cm

部位		165/84A S	170/88A M	175/92A L	档差	公差
1	后衣长	65	67	69	2	±1
2	袖长	57.5	59	60.5	1.5	±0.8
3	领围	44	45	46	1	±0.6
4	肩宽	45.8	47	48.2	1.2	±0.8
5	胸围	110	114	118	4	±2
6	袖口	13	14	15	1	±0.5

款式概述：

直腰身，前片胸前做分割，门襟装拉链，一片领，两片袖，两单嵌线挖袋

面料：涤毛混纺
成分：涤70%、毛30%
组织：斜纹组织
幅宽：144cm

辅料：黏合衬、拉链、配色线、商标、洗水唛

工艺要求：

1. 分割线：前身分割缝、袖子后袖缝采用坐缉缝，外缉明线0.6cm
2. 装袖：绱袖左右对称，袖口用三角针固定
3. 装领：领子匀称，领角左右对称，有窝势，外口松紧适宜，领圈无起皱现象
4. 挖袋：挖袋左右高低一致，袋口四周缉0.1cm明线
5. 里袋：里袋四周缉0.1cm明线，里袋口长×宽（14cm×1cm）
6. 缉线：顺直、无跳针、断线现象
7. 拉链：拉链松紧一致，平整美观
8. 商标：位置端正，号型标志清晰，号型钉在商标下沿
9. 整烫：各部位熨烫到位，平服，无亮光、水渍、污迹，底边平直无起浪现象
10. 针迹：明线12～14针/3cm

工艺编制：　　　　工艺审核：　　　　审核日期：

二、必备知识

1. 款式描述

款式如图5-82所示。装一片领，两片袖，四开身，门襟装拉链，直腰身，两单嵌线斜插袋，有夹里，衣长及臀。本款夹克衫为基本款式，由于款式简洁明了，选用面料种类较多，可将本款细节稍作改动，如衣长、底摆、领子、袖子等，从而演变出多种夹克衫款式。

图5-82　男士夹克衫款式图

2. 结构图

（1）规格尺寸，号型170/88A（M号）男士夹克衫规格尺寸（表5-8）。

表5-8　男士夹克衫M号规格尺寸表　　单位：cm

部位	后衣长	袖长	领围	肩宽（S）	胸围（B）	袖口
规格	67	59	45	47	114	14

（2）结构图（图5-83）。

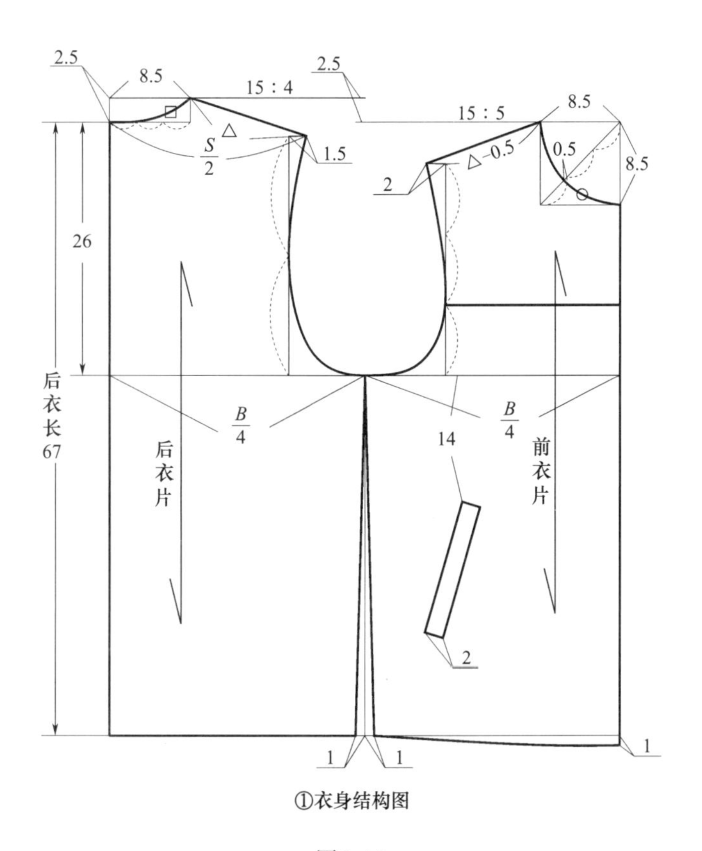

①衣身结构图

图5-83

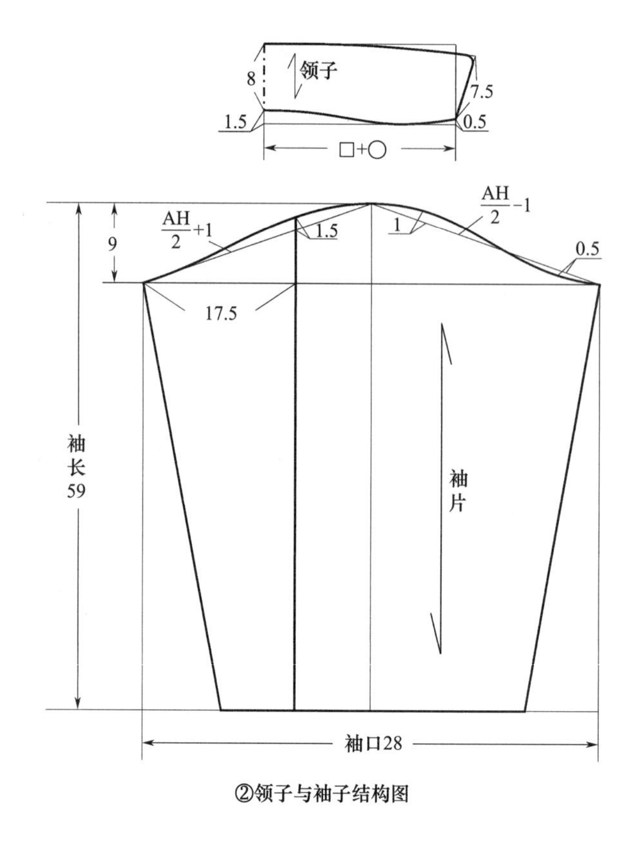

②领子与袖子结构图

图5-83 男士夹克衫结构图

3. **裁剪**

（1）裁片名称。

男士夹克衫面料主要裁片（图5-84）：前衣片、前片育克、后衣片、大袖片、小袖片、过面、领子、斜插袋嵌线、袋垫布；里布主要裁片：前衣片、后衣片、袖片、袋布。

（2）裁片放缝（图5-85）。

①前、后衣片底边放缝4cm，后中缝放缝1.5cm，门襟止口放缝2cm，前片育克底放缝0.8cm，前衣片与育克连接处放缝1.2cm，前、后袖窿处放缝0.8cm，其余各边放缝1cm。

②袖口放缝3.5cm，大袖片后袖缝放缝0.8cm，小袖片后袖缝放缝1.2cm，袖山弧线放缝1.2cm，其余各边放缝1cm。

③斜插袋嵌线、袋垫布放缝1.5cm。

④过面底边放缝1.5cm，其他放缝1cm；领子四周各放缝1cm。

⑤里布前、后衣片底边、袖口底边不放缝，其余各边放缝1cm。

（3）裁片做标记。

男士夹克衫打刀眼、钻眼部位：

①男士夹克衫底边放缝4cm、袖口边放缝3.5cm处做刀眼对位记号。

②装领、后中线、三眼刀对位记号；袖山顶点、袖窿绱袖做刀眼对位记号；前止口装拉链处做刀眼对位记号；后中缝做刀眼对位记号。

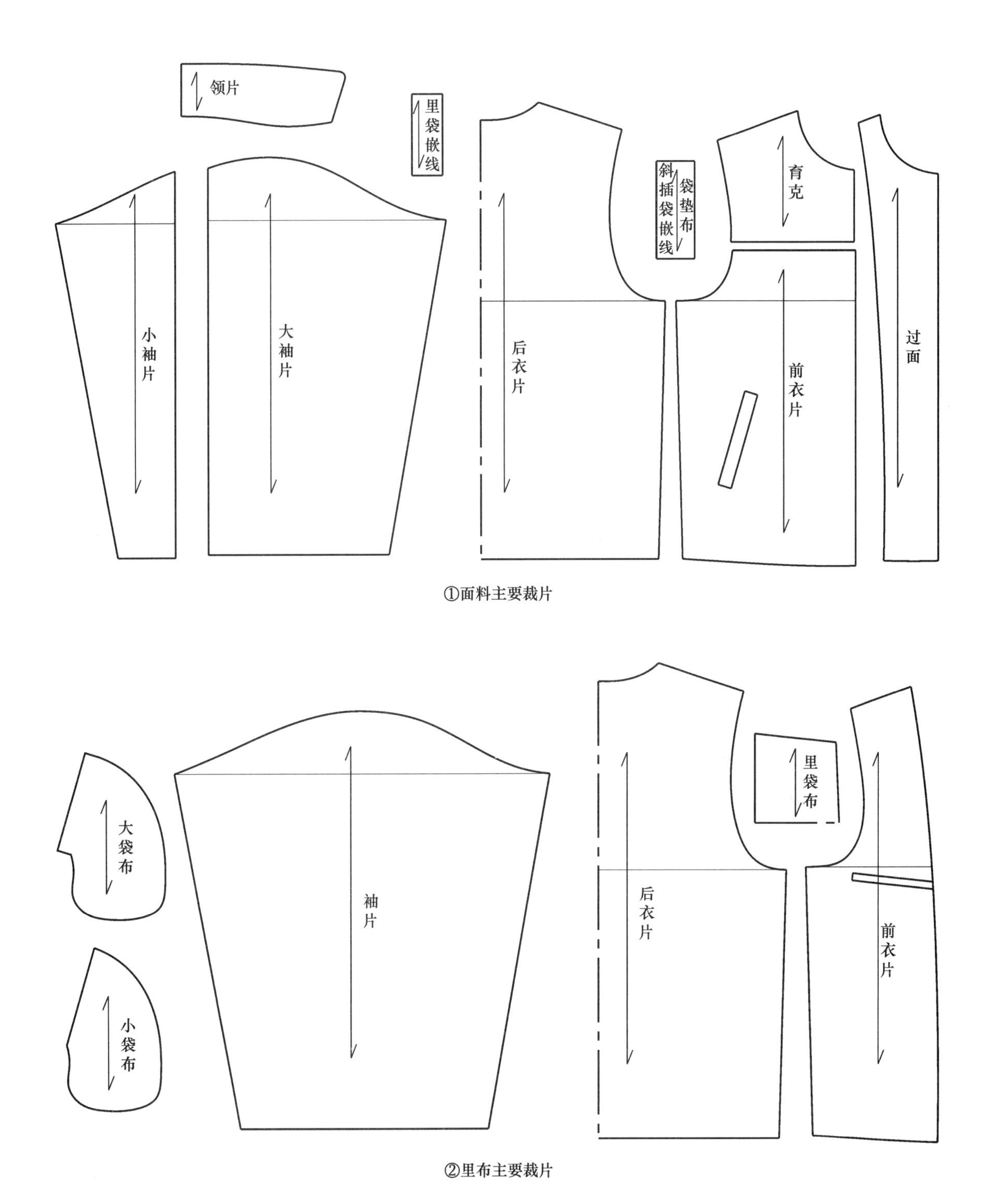

图5-84　男士夹克衫主要裁片

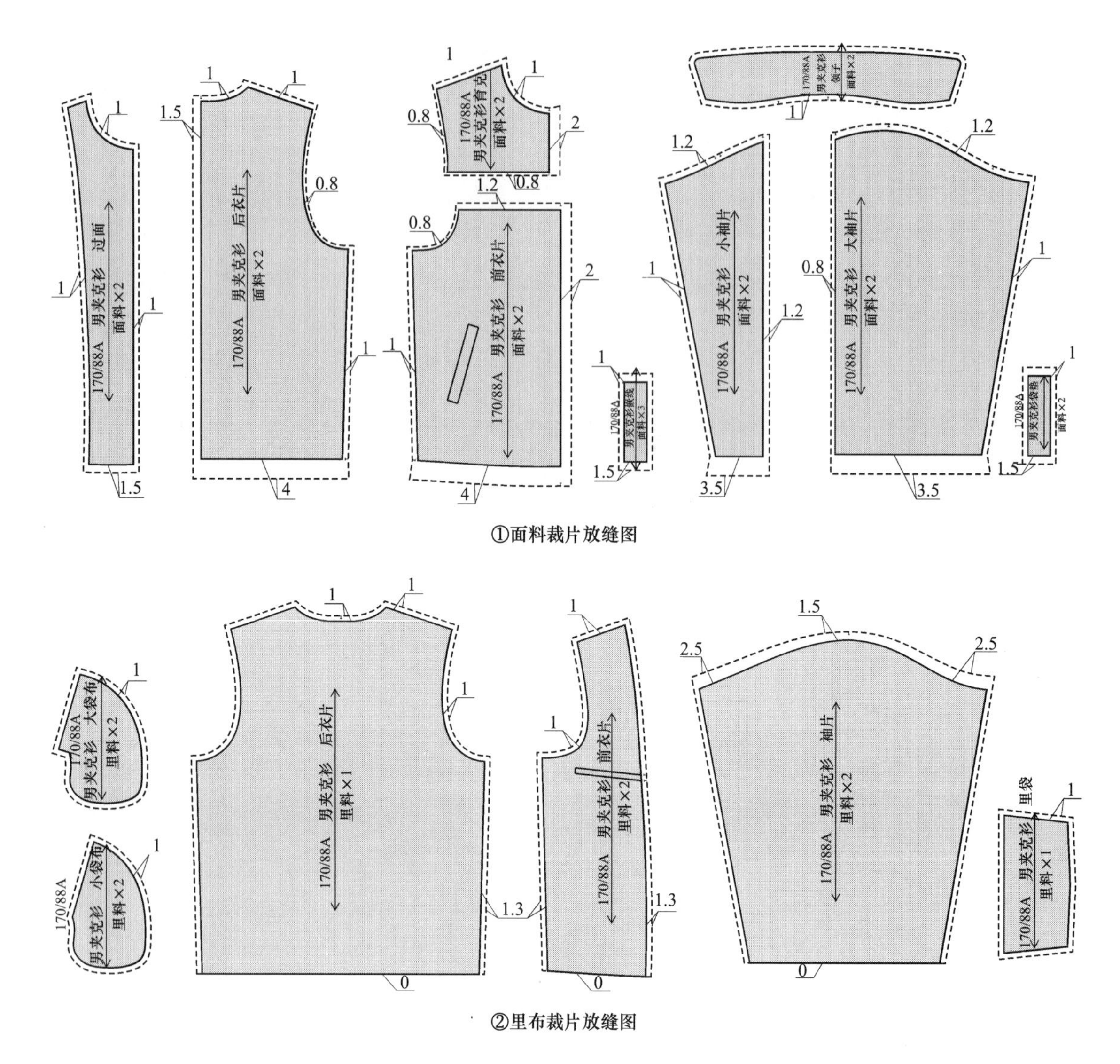

图5-85 男士夹克衫裁片放缝图

③斜插袋做钻眼记号。

（4）排料图（图5-86）。

4. **缝制工艺**

（1）黏衬：将衣片大身开袋位、嵌线、过面及领面黏衬（图5-87）。

（2）定袋位：在前衣片上画出开袋位，袋口大16cm×2cm（图5-88）。

（3）烫嵌线：将黏好衬的嵌线对折，然后画出16cm×2cm的净样，并将袋垫布的一端向反面折烫0.5cm（图5-89）。

（4）钉嵌线、袋垫布：将画好的嵌线、袋垫布按挖袋位置钉缝嵌线画线与衣片袋口位对准，按袋口大尺寸车缝（图5-90）。

（5）袋口剪开：将钉好嵌线和袋垫布的袋口剪 >—< 形剪口，注意两端不能毛漏（图5-91）。

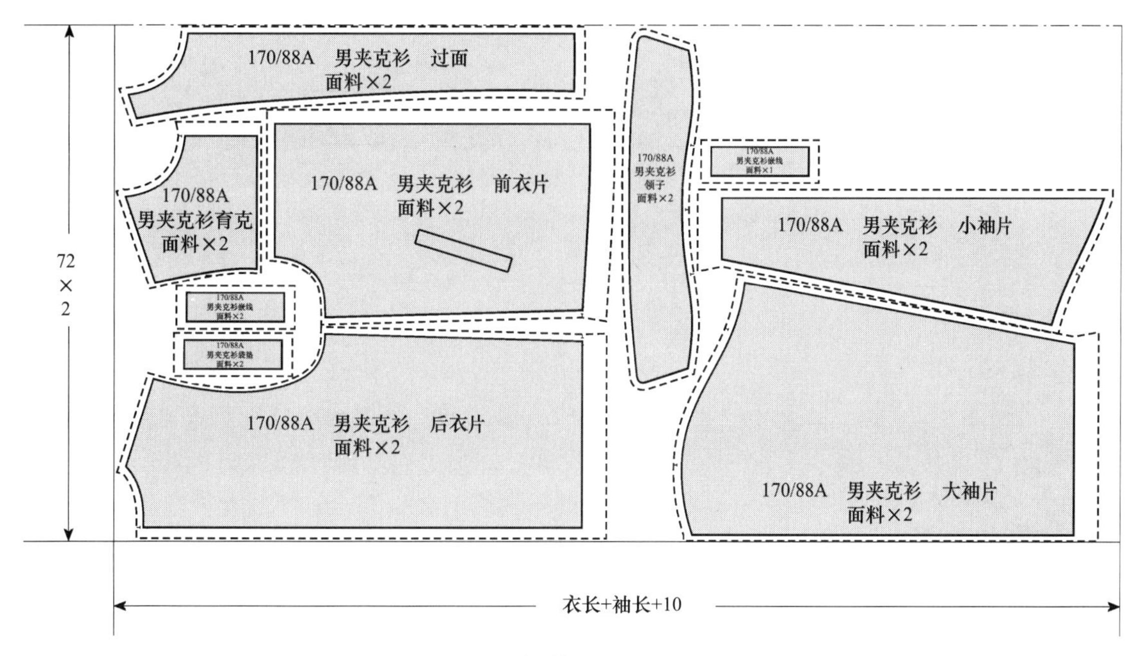

①面料排料图

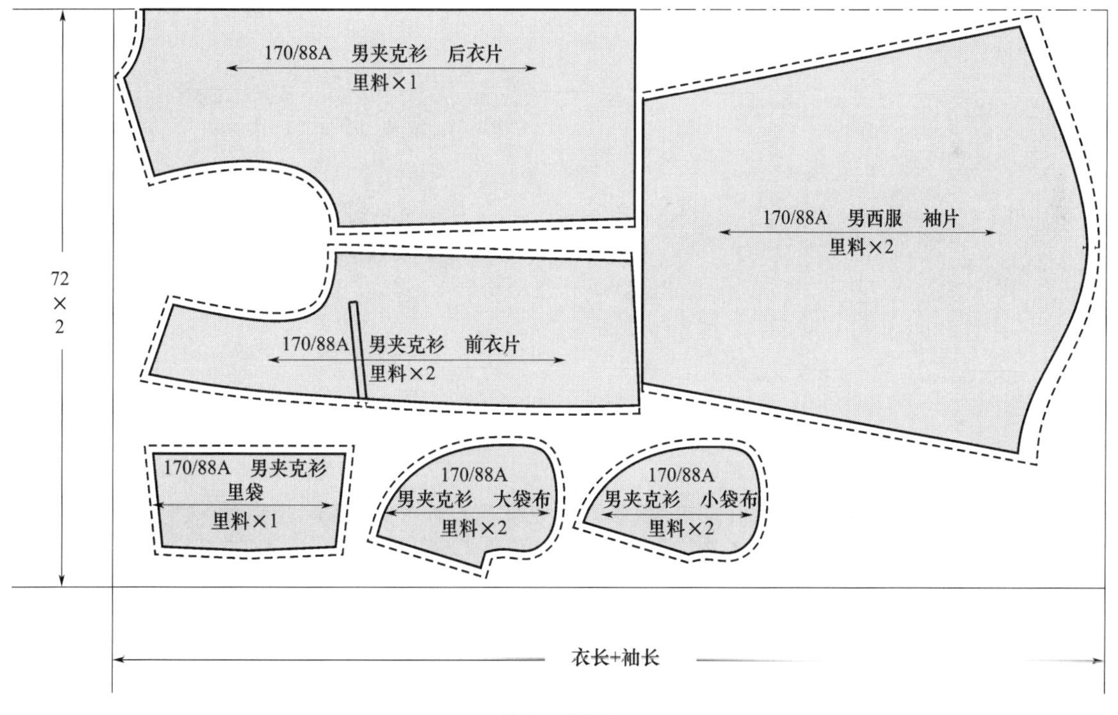

②里布排料图

图5-86　男士夹克衫排料图

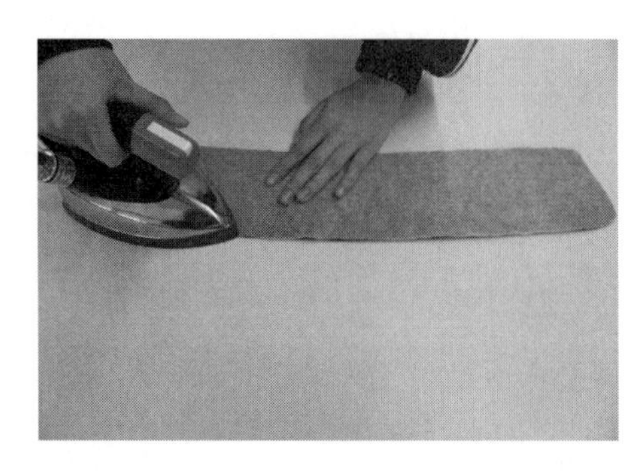

图5-87　黏衬

图5-88　定袋位

（6）装袋布：将嵌线和袋垫布从剪开口处翻到衣片反面，之后分别在嵌线和袋垫布处安装袋布，小袋布与嵌线毛缝处1cm车缝，大袋布袋垫布在袋口里侧0.1cm固定，之后在与袋垫布袋口处1cm车缝（图5-92）。

（7）袋口缉明线：在前衣片正面，袋口装嵌线一侧车缝一道0.1cm明线（图5-93）。

（8）兜缉袋布：在前衣片反面将嵌线、袋垫、

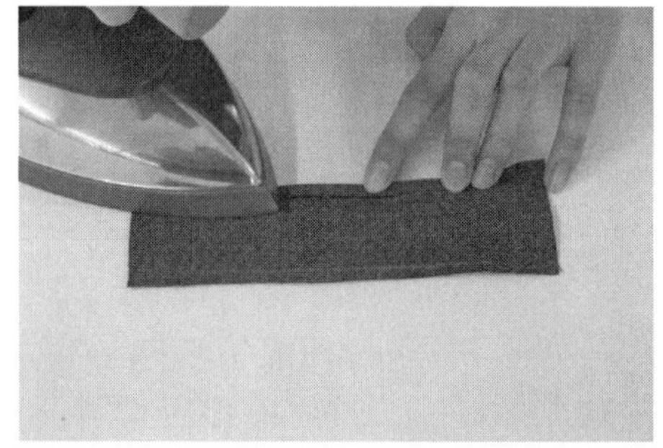

图5-89　烫嵌线

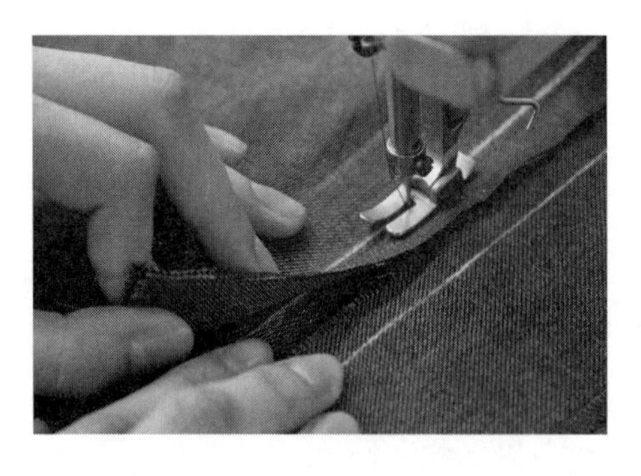

图5-90　钉嵌线、袋垫布

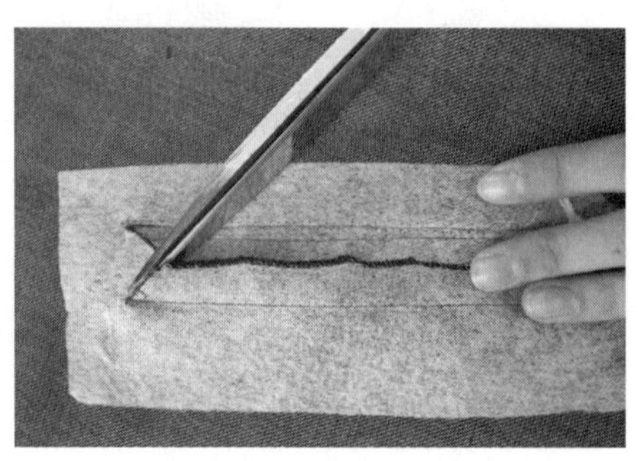

图5-91　袋口剪开

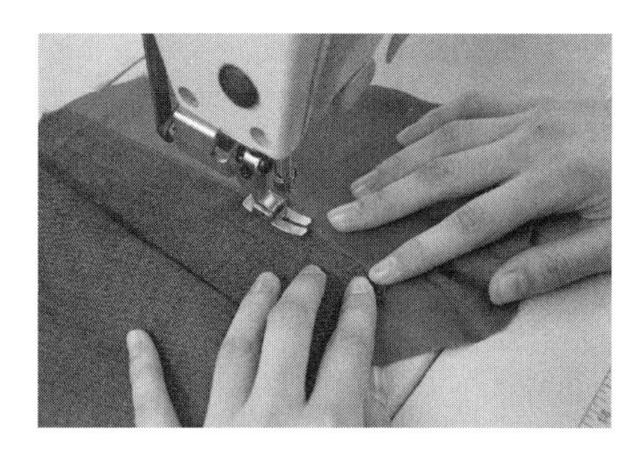
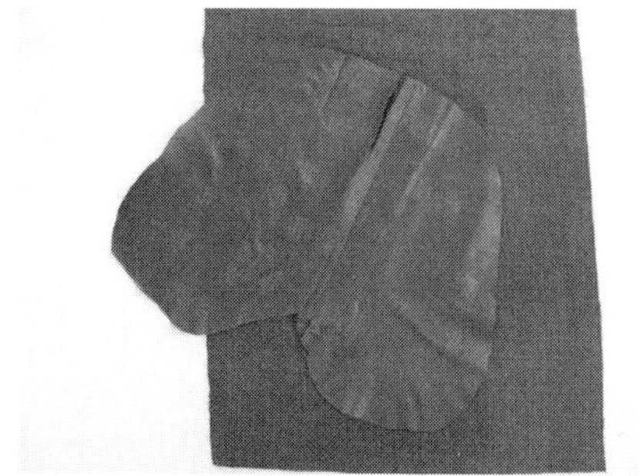

图5-92　装袋布

开剪处所留三角，沿开剪边缘车缝3道固定，并将袋布一并以1cm缝份拼合（图5-94）。

（9）袋口缉明线：沿袋口其余三边车缝一道0.1cm明线（图5-95）。

（10）拼前衣身的育克与下衣片：将育克与下衣片用坐缉缝拼缝，即将育克与下衣片反面在拼缝的缝份处对齐，以0.8cm缝份车缝，之后在前衣片正面距育克与下衣片的拼缝0.6cm处压一道明线（图5-96）。

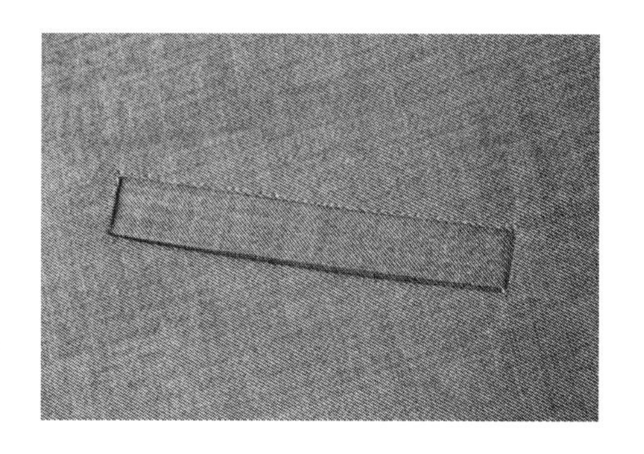

图5-93　袋口缉明线

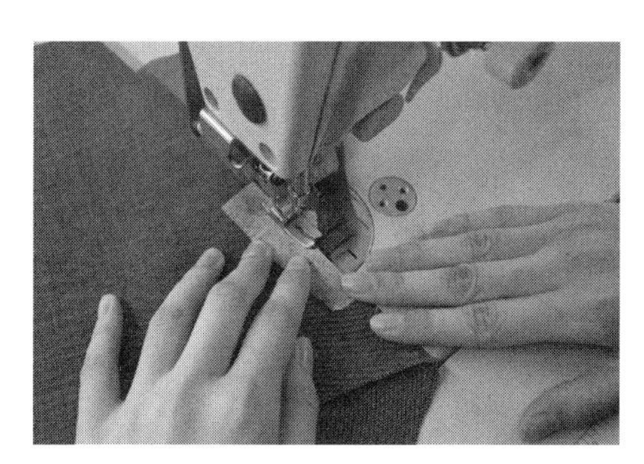
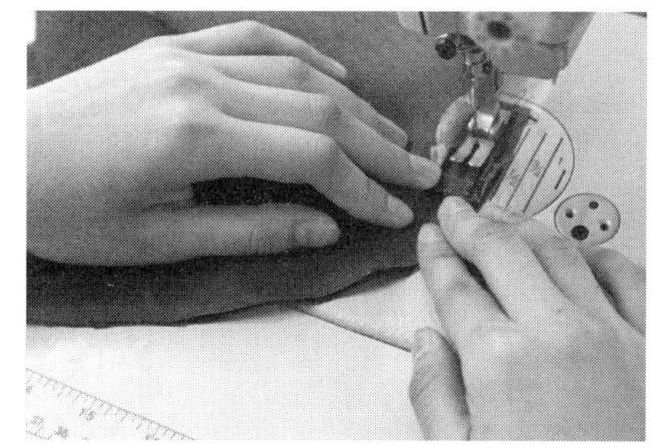

图5-94　兜缉袋布

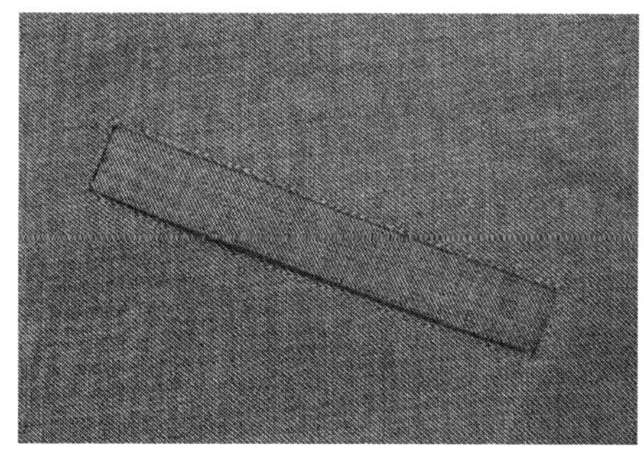

图5-95　袋口缉明线

图5-96　拼前衣身育克与下衣片

（11）拼后衣片后中缝：将后衣片后中缝按对位剪口对齐，以1.5cm缝份车缝，之后在后衣片正面距后中缝0.6cm压一道明线（图5-97）。

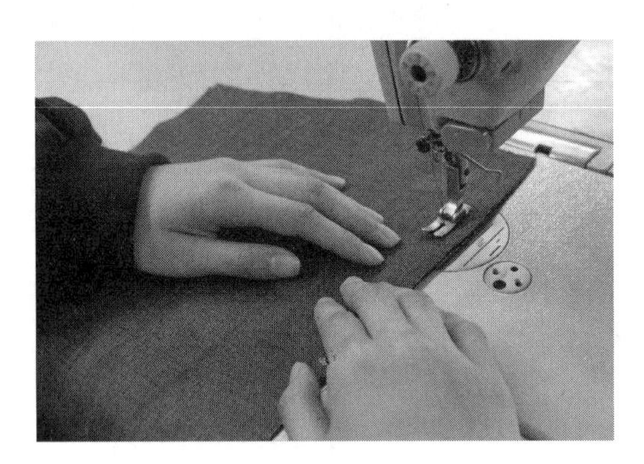

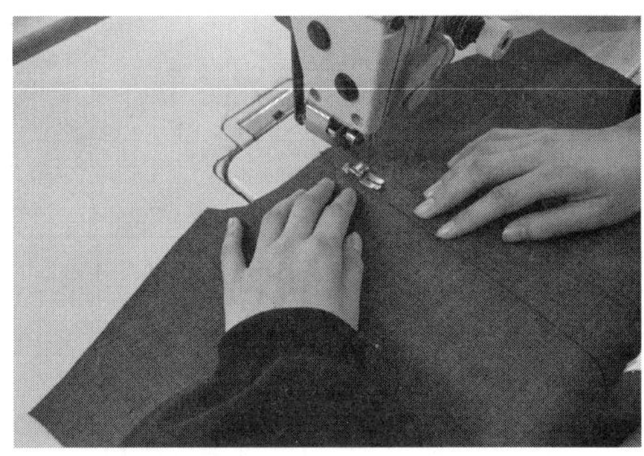

图5-97　拼后衣片后中缝

（12）合肩缝：将前、后衣片正面在肩缝对齐，按1cm缝份车缝，之后在后片正面距肩缝0.6cm处压一道明线（图5-98）。

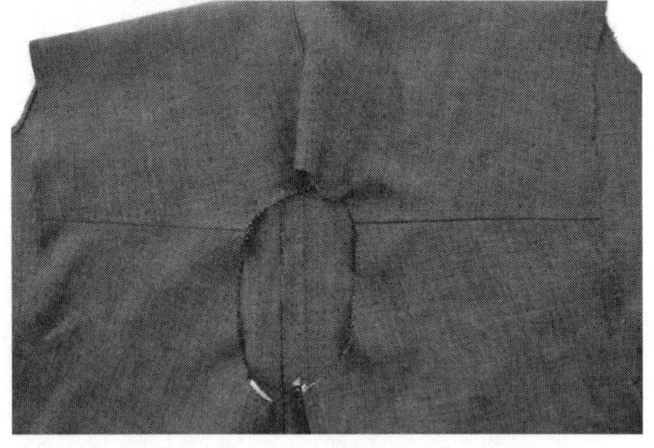

图5-98　合肩缝

（13）拼袖片：大、小袖片采用坐缉缝方式拼缝，大袖片在上、小袖片在下正面相对，在后袖缝处按0.8cm缝份车缝，在大袖片正面距后袖缝0.6cm处压一道明线（图5-99）。

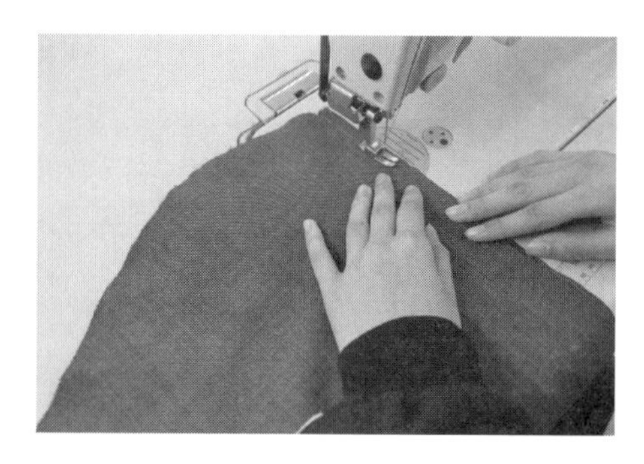
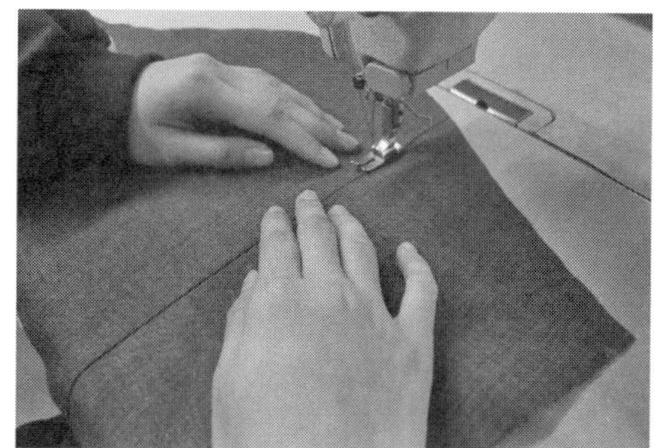

图5-99　拼袖片

（14）袖口黏衬：将做好的袖片在袖口处黏衬（图5-100）。

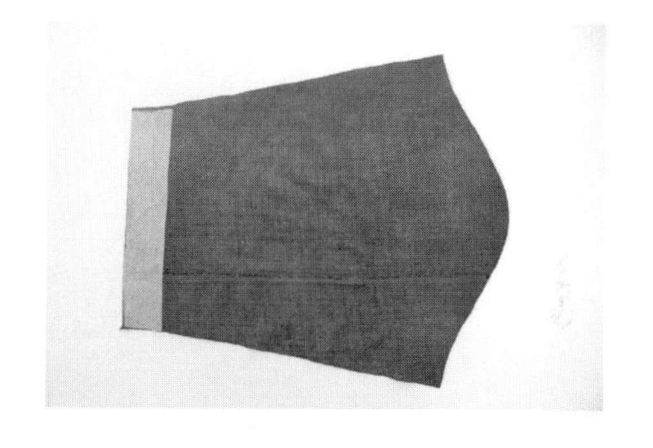

图5-100　袖口黏衬

（15）装袖子：袖片与衣身正面相对，采用坐缉缝车缝，衣身在上距边缘0.8cm车缝，翻向衣片正面在距装袖缝线0.6cm压一道明线（图5-101）。

（16）合侧缝：将前、后衣片正面相对，从袖口处起针，按1cm缝份合袖底缝与衣身侧缝，并分缝熨烫（图5-102）。

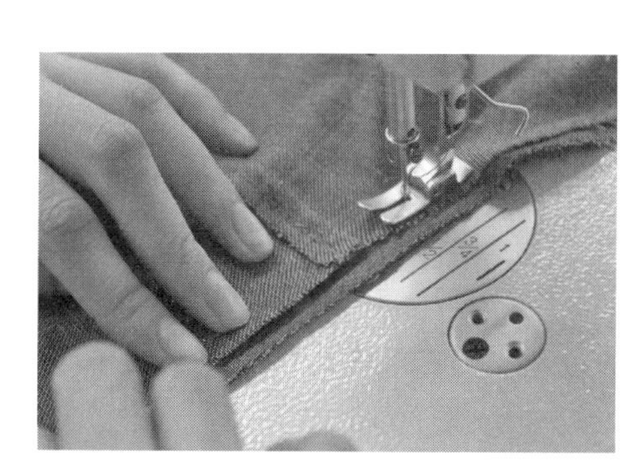
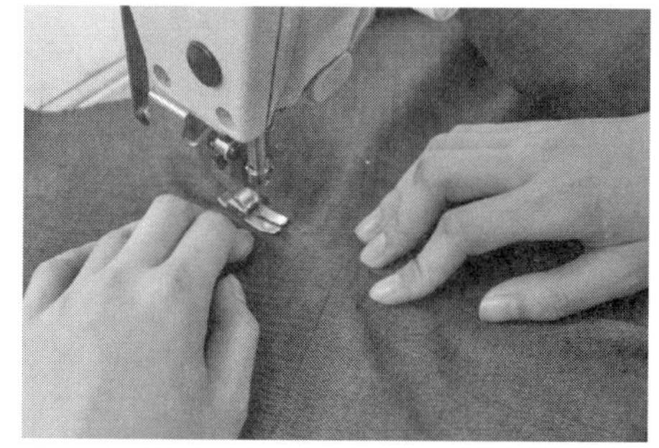

图5-101　装袖子

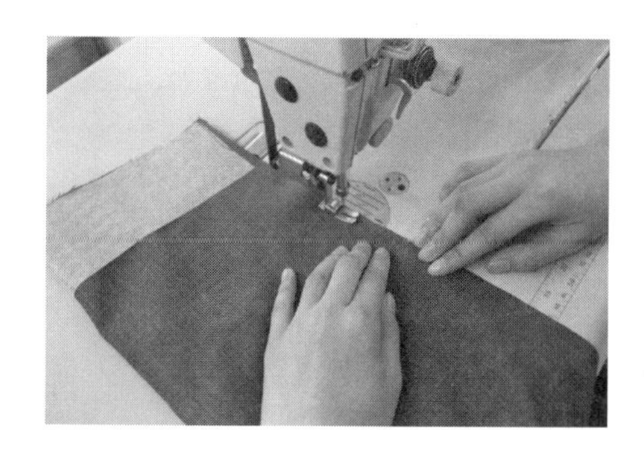

图5-102　合侧缝

图5-103 烫袖口

（17）烫袖口：将袖子翻到反面，在袖口处烫出袖口线（图5-103）。

（18）画里袋位：在左前片里布距上端25cm处画出里袋袋位，尺寸为14cm×1cm，并在袋位反面黏上黏衬（图5-104）。

（19）钉嵌线、袋垫布：将里袋嵌线黏衬，并折烫，之后画出嵌线宽度1cm，并将嵌线画线位与袋口位下端定位线对准，嵌线折扣朝外摆放，沿嵌线画线位将嵌线条钉缝在袋口位下端，上端钉缝袋垫布（图5-105）。

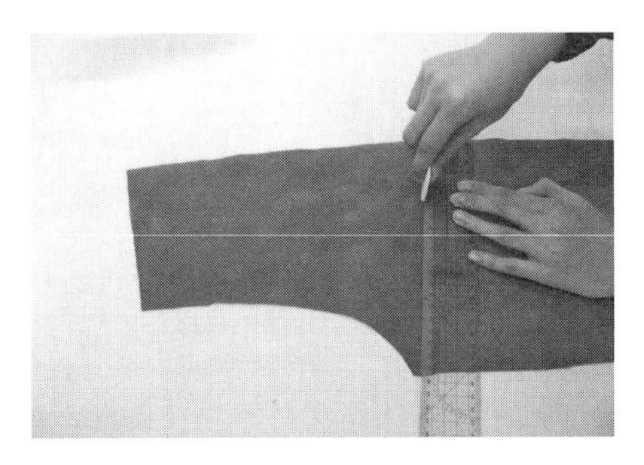

图5-104 画里怀袋位

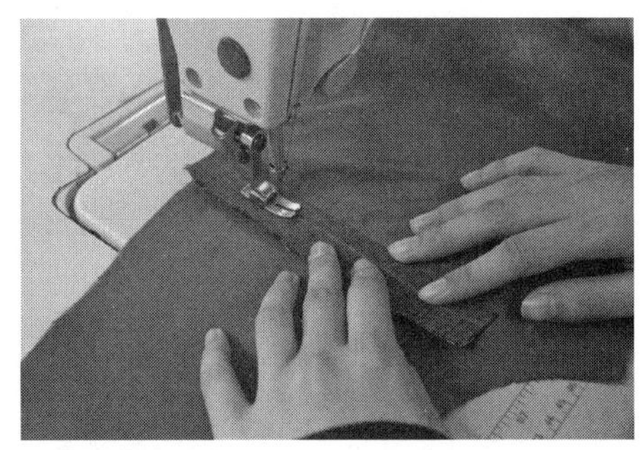

图5-105 钉嵌线、袋垫布

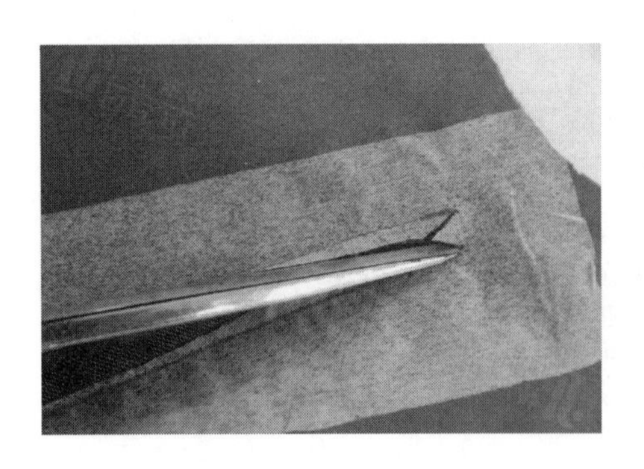

图5-106 里袋袋口剪开

（20）里袋袋口剪开：将里袋袋口剪“Y”字形剪口（图5-106）。

（21）装袋布：将嵌线、袋垫布翻转至面料反面，装袋布，并在袋口嵌线一侧正面压缉一道0.1cm明线（图5-107）。

（22）兜缉里袋布：在反面将嵌线、袋垫布、剪开处所留三角、袋布，沿剪开边缘车缝3道固定，并将袋布一并以1cm缝份合缝（图5-108）。

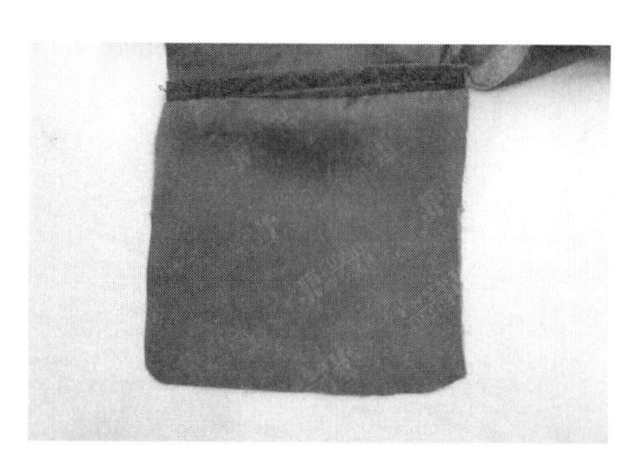
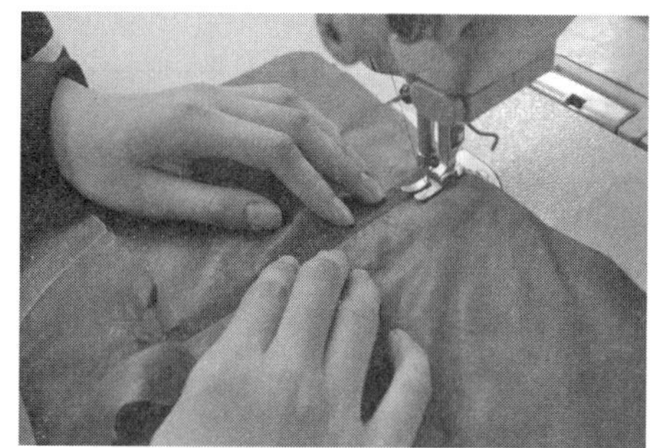

图5-107　装袋布

（23）里袋袋口缉明线：沿里袋袋口压0.1cm明线（图5-109）。

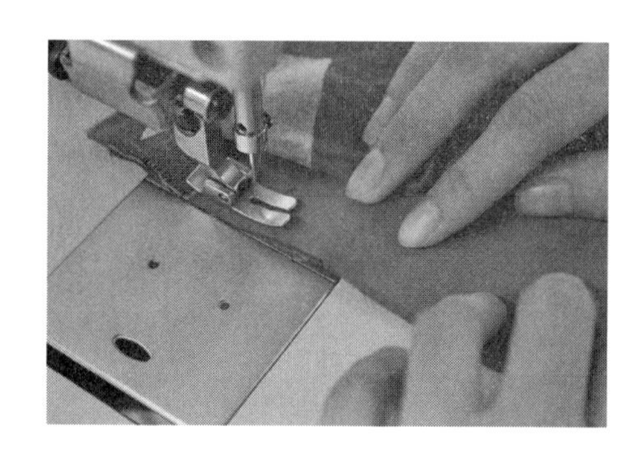

图5-108　兜缉里怀袋布

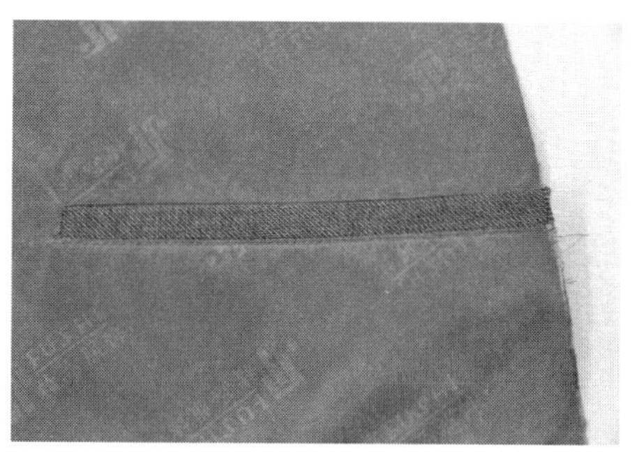

图5-109　里袋袋口缉明线

（24）拼过面：将黏好衬的过面与前片里布正面相对，按1cm缝份车缝，底端留有4cm空隙不拼缝，缝份倒向过面，并在过面处压一道0.1cm明线至底边空隙处（图5-110）。

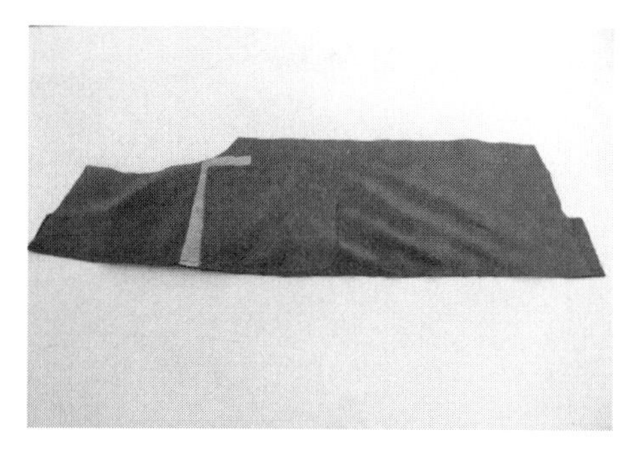
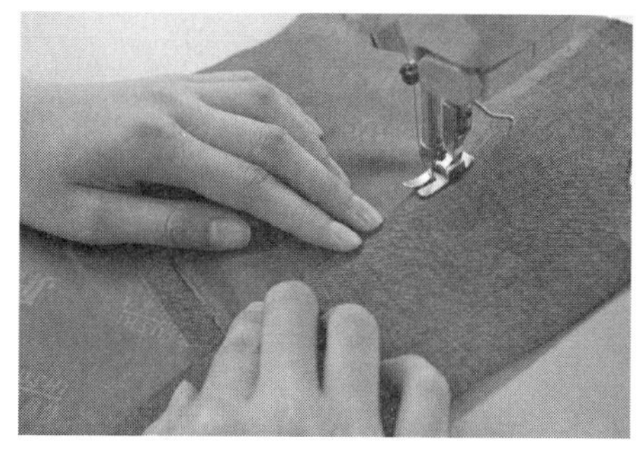

图5-110　拼过面

（25）合衣片里布肩缝：将前片里布与后片里布正面相对，肩缝按1cm缝份车缝，缝份向后衣片烫倒（图5-111）。

（26）合衣片、袖片里布：将衣身里布与袖片里布正面相对，袖片里布在上按1cm缝份车缝（图5-112）。

（27）合衣身里布侧缝：将前衣身、后衣身里布正面相对，从袖口处起针按1cm缝份车缝至衣身侧缝底边，并将缝份倒向后身片熨烫（图5-113）。

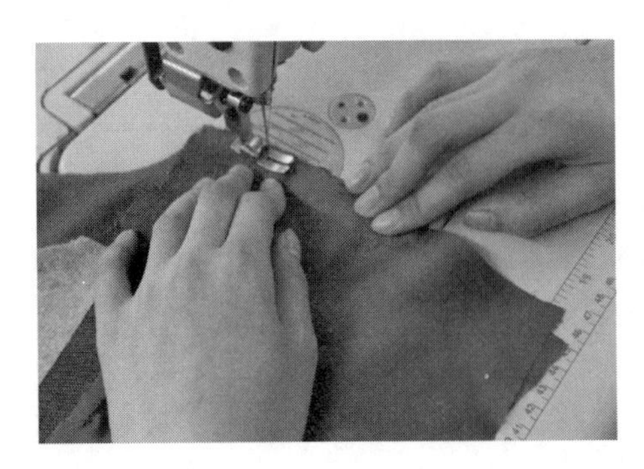

图5-111　合里布肩缝

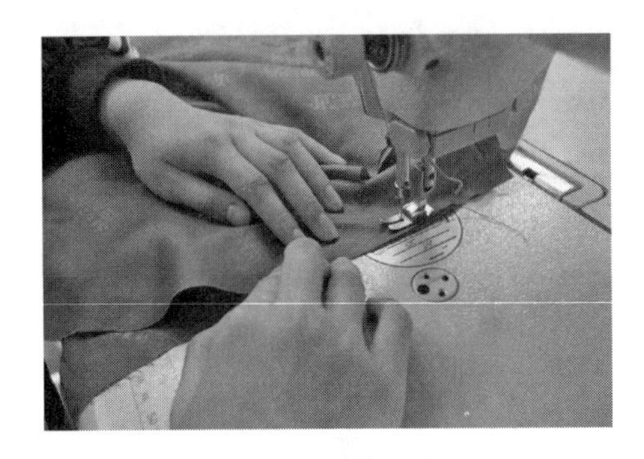

图5-112　合衣片、袖片里布

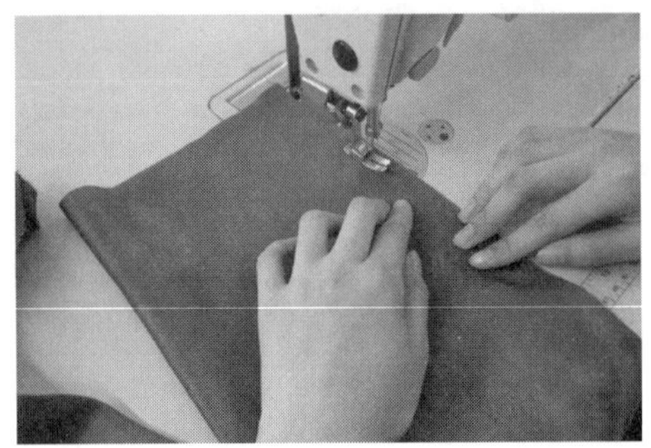

图5-113　合衣身里布侧缝

（28）画领面净样：按净样板画出领面净样，并点出装领对位点，即左右肩颈点和后领窝点（图5-114）。

（29）做领子：领面、领底正面相对，领面在上，沿画好的净样车缝，在领角处要融进领面吃量，做好领角窝势，左右对称（图5-115）。

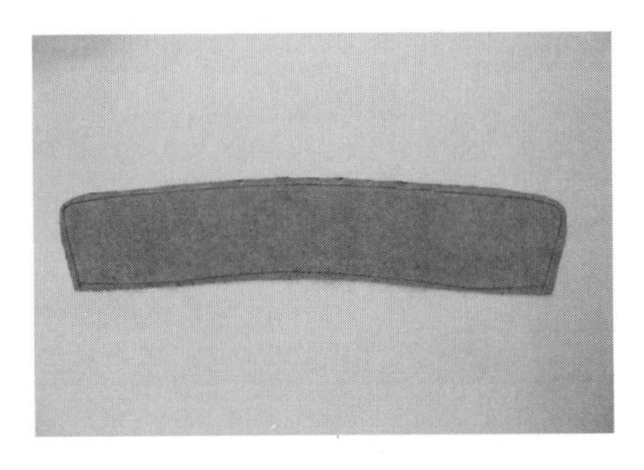

图5-114　画领面净样

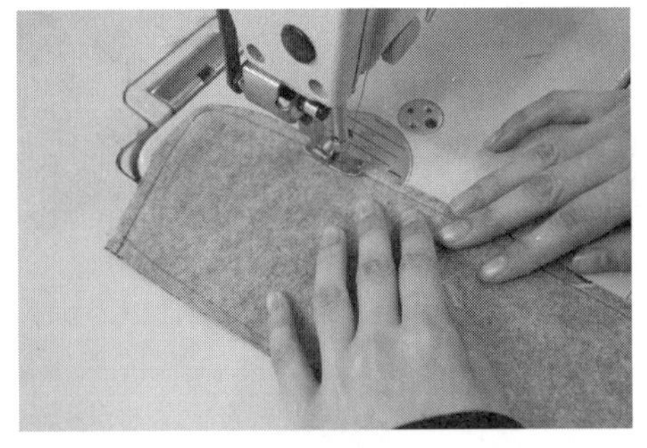

图5-115　做领子

（30）翻烫领子：将做好的领子缝份修成高低缝，并翻转向领正面熨烫，领底、领面烫出0.1cm里外匀，并将领下口缝份修剪成1cm，沿领外口车缝一道距边缘0.6cm明线，之后在领下口压一道线（图5-116）。

（31）折烫门襟：将过面向反面折烫1cm烫出过面止口，门襟向反面折烫1.5cm烫出门襟止口（图5-117）。

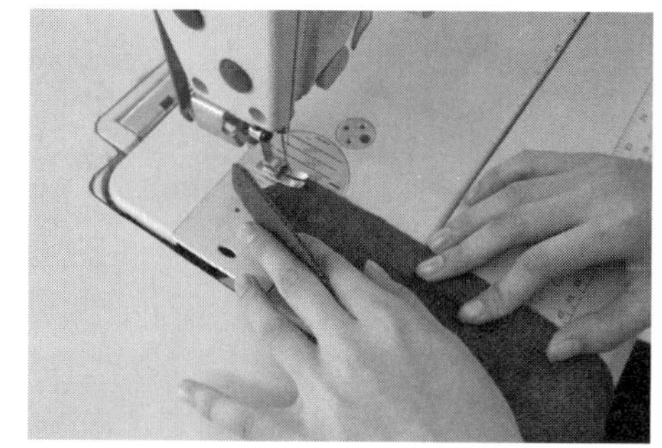

图5-116　翻烫领子

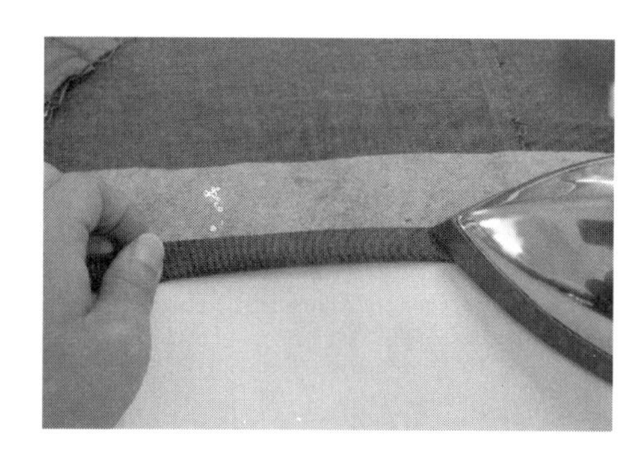
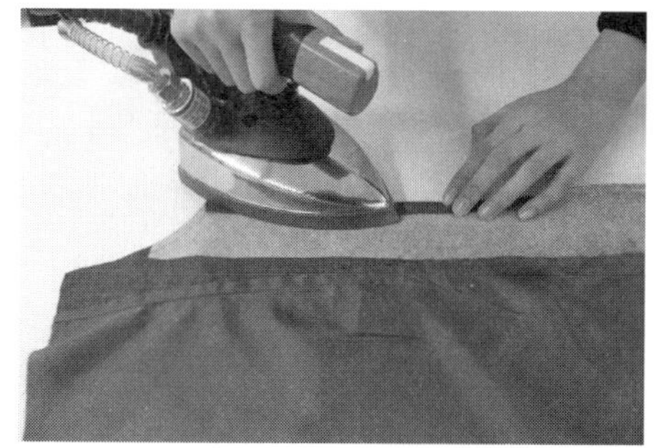

图5-117　折烫门襟

（32）装领：将领子的下口与领圈相合，摆放顺序自上而下为衣身里布、领子（领面上领底下）、衣身面布。过面与门襟止口空开0.6cm并将门襟缝份翻折至正面，包住过面与领子后按1cm缝份夹装领子，将衣身领圈套合注意装领对位点与衣身对位点对准，同时领子不能装反（图5-118）。

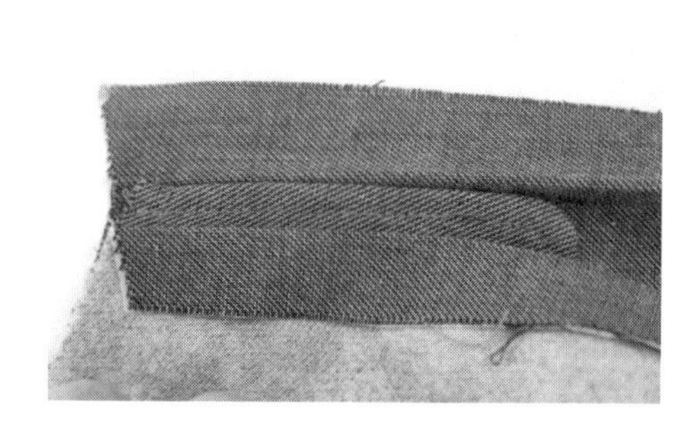
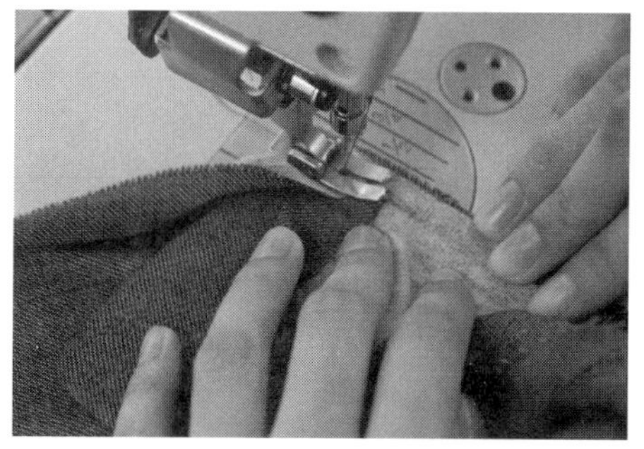

图5-118　装领

（33）门襟底边封口：门襟底边按照装领方法，将门襟反向翻折，过面距门襟止口0.6cm，之后沿底边封口将衣身面、里底边套合在一起（图5-119）。

（34）比对门襟、领角：比对领角形状与门襟长短（图5-120）。

（35）领圈开剪口：装好的领子的领圈斜向开几个剪口，以防止领圈放缝内弧长度过短而导致成衣领圈起皱（图5-121）。

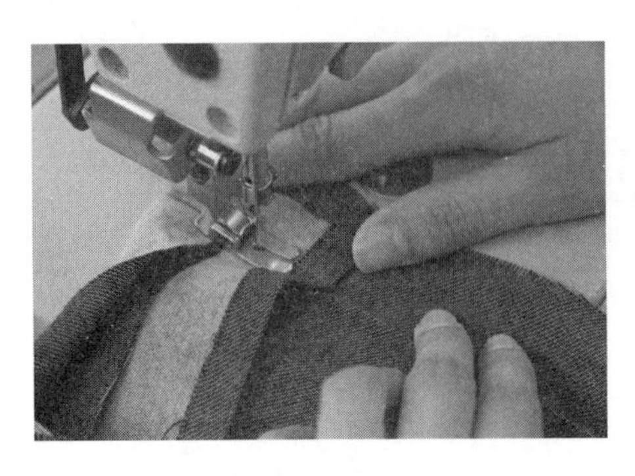

图5-119 门襟底边封口

图5-120 比对门襟、领角

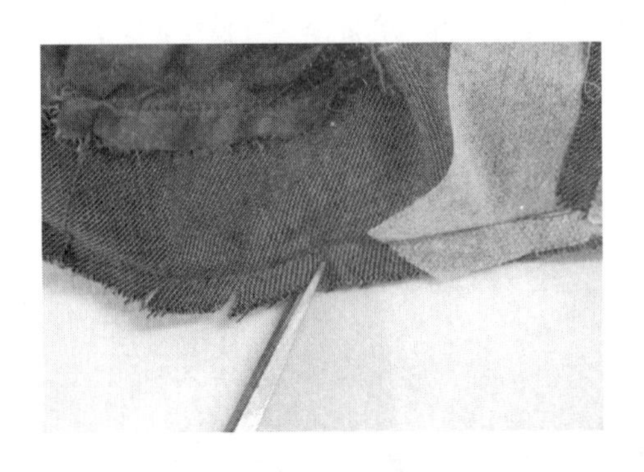

图5-121 领圈开剪口

（36）合袖口：将袖子里布与袖子面布正面相对，袖口按1cm缝份车缝，之后将袖口折边沿袖口线折好并用三角针将袖口折边固定住，防止袖口折边活动（图5-122）。

（37）合底边：将里布底边与面布底边正面相对按1cm缝份拼合，并将底边手缝三角针固定，防止底边折边活动（图5-123）。

（38）过面底边封口：将过面底边空隙处摆平距边缘0.1cm车缝固定（图5-124）。

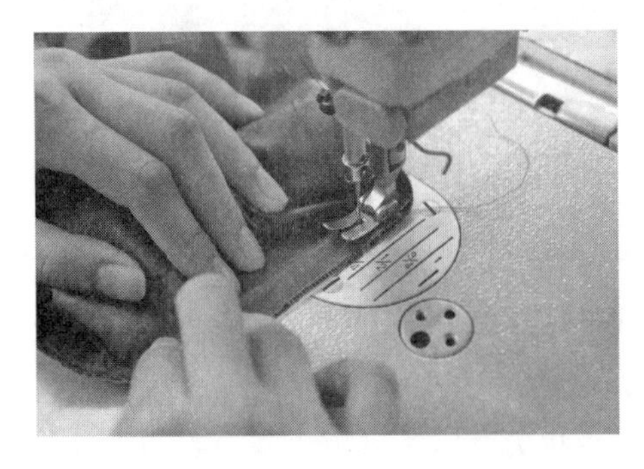
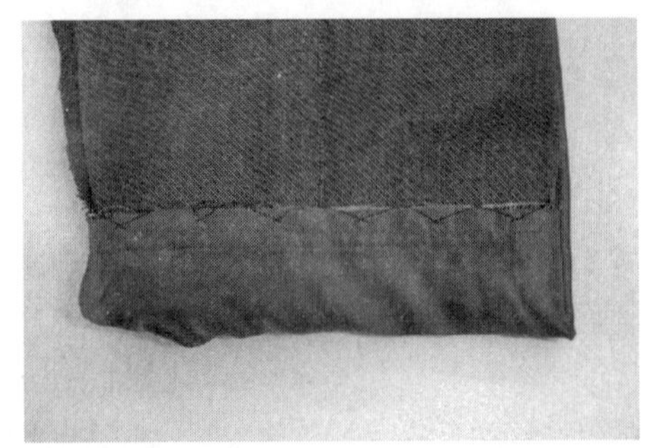

图5-122 合袖口

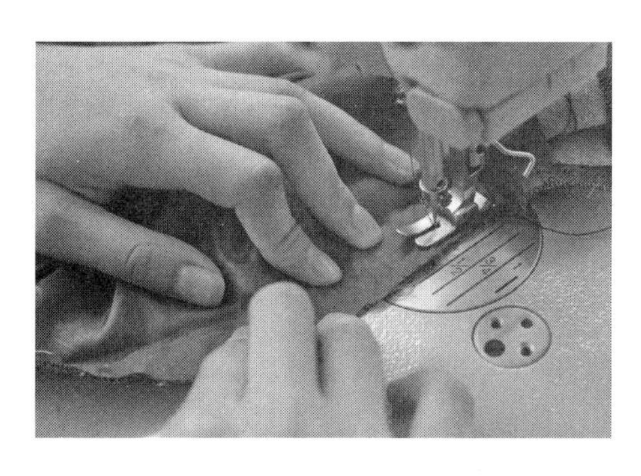
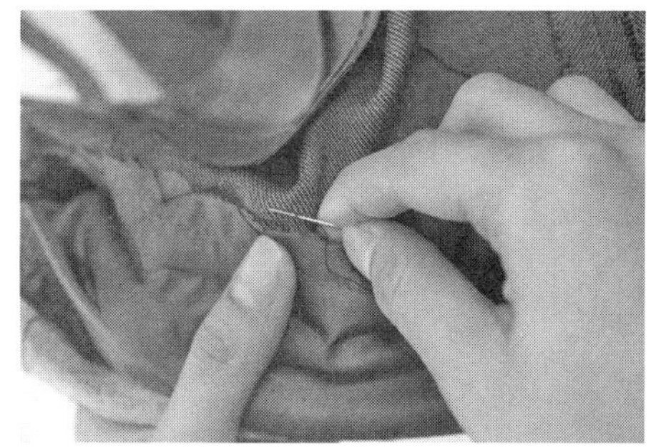

图5-123　合底边

图5-124　过面底边封口

（39）装拉链：门襟处夹装拉链，正面拉链不能外露，胸前分割线对准不错位（图5-125）。

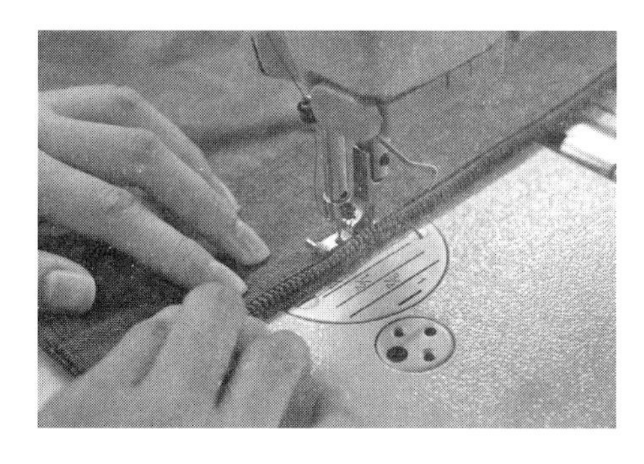
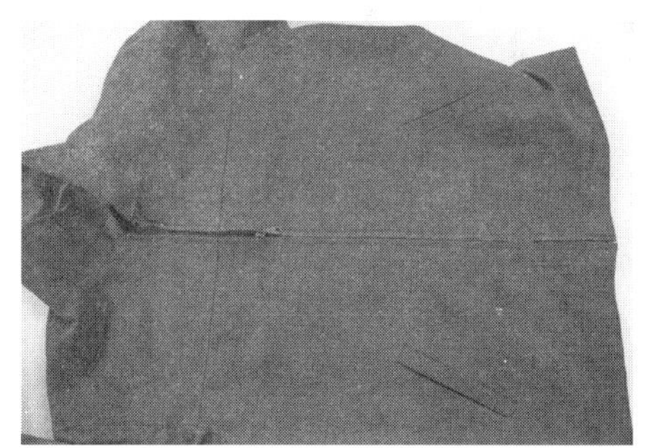

图5-125　装拉链

（40）整烫：将做好的成衣整烫平整（图5-126）。

（41）男士夹克衫成品图（图5-127）。

【特别提示】

（1）门襟拉链松紧有度，缉线顺直，宽窄一致。

（2）挖袋的位置要左右对称一致。

（3）领角要有窝势，左右长度相等，左右领角形状一致。

（4）装领时衣领与领圈的对位点要对准，领圈不能起皱。

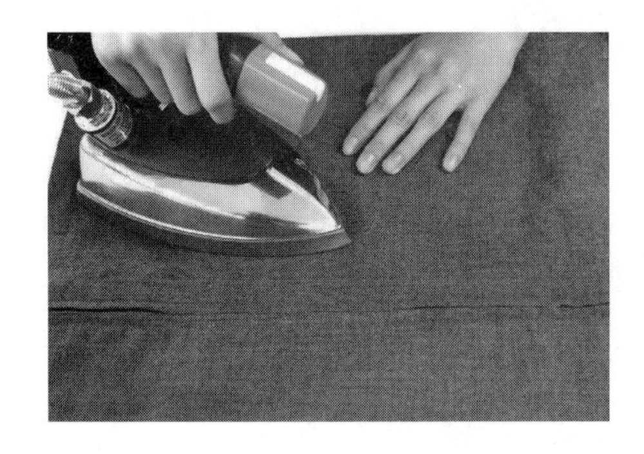

图5-126 整烫

图5-127 男士夹克衫成品图

（5）装袖车缝要圆顺，明线顺直，宽窄一致。
（6）衣身里布无起吊。
（7）产品要求整洁，无线头、无极光。

三、任务实施

1. **实践准备**（图5-128）

图5-128 男士夹克衫材料图

（1）面料裁片：前片育克2片；
前衣片（下）2片；
后衣片2片；
袋嵌线3片；
大袖片2片；
小袖片2片；
袋垫布3片；
领面1片；
领底1片；
过面2片。

（2）里料裁片：前衣片2片；
后衣片1片；
袖片2片。

（3）辅料准备：配色线；
拉链1根；
黏合衬若干。

（4）实物样衣一件。

2. **操作实施**

（1）根据结构制图进行放缝，检查裁剪样板数量。

（2）整理面料，识别面料正、反面，将面料正面与正面相叠，反面朝上，丝缕顺直。

（3）将裁剪样板根据丝缕要求，正确地铺放在面料上，做到紧密、合理的排料。

（4）先裁主件、后裁部件，再配黏合衬。

（5）检查所需的裁片、辅料是否完整。

（6）根据裁片制作夹克衫，其操作步骤：黏衬→定袋位→烫嵌线→钉嵌线、袋垫布→袋口剪开→装袋布→袋口缉明线→兜缉袋布→袋口缉明线→拼前衣片的育克与下衣片→拼后衣片后中缝→合肩缝→拼袖片→袖口黏衬→装袖子→合侧缝→烫袖口→画里袋位→钉嵌线、袋垫布→里袋袋口剪开→装袋布→兜缉里袋布→里袋袋口缉明线→拼过面→合衣片里布肩缝→合衣片、袖片里布→合衣身里布侧缝→画领面净样→做领子→翻烫领子→折烫门襟→装领→门襟底边封口→比对门襟、领角→领圈开剪口→合袖口→合底边→过面底边封口→装拉链→整烫。

四、学习拓展

夹克衫袖衩制作

夹克衫的款式繁多，袖口也是夹克衫的设计点之一，可以在袖口处进行袖衩设计，其工艺方法与西服袖衩有很大区别。夹克衫袖衩制作方法如下：

图5-129 拼缝后袖缝

（1）拼缝后袖缝：将小袖片在上、大袖片在下正面相对，按1cm缝份拼缝后袖缝至袖衩处，之后转向袖衩边缘拼缝0.6cm（图5-129）。

（2）后袖缝缉明线：将缝份倒向大袖片，并在大袖片正面距袖缝0.6cm处缝一道明线，缉缝时，将小袖片袖衩拉开不要缝住，并在袖衩口处用来回针固定，也可以用套结固定（图5-130）。

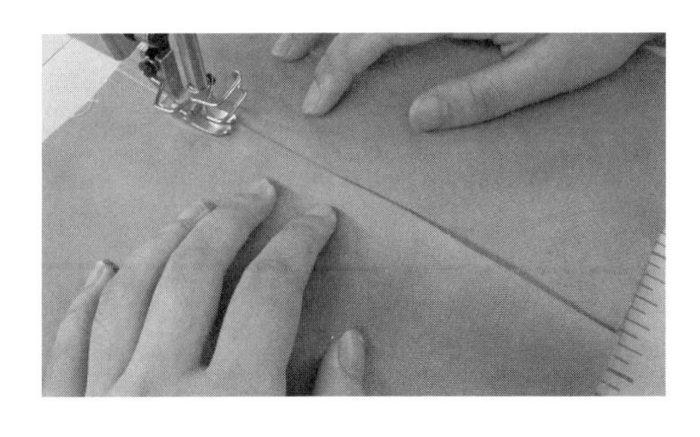

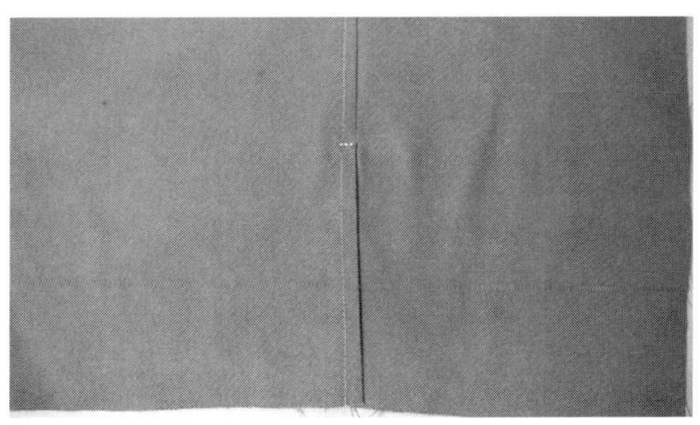

图5-130 后袖缝明线

（3）拼缝前袖缝：大袖片、小袖片在前袖缝处正面对齐，按1cm缝份缝前袖缝，并将缝份分开熨烫（图5–131）。

（4）做里布：将里布前、后袖缝按1cm缝份车缝，在后袖缝袖衩位置预留不缝，之后将缝份倒向大袖片折烫1.3cm（图5–132）。

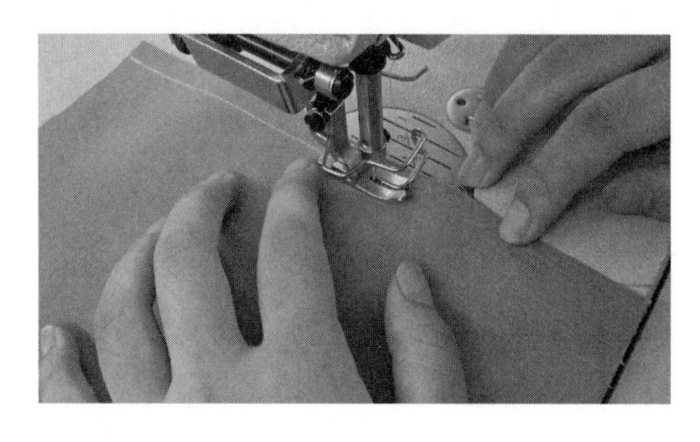

图5–131 拼缝前袖缝

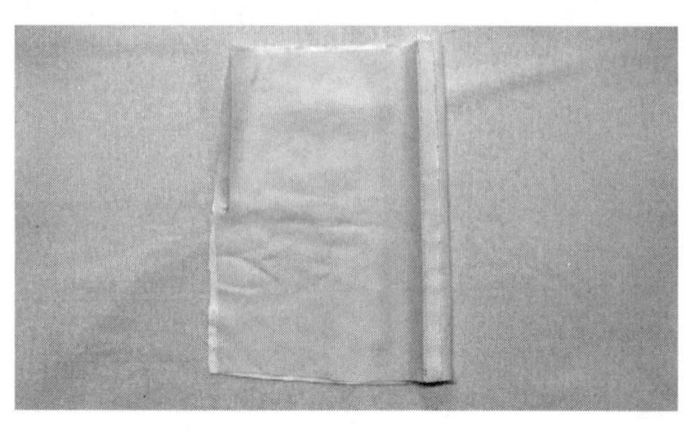

图5–132 做里布

（5）袖衩套里布：将大袖片里布袖衩与大袖片面料袖衩0.9cm拼合，之后将小袖片面料与里布的袖衩缝份折进对齐，0.1cm闷缝固定（图5–133）。

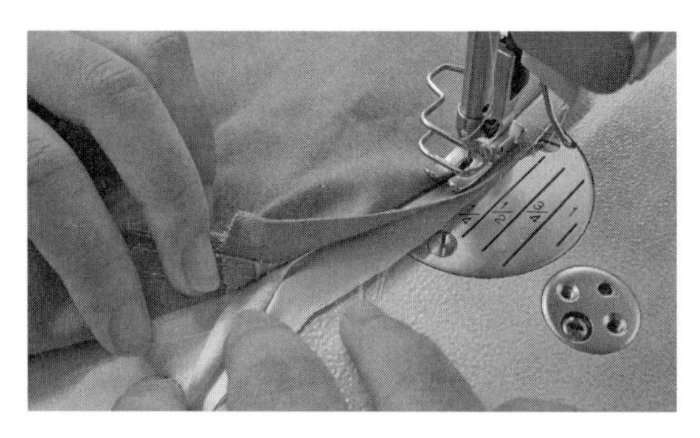

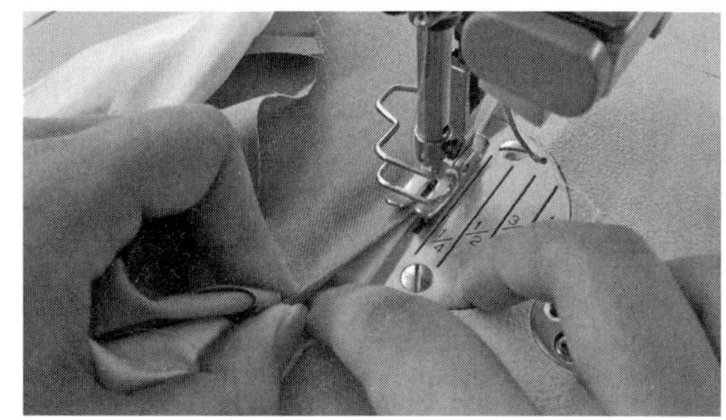

图5–133 袖衩套里布

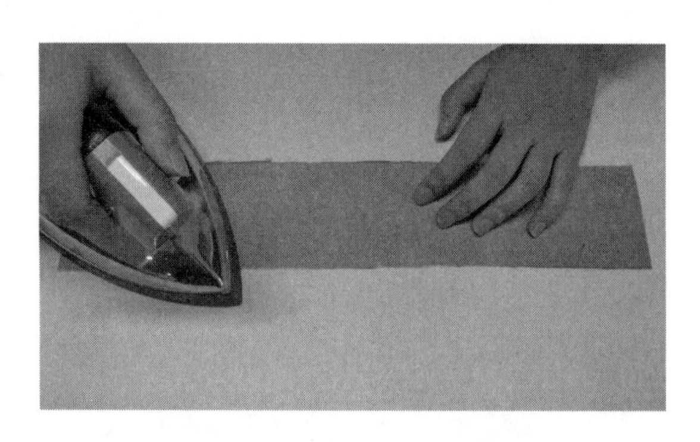

图5–134 袖克夫面布黏衬

（6）袖克夫面布黏衬：将袖克夫面布黏衬（图5–134）。

（7）做袖克夫面、里布：将袖克夫里布袖口端折烫1cm，之后三边1cm拼合，并将袖克夫翻到正面（图5–135）。

（8）袖衩对位：在袖衩袖口端1cm缝份处用划粉点位标记，以便装袖克夫，将袖克夫里布与袖面布在袖口处按0.4cm缝份车缝一道固定面里布（图5–136）。

（9）装袖克夫：袖克夫与袖子袖口1cm拼合，翻转后，正面压0.15cm将袖克夫里拼合固定，不能有漏处，同时反面缝线宽窄要一致（图5–137）。

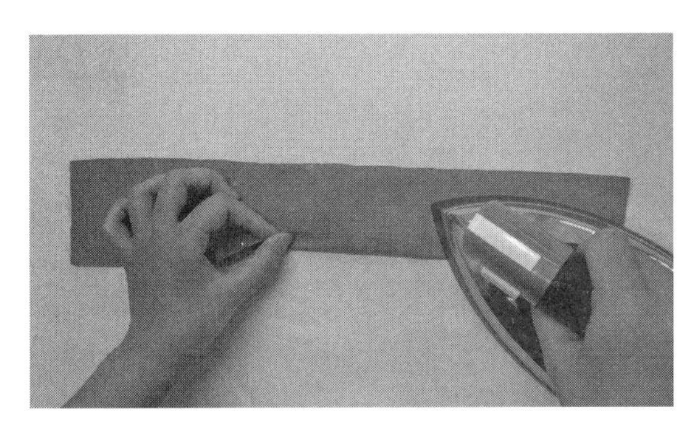
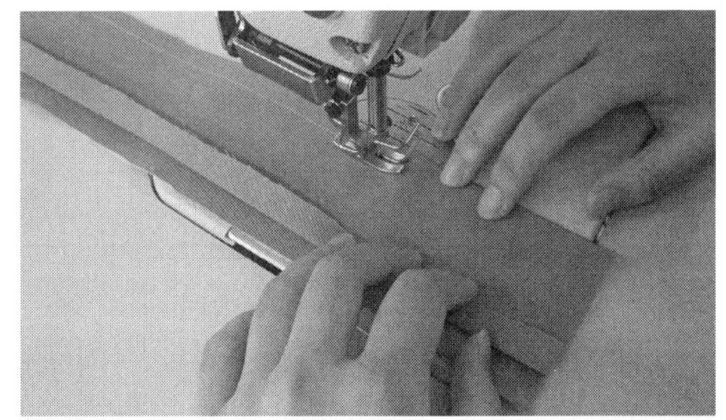

图5-135　合袖克夫面、里布

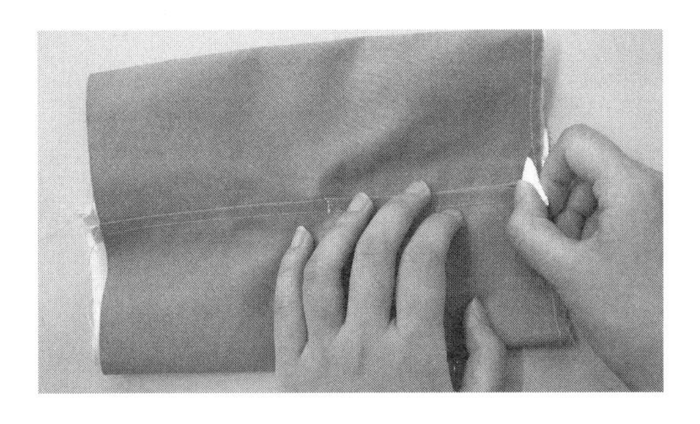

图5-136　袖衩对位

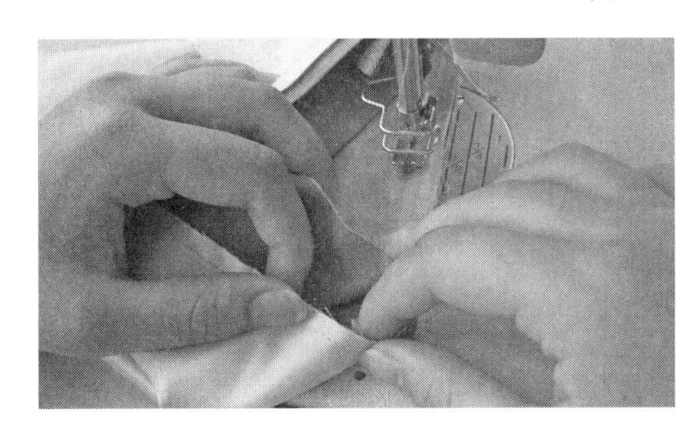
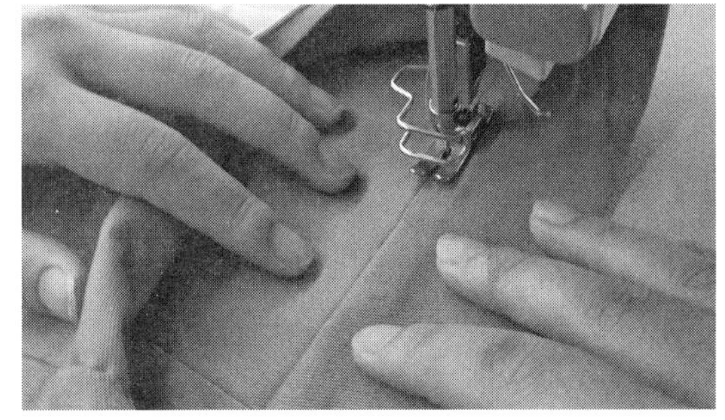

图5-137　装袖克夫

（10）袖克夫明线：袖克夫三周0.6cm装饰明线一道（图5-138）。

（11）袖衩成品（图5-139）。

图5-138　袖克夫明线

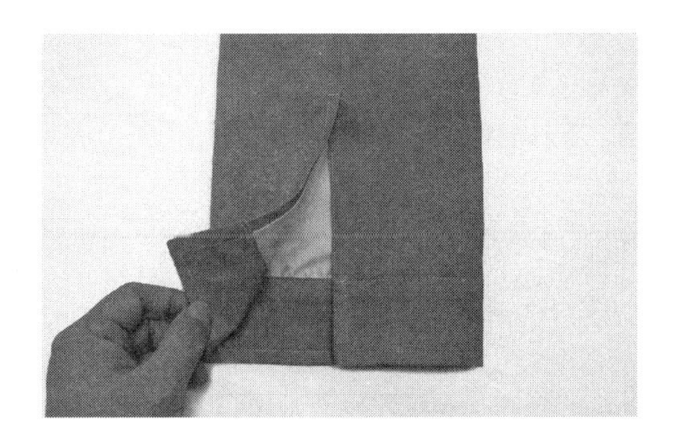

图5-139　袖衩成品

五、任务评价

男士夹克衫评价表（表5–9）。

表5–9　男士夹克衫评价表

序号	部位	具体指标	分值	自评	小组互评	教师评价
1	规格	衣长、胸围、肩宽、领围、袖长规格正确	10			
2	领子	领面、里平服，松紧适宜，不起皱 领止口缉线顺直，不反吐 领圆角左右对称、圆顺 绱领无偏斜，缉线顺直无上炕	20			
3	门、里襟装拉链	门、里襟平直，止口顺直不反吐 拉链顺直，缝份一致宽窄	10			
4	袋	袋口松紧适宜，左右位置对称，无毛漏，缉线顺直 袋口封口整齐、牢固	10			
5	袖子	绱袖前后吃量适宜，左右对称 袖底十字缝对齐，袖口大小一致	20			
6	底边	平服，折边大小一致	10			
7	里布	面、里无起吊现象，松紧适度，无烫黄	10			
8	整洁牢固	整件产品无跳针、浮线、粉印 各部位无毛、脱、漏 整件产品无明暗线头 针迹明线3cm 12～14针	10			
合计			100			

六、职业技能鉴定指导

1. 知识技能复习要点

（1）掌握量体知识，通过测量能得到夹克衫的成品尺寸规格，也能根据款式图或照片给出成品尺寸规格。

（2）能画出夹克衫1∶1的结构图。

（3）在夹克衫的制作过程中，需有序操作，独立完成。

（4）编写夹克衫的制作工艺流程。

2. **理论题**（20分）

夹克衫理论试卷

（1）选择题（10题，每题1分，共10分）。

1	按有关技术规定，夹克衫的领里允许（　　）。 A. 三拼二接　B. 二拼一接　C. 五拼四接　D. 四拼三接
2	做领时，领角要注意放好层势，（　　）。 A. 领面越多越好 B. 领面与领角一样多的层势 C. 领面放0.15cm层势才好 D. 领面放1.5cm层势才好
3	缝纫工操作时，缝纫机的哪个部位不需要缝纫工调节（　　）。 A. 针距　B. 压脚压力　C. 底面线张力　D. 各部件间隙
4	下列哪一类上衣的袖片袖山较平、袖肥较大（　　）。 A. 两用衫　B. 夹克衫　C. 女西服　D. 男西服
5	夹克衫做领过程中，缉翻领的手法是（　　）拉紧。 A. 领面　B. 翻领　C. 领衬　D. 领里
6	以下面料中，哪一类在裁剪时不需要考虑倒顺及对条对格（　　）。 A. 灯芯绒　B. 倒顺图案　C. 条格料　D. 白涤棉
7	在排料裁剪时，以下哪种尺寸的门幅不是常用的面料规格（　　）。 A. 144cm　B. 113cm　C. 90cm　D. 65cm
8	夹克衫缝制对针距密度的要求是车缝明线每3cm不少于（　　）。 A. 10针　B. 11针　C. 12针　D. 13针
9	上衣前衣片锁眼一边叫（　　）。 A. 里襟　B. 门襟　C. 过面　D. 贴边
10	下列上衣中，哪种款式裁剪时前中心没有搭门（　　）。 A. 男衬衫　B. 拉链衫　C. 中山服　D. 男西服

（2）判断题（对的打√、错的打×，每题2分，共10分）。

①上衣贴袋的袋口线一般与腰节线平行。（　　）

②眼刀的深度应取0.8cm。（　　）

③点划线用于对称部位对折线，双点划线用于不对称部位对折。（　　）

④锁眼的衣片叫里襟。（　　）

⑤上衣的前横开领大于后横开领是因为前衣片有劈门量。（　　）

3. **实测题**（80分）

夹克衫制作工艺操作试卷

学校：__________　姓名：__________　学号：__________

一、试题名称：夹克衫

二、考试时间：270分钟

（一）夹克衫外形概述

装一片领，两片袖，四开身，门襟装拉链，直腰身，两单嵌线斜插袋，有夹里，衣长及臀。

（二）规格

1．170/88A夹克衫成品规格尺寸

单位：cm

部位	后衣长	袖长	领围	肩宽	胸围	袖口
规格	67	59	45	47	114	14

2．夹克衫部件数量

单位：片

名称	前片育克	前衣片（下）	后片	大袖片	小袖片	袋垫布	领面	领里	袋嵌线	过面
数量	2	2	1	2	2	2	1	1	2	2

3．夹克衫辅料数量

名称	翻领面黏合衬	过面黏合衬	门、里襟黏合衬	拉链	对色线
数量	1片	2片	2片	1条	1卷

（三）夹克衫质量要求

（1）各部位规格正确。

（2）外形整烫平挺，内外无线头。

（3）领子平服，领面、里平服，松紧适宜，领尖不反翘。
（4）绱袖圆顺，前后基本一致。
（5）绱拉链缉线平服，拉链顺直，左右高低一致。
（6）袋口平服、方正、无还口，封结美观牢固。
（7）门襟止口直、薄、平，明缉线美观。
（8）衣身、肩缝顺直，平服，左右长短一致。
（9）各部位无脱线、漏线、毛出、极光等现象

工作任务5.4　男西服制作工艺

技能目标	知识目标
1. 能按照男西服款式图进行款式分析 2. 能根据面料特点、款式规格，运用结构制图进行裁剪、工艺制作 3. 能分析同类男西服的工艺流程，编写工艺单 4. 能根据质量要求评价男西服品质的好坏，树立服装品质概念	1. 了解男西服的外形特点，并能描述其款式特点 2. 了解面料的幅宽，能根据男西服样板进行放缝、排料、划样、裁剪 3. 掌握男西服制作工艺 4. 熟悉男西服工艺单的编写 5. 了解锁眼、钉扣及后整理、包装操作的工艺要求 6. 了解男西服质量要求

一、任务描述

根据西服的样衣生产通知单的要求，依据款式图，采用M号男装规格尺寸绘制裁剪结构图（1：1），并在结构图基础上进行放缝、制作出裁剪样板及工艺样板，在合适的面料上进行排料、裁剪并制作，要求完成一件男西服。

男西服服装样衣工艺通知单如表5-10所示。

二、必备知识

1. 款式描述

款式如图5-140所示。平驳领，两片袖，三开身，门襟3粒扣，收腰省，有袋盖挖袋，半夹里，衣长过臀。本款上衣为男西服的基本款式，选用面料时，应根据西服的产品定位和穿着场合的不同而选用不同种面料。适合制作西服的面料有精纺毛料、粗纺毛料、混纺毛料、棉、麻、各式混纺化纤面料等，其中，纯毛料适合制作高档西服，混纺毛料适合制作中档西服，其他面料适合制作休闲类西服。本基本款西服可在口袋、领子、门襟、袖子、面料以及板型上进行变化组合，即可演变出多种多样的西服款式。

2. 结构图

（1）规格尺寸，170/88A（M号）男西装规格尺寸（表5-11）。

表5-10 男西服服装样衣工艺通知单

品牌：RHH	款号：DL1027	名称：男西服
纸样编号：T1235	下单日期：	完成日期：

款式图：

款式概述：

收腰身，前片收腰省，手巾袋1只，门襟3粒扣，圆下摆，平驳领，有袖衩两片袖，有袋盖挖袋2只，里袋1只，半夹里

面料：薄花呢
成分：面料：羊毛90%、涤10%
里料：涤100%
组织：平纹组织
幅宽：144cm

辅料：黏合衬、纽扣、牵条、配色线、商标、洗水唛

系列规格表（5·4） 单位：cm

部位		165/84A S	170/88A M	175/92A L	档差	公差
1	后衣长	72	74	76	2	±1
2	背长	41	42	43	1	±0.8
3	袖长	58.5	60	61.5	1.5	±0.6
4	肩宽	46.8	48	49.2	1.2	±0.8
5	胸围	104	108	112	4	±2
6	袖口	13	14	15	1	±0.5

工艺要求：

1. 衣身：衣身拼缝准确，缝头一致，开袋位左右高低一致
2. 装袖：绱袖左右对称，袖山吃量匀称、饱满，袖口开袖衩，袖里前袖缝封口
3. 装领：左右对称，外口松紧适宜，领底呢用三角针固定
4. 手巾袋：手巾袋位置准确，宽度2.5cm，两端手缝缲针固定
5. 门襟下摆：门襟圆下摆左右对称，无起吊现象
6. 里布：里布坐缝0.3cm，无起吊现象
7. 商标：位置端正，号型标志清晰，号型钉在商标下沿
8. 整烫：各部位熨烫到位、平服，无亮光、水渍、污迹，底边平直无起浪现象
9. 针迹：明线12～14针/3cm

工艺编制：　　　　工艺审核：　　　　审核日期：

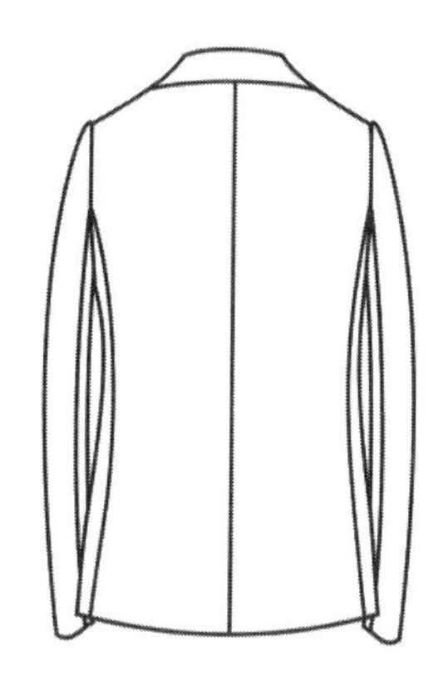

图5-140　男西服款式图

表5-11　男西服M号规格尺寸表　　单位：cm

部位	后衣长	背长	袖长	肩宽（S）	胸围（B）	袖口
规格	74	42	60	48	108	14

（2）结构图（图5-141）。

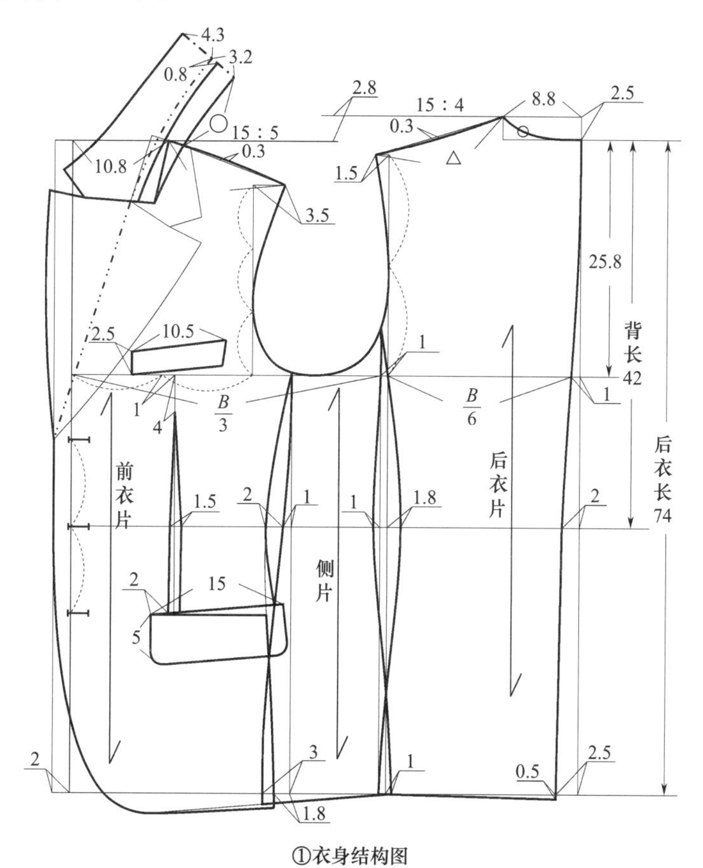

①衣身结构图

图5-141

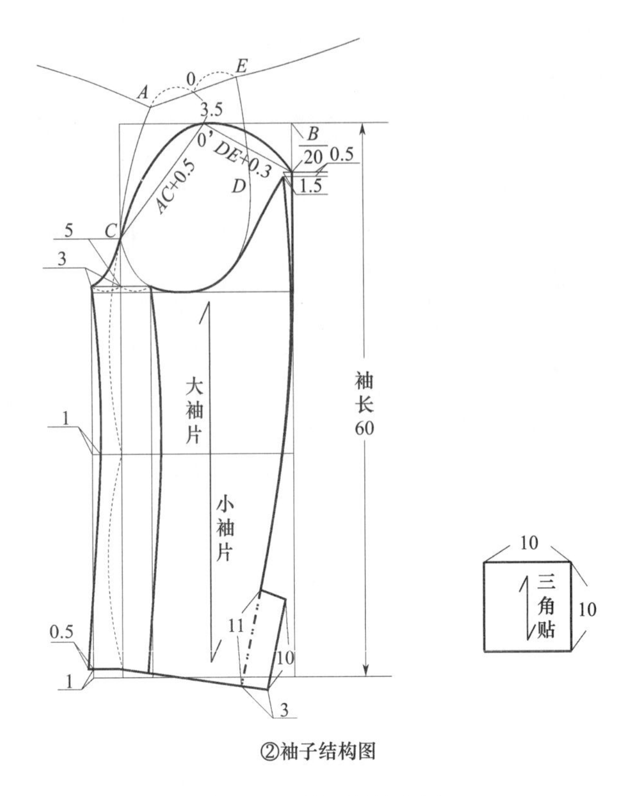

②袖子结构图

图5-141　男西服结构图

3. **裁剪**

（1）裁片名称。

男西服的面料主要裁片（图5-142）：前衣片、前侧片、后衣片、大袖片、小袖片、过

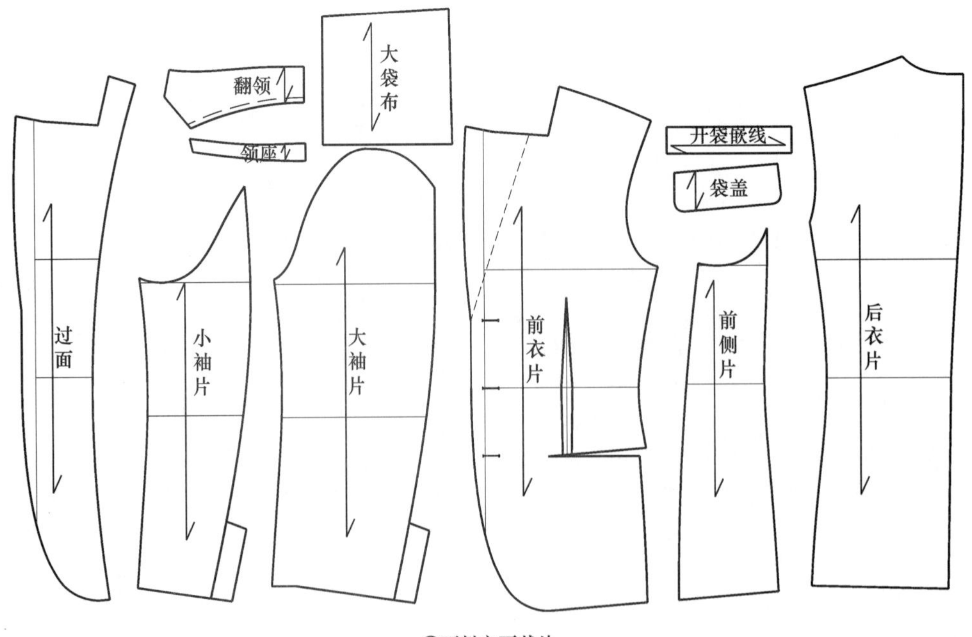

①面料主要裁片

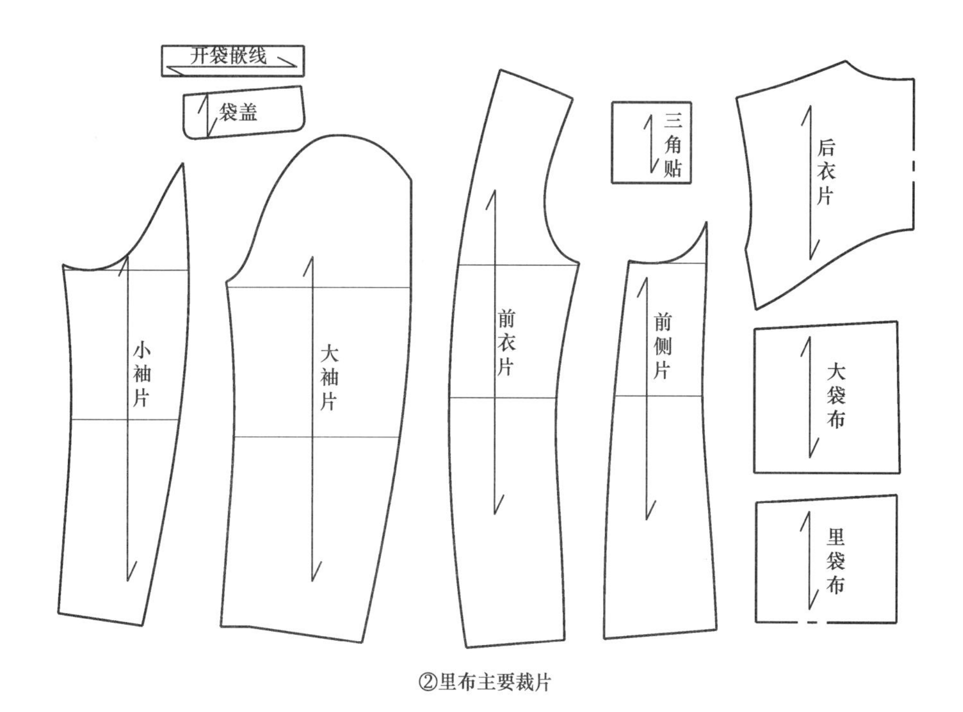

②里布主要裁片

图5-142　男西服主要裁片

面、翻领、领座、袋盖、开袋嵌线、大袋布；里布裁片：前衣片、前侧片、后衣片、大袖片、小袖片、袋盖、开袋嵌线、大袋布、里袋布、三角贴。

（2）裁片放缝（图5-143）。

①前、后衣片底边放缝4cm，其余各边放缝1cm。

②袖口放缝3.5cm，其余各边放缝1cm。

③翻领、领座、过面和其他裁片四周各放缝1cm。

④后片里布底边放缝2cm，其余各边放缝1.3cm。

⑤前片里布底边门襟处放缝1cm，侧缝端放缝0cm，侧缝放缝1.3cm。

⑥大袖片里布袖口放缝1cm，袖山放缝1.5cm，前袖山弧线底放缝2.5cm，后袖山弧线处放缝1.2cm，其余放缝1.3cm。

⑦小袖片袖底放缝2.5cm，后袖山弧线处放缝2cm，袖口放缝1cm，其余放缝1.3cm。

（3）裁片做标记。

男西服打刀眼、钻眼部位：

①底边放缝4cm处做刀眼对位记号；袖山与袖窿做刀眼对位记号；领座弧线做对位记号。

②胸省省尖做钻眼标记。

（4）排料图（图5-144）。

4. 缝制工艺

（1）黏衬：将衣片的大身、底边、大袋盖、手巾袋爿、过面、翻领面、领座、袖口及袖衩黏衬（图5-145）。

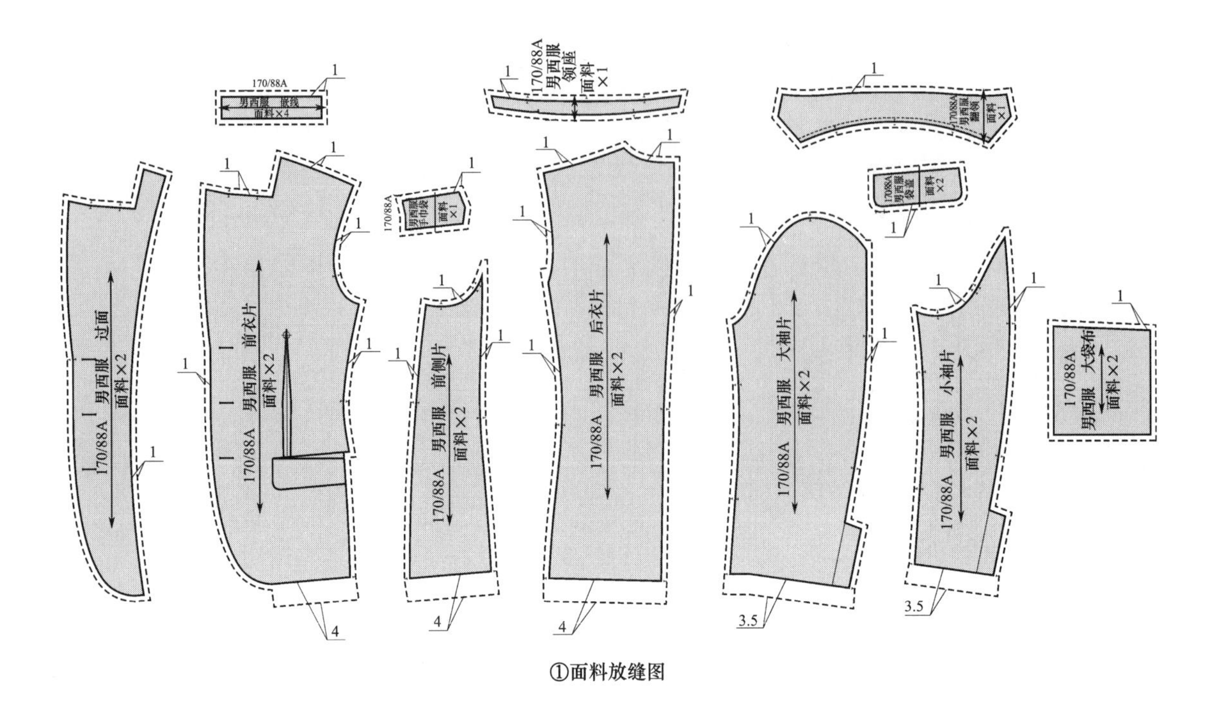

①面料放缝图

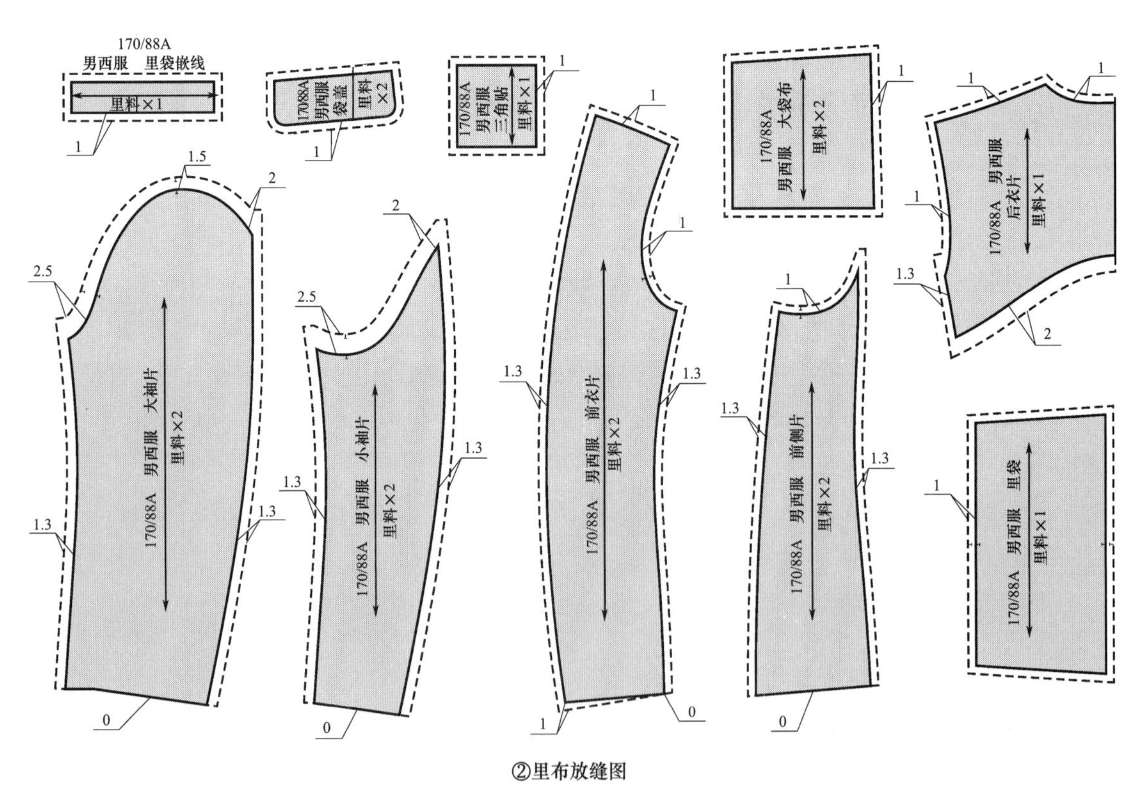

②里布放缝图

图5-143　男西服裁片放缝图

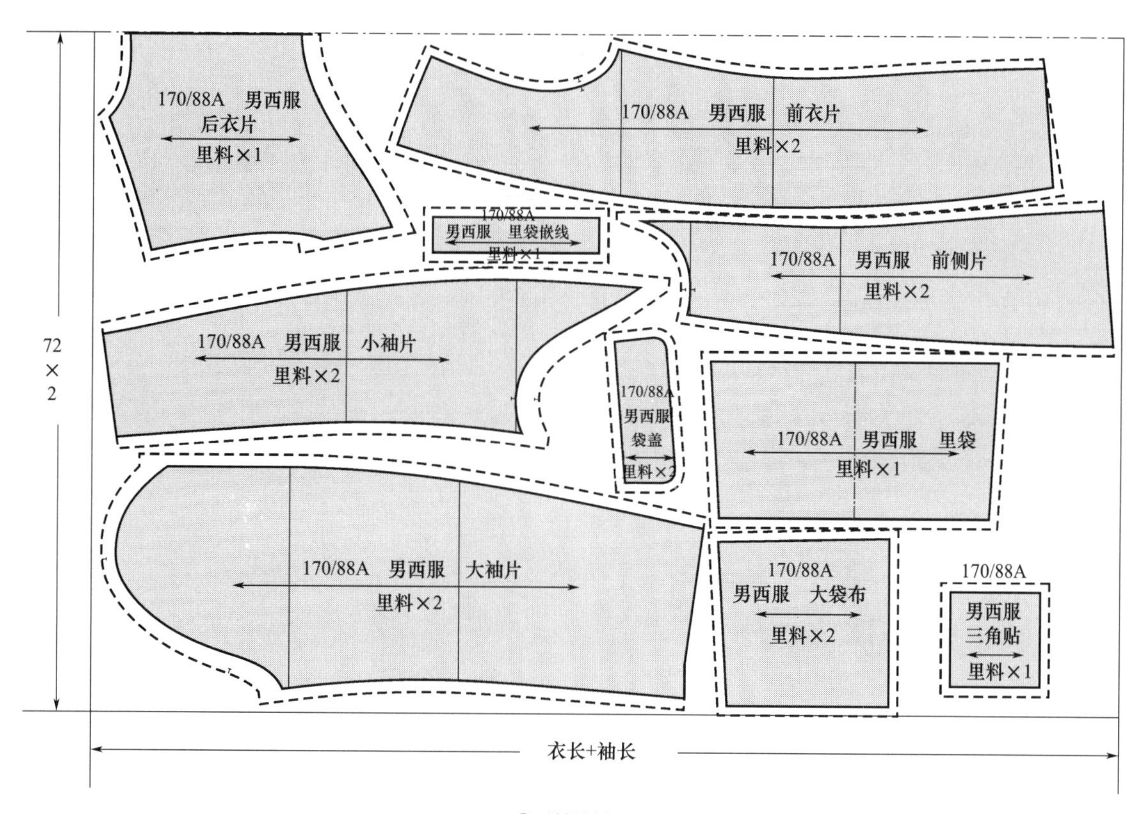

①面料排料图

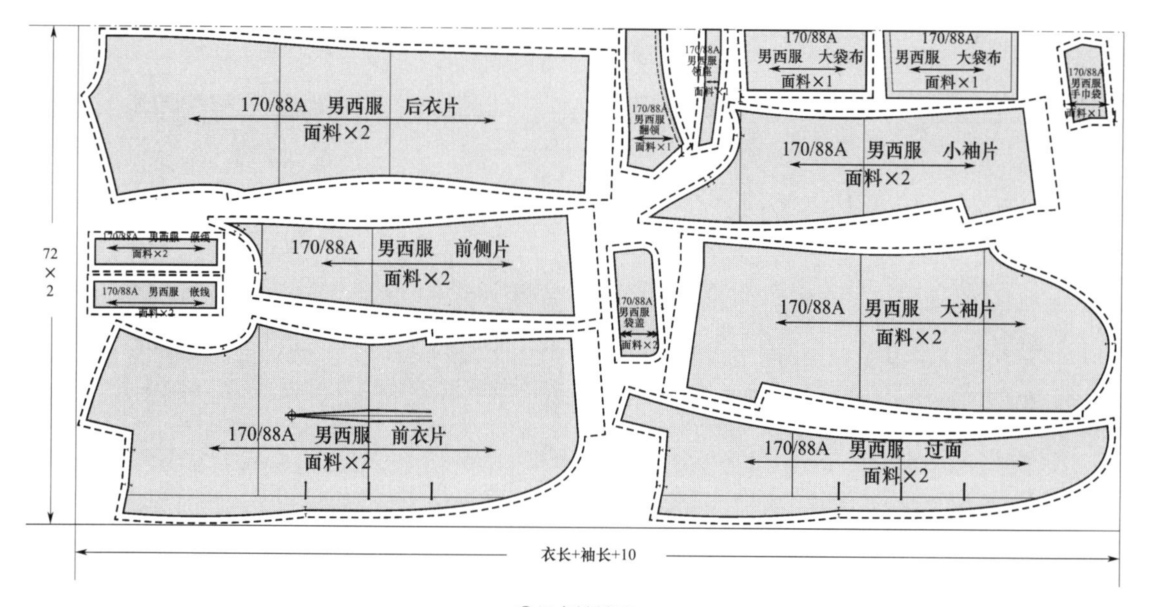

②里布排料图

图5-144 男西服排料图

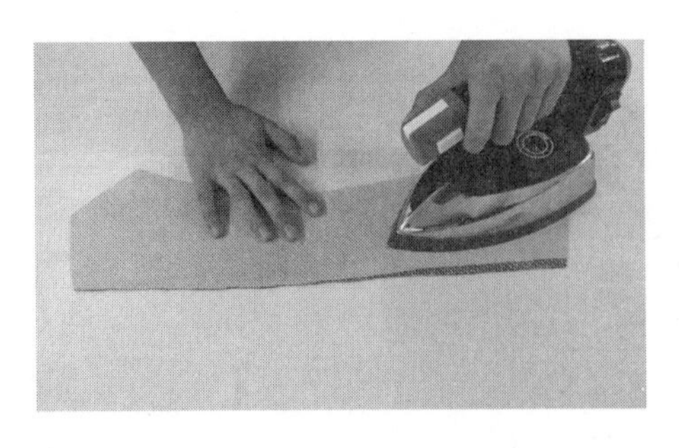
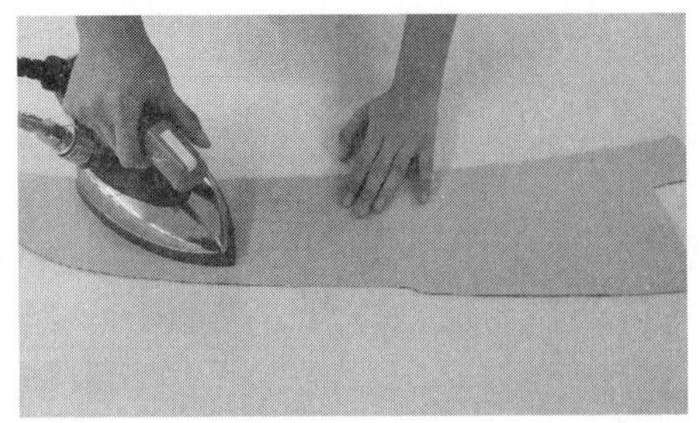

图5-145　黏衬

（2）做标记：将前、后衣片的省道画出，并画好装袖对位刀眼（图5-146）。

（3）滚边：将后衣片背缝、侧缝缝份处用斜裁的里布条2.4cm宽滚边斜丝滚边，成品滚边宽度0.6cm（图5-147）。

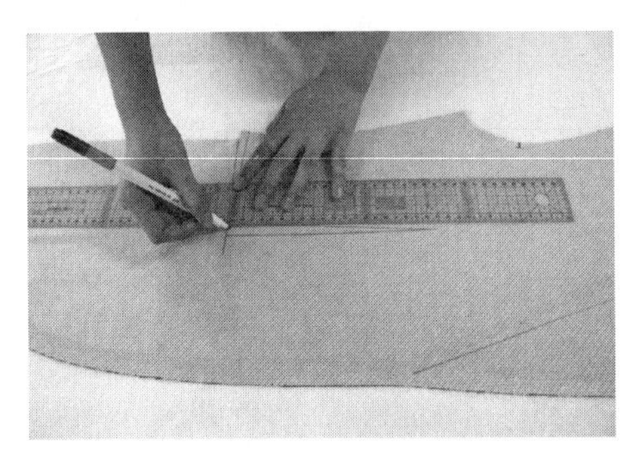

图5-146　做标记

图5-147　滚边

（4）收省：将肚省剪开至腰省处，之后缝合腰省，再将省道分烫（图5-148）。

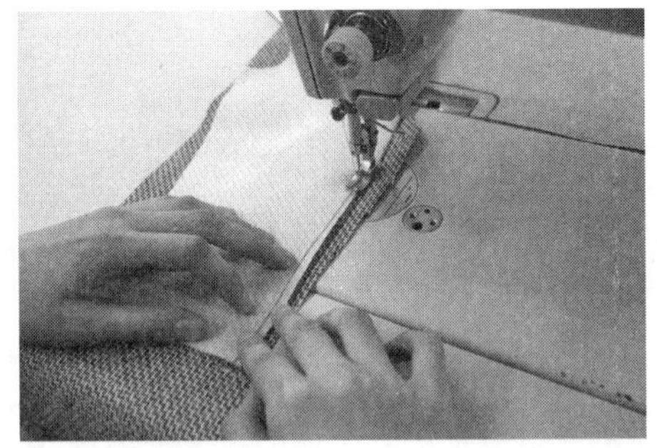

图5-148　收省

（5）合前侧缝：前片肚省黏衬，再将前片、侧片正面相对，按1cm缝份拼缝前片与侧片并分烫缝份（图5-149）。

（6）归拔：将前、后衣片按照图示进行归拔处理（图5-150）。

（7）拼后衣片：将后衣片背中缝按1cm缝份拼合，并分烫缝份（图5-151）。

（8）拉牵条：将前片门襟沿衣身净样拉牵带，翻驳线处按1cm拉牵条，后片肩缝、后片领圈、前后片袖窿沿毛样拉牵条（图5-152）。

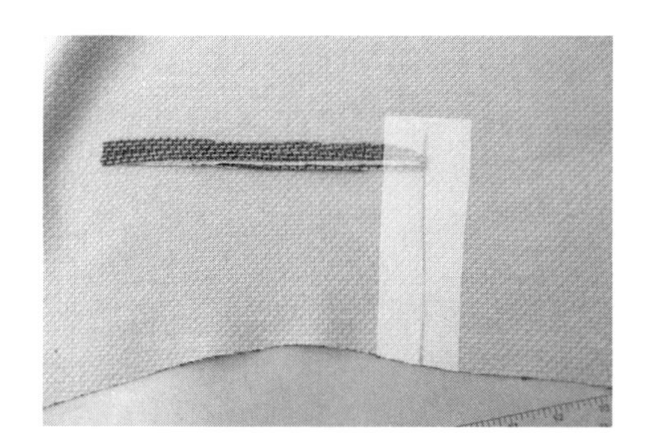
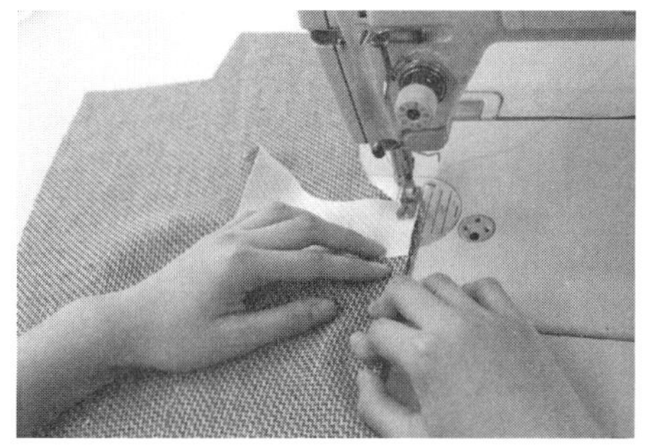

图5-149　合前侧缝

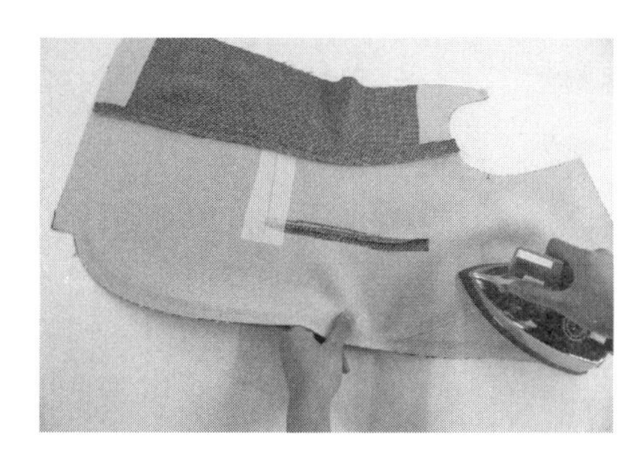
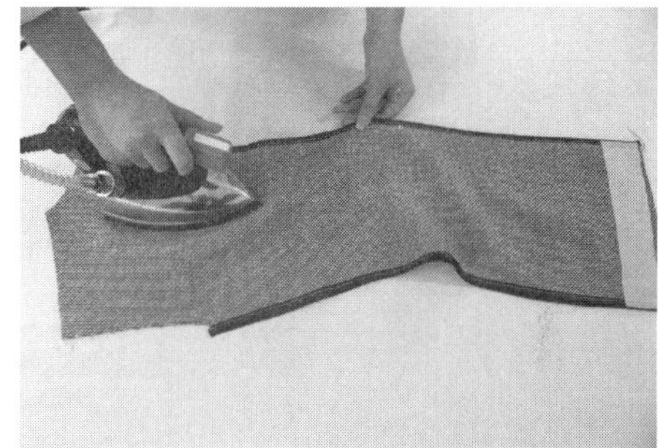

图5-150　归拔

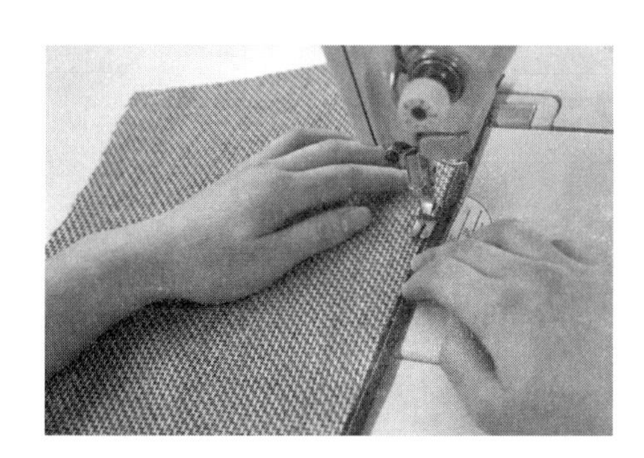
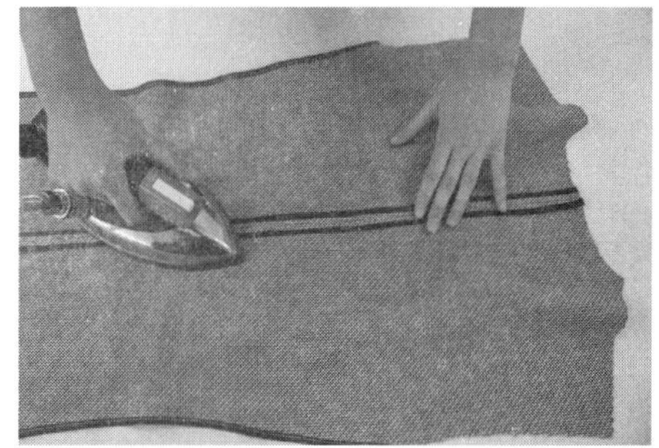

图5-151　拼后衣片

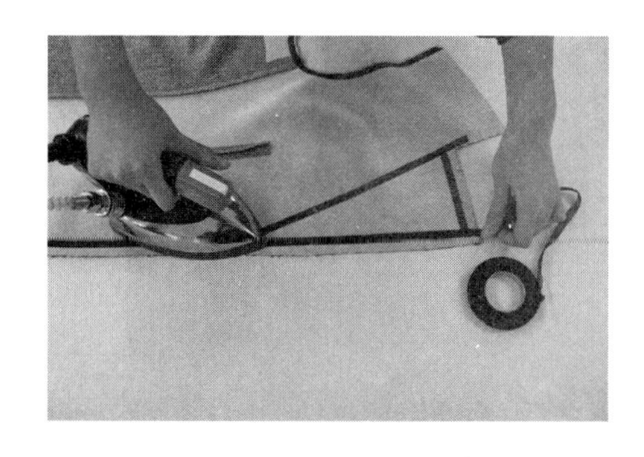
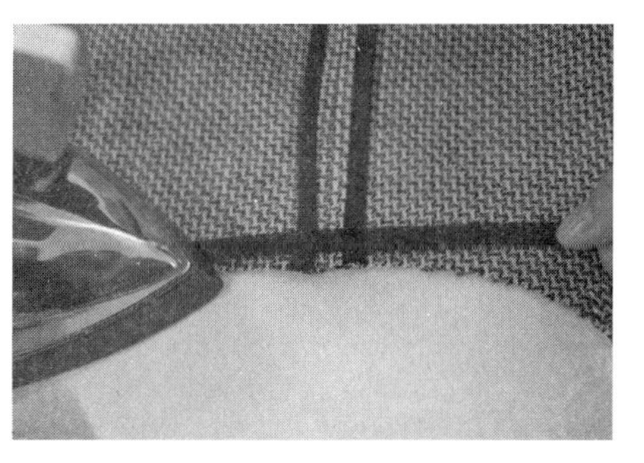

图5-152　拉牵条

（9）做袋盖：将大袋盖画出净样后与袋盖里布正面相合，面布在上，沿净样线车缝，转角处面松里紧，之后在袋盖缝份处车缝明线一道（图5-153）。

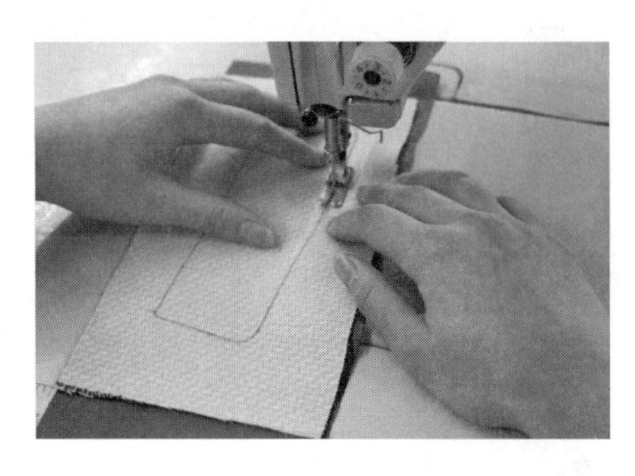
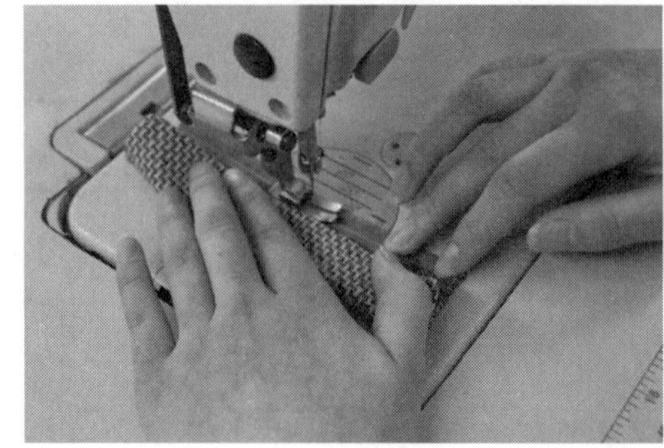

图5-153　做袋盖

（10）定袋位：按照口袋位置，将贴袋位画在前衣片上（图5-154）。

（11）钉嵌线：将嵌线钉缝在大袋位处（图5-155）。

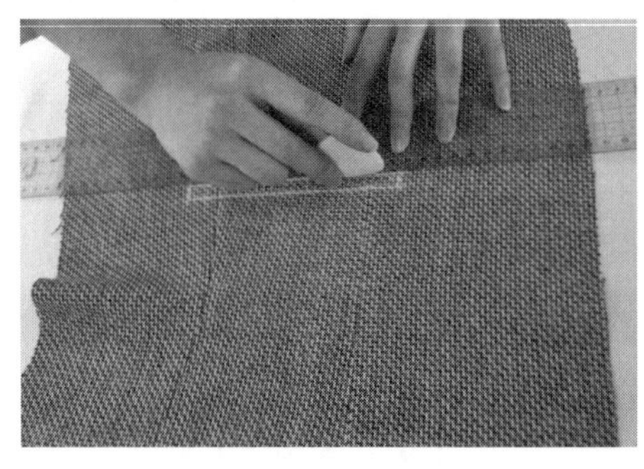

图5-154　定袋位

图5-155　钉嵌线

（12）袋口剪开：将嵌线从中间剪开，同时袋口剪“>——<”形剪口，注意袋口角不能剪毛，并将嵌线与开剪缝份分烫开，之后用嵌线布包转分烫后留在上面的缝份（图5-156）。

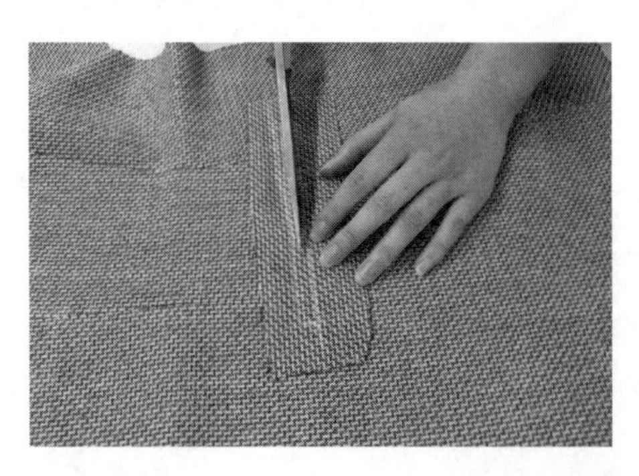
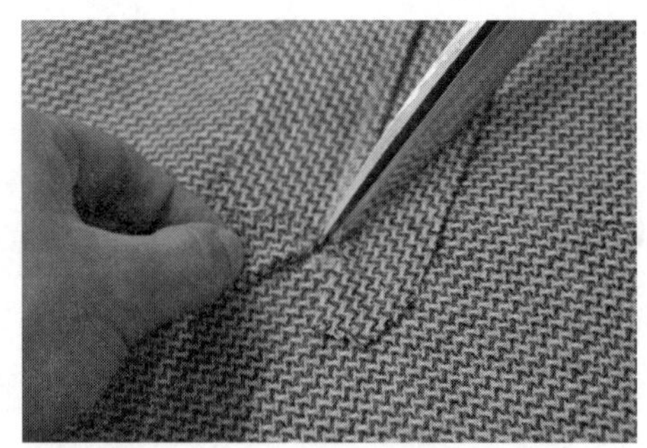

图5-156　袋口剪开

（13）装袋布：将里子布袋布放于衣身下面，在包转的下嵌线分缝槽处做漏落缝，同时固定里子袋布（图5-157）。

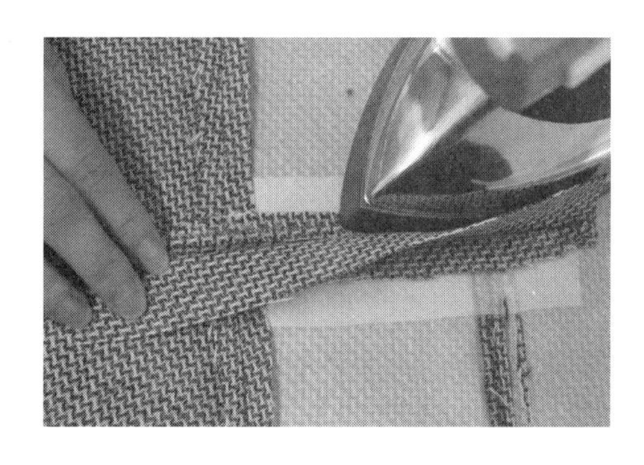
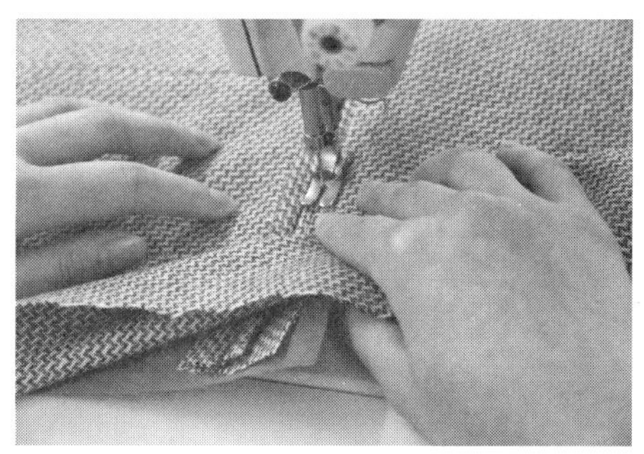

图5-157　装袋布

（14）装袋盖：将做好的袋盖塞进袋口，外留袋盖实际宽度尺寸，同时将面布袋布放于衣身下面，在包转的上嵌线分缝槽处做漏落缝，将嵌线、袋盖、袋布一起固定（图5-158）。

图5-158　装袋盖

（15）封袋口三角、兜缉袋布：将剪开的三角与嵌线来回三道线固定，车缝时剪口处不能毛漏，同时兜缉袋布一周（图5-159）。

（16）画手巾袋袋位：在左前衣片胸部按设计位置画出手巾袋袋位（图5-160）。

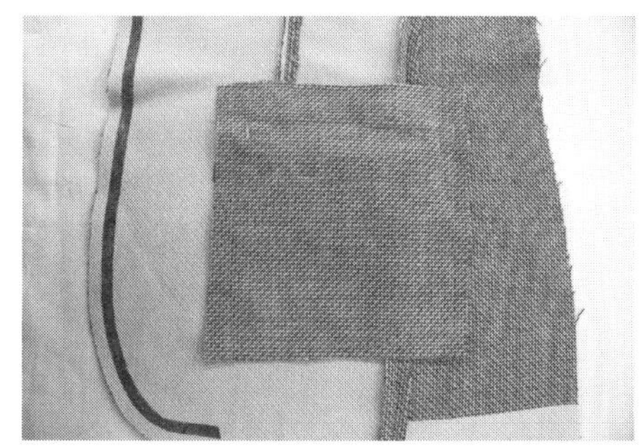

图5-159　封袋口三角、兜缉袋布

图5-160　画手巾袋袋位

（17）烫手巾袋爿：将手巾袋爿黏硬衬，并烫成手巾袋形状（图5-161）。

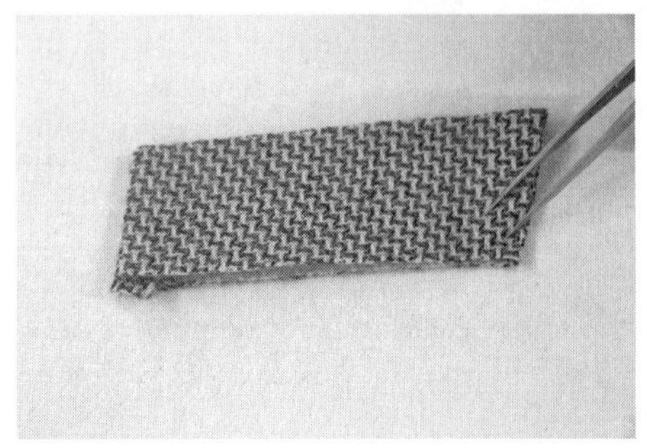

图5-161 烫手巾袋爿

（18）钉手巾袋爿、装袋布：将袋爿正面放在手巾袋口下端按1cm缝份车缝，距离袋口下端1cm处钉缝袋布（图5-162）。

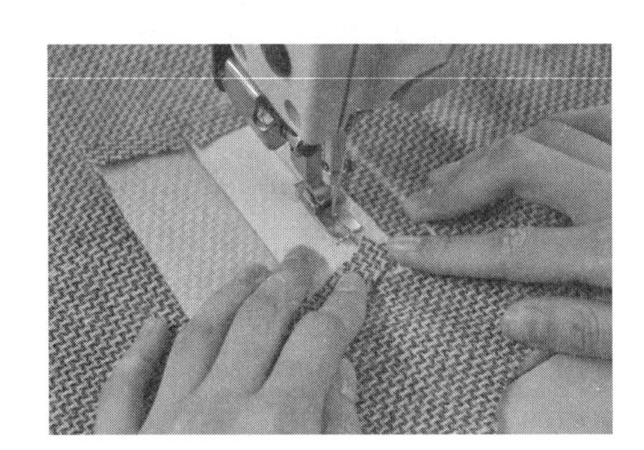

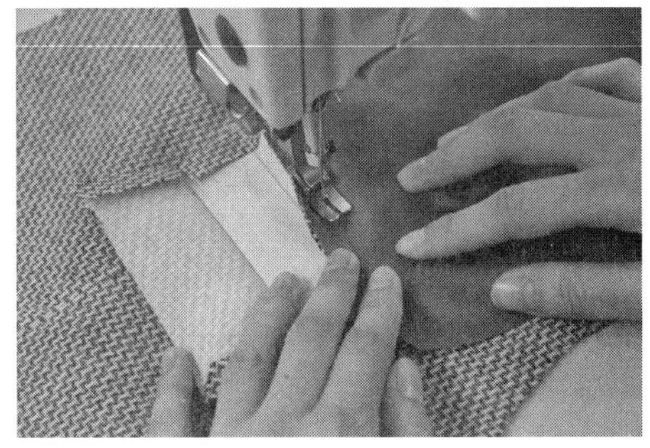

图5-162 钉手巾袋爿、装袋布

（19）手巾袋剪开：将装好手巾袋爿与袋布的袋口剪“>——<”形剪口，之后将手巾袋爿处的缝份分烫（图5-163）。

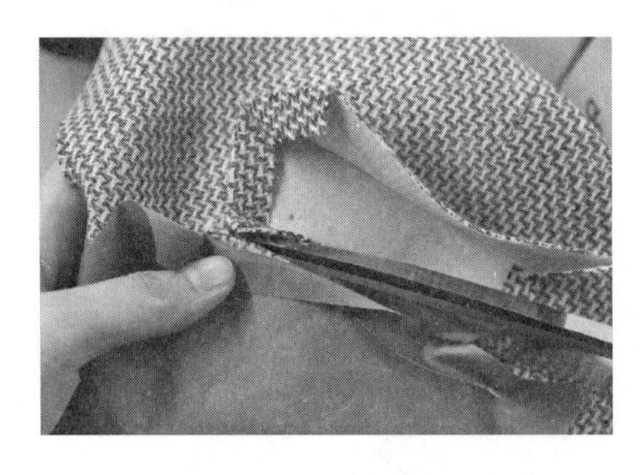

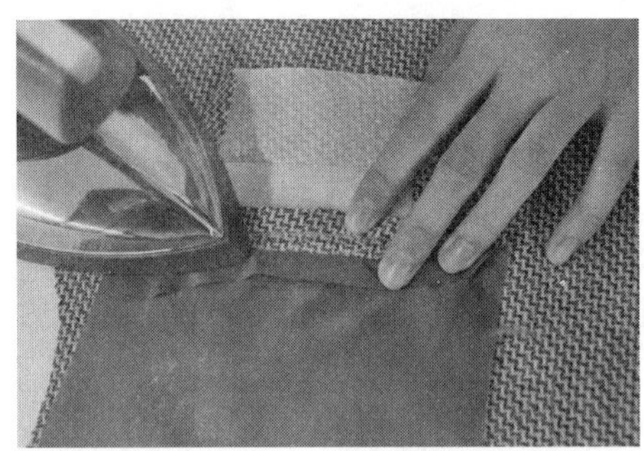

图5-163 手巾袋剪开

（20）手巾袋爿封口：将袋布与袋爿翻到衣片反面，袋布留在衣片正面不翻到衣片反面，并在手巾袋爿的分缝槽处做漏落缝，之后将开剪三角塞到袋爿中间，两端用手缝针缲住（图5-164）。

图5-164　手巾袋爿封口

（21）兜缉袋布：将手巾袋布沿袋口翻到衣片反面，与袋爿底端毛边1cm固定后，袋布四周按1cm缝份兜缝（图5-165）。

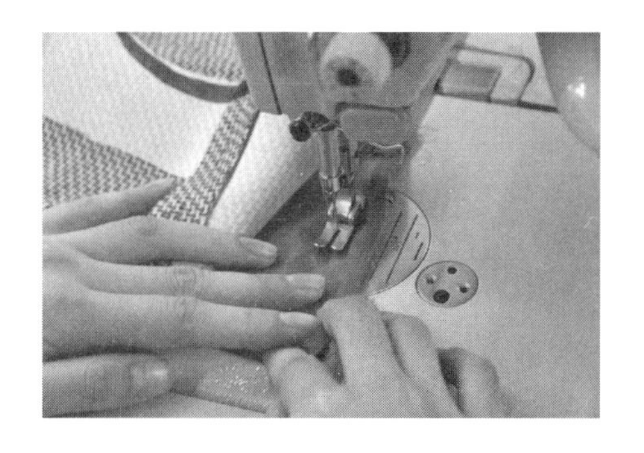

图5-165　兜缉袋布

（22）拼缝前衣片里布与过面：将前衣片里布与过面按1cm缝份拼合，缝份倒向里布熨烫，里布要烫出0.3cm坐缝（图5-166）。

（23）合侧片与前片里布：侧片里布与前衣片里布正面相对按1cm缝份拼缝，缝份倒向前片熨烫，并烫出0.3cm坐缝（图5-167）。

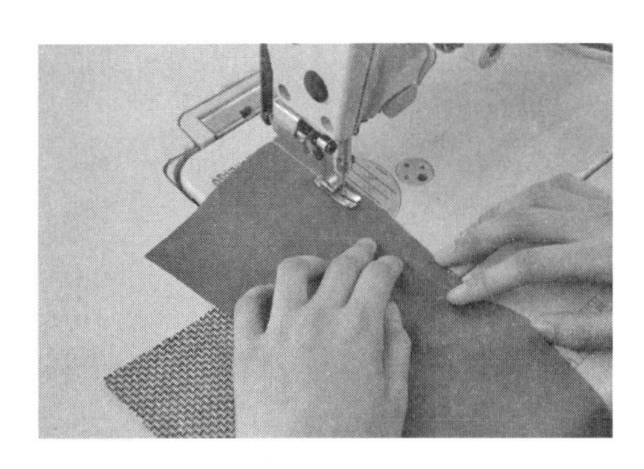
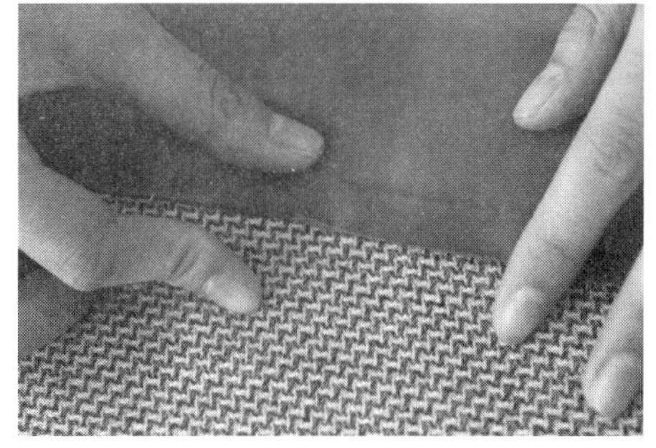

图5-166　拼缝前衣片里布与过面

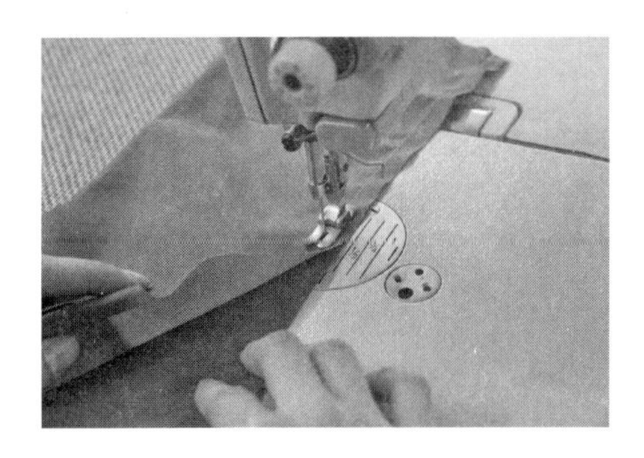
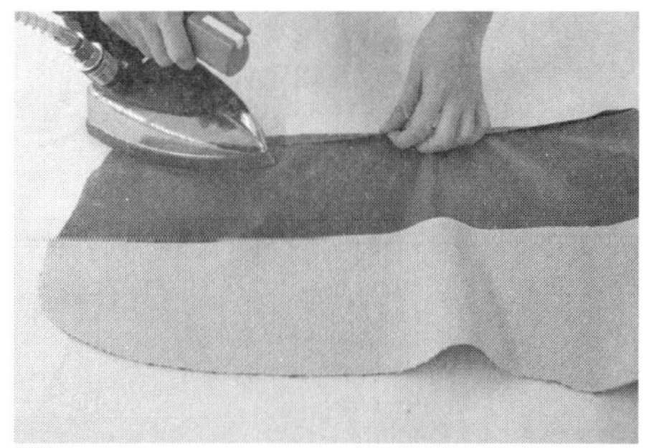

图5-167　合侧片与前片里布

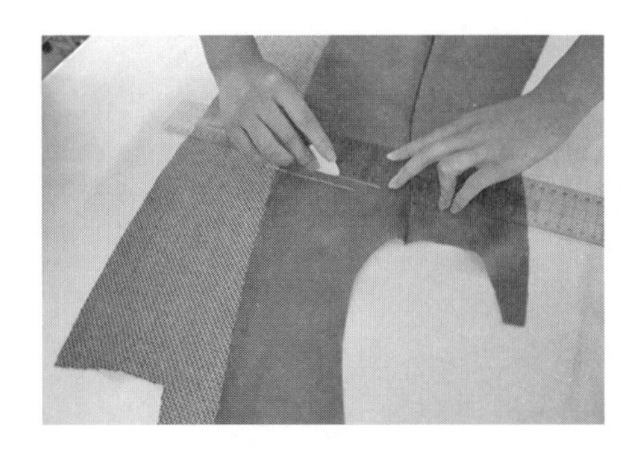

图5-168　画里袋位

（24）画里袋位：在里布上距顶端沿过面缝份向下量26cm画出里袋位，尺寸为15cm×1cm（图5-168）。

（25）钉嵌线：将嵌线条按照里袋长度尺寸将两端向反面折烫，之后按照袋口宽度钉缝在里袋位处，两端回针加固（图5-169）。

（26）里袋袋口剪开：将袋口位的里布与嵌线条一起剪开，剪口为“一”字形，注意两端要留有1mm不剪透（图5-170）。

图5-169　钉嵌线

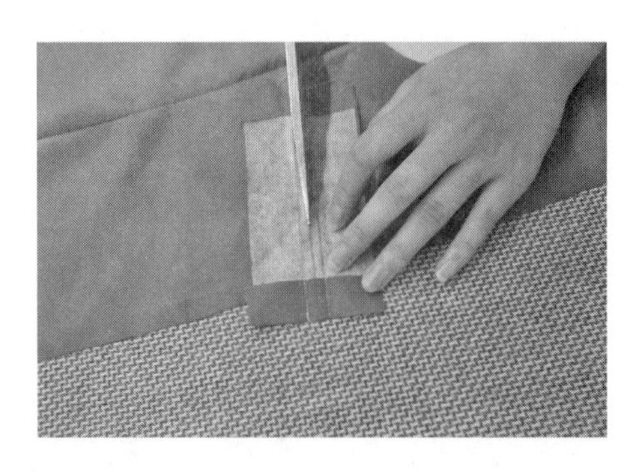

图5-170　里袋袋口剪开

（27）装袋布：将剪好的嵌线翻转至前片里布反面，并将上、下嵌线烫平，之后把袋布放于衣身下面，在下嵌线上缉0.1cm明线一道，将嵌线与袋布固定住（图5-171）。

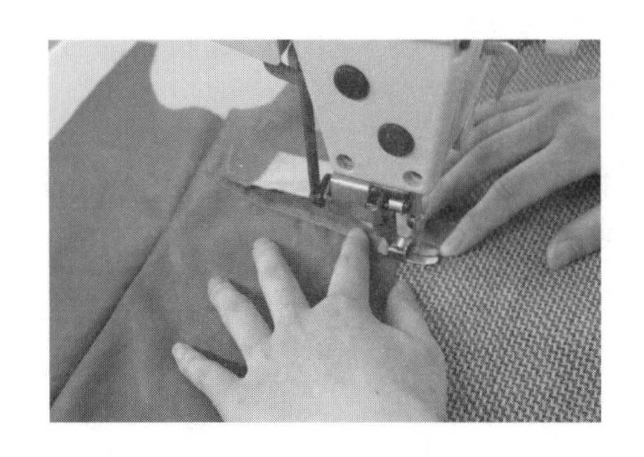

图5-171　装袋布

（28）装三角贴：将正方形里子布烫成三角形状，放置在上嵌线袋口内，之后将手巾袋布翻上与上嵌线对准，袋口嵌线0.1cm上炕钉缝四周，剪开角处不能漏（图5-172）。

（29）兜缉袋布：将袋布四周按1cm缝份兜缉（图5-173）。

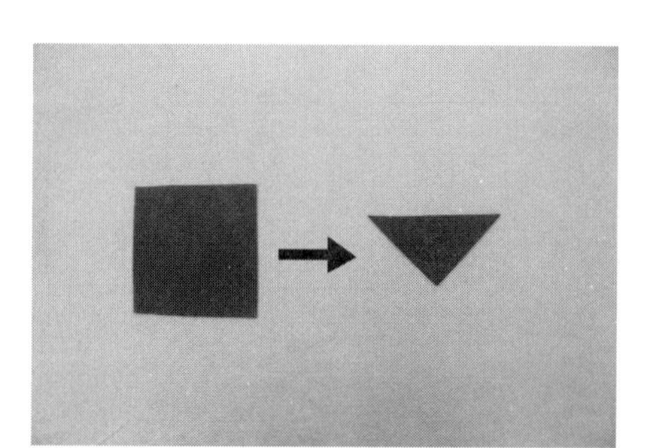
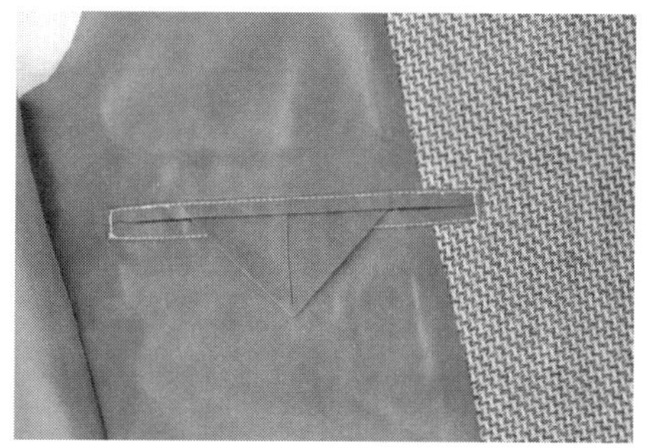

图5-172　装三角贴

（30）合门襟止口：过面与衣身正面相对，衣身在上，沿门襟止口净样车缝，驳头段衣身略紧，下摆处过面略紧（图5-174）。

（31）扣烫门襟止口：将止口缝份修成高低缝，之后将止口翻向正面并烫出里外匀（图5-175）。

（32）合后片中缝：将后衣片正面相对，在背中线处按1cm缝份车缝，并分缝熨烫（图5-176）。

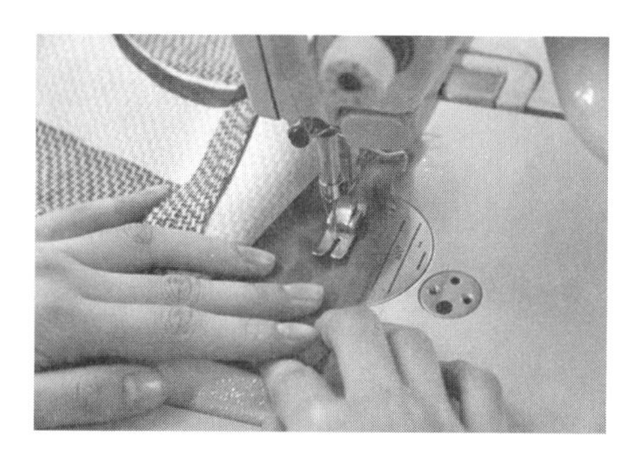

图5-173　兜缉袋布

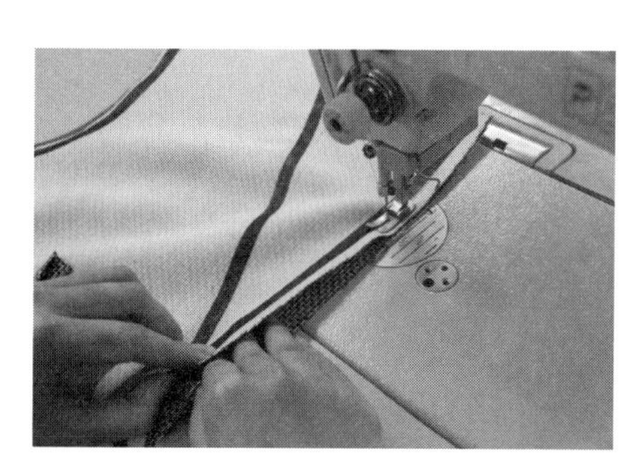
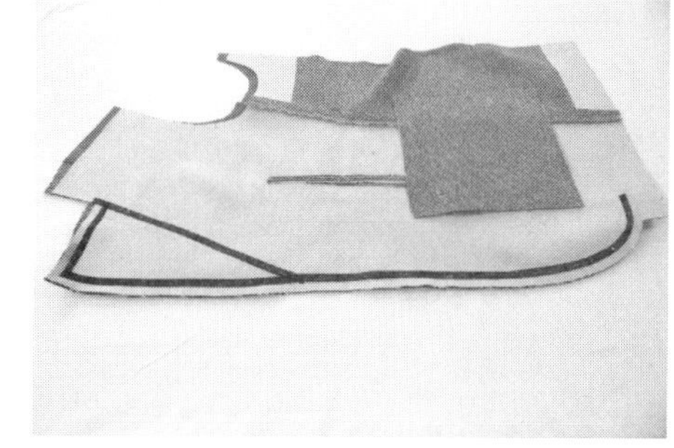

图5-174　合门襟止口

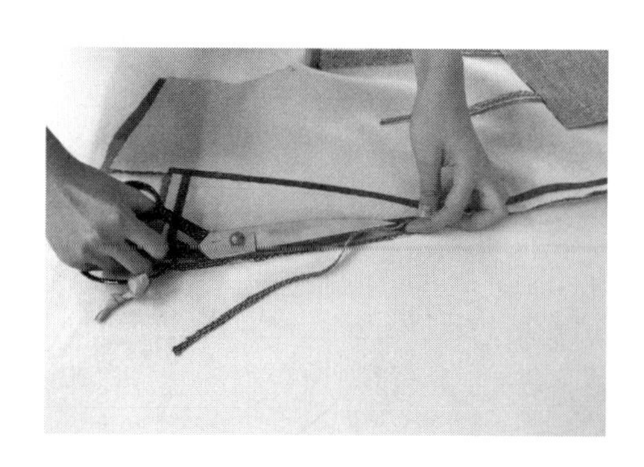
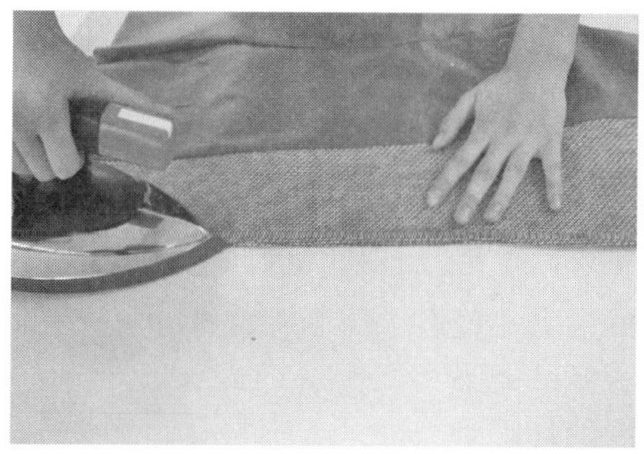

图5-175　扣烫门襟止口

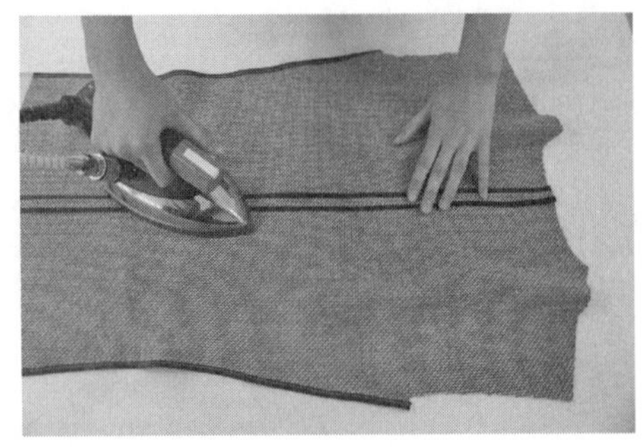

图5-176　合后片中缝

（33）合肩缝：将前、后衣片正面相对，前衣片在上，后衣片在下按1cm缝份车缝，并分缝熨烫（图5-177）。

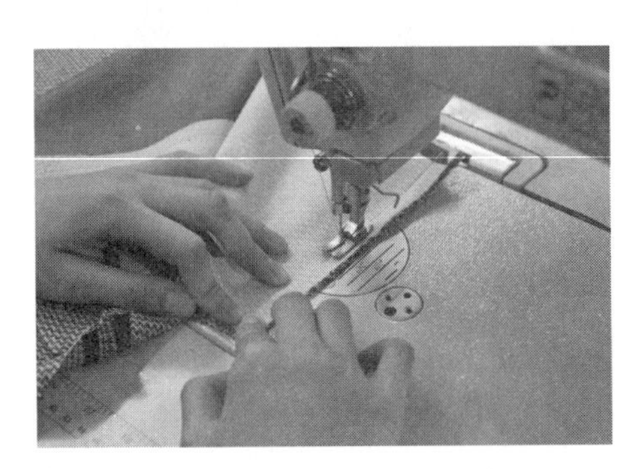

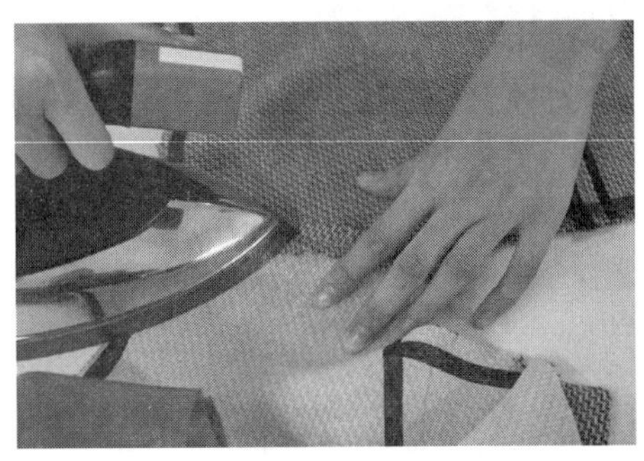

图5-177　合肩缝

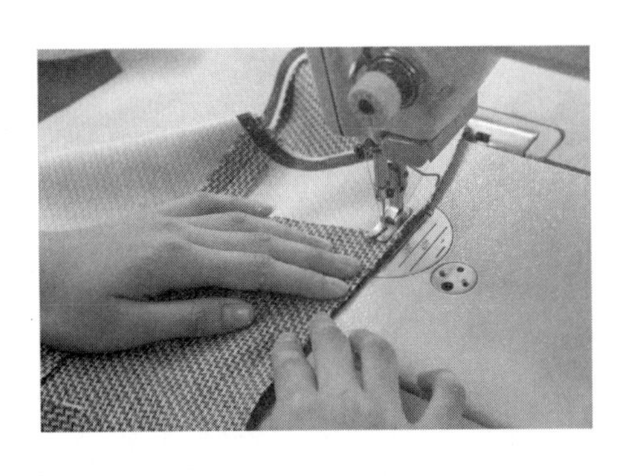

图5-178　合后侧缝

（34）合后侧缝：将前、后衣片正面相对，前衣片在上，后衣片在下按1cm缝份车缝侧缝，并分缝熨烫（图5-178）。

（35）合底边：先折烫出衣服底边，之后将前片里布底边与前片面布底边拼合，注意将里布侧缝处折进1cm（图5-179）。

（36）底边缲针：将前衣片侧缝掀开，沿底边用三角针、后衣片底边沿滚边用暗缲针分段固定（图5-180）。

（37）后衣片里布卷边：将后衣片里布底边按1cm缝份卷边（图5-181）。

（38）合里布肩缝：将后衣片里布底边按1cm缝份卷边后，后衣片里布肩缝与前衣片里布肩缝对齐后车缝，缝份1cm，并倒向后片熨烫缝份（图5-182）。

（39）合里布侧缝：将后衣片里布侧缝夹在前衣片里布与前衣片面布缝份中间，沿前后片缝份拼缝处车缝，底端要留有10cm开口。之后将衣片翻出，熨烫后将底端开口用手缝针暗缲固定（图5-183）。

（40）缝合领面：将翻领面、领座面按1cm缝份拼合，并分烫修剪缝份，之后在翻领、

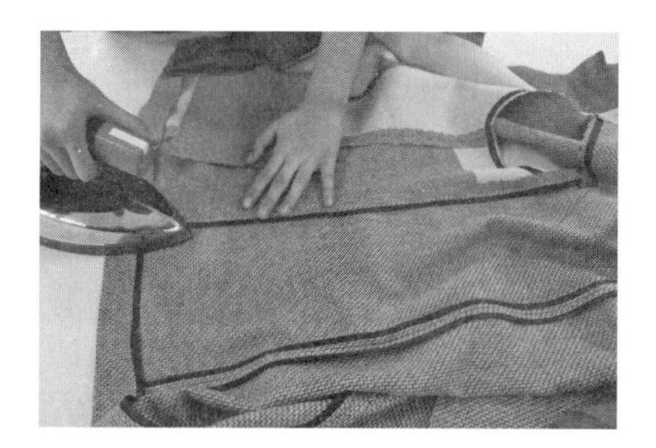

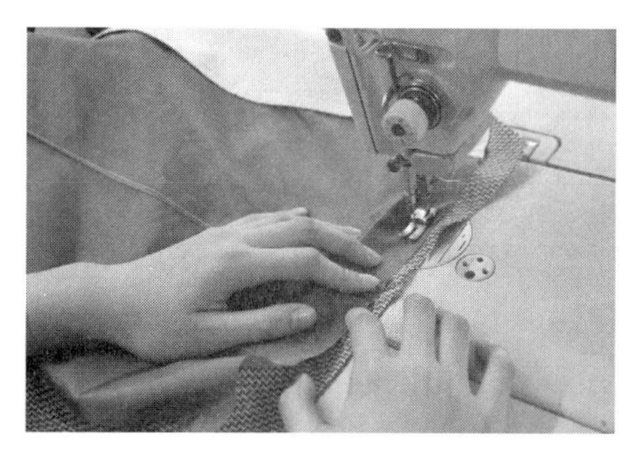

图5-179　合底边

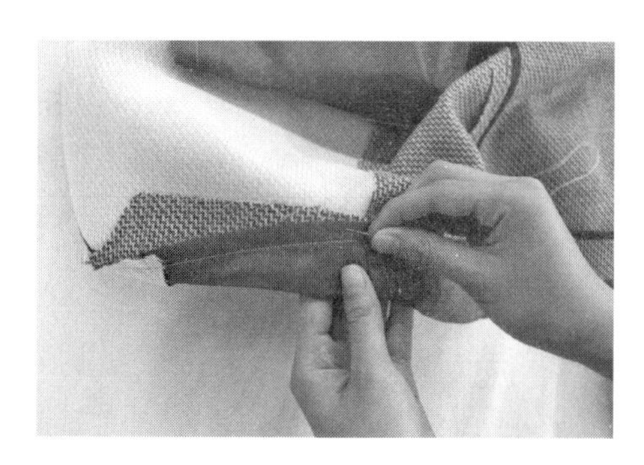

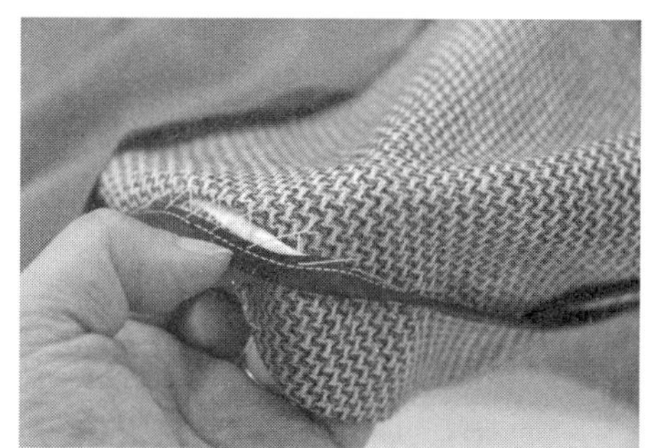

图5-180　底边缲针

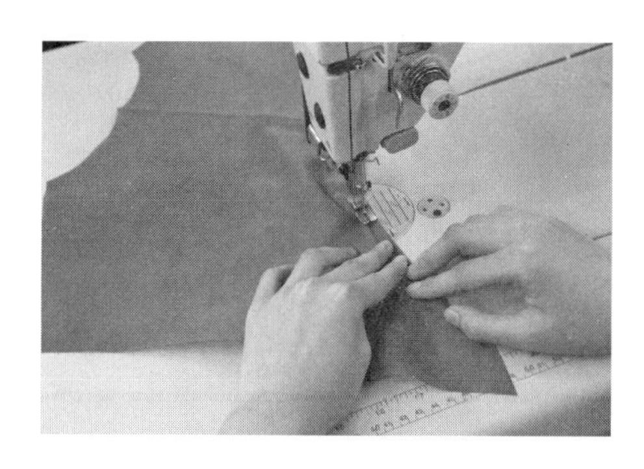

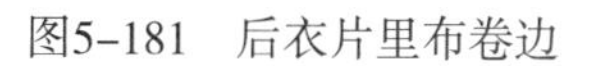

图5-181　后衣片里布卷边

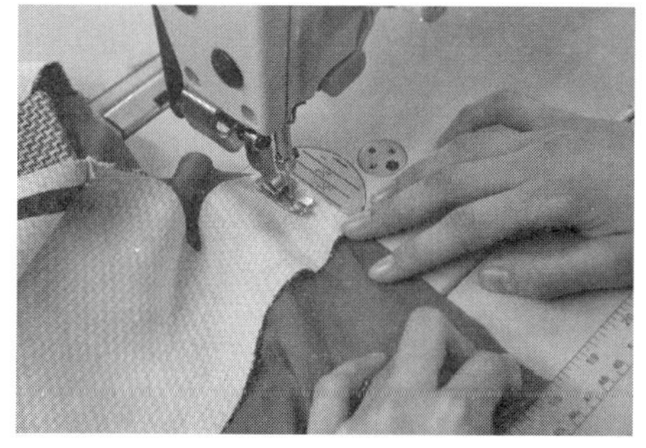

图5-182　合里布肩缝

领座分缝处，正面分别压0.1cm明线一道（图5-184）。

（41）领底呢车线：在领底呢的翻折线处，车缝明线一道，并将领底呢修剪成三净一

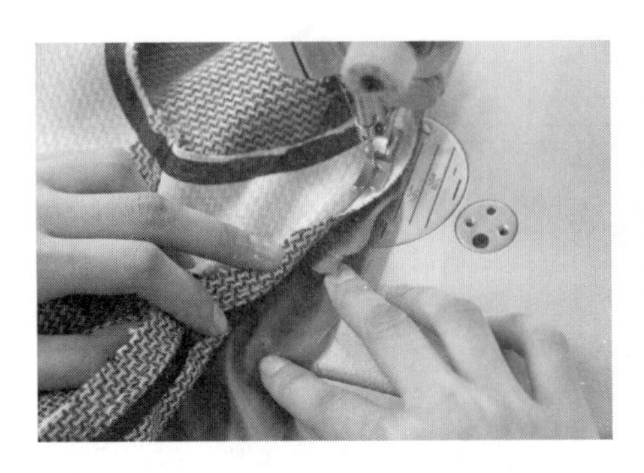
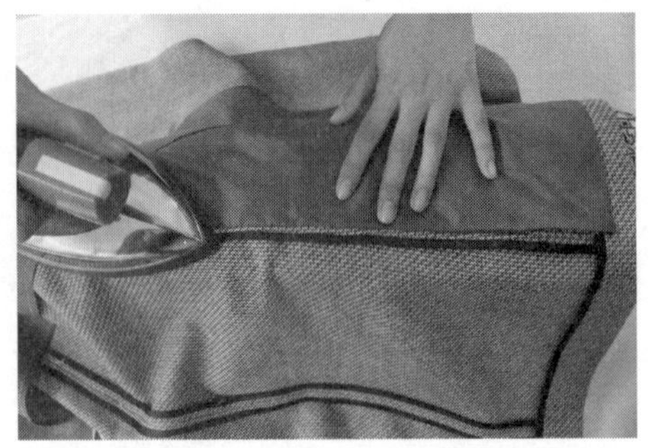

图5-183　合里布侧缝

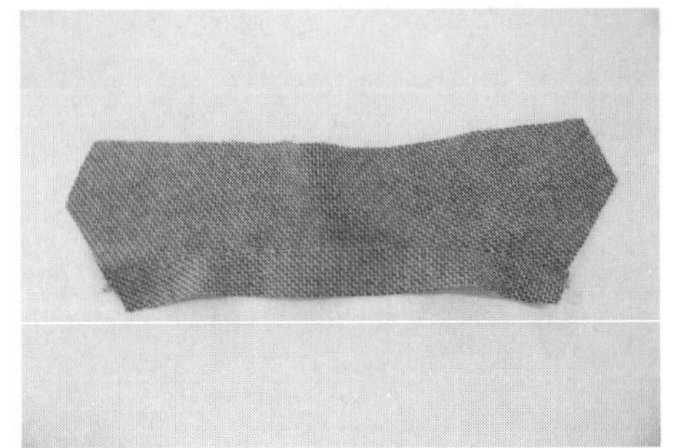

图5-184　拼领面

毛，即左右领角、领外口为净样，领底线为毛样（图5-185）。

图5-185　领底呢车线

（42）扣烫领面：领底呢放在领面反面将翻领面外口、领角沿领底呢扣烫，并用手缝针将领底呢与翻领面绗针固定（图5-186）。

（43）装领：将领面与里布的领圈按1cm缝份车缝，在领口内角处需要剪开，装领时注意装领对位点都要对准（图5-187）。

（44）固定领圈：将领底缝份倒向领子熨烫，并用手缝针将领子缝份与衣身的领圈缝份固定（图5-188）。

（45）固定领底呢：将领底呢四周用三角针手缝固定，针距0.3～0.5cm（图5-189）。

（46）做大袖片袖衩：将袖衩正面相叠，沿对折线垂直车缝，预留1cm缝份不固定，之

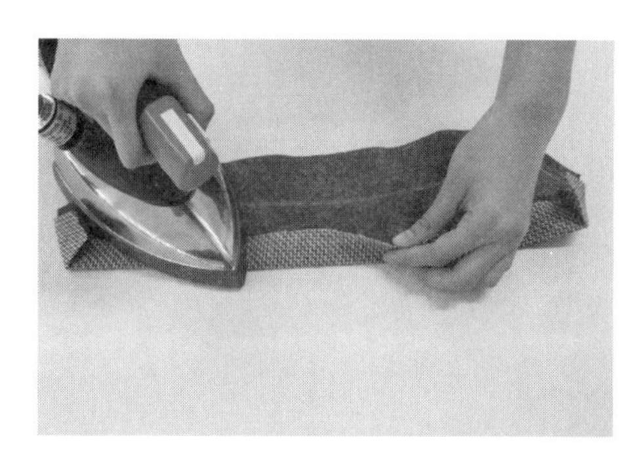
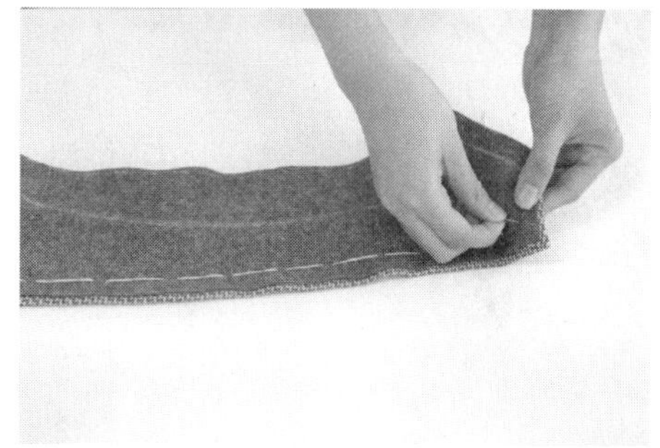

图5-186　扣烫领面

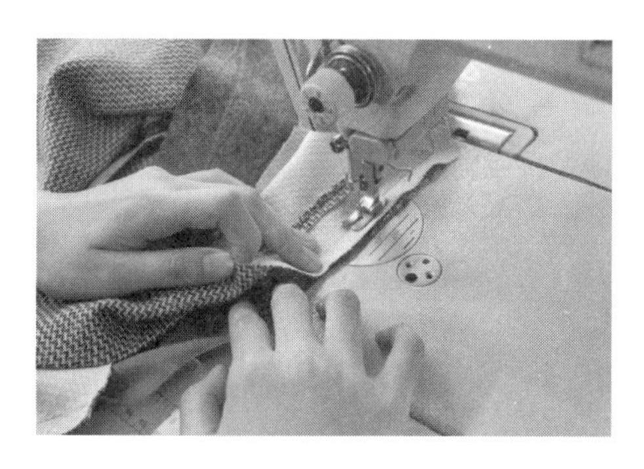
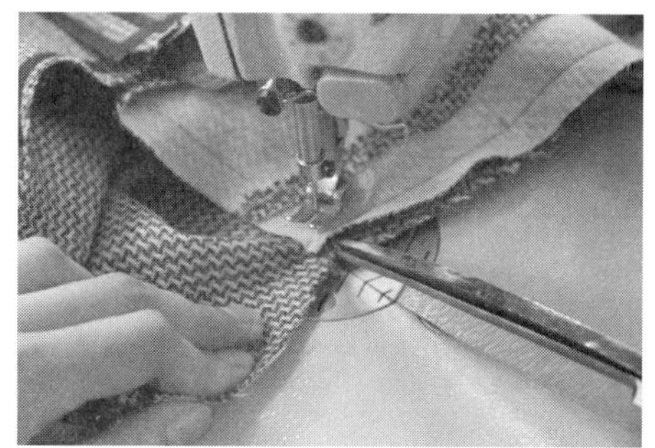

图5-187　装领

后将缝份修剪成0.4cm，并分烫开，再翻到正面（图5-190）。

（47）归拔袖片：将大袖片前袖缝，肘弯处拔开（图5-191）。

（48）车缝后袖缝：将小袖片与大袖片正面相对，后袖缝按1cm缝份车缝，从大袖片袖衩预留1cm缝份处起针（图5-192）。

（49）做小袖片袖衩：将小袖片袖口缝份沿袖口向反面翻折，距边缘1cm缝合，至大袖片预留缝份处，并预留1cm缝份（图5-193）。

图5-188　固定领圈

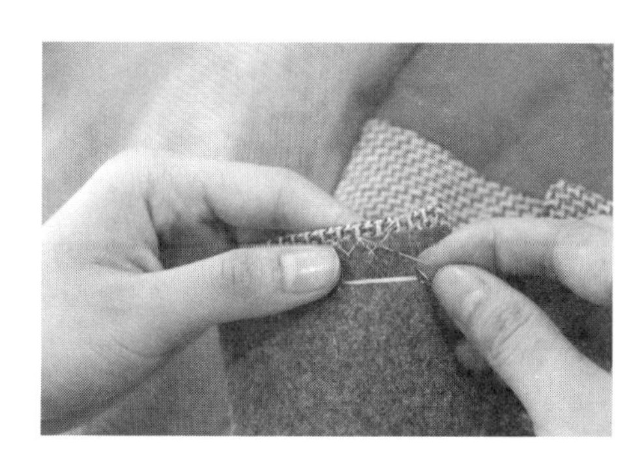
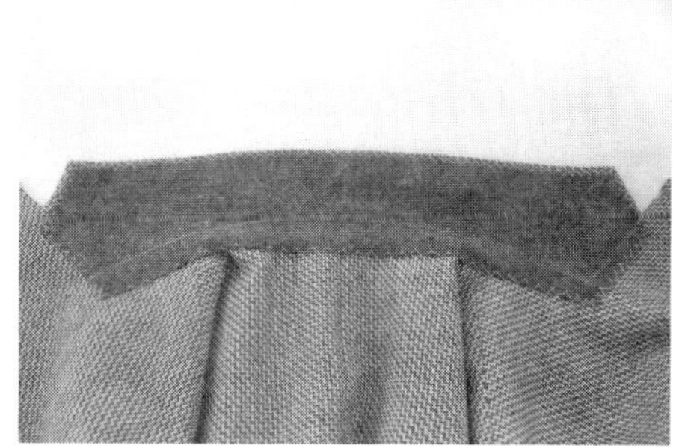

图5-189　固定领底呢

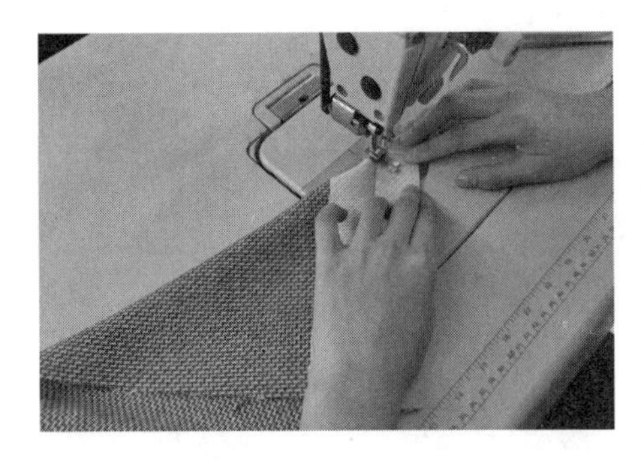
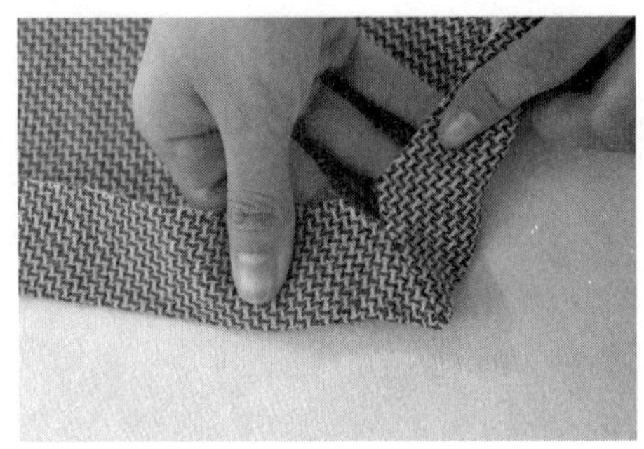

图5-190　做大袖片袖衩

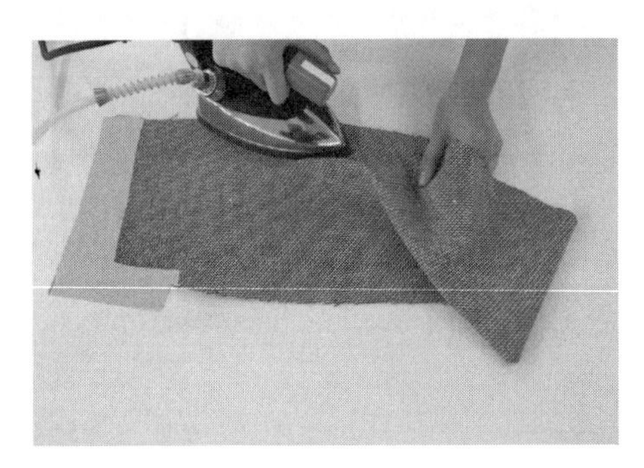
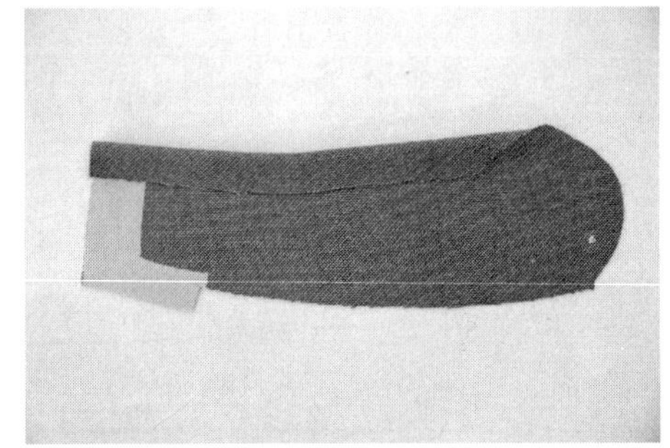

图5-191　归拔袖片

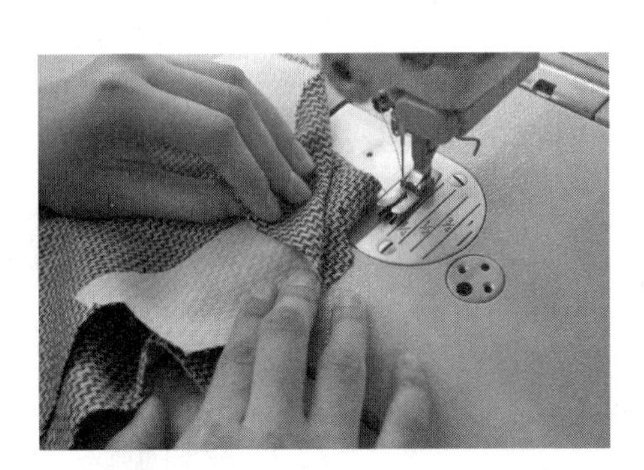
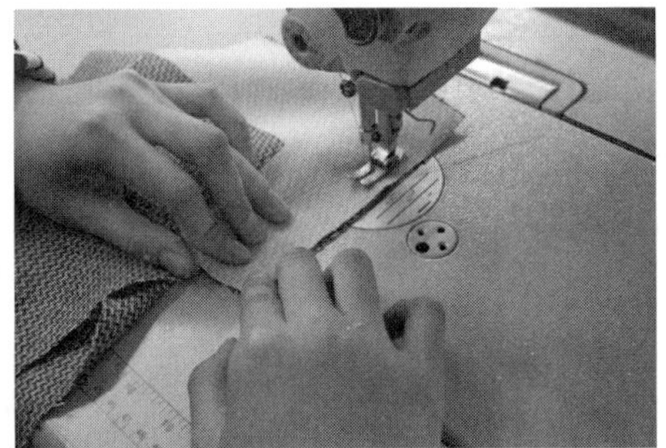

图5-192　车缝后袖缝

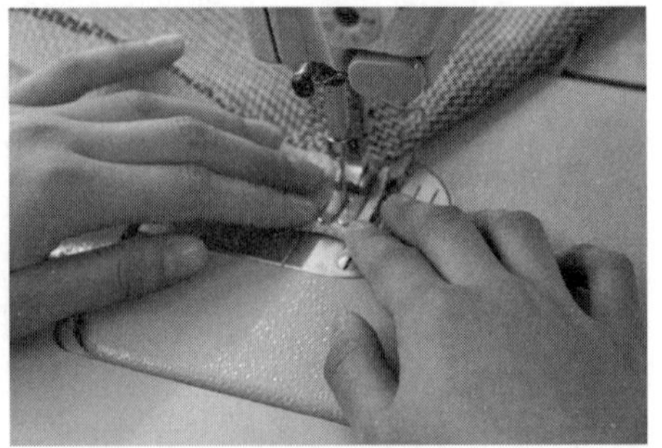

图5-193　做小袖片袖衩

（50）分烫袖缝：将小袖片袖衩处剪开，之后分烫后袖缝，袖衩倒向大袖片（图5-194）。

（51）车缝前袖缝：大、小袖片正面相对，按1cm缝份车缝，之后分烫（图5-195）。

（52）缝合袖里：将大、小袖片里布的前、后袖缝按1cm缝份车缝，并在前袖缝袖肘处预留15cm左右不车缝，之后缝份倒向大袖片熨烫，烫出0.3cm坐缝（图5-196）。

图5-194　分烫袖缝

（53）合面布、里布袖口：将袖面布放在袖里布内，正面相对，袖口对齐，按1cm缝份拼缝袖口（图5-197）。

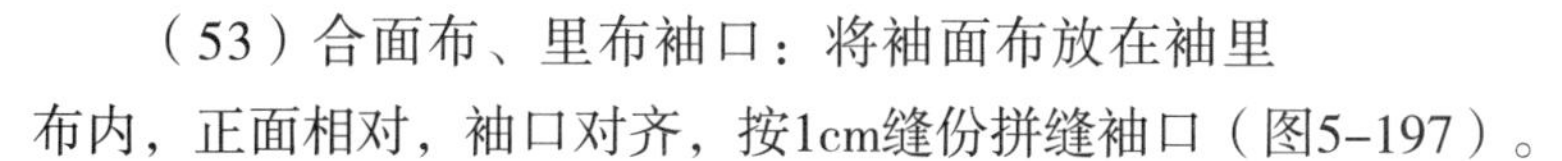

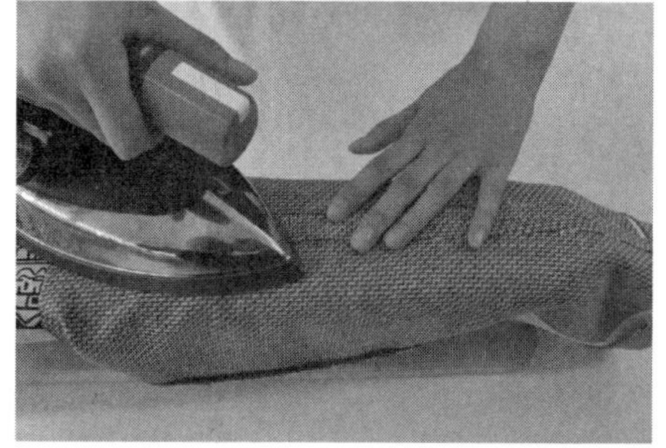

图5-195　缝合前袖缝

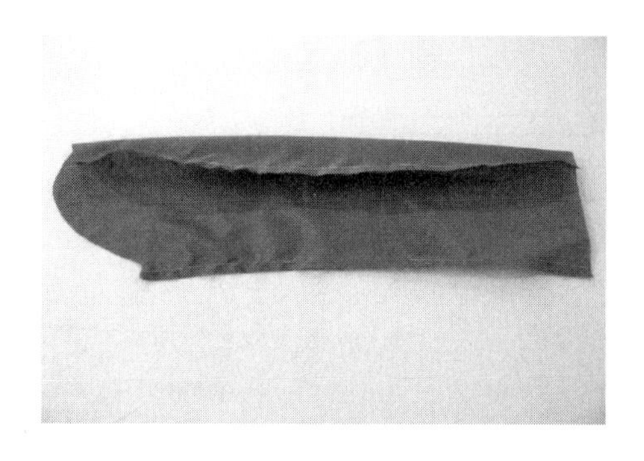

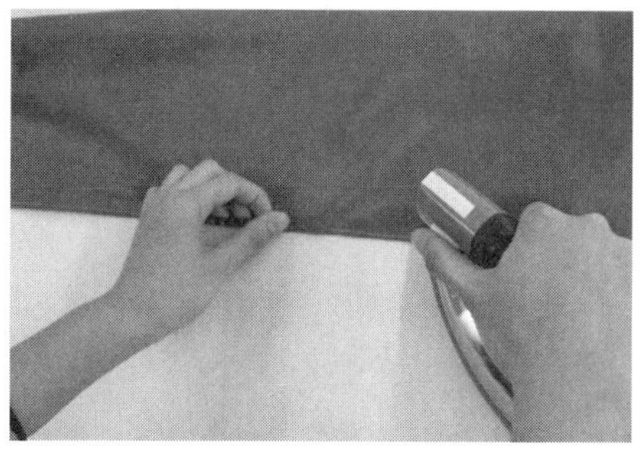

图5-196　缝合袖里

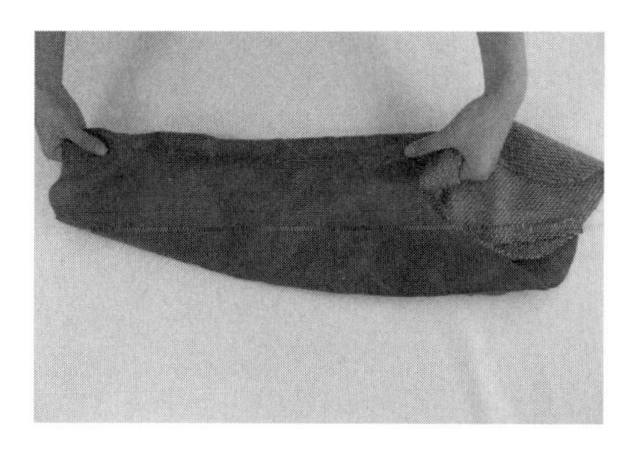

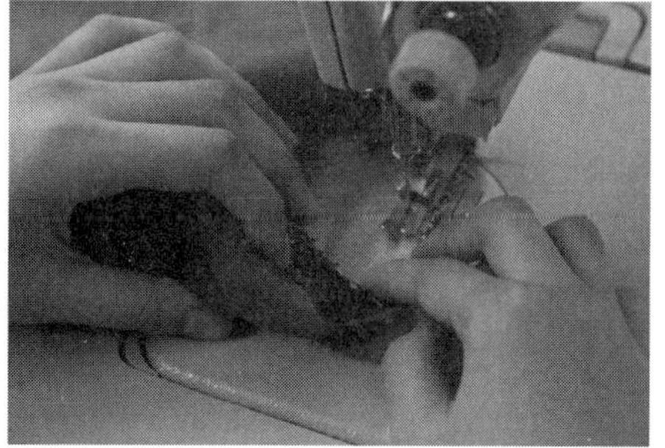

图5-197　合袖口

（54）固定袖口：袖口用三角针手缝固定（图5–198）。

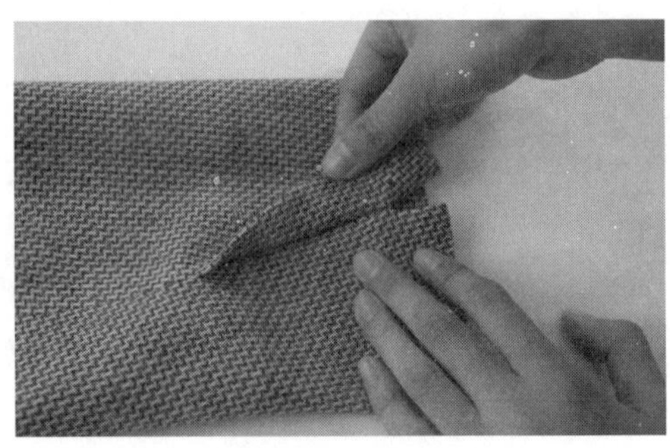

图5–198　固定袖口

（55）抽袖山：从袖山底起针，用手缝针以0.3cm的针距缝一周，使袖山与袖窿尺寸相等（图5–199）。

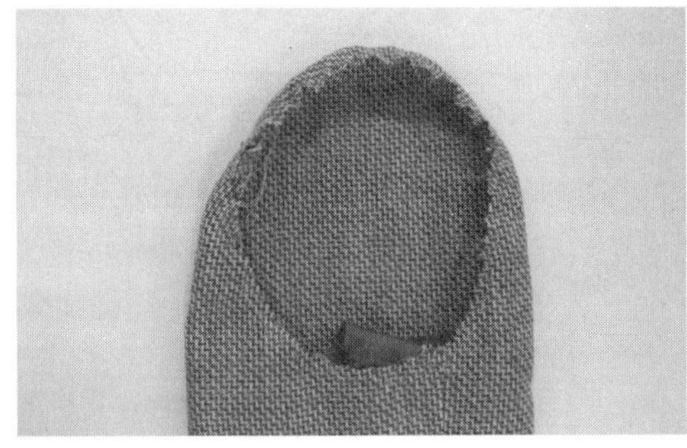

图5–199　抽袖山

（56）装袖：将袖山与衣身袖窿正面相合，袖子在上按1cm缝份车缝一周，袖山对位点与肩缝对准，前袖山对位点与前袖窿对位点对准，后袖山对位点与后袖窿对位点对准，袖底对位点与侧缝对准（图5–200）。

（57）装肩棉（垫肩）：将肩棉与袖窿缝份对齐，手缝针固定（图5–201）。

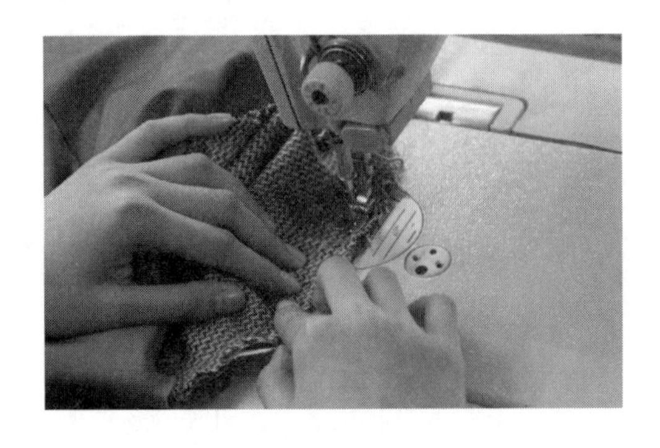

图5–200　装袖

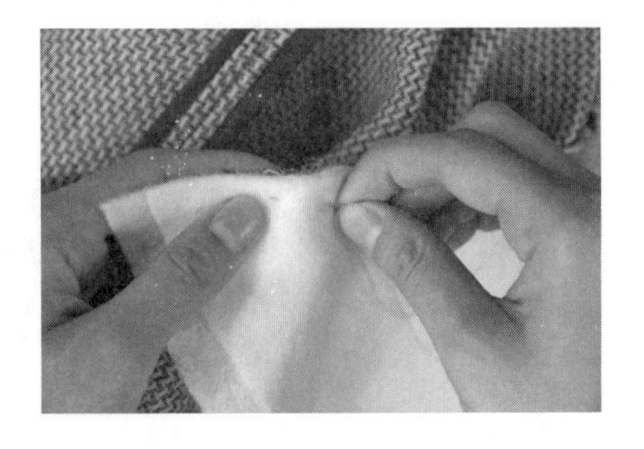

图5–201　装肩棉（垫肩）

（58）装袖里布：将袖子从前袖缝预留15cm处翻到反面，圈缉袖山里布与衣身袖窿，之后从预留15cm口处翻出里布，再将预留口处0.1cm封口（图5-202）。

（59）完成的西服里布（图5-203）。

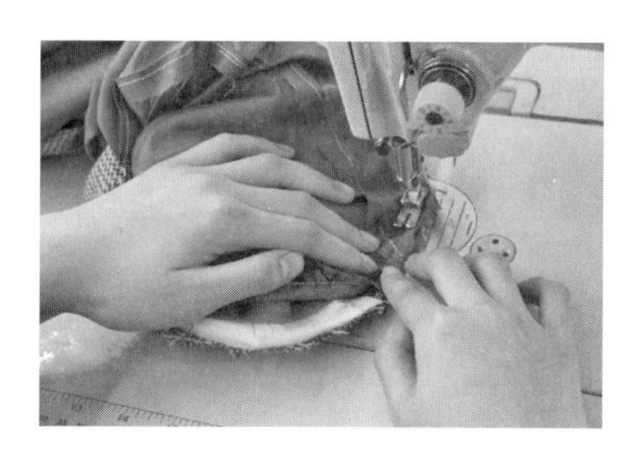

图5-202　装袖里布

图5-203　完成的西服里布

（60）锁眼、钉扣：按照款式要求进行锁眼、钉扣（图5-204）。

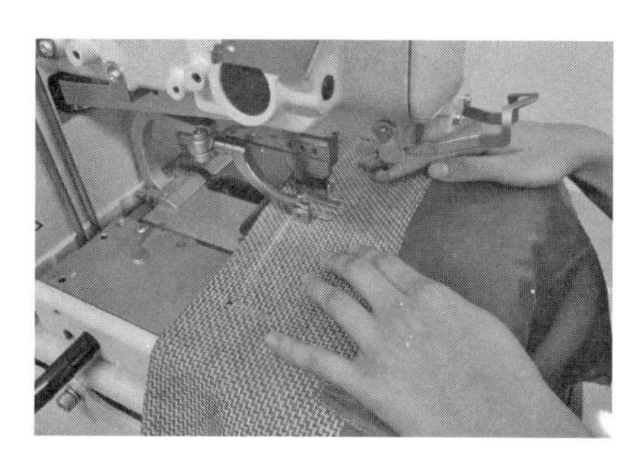

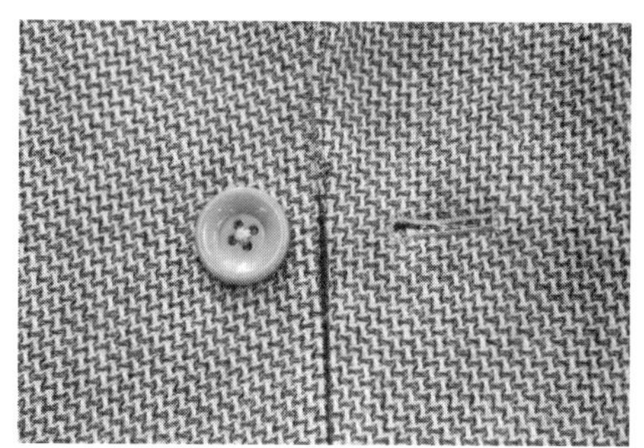

图5-204　锁眼、钉扣

（61）整烫：将做好的成衣整烫平整（图5-205）。

（62）男西服成品图（图5-206）。

【特别提示】

（1）门襟要做到缝份顺直，止口平

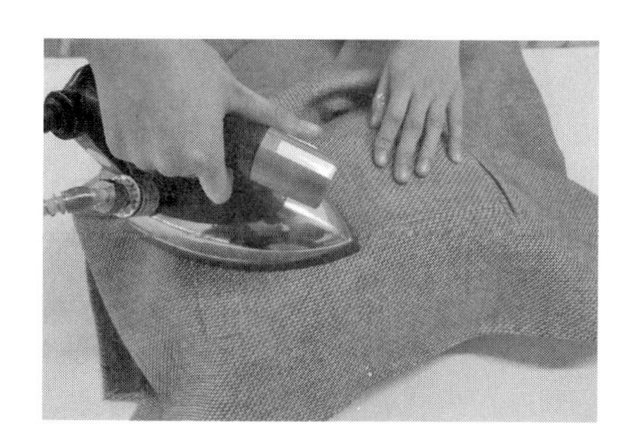

图5-205　整烫

图5-206　男西服成品图

服，松紧有度，左右对称。

（2）驳头贴服衣身，不反翘。

（3）大袋的位置要左右对称一致，袋盖不反翘，袋角不毛漏。

（3）手巾袋位置准确，不毛漏。

（4）领角左右对称，不反翘。

（5）装领时装领对位点要对准，领圈不能起皱，领底呢三角针均匀。

（6）袖子缝制前，大袖片在前袖缝处应做拔开处理，后袖缝做归进处理，保证袖型符合人体手臂的弯势。

（7）装袖车缝要圆顺，对位点要准确，袖山要饱满，吃量作准，左右装袖角度一致，不能一前一后。

（8）衣身里布不起吊。

（9）产品要求整洁，无线头、无极光。

三、任务实施

1. **实践准备**（图5-207）

（1）面料裁片：前衣片2片；
后衣片2片；
侧片2片；
大袖片2片；
小袖片2片；
翻领面1片；
领座面2片；
袋盖2片；
嵌线4片；
手巾袋爿1片。

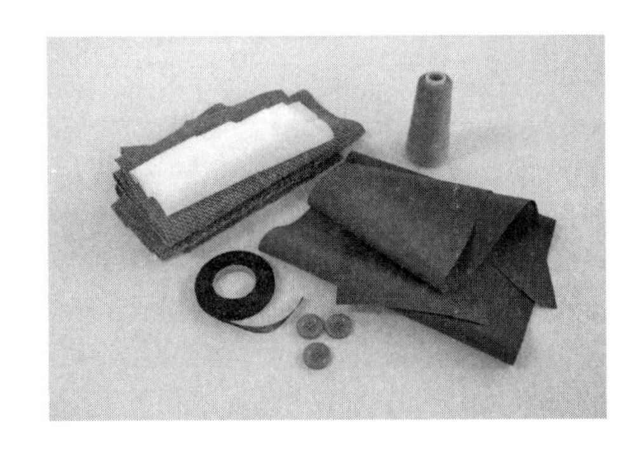

图5-207 男西服材料图

（2）里料裁片：前衣片2片；
后衣片1片；
侧片2片；
大袖片2片；
小袖片2片；
袋盖2片；
嵌线1片；
大袋布4片；
里袋布；
手巾袋布1片。

（3）辅料准备：配色线；
牵带；

纽扣3粒；

领底呢1片；

黏合衬若干。

（4）实物样衣一件。

2. **操作实施**

（1）根据结构制图进行放缝，检查裁剪样板数量。

（2）整理裁片，识别裁片正、反面，将裁片正面与正面相叠，反面朝上，丝缕顺直。

（3）将裁剪样板根据丝缕要求，正确铺放在面料上，做到紧密、合理的排料。

（4）先裁主件、后裁部件，再配黏合衬。

（5）检查所需的裁片、辅料是否完整。

（6）根据裁片制作男西服，其操作步骤：黏衬→做标记→滚边→收省→合前侧缝→归拔→拼后衣片→拉牵条→做袋盖→定袋位→钉嵌线→袋口剪开→装袋布→装袋盖→封袋口三角、兜缉袋布→画手巾袋袋位→烫手巾袋爿→钉手巾袋爿、装袋布→手巾袋剪开→手巾袋爿封口→兜缉袋布→拼缝前衣片里布与过面→合侧片与前片里布→画里袋位→钉嵌线→口袋袋口剪开→装袋布→装三角贴→兜缉袋布→合门襟止口→扣烫门襟止口→合后片中缝→合肩缝→合后侧缝→合底边→底边缲针→后衣片里布卷边→合里布肩缝→合里布侧缝→缝合领面→领底呢车线→扣烫领面→装领→固定领圈→固定领底呢→做大袖片袖衩→归拔袖片→车缝后袖缝→做小袖片袖衩→分烫袖缝→车缝前袖缝→缝合袖里→合面布、里布袖口→固定袖口→抽袖山→装袖→装肩棉（垫肩）→装袖里布→完成的西服里布→锁眼、钉扣→整烫。

（7）普通男西服技术要求，符合生产通知单里的工艺要求。

四、学习拓展

西服假袖衩制作工艺

西服袖衩的制作工艺分为活袖衩与假袖衩两种，两种袖衩在制作方法上基本相同，只是在袖衩处的处理上不一样。假袖衩的制作方法如下：

（1）袖衩黏衬：将大、小袖片的袖衩及袖口处黏衬（图5–208）。

（2）缝合后袖缝：小袖片在上、大袖片在下，按1cm缝份缝合后袖缝，同时在袖口处折转，沿袖口线缝制袖口净样处再折转，缝制到底（图5–209）。

（3）清剪袖口：将袖衩处缝份修剪成1cm（图5–210）。

（4）分烫后袖缝：在小袖片的袖衩处按图示剪一开口，之后将后袖缝分烫，袖衩倒向大袖片熨烫（图5–211）。

（5）折烫袖口：将袖子沿袖口线折烫（图5–212）。

（6）缝合前袖缝：按1cm缝份缝合前袖缝，并分烫（图5–213）。

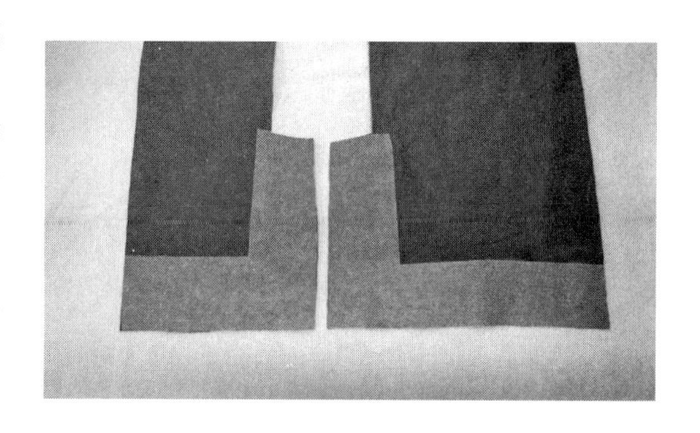

图5–208　袖衩黏衬

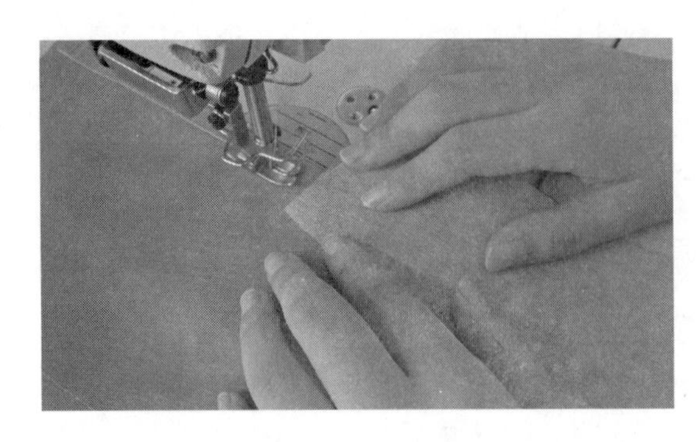
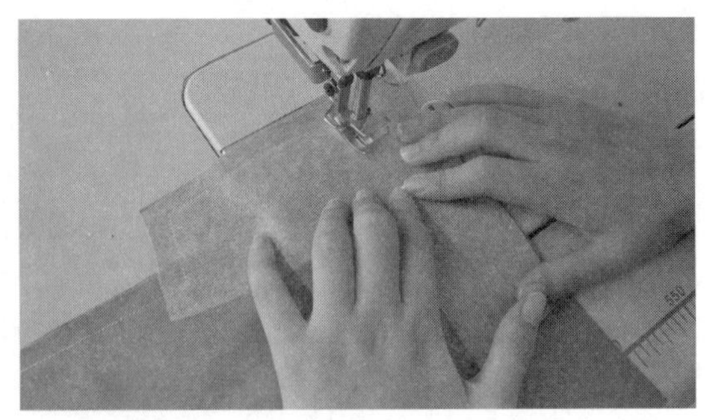

图5-209　缝合后袖缝

图5-210　清剪袖口

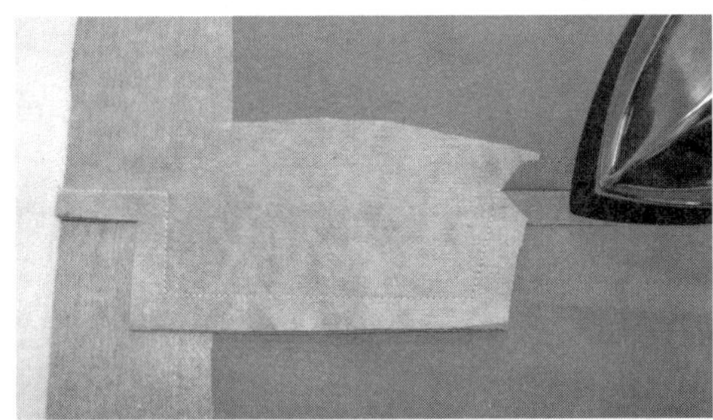

图5-211　分烫后袖缝

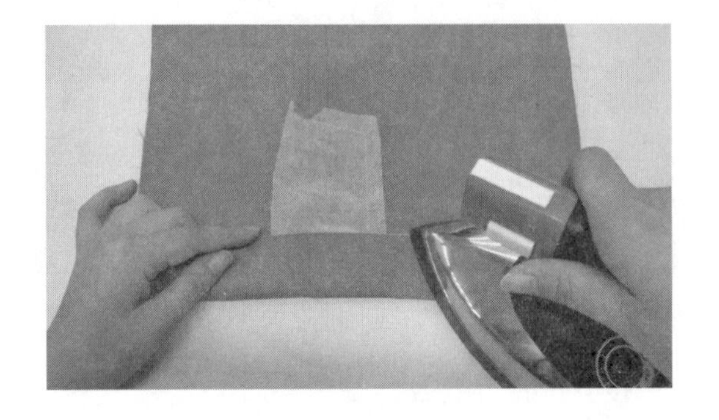

图5-212　折烫袖口

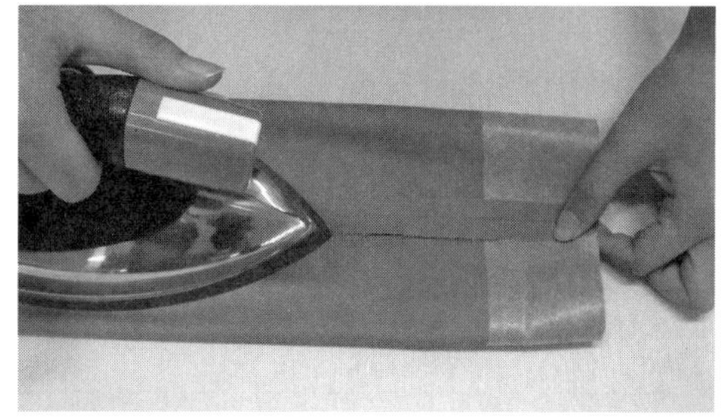

图5-213　缝合前袖缝

（7）做里布：将袖里布的前、后袖缝按1cm缝份缝合，并将缝份倒向大袖片熨烫，并烫出0.3cm松量（图5-214）。

（8）合袖口：将袖的面布、里布按1cm缝份车缝，并将袖口缲三角针固定（图5-215）。

（9）袖衩成品（图5-216）。

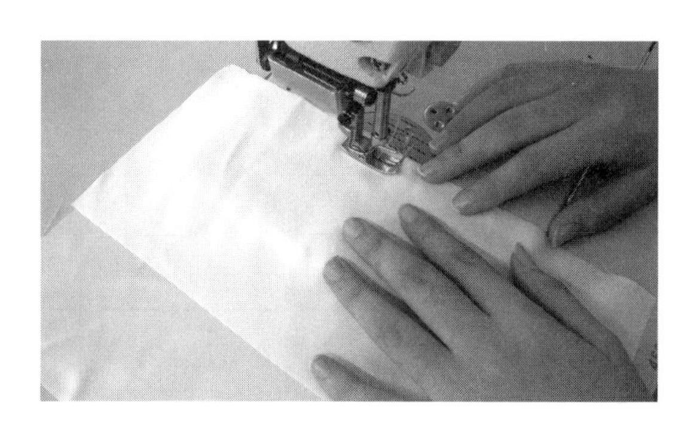

图5-214　做里布

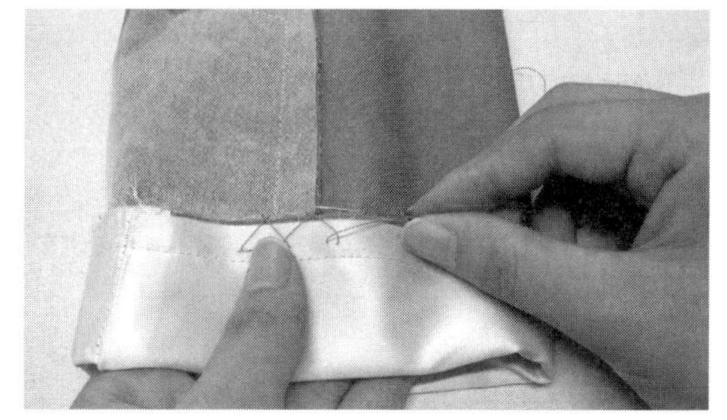

图5-215　合袖口

图5-216　袖衩成品

五、检查与评价

男西服评价表（表5–12）。

表5–12　男西服评价表

序号	部位	具体指标	分值	自评	小组互评	教师评价
1	规格	衣长、胸围、肩宽、领围、袖长规格正确	10			
2	领子	领面、里平服，松紧适宜，不起皱 领角左右对称、不反翘，驳角串口顺直 领座不外露、不起涌，领里不反吐 绱领平服，无弯斜	15			
3	门、里襟	门、里襟平直，止口顺直不反吐 下摆圆顺，不反翘	10			
4	袋	袋位高低进出一致，松紧适宜，无毛漏 袋口封口整齐、牢固 袋盖不反翘，与袋口大小吻合	10			
5	肩、胸、腰部位	肩部平服，后背方正胸省位置适宜，大小左右对称	10			
6	袖子	袖子前后适宜，左右对称 绱袖圆顺，顺势均匀 袖衩、扣左右一致，袖方向均匀对称	15			
7	底边	平服，折边宽窄一致	10			
8	里布	面、里无起吊现象，松紧适度，无烫黄	10			
8	整洁牢固	整件产品无跳针、浮线、粉印 各部位无毛、脱、漏 整件产品无明暗线头 针迹明线3cm 12～14针	10			
合计			100			

六、职业技能鉴定指导

1. 知识技能复习要点

（1）掌握量体知识，通过测量能得到男西服的成品尺寸规格，也能根据款式图或照片给出成品尺寸规格。

（2）能画出男西服1∶1的结构图。

（3）在男西服的制作过程中，需有序操作，独立完成。

（4）编写男西服的制作工艺流程。

2. **理论题**（20分）

男西服理论试卷

（1）选择题（10题，每题1分，共10分）。

1	一件男西服标志的号型为175/92A，成品胸围是108cm，胸围的放松量是（　　）。 A. 10cm　B. 12cm　C. 16cm　D. 18cm
2	男西服缝制对针距密度的要求是明线每3cm（　　）。 A. 8～10针　B. 12～14针　C. 14～17针　D. 18～20针
3	西服的袖口处有袖衩是因为（　　）。 A. 装饰用　B. 手臂活动的需要　C. 西服的袖肥较小　D. 两片袖的要求
4	以下哪种缺陷属于严重缺陷（　　）。 A. 止口不顺直　B. 袋盖反翘　C. 丢工、错序　D. 装袖不圆顺
5	5·4系列上衣胸围档差是4cm，产品允许的极限偏差是（　　）。 A. 4cm　B. 3cm　C. 2cm　D. 1cm
6	校正男西服样板时，后肩缝应比前肩缝（　　）。 A. 长0.7cm左右　B. 一样长　C. 长2cm　D. 短1cm
7	男西服手巾袋一般用（　　）。 A. 直料　B. 横料　C. 斜料　D. 任意
8	根据领的结构，我们把领划分为无领和（　　）两大类。 A. 有领　B. 翻领　C. 立领　D. 装领
9	袖子基本样板的袖宽线定在人体的腋窝处向下（　　）。 A. 1cm　B. 1.5cm　C. 2cm　D. 2.5cm
10	袖窿结构中不包括（　　）。 A. 肩宽　B. 袖窿深　C. 袖窿宽　D. 冲肩

（2）判断题（对的打√、错的打×，每题2分，共10分）。

①男西服是外套，男衬衫是内衣，男西服胸围放松量比男衬衫大。（　）

②男装不考虑胸部的突出，前衣片没有劈门量。（　）

③男西服的袖山有吃势，袖山弧线应比袖窿弧线长。（　）

④西装领的上衣都是三开身的服装。（　）

⑤在排料裁剪时，只要注意条格面料的对条对格。（　）

3. **实测题**（80分）

男西服制作工艺操作试卷

学校：__________　　姓名：__________　　学号：__________

一、试题名称：男西服

二、考试时间：360分钟

（一）男西服外形概述

平驳领，两片袖，三开身，门襟3粒扣，收腰省，两装袋盖挖袋，有半夹里，衣长过臀。

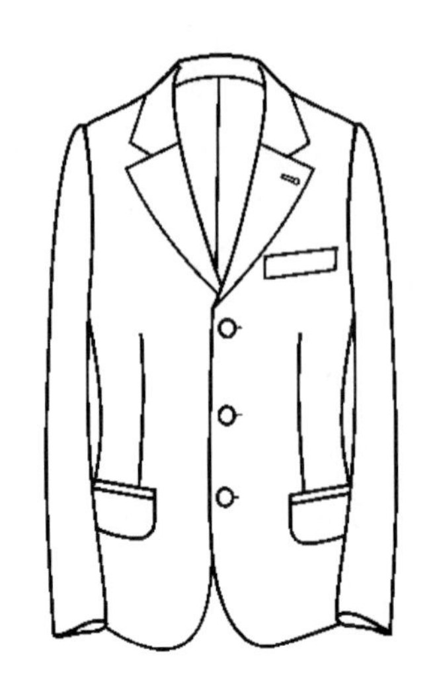
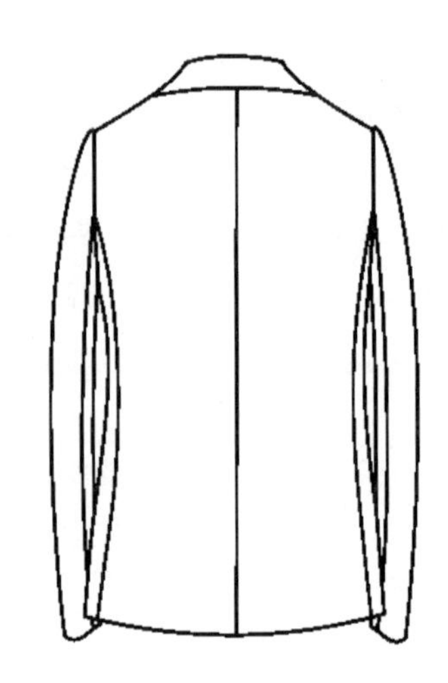

（二）规格

1．男西服号型为170/88A的成品规格尺寸

单位：cm

部位名称	后衣长	背长	袖长	肩宽	胸围	袖口
规格	74	42	60	48	108	14

2．男西服细部成品规格尺寸

单位：cm

部位名称	手巾袋	大袋盖	后领座高	翻领后高	领角大	驳角宽
规格	10×2.3	15.5×5.5	3.2	4.2	3.5	4

3．男西服部件数量

单位：片

名称	前衣片	前侧片	后片	大袖片	小袖片	手巾袋爿
数量	2	2	2	2	2	1
名称	领面	袋盖	袋垫	袋嵌线	过面	
数量	2	2	2	4	2	

4．男西服里料数量

单位：片

名称	前衣片	前侧片	后片	大袖片	小袖片	袋盖
数量	2	2	2	2	2	2

5. 辅料（毛）数量

名称	领面黏合衬	过面黏合衬	袖口衬	纽扣	对色线
数量	1片	2片	2片	3粒	1卷
名称	大身黏合衬	手巾袋黏合衬	过面	领底呢	
数量	2片	1片	2片	1片	

（三）男西服质量要求

（1）规格尺寸符合要求。

（2）各部位缝制线迹整齐、牢固、平服、针距密度一致；底、面线松紧适宜，无跳针、断线，起落针处应有倒回针。

（3）口袋左右对称，袋口平服，高低一致。

（4）翻驳领宽窄一致，翻领、驳头面里平服，无起皱现象。

（5）前门襟平服，止口不外吐；底摆平服不起吊。

（6）整烫时，面料上不能有水迹，不能烫焦、烫黄。

模块小结

本模块以男士夹克衫、男西服、女士春秋衫为基本款，学习了夹克衫绱拉链、春秋衫两片圆装袖工艺。拓展款结合了时尚的设计元素，如V字领、泡袖、分割线、斜下摆等。在产品学做的过程中，又拓展立体袋、袋爿袋、夹克衫袖衩、西服假袖衩，以便让学生在学的过程中学会举一反三，创造出更多不同的新工艺。本模块中夹克衫工艺内容，是服装中级制作工的技能考核内容。男西服是服装高级制作工的技能考核内容。

思考与练习

（1）要学会女士春秋衫圆装袖的工艺；学会男士夹克衫绱拉链的工艺；学会男西服的翻驳领工艺，同时想一想绱领、装袖、绱拉链各工艺之间的组合关系和质量要求，它能帮助学习者自由组合设计成各种其他款式的上衣。

（2）请在基本款男、女上衣的基础上，结合所学知识点，通过各种领、袖、门襟、下摆、袋等工艺变化，拓展制作上衣的内容，创造出自己喜欢的上衣款式。

（3）分析男士夹克衫的服装特点，选择合适的面料，将夹克衫的细节变化后进行制作。

（4）了解男西服的制作工艺，将半夹里的西服制作成全夹里男西服，也可将领型进行变化。运用所学工艺知识，结合各款式工艺细节要点，制作一件上衣。

参考文献

[1] 刘美华，赵欲晓. 服装纸样与工艺［M］. 北京：中国纺织出版社，2013.

[2]（英）乔·巴恩菲尔德，安德鲁. 理查兹. 服装制板原理与工艺基础［M］. 北京：中国青年出版社，2014.

[3] 张明德. 服装缝制工艺（第三版）［M］. 北京：高等教育出版社，2005.

[4] 欧阳心力，朱建军，谢良. 服装设计制作备赛指导（中职服装项目）［M］. 北京：高等教育出版社，2010.

[5] 俞岚. 服装裁剪与制作（第二版）［M］. 北京：中国劳动社会保障出版社，2008.

[6] 鲍卫君. 裤装设计·制板·工艺［M］. 北京：高等教育出版社，2011.

[7] 中国标准出版社第一编辑室. 服装工业常用标准汇编［M］. 北京：中国标准出版社，1999.